高等职业教育机电类专业课改教材

PLC 应用技术

（西门子 S7-1200）

(第二版)

主　编　袁　勇　李菁川　段安静
副主编　孟　悦

西安电子科技大学出版社

内 容 简 介

本书按照项目导向、任务驱动的模式，以西门子 S7-1200 PLC 为载体，分别介绍了 TIA Portal 软件开发平台的使用方法，S7-1200 PLC 的工作原理、基本指令及其应用、程序设计方法、通信技术及变频器控制技术等内容。本书配套丰富的电子资源，包括微课、电子课件、习题题解等，可供读者下载使用。

本书不仅适用于职业教育 PLC 应用相关专业的教学、实验、实训，也可作为相关工程技术人员的参考书，还可作为相关师资培训的培训教材。

图书在版编目（CIP）数据

PLC 应用技术 ：西门子 S7-1200 / 袁勇，李菁川，段安静主编. 2 版. --西安 ：西安电子科技大学出版社, 2024. 10 (2025. 9 重印).
ISBN 978-7-5606-7330-1

Ⅰ. TM571.61

中国国家版本馆 CIP 数据核字第 2024RX3886 号

策　　划　秋志峰
责任编辑　黄薇谚　秦志峰
出版发行　西安电子科技大学出版社（西安市太白南路 2 号）
电　　话　（029）88202421　88201467　　邮　　编　710071
网　　址　www.xduph.com　　电子邮箱　xdupfxb001@163.com
经　　销　新华书店
印刷单位　咸阳华盛印务有限责任公司
版　　次　2024 年 10 月第 2 版　2025 年 9 月第 2 次印刷
开　　本　787 毫米×1092 毫米　1/16　印 张 17.5
字　　数　414 千字
定　　价　49.00 元
ISBN 978-7-5606-7330-1

XDUP 7631002-2

前　言

本书为校企专家团队合作编写的项目式教程，作者从自学、教学和工程实际应用出发，以 S7-1200 系列 PLC 为载体，以项目为导向组织内容，将西门子 S7-1200 PLC 的工作原理、基本指令、编程与调试方法等贯穿于各项目中。

本书是在第一版的基础上修订而成的，此次修订增加了大量的电子资源，提供了能力测试的题解。自本书第一版出版以来，S7-1200 PLC 的硬件和 TIA 博途软件已进行了多次升级，本书是根据 S7-1200 PLC 的最新硬件和 Tia Protal(博途)V16 来编写的。与第一版相比，本次主要修订了以下内容：

1. 项目二根据 TIA 博途软件版本的升级做了全面修订。
2. 项目三增加了“拓展三 四路抢答器控制系统设计”部分。
3. 项目四增加了“4.3 移动指令操作”小节并修改了“拓展一”的内容。
4. 项目五增加了“拓展二 比较指令和移动指令在顺序控制程序中的应用”。
5. 项目七对“拓展一”的程序进行了重新设计与修改。
6. 项目十对应用举例内容进行了全新设计与修改，对工作任务的程序设计部分进行了全面修改，以使程序更贴近工程实际。
7. 本书还在附录中增加了“S7-1200-PLC 与 MCGS 人机界面应用”。
8. 本书为每个项目中的应用实例和任务录制了微课，为每个项目的习题提供了参考题解。

本书由武汉职业技术大学袁勇、李菁川、段安静担任主编，孟悦担任副主编。李菁川编写了项目一、项目二和项目九，袁勇编写了项目三至项目八、项目十和附录，全书由袁勇统稿。湖北耘川机电有限公司高级工程师孟悦负责部分项目的程序调试工作，为本书程序设计做了大量工作，在此表示感谢。本书所有电子资源由袁勇制作。

本书在编写过程中参考了相关资料和文献，在此向其作者表示衷心的感谢！

由于编者水平有限，书中难免有疏漏与不足之处，恳请读者批评指正。

编　者

2024 年 5 月

目　录

基 础 篇

应 用 篇

高　级　篇

基础篇

项目一

S7-1200 PLC 简介

学习目标

1. 掌握 S7-1200 PLC 的基本结构和工作原理。
2. 掌握 S7-1200 PLC 的硬件组成和编程语言。
3. 了解 S7-1200 PLC 的系统存储区。

知识讲座

1.1 概述

S7-1200 PLC 产品概述

PLC(Programmable Logic Controller，可编程逻辑控制器)，是专为工业生产和控制而设计的一种采用数字运算操作的电子装置。PLC 中的可编程存储器用于其内部存储程序，可执行逻辑运算、顺序控制、定时、计数与数据处理等面向用户的指令，可通过数字或模拟式输入/输出(I/O)端口控制各种类型的机电设备或生产过程，是工业控制的核心部分。

自 20 世纪 60 年代美国推出 PLC 取代传统继电器控制装置以来，PLC 发展迅速，已在世界各地得到了广泛应用。同时，PLC 的功能也在不断完善。随着计算机技术、信号处理技术、控制技术、网络技术的不断发展和用户需求的不断提高，PLC 在开关量处理的基础上增加了模拟量处理和运动控制等功能，使其不再局限于逻辑控制，在运动控制、过程控制等领域也发挥着十分重要的作用。

下面简单介绍一下 PLC 控制系统。工业现场比较常见的 PLC 控制系统示意图如图 1-1 所示。由图 1-1 可见，PLC 控制系统主要分为三部分：上位机(PC)、控制系统和执行装置。上位机一般安置在工业现场的监控室或者调度室里，用于生产管理与调度人员随时监控现场设备的状态，并对现场设备进行控制，保证生产有序进行。控制系统一般安置在电控柜里。

图 1-1 中，左边的 SMART 700/1000 为触摸屏，用于现场操作人员控制现场设备的运行，监控现场设备的运行状态；右边的 PLC 用于对现场设备进行控制，记录现场运行数据，将现场设备运行状态传送至上位机等。PLC 下方的两台电动机为执行装置，负责执行 PLC 发出的指令，完成现场生产过程。

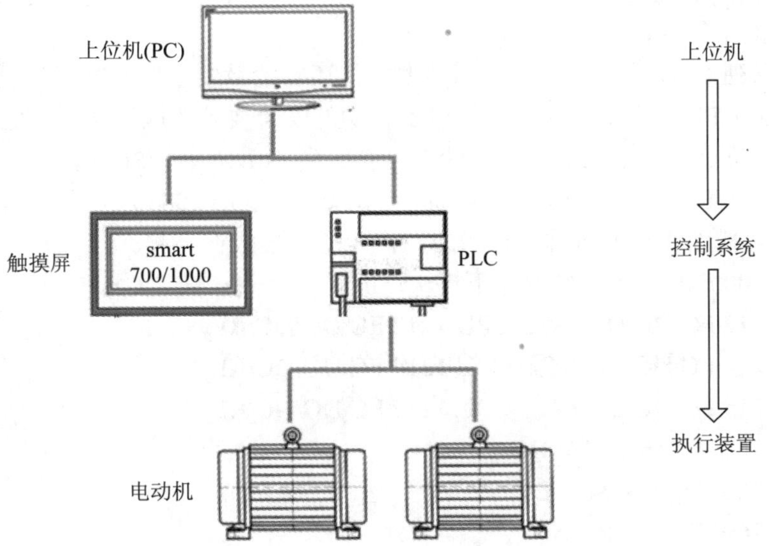

图 1-1　PLC 控制系统示意图

1.2　S7-1200 PLC 的基本结构与工作原理

SIMATIC S7-1200 PLC 是西门子公司生产的一款紧凑型、模块化 PLC，可完成各种逻辑控制、HMI(Human Machine Interface)触摸屏网络通信等任务。对于需要进行网络通信和单屏或多屏 HMI 的自动化系统，采用 S7-1200 PLC 易于设计和实施。此外，S7-1200 PLC 还具有支持小型运动控制系统、过程控制系统的高级应用功能。

S7-1200 PLC 使用灵活，可用于控制各种各样的设备以满足工业自动化需求，且设计紧凑、组态灵活，具有功能强大的指令集等特点使它成为控制各种应用的优先解决方案。

S7-1200 PLC 的 CPU 将微处理器、集成电源、I/O 电路、内置 PROFINET(由 PROFIBUS 国际组织推出，是新一代基于工业以太网技术的自动化总线标准)、高速运动控制 I/O 以及板载模拟量输入组合到一个设计紧凑的外壳中，形成功能强大的控制器。用户下载程序后，CPU 将获得监控应用设备所需的逻辑，可通过用户程序监视输入映像寄存器的值，并更改输出映像寄存器的值，从而控制应用设备。用户程序可以包含布尔逻辑、定时、计数、复杂数学运算、运动控制，并与其他智能设备进行通信等。

S7-1200 PLC 的 CPU 模块有 5 种型号，分别为 CPU 1211C、CPU 1212C、CPU 1214C、CPU 1215C 和 CPU 1217C。每一种型号都可以进行扩展，以满足用户的需要。用户在进行硬件组态(硬件组态指选择要使用的硬件及其连接方式)时，可以在任何型号的 CPU 左侧加一块信号板，用来扩展数字量 I/O 或模拟量 I/O，同时不影响控制器的实际尺寸；也可将信号模块连接至 CPU 的右侧以进一步扩展数字量或模拟量 I/O 的容量。CPU 1212C 可连接 2 个信号模块，CPU 1214C、CPU 1215C 和 CPU 1217C 可连接 8 个信号模块。此外，所有的

S7-1200 PLC 的 CPU 控制器的左侧均可连接多达 3 个通信模块，以便于使用不同的通信方式实现端到端的串行通信。

S7-1200 系列 CPU 除以上五种常用类型外，还有故障安全型 CPU 和模块。S7-1200 F PLC 是 S7-1200 PLC 家族中的一员，用于有功能安全要求的应用场合，它除了拥有普通 S7-1200 的所有特点，还集成了安全功能，可支持到 SIL3/Cat.4/PL e 的安全完整性等级，符合 IEC 61508、IEC 62061、ISO 13849-1、GB 20438、GB 20830 等国际和国内安全标准，其将安全技术轻松地和标准自动化合二为一，无缝地集成在一起。

目前 S7-1200 F PLC 系列包含以下模块：

- CPU 1212 FC DC/DC/DC、CPU 1212 FC DC/DC/RLy
- CPU 1214 FC DC/DC/DC、CPU 1214 FC DC/DC/RLy
- CPU 1215 FC DC/DC/DC、CPU 1215 FC DC/DC/RLy
- SM 1226 F-DI 16 x 24 V DC
- SM 1226 F-DQ 4 x 24 V DC
- SM 1226 F-DQ 2 x Relay

除此之外，S7-1200 F PLC 还可以通过 Profinet IO 或者 Profibus DP 网络连接 ET200 系列的安全模块，支持安全功能的 SINAMICS 变频器以及更多第三方安全产品。CPU 常规规范如表 1-1 所示。

表 1-1　CPU 常规规范

特　征		CPU1211C	CPU1212C	CPU1212FC	CPU1214C	CPU1214FC	CPU1215C	CPU1215FC	CPU1217C
标准 CPU		DC/DC/DC, AC/DC/RLy, DC/DC/RLy							DC/DC/DC
故障安全 CPU			DC/DC/DC, DC/DC/RLy						
物理尺寸/mm		90 × 100 × 75			110 × 100 × 75		130 × 100 × 75		150 × 100 × 75
用户存储器	工作/KB	50	75	100	100	125	125	150	150
	负载/MB	1	2		4				
	保持性/KB	10							
本地集成 I/O	数字量	6 个输入	8 个输入		14 个输入				
		4 个输出	6 个输出		10 个输出				
	模拟量	2 路输入					2 路输入/2 路输出		
过程映像大小		1024 字节输入(I)和 1024 字节输出(Q)							
位存储器		4096 个字节			8192 个字节				

1.3　S7-1200 PLC 的硬件组成

S7-1200 PLC 的硬件组成如下。

1. CPU 模块

下面以型号 CPU 1211C DC/DC/RlY(如图 1-2 所示)为例讲解 CPU 模块的组成与功能。

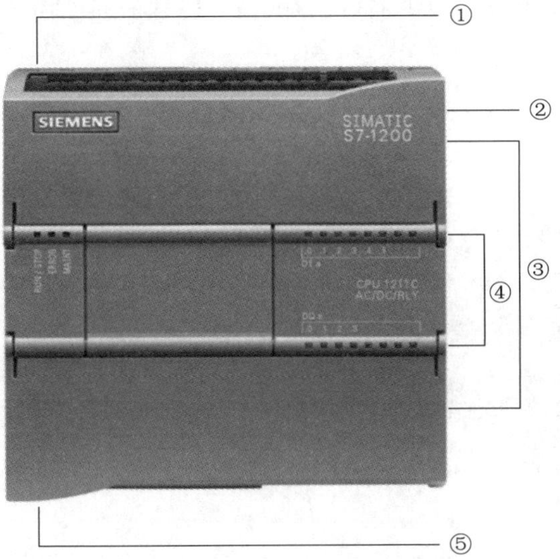

①—电源接口；

②—存储卡插槽(上保护盖下面)；

③—可拆卸用户接线端子；

④—板载I/O状态指示LED；

⑤—PROFINET连接端口(CPU的底部)

图 1-2　CPU 1211C DC/DC/Rly

该 CPU 模块提供一个 PROFINET 连接端口，该端口不仅可以用于与其他模块进行 PROFINET 网络通信，还可以使用附加模块通过 PROFIBUS(PROFIBUS 是一个用在自动化技术的现场总线标准，在 1987 年由德国西门子公司等 14 家公司及 5 个研究机构所推出，它是程序总线网络的简称)、RS485、RS232、GPRS(General Packet Radio Service，通用分组无线服务技术的简称，是 GSM 移动电话用户可用的一种移动数据业务，属于第二代移动通信中的数据传输技术)、IEC 等协议进行网络通信。电源接口用于给 CPU 提供 24 V 直流电；存储卡可以作为 CPU 的预装载存储区，用户的项目文件仅存储在存储卡中，离开存储卡 PLC 将无法运行；存储卡还可以用于更新 CPU 的固件版本(只限 24 MB 的存储卡)；可拆卸用户接线端子用于 PLC 与外部设备进行数字或模拟通信；PROFINET 连接端口用于 PLC 与外部设备以及编程计算机进行总线通信。

2. 信号模块

信号模块又称为 SM(Signal Module)，它包括 DI(Digital Input，数字量输入)模块、DO(Digital Output，数字量输出)模块和 AI(Analog Input，模拟量输入)模块、AO(Analog Output，模拟量输出)模块。SM 安装在 CPU 模块的右侧，扩展能力最强的 CPU 可以扩展 8 个信号模块，这些信号模块用来增加数字/模拟量的 I/O 点数。

输入模块用于采集和接收输入信号。其中，DI 用于接收开关、按钮、限位开关、光电开关、继电器等数字量输入信号；AI 用于接收电位器、温度传感器、测速发电机、压力传感器等提供的连续变化的模拟量信号。

输出模块用于控制外部设备。其中，DO 用于控制接触器、继电器、指示灯、电磁阀等数字量控制的外设；AO 用于控制变频器、压力阀等模拟量控制的外设。

3. 通信模块

通信模块又称为 CM(Communication Module)，安装在 CPU 模块的左侧，一个 CPU 模

块最多可以添加 3 个通信模块和 1 个通信板，且可以使用点对点通信模块、RPOFIBUS 模块、AS-I 模块和 IO-Link 模块等。

S7-1200 PLC 提供了各种模块和插入式板，用于通过附加 I/O 或其他通信协议来扩展 CPU 的功能，如图 1-3 所示。

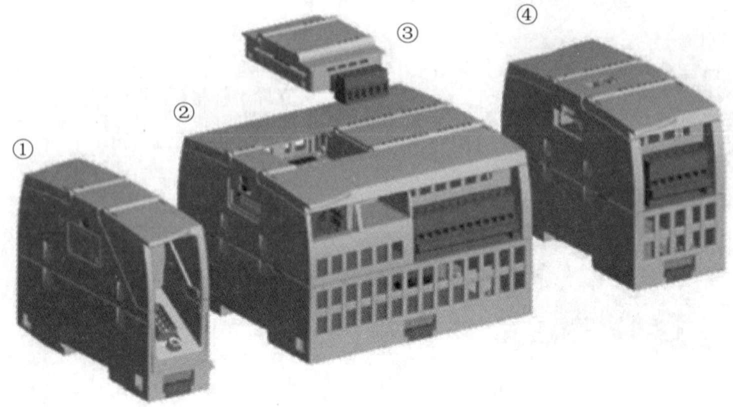

①—通信模块；
②—CPU；
③—信号板；
④—信号模块

图 1-3　CPU 的扩展功能

CPU 支持以下插入式扩展板：SB(Singal Board，信号板)，它连接在 CPU 的右侧，可为 CPU 提供附加 I/O；CB(Communication Board，通信板)，可为 CPU 增加其他通信端口；BB(Battery Board，电池板)，可提供长期的实时时钟备份。

4. CPU 模块接线图

以 1214C 系列 CPU(1214C DC/DC/DC)为例介绍其接线图，如图 1-4 所示。

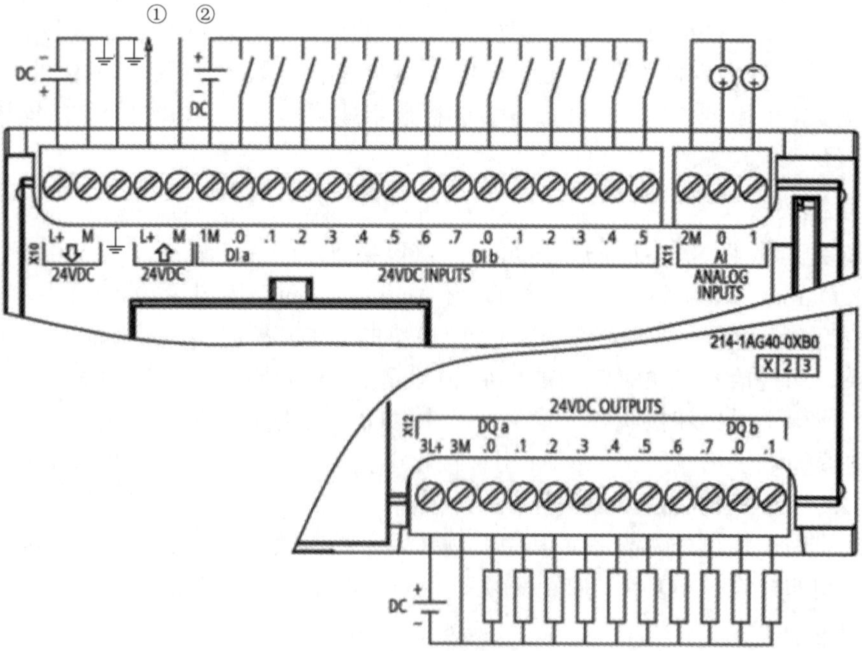

图 1-4　1214C DC/DC/DC 接线图

其中，24VDC 电源端口(即图 1-4 标识①处)如果接入传感器电源，则输出能获得更好的抗噪声效果，如果未使用传感器电源，可将“M”端连接到机壳接地。对于漏型输入，将“–”端连接到“M”端(如图 1-4 所示)；对于源型输入，将“+”端连接到“M”端。

5. PLC 的工作模式

1) CPU 的工作模式

PLC 的 CPU 有三种工作模式：RUN(运行)、STOP(停机)和 STARTUP(启动)。CPU 面板上的状态 LED 用来显示当前的控制模式，可以用编程软件(即 TIA 博途软件)改变 CPU 的工作模式。

STOP 模式下，CPU 只处理通信请求和进行自诊断，不执行用户程序，也不更新过程映像。上电后，CPU 进入 STARTUP 模式，进行上电诊断和系统初始化，如果检查到错误，将禁止 CPU 进入 RUN 模式，保持在 STOP 模式，同时指示灯会变成红色且闪烁。

2) 工作模式的切换

S7-1200 PLC 的 CPU 模块上没有切换工作模式的选择开关，可使用 TIA 博途软件的“在线工具”选项中的“CPU 操作面板”(如图 1-5b 所示)，或者选择工具栏上的 和 按钮(如图 1-5a 所示)来切换 RUN 或者 STOP 模式，也可在用户程序中用 STP 指令使 CPU 进入 STOP 模式。

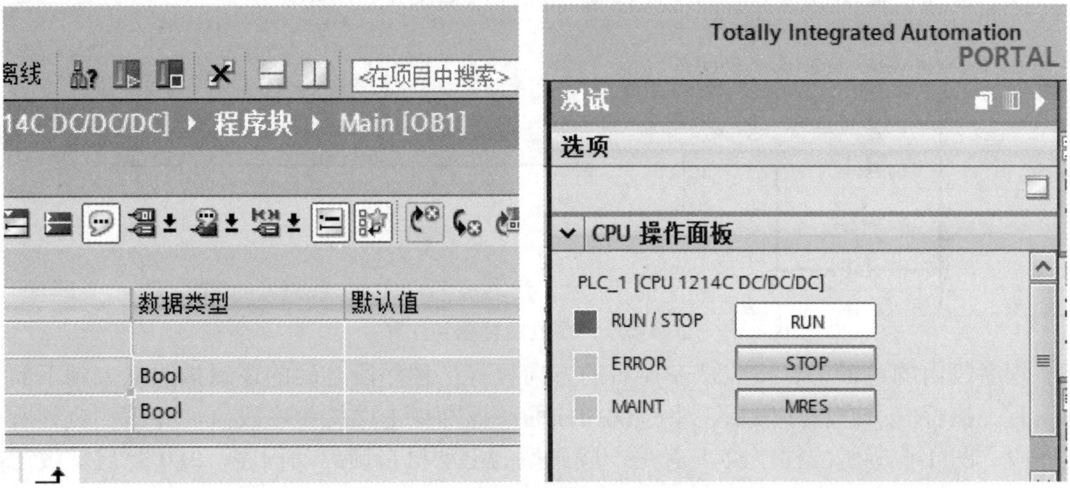

图 1-5　STEP 7 中的 CPU 操作面板

3) 冷启动与热启动

下载了用户程序的程序块和硬件组态后，下一次切换到 RUN 模式时，CPU 会执行冷启动。冷启动时复位输入，初始化输出，复位存储器(即清除工作存储器、非保持性存储区和保持性存储区的数据，并将装载存储器的内容复制到工作存储器中)。存储器复位不会清除诊断缓冲区，也不会清除永久保存的 IP 地址。

冷启动之后，在下一次下载程序之前的 STOP 到 RUN 模式的切换均为热启动。热启动时，所有非保持性的系统数据和用户数据均被初始化，保持性存储区的数据则不会被清除。

1.4 S7-1200 PLC 的编程语言

S7-1200 PLC 使用梯形图(LadderLogic Programming Language，LAD)、功能块图(Function Block Diegram，FBD)和结构化控制语言(Structured Control Language，SCL)三种编程语言。

1. 梯形图(LAD)

梯形图是使用较广泛的 PLC 图形编程语言。梯形图和继电器的电气图相似，具有直观易懂的优点，且很容易被熟悉继电器控制的电气工作者掌握，适合对数字量进行逻辑控制。梯形图也被称为电路或者程序。

梯形图由触点、线圈和用方框表示的指令框组成。触点表示输入条件，如外部按钮、开关和内部的中间变量条件等；线圈通常表示逻辑运算的结果，常用于控制外部负载和内部中间变量；指令框用于表示定时器、计数器、数学运算或运动控制等指令。触点和线圈等组成的一段逻辑称为程序段，STEP 7 会自动地为程序段编号，用户可在编号的右边添加程序段的标题，在编号的下面为程序段进行注释，如图 1-6 所示。

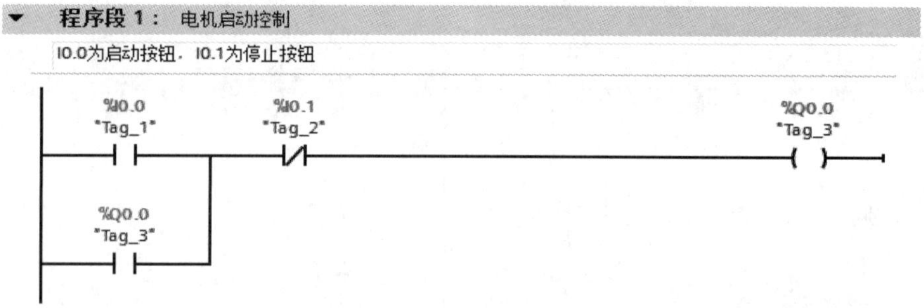

图 1-6 程序段的标题和注释

程序段内的逻辑运算按照从左往右的方向执行，程序段之间的逻辑按照从上到下的方向执行。执行完所有程序段后，下一次扫描循环返回最上面的程序段 1，并重复执行所有程序段。图 1-6 所示的程序段 1 就是一段典型的电动机自锁启动程序，I0.0 是启动按钮，按下后，Q0.0 控制电机启动，同时 Q0.0 的常开点闭合，待启动按钮 I0.0 松开后，电路仍是通的，电机可继续运行，达到自锁的目的。I0.1 是停止按钮，按下后，Q0.0 断开。

2. 功能块图(FBD)

功能块图使用类似于数字电路的图形逻辑符号来表示控制逻辑，有数字电路基础的人比较容易掌握这种编程语言。

在图 1-6 所示的程序段 1 中，鼠标右键单击“Main[OB1]”菜单，选择“切换编程语言”→“FBD”命令，如图 1-7 所示。

此时可以看到，刚才编写的程序段 1 已经自动转化为 FBD，如图 1-8 所示。

在功能块图中，用类似“与门”(符号“&”)、“或门”(符号“>=1”)的方框表示逻辑运算关系，方框左边为逻辑运算的输入变量，右边为输出变量，输入端的小圆圈表示“非”运算，信号的方向也是从左到右。指令框用来表示一些复杂的功能，例如数学运算等。

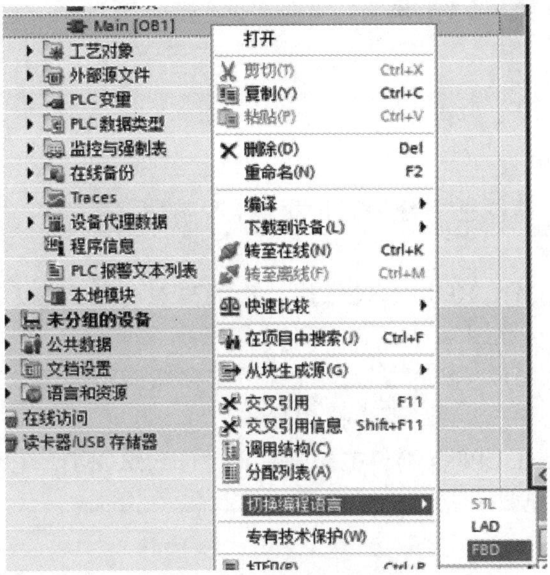

图 1-7　切换到 FBD

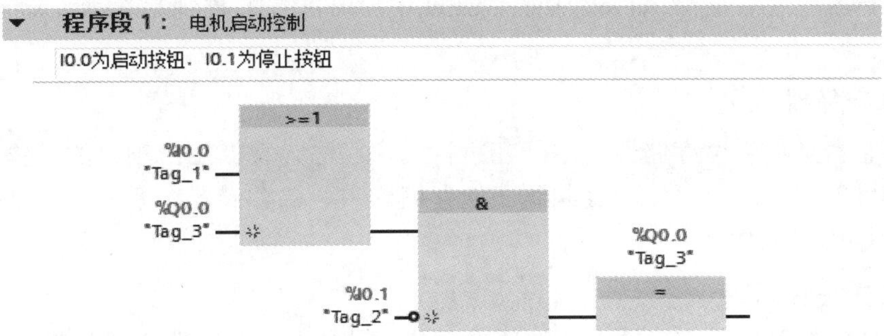

图 1-8　程序段 1 的 FBD

3. 结构化控制语言(SCL)

SCL 是一种基于 Pascal 的高级编程语言。SCL 除了包含 PLC 的典型元素(如输入、输出、定时器等)，还包含高级编程语言中的表达式、运算符和赋值运算。SCL 提供了简便的指令进行程序控制，如创建程序分支、循环或跳转，其主要适用于数据处理、过程优化、数学运算和统计任务等。图 1-9 所示为一段 SCL 格式的程序。

```
FUNCTION_BLOCK FB1
VAR_INPUT                                //定义输入参数
    PIW_IN:      INT;
    HI_LIM_IN:   REAL :=100.0;
    LO_LIM_IN:   REAL :=0.0;
    BIPOLAR_IN:  BOOL :=FALSE;
END_VAR
```

图 1-9　SCL 程序示例

1.5 系统存储区

1. 物理存储器

PLC 选择的物理存储器主要分为只读存储器、随机存储器、快闪存储器三种，具体如下。

(1) 只读存储器(ROM)。ROM 只能读出，不能写入，是非易失性存储器，电源中断也不会造成数据的丢失，一般用来存放 PLC 的操作系统。

(2) 随机存储器(RAM)。CPU 可以从该类型的存储器中读出数据或者向其写入数据，它是易失性存储器，电源中断后，其数据会丢失。

(3) 快闪存储器(Flash EPROM)和电擦除存储器(EEPROM)。它们是非易失性存储器，用来存放用户程序和断电时需要保护的重要数据。

2. 装载存储器

装载存储器用于非易失性地存储用户程序、数据和组态信息，能够在断电后继续保持工作，该存储器位于存储卡(如果有)或者 CPU 中。项目被下载到 CPU 后，首先存储在装载存储器中。

3. 工作存储器

工作存储器是易失性存储器，用于在执行用户程序时存储用户项目的某些内容，CPU 会将一些项目内容从装载存储器复制到工作存储器中。该存储器在断电后数据丢失，在恢复供电时由 CPU 恢复数据。

4. 断电保持存储器

断电保持存储器用于在断电时存储所选用户存储单元的值。断电发生时，CPU 留出了足够的缓冲时间来保存几个有限的指定单元的值，这些被保存的值会在下次供电时恢复。热启动后，断电保持存储器中的数据保持不变；冷启动时，断电保持存储器中的值会被清除。

5. 存储卡

可选的 SIMATIC 存储卡可用作存储用户程序的替代存储器，或用于传送程序。如果使用存储卡，CPU 将运行存储卡中的程序，而不是自身存储器中的程序。

CPU 仅支持预先已格式化的存储卡，打开 CPU 顶盖即可将存储卡插入插槽。存储卡保护开关要离开“LOCK”位置，关掉写保护功能。存储卡可将项目复制到多个 CPU 中，但存储的项目从卡中复制到 CPU 的存储器后必须取出存储卡。存储卡作为程序卡使用时，可以替代 CPU 存储器，CPU 的所有功能都由该程序卡进行控制，插入程序卡会擦除 CPU 内部装载存储器的所有内容(包括用户程序和任何强制 I/O)，随后 CPU 会执行程序卡中的用户程序。程序卡必须保留在 CPU 中，如果要取出，则 CPU 必须切换到 STOP 模式。

项目二

编程软件的安装与使用(博途)

学习目标

(1) 掌握 TIA 博途软件的基本用法。

(2) 熟悉 TIA 博途软件的界面。

(3) 掌握程序编写及下载的方法。

(4) 掌握程序仿真方法。

知识讲座

STEP 7 是 TIA 博途软件(TIA Portal)中的编程和组态软件。除了 STEP 7，TIA 博途软件中还包括设计和执行运行过程可视化的 WinCC 以及 STEP 7 的在线帮助。该软件提供了一个用户友好的环境，供用户开发、编辑和监视控制应用所需的逻辑，其中包括用于管理组态项目中所有设备(例如控制器和 HMI 等设备)的工具。为了帮助用户查找需要的信息，STEP 7 提供了内容丰富的在线帮助系统。同时，STEP 7 提供了标准编程语言，用于方便高效地开发适合用户具体应用的控制程序。编程语言种类主要包括以下三种。

(1) LAD(梯形图)：一种图形编程语言，它使用基于电路图的表示法。

(2) FBD(功能块图)：基于布尔代数中使用的图形逻辑符号的编程语言。

(3) SCL(结构化控制语言)：一种基于文本的高级编程语言。

创建代码块时，应选择该代码块要使用的编程语言。用户程序可以使用由任意或所有编程语言创建的代码块。

2.1 TIA 博途软件的界面介绍

本书中使用的软件版本为 TIA 博途软件 V16。安装好软件后，打开桌面上的“TIA PORTAL V16”图标，可以看到软件开始界面，如图 2-1 所示。

软件打开后可以看到其开始界面主要分为 4 个区域，其功能分别为：① 不同任务的门户；② 所选门户的任务；③ 所选操作的选择面板；④ 可切换到项目视图。

切换到项目视图后，可以看到软件界面主要分为 7 个区域，如图 2-2 所示。

这 7 个区域分别为：① 菜单和工具栏；② 项目浏览器；③ 工作区；④ 任务卡；⑤ 巡

视窗；⑥ 切换到门户视图；⑦ 编辑器栏。

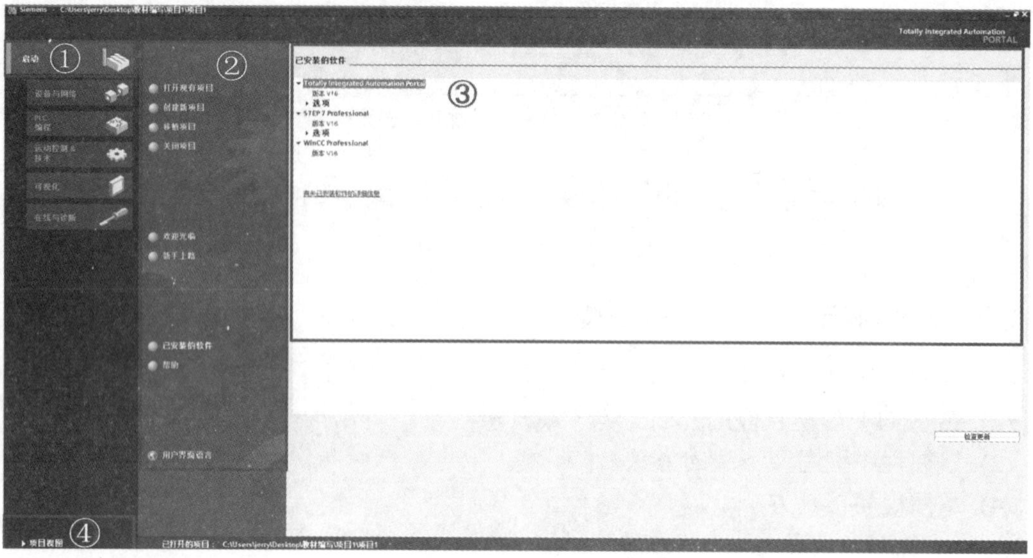

图 2-1　TIA 博途软件开始界面

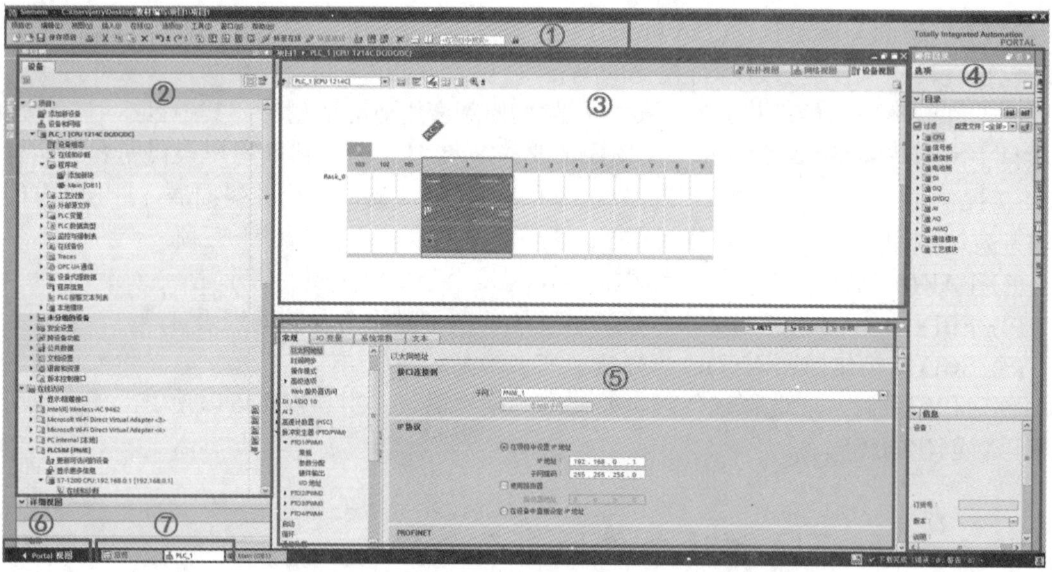

图 2-2　项目视图

图 2-2 中，③区(工作区)由三个选项卡形式的视图组成，具体如下：

- 设备视图：显示已添加或已选择的设备及其相关模块。
- 网络视图：显示网络中的 CPU 和网络连接。
- 拓扑视图：显示网络的 PROFINET 拓扑，包括设备、无源组件、端口、互连及端口诊断。

每个视图还可用于执行组态任务。巡视窗口显示用户在工作区中所选对象的属性和信息。当用户选择不同的对象时，巡视窗口会显示用户可组态的属性。巡视窗口包含可用于用户查看诊断信息和其他消息的选项卡。

2.2　TIA 博途软件的使用

TIA 博途软件的使用

【应用举例 2.1】 实现单按钮控制指示灯亮灭。输入信号为按钮 SB1，连接 PLC 的数字量信号输入端 I0.0，输出信号为指示灯 HL1，连接 PLC 的数字量输出端 Q0.0，当按下按钮 SB1 时，指示灯 HL1 亮，松开按钮时，指示灯 HL1 灭。

(1) 创建新项目。双击桌面的 TIA 博途软件图标→进入初始界面，点击“创建新项目”→在“项目名称”框输入新建项目名称→在“路径”处选择项目保存路径→点击“创建”按钮，如图 2-3 所示。点击“打开项目视图”进入 TIA 博途项目视图界面，如图 2-4 所示。

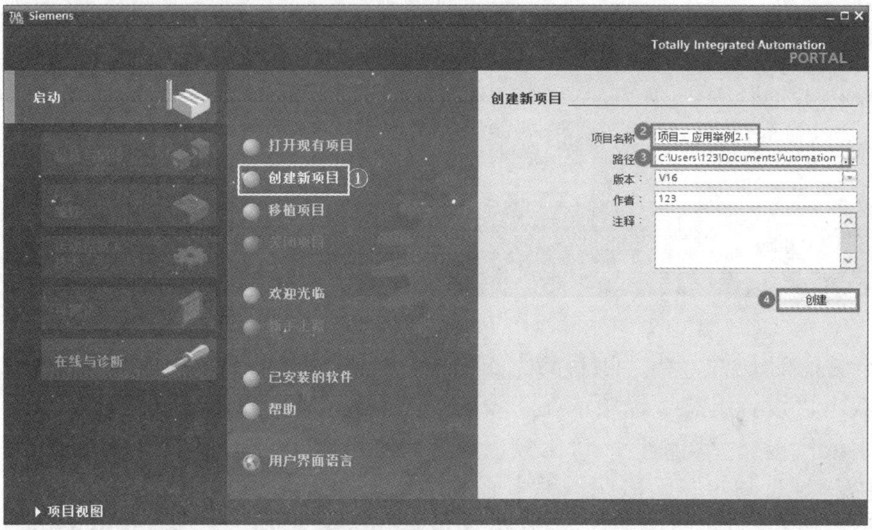

图 2-3　创建新项目

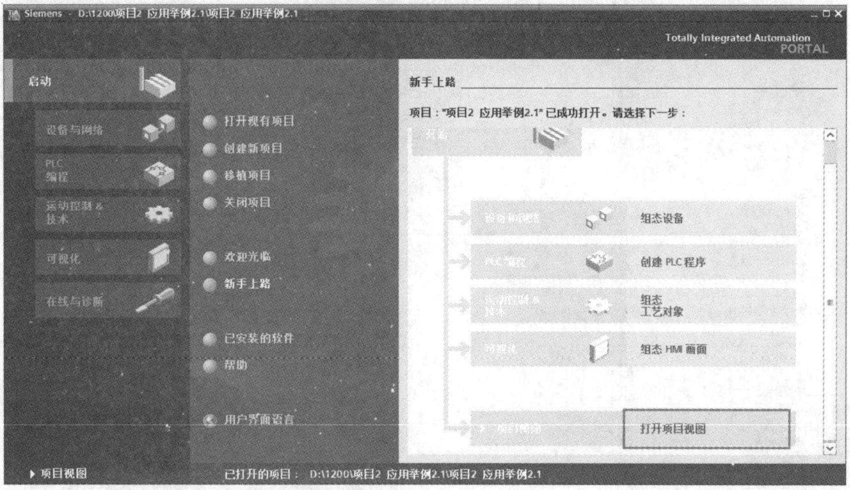

图 2-4　打开项目视图

(2) 添加 CPU。本次任务选择 CPU 为 1214C DC/DC/RLy，订货号为 6ES7 214-1HG40-0XB0。在项目视图界面，点击“添加新设备”→选择“控制器”→“SIMATIC S7-1200” →“CPU”→“CPU 1214C DC/DC/RLY”，最后点击“确定”按钮。注意，CPU 版本需跟实物一致，如图 2-5 所示。

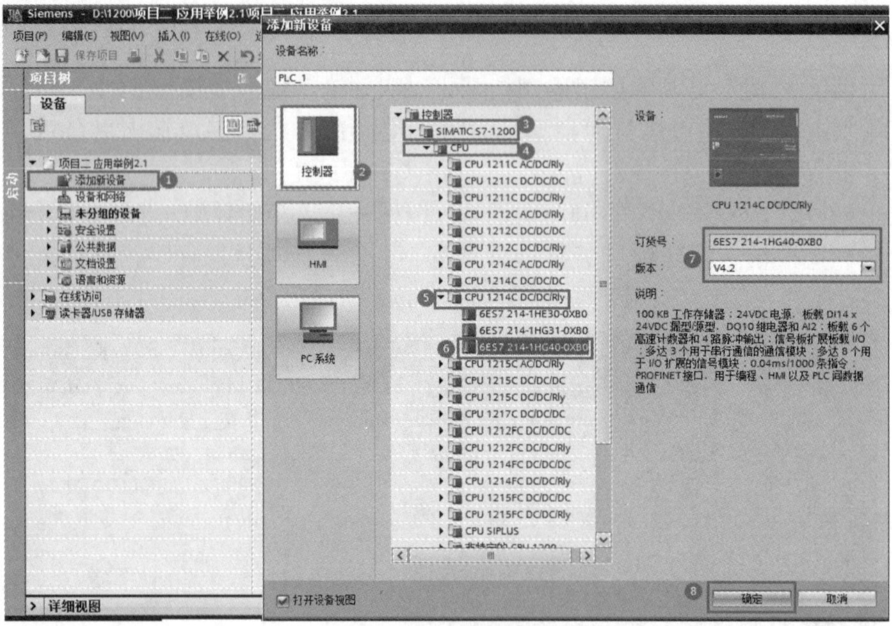

图 2-5 添加 CPU

(3) 修改 CPU 属性。在“项目树”窗口中，单击“PLC_1 [CPU1214 DC/DC/RLy]”下拉按钮→双击“设备组态”选项→在“设备视图”窗口的工作区域双击 PLC_1，在弹出的巡视窗口中依次选择“属性”→“常规”→“PROFINET 接口[X1]”→“以太网地址”选项，在“IP 地址”与“子网掩码”框中修改以太网 IP 地址，如图 2-6 所示。

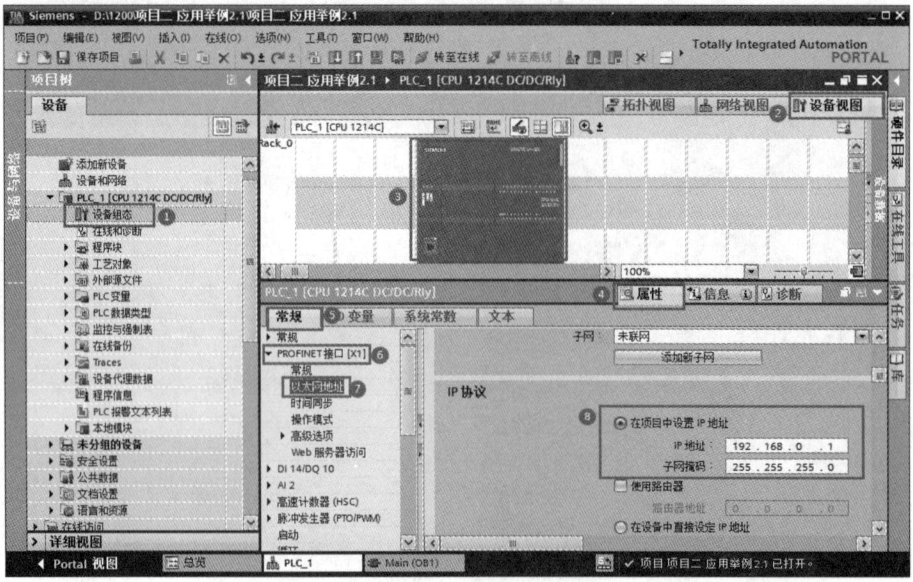

图 2-6 修改以太网 IP 地址

(4) 添加变量。选择“PLC 变量”→双击“默认变量表[30]”，添加变量 I0.0 和 Q0.0，如图 2-7 所示。

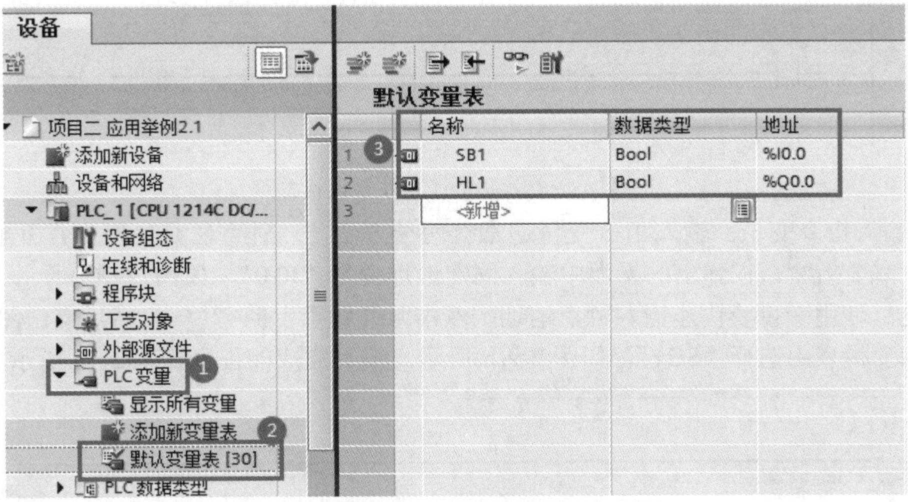

图 2-7　添加变量表

(5) 编写程序。在“项目树”窗口中，单击“PLC_1 [CPU1214 DC/DC/RLy]”的下拉按钮→点击“程序块”选项→双击“Main[OB1]”，进入程序编辑器，点击编辑器右侧“指令”窗格可以访问需要的指令，如图 2-8 所示。

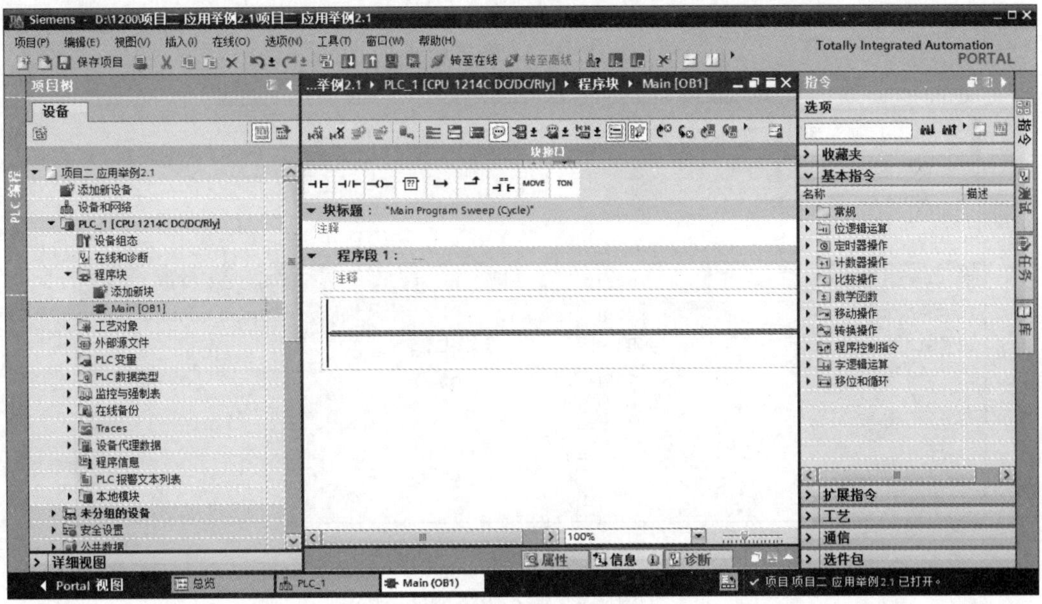

图 2-8　编写程序界面

① 拖放指令。在编写程序时，只需将所需指令从“指令”窗口中拖入相应的程序段即可。例如，将“指令”窗格中“位逻辑运算”文件夹中的常开触点拖入程序段 1 中，并用同样的方法将赋值线圈也拖入程序段 1 中，此时“程序段 1”前面会出现符号，这表示该程序段处于语法错误状态，如图 2-9 所示。

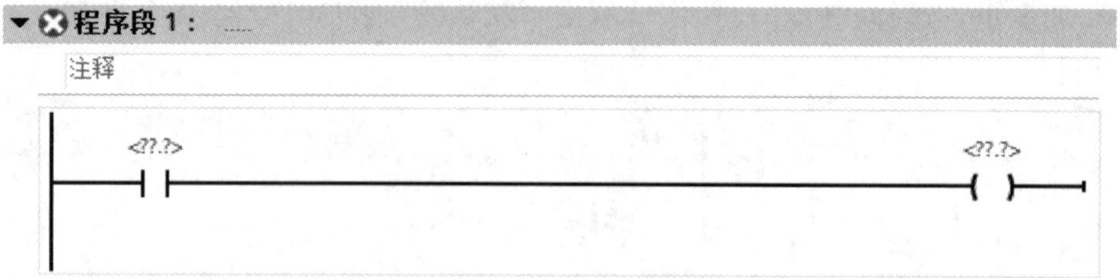

图 2-8 程序段处于语法错误状态

② 输入指令变量。输入指令变量通常有两种方法，一种方法是：双击常开触点上的“<??.?>”符号，在弹出的界面中输入固定地址变量“I0.0”，如图 2-9(a)所示。另外一种方法是：使用变量表快速输入触点地址，双击常开触点上的<??.?>，然后点击图标，在打开的变量表中选择“SB1”，如图 2-9(b)所示。编写完成的程序如图 2-10 所示。

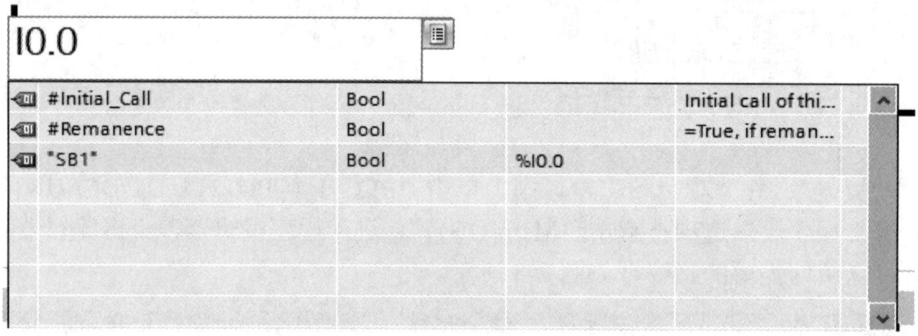

(a) 直接输入变量地址

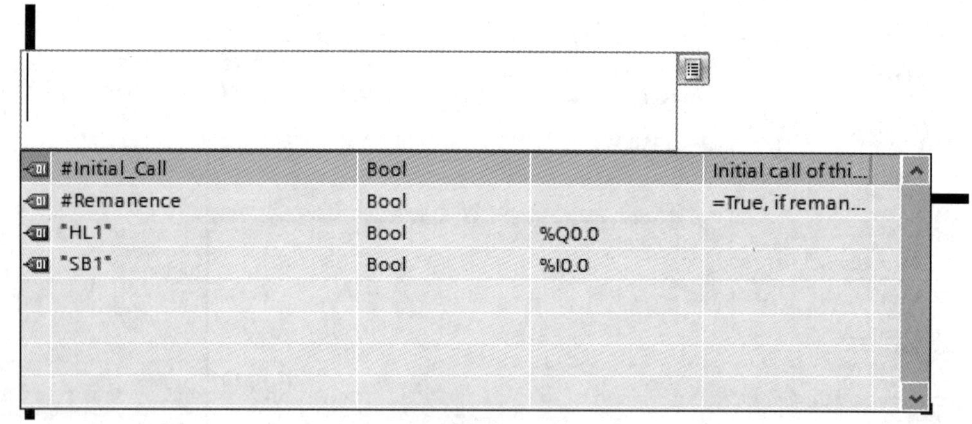

(b) 使用变量表输入变量地址

图 2-9 输入变量地址

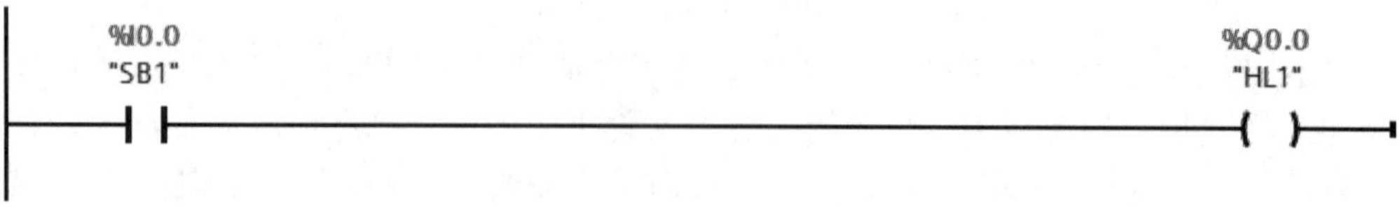

图 2-10 主程序

(6) 下载程序。

① 程序编译。在将程序下载到 PLC 之前，需要先对所编写的程序进行编译。点击工具栏中的编译图标，或者依次选择菜单栏中的“编辑”→“编译”选项，对程序进行编译，如图 2-11 所示。

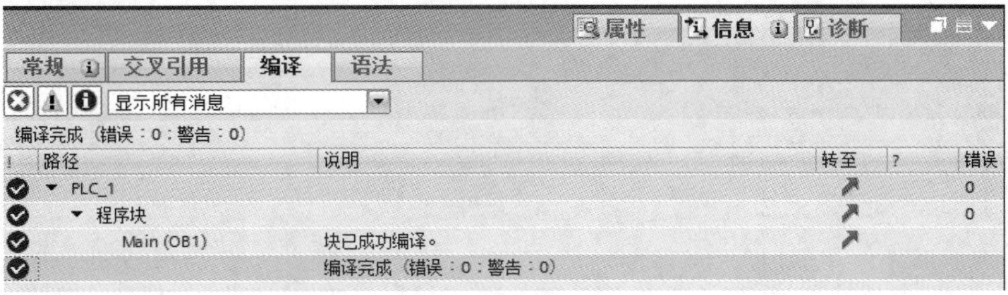

图 2-11　编译信息

② 点击工具栏中的“下载到设备”图标后，弹出“扩展下载到设备”对话框，在“PG/PC 接口”框选择与计算机网卡一致的型号；点击“开始搜索”，在“选择目标设备”选项组选中与组态设备一致的 PLC 后，点击“下载”按钮，将程序下载至 PLC，如图 2-12 所示。

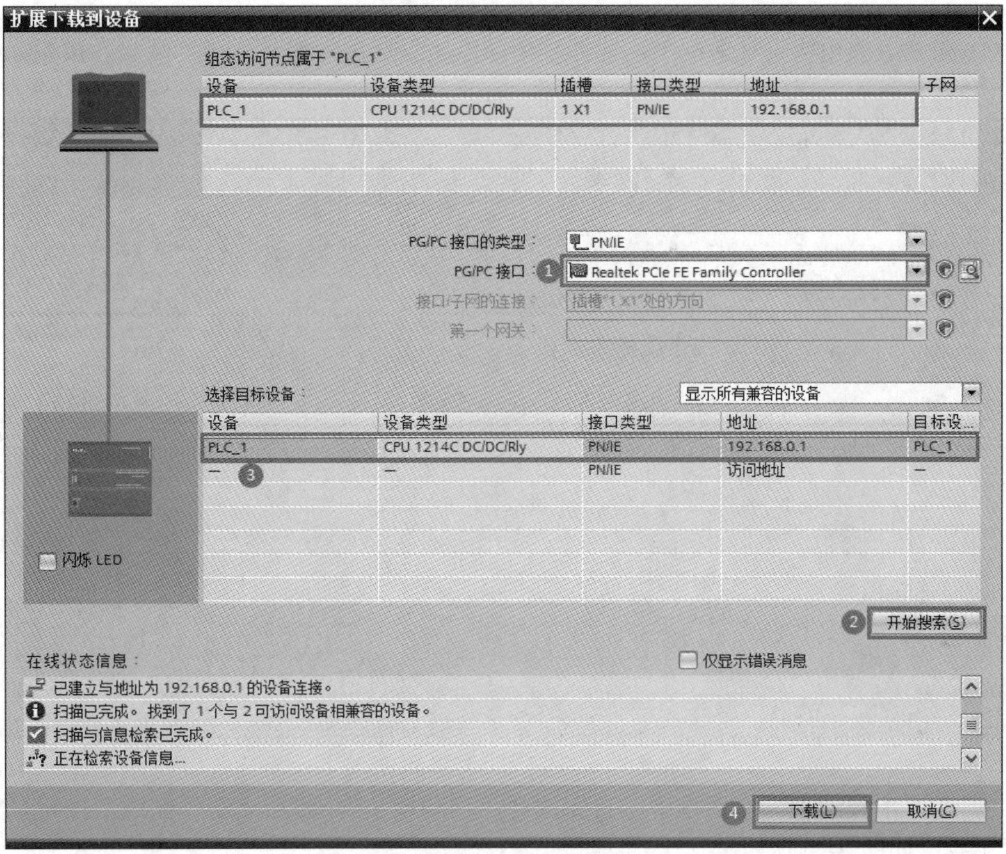

图 2-12　下载程序

③ 在“装载到设备前的软件同步”对话框中，点击“在不同步的情况下继续”，如图 2-13 所示。

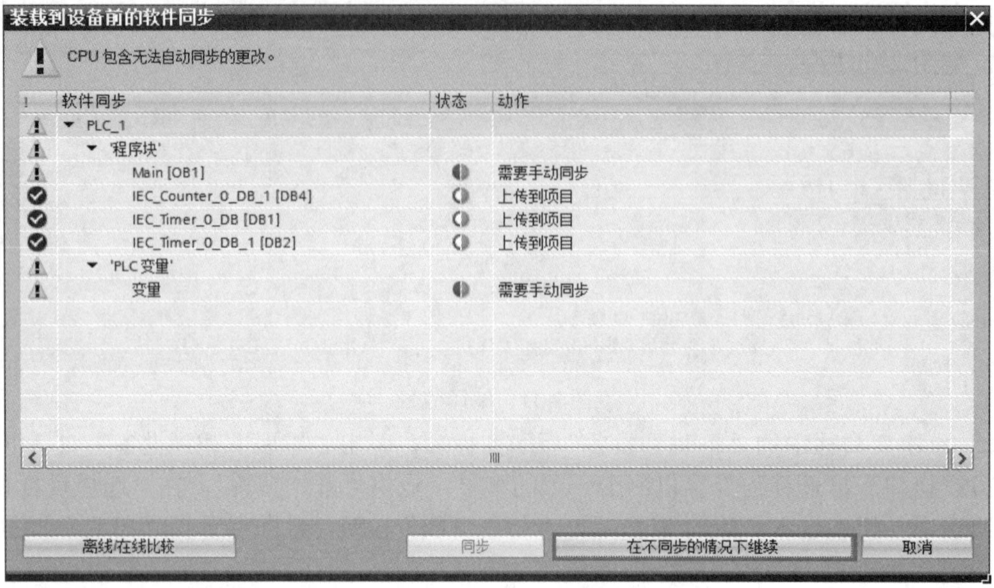

图 2-13　软件同步

④ 在“下载预览”对话框中，选择“全部停止”选项，然后点击“装载”按钮，如图 2-14 所示。

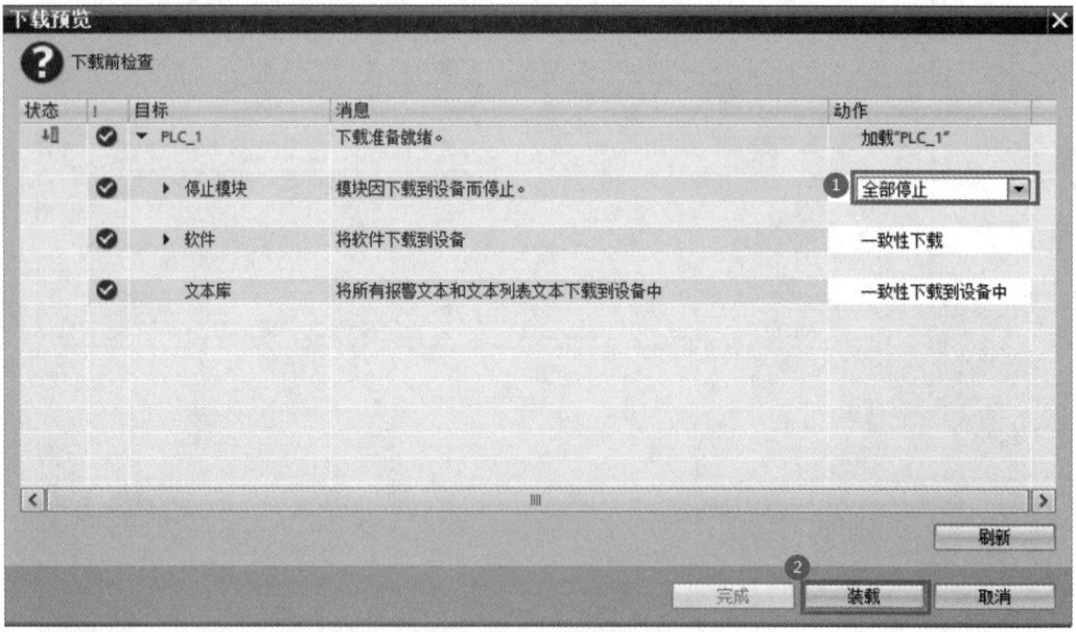

图 2-14　下载预览

⑤ 在“下载结果”对话框中，首先选择“启动模块”，然后点击“完成”按钮，完成程序下载，如图 2-15 所示。

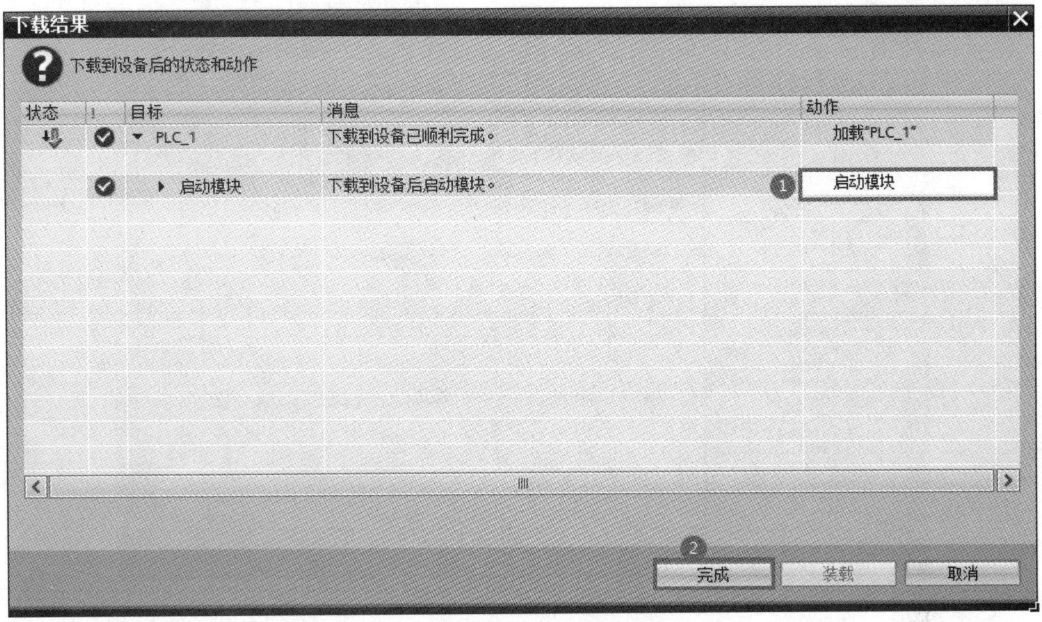

图 2-15　下载完成

(7) 运行与调试。点击程序块，进入 Main[OB1]界面，点击“启用/禁止监控”图标启用监控，如图 2-16 所示，梯形图中的绿色实线表示接通，蓝色虚线表示断开。按下外部按钮 SB1，I0.0 闭合，线圈 Q0.0 得电，指示灯 HL1 亮，如图 2-17 所示。

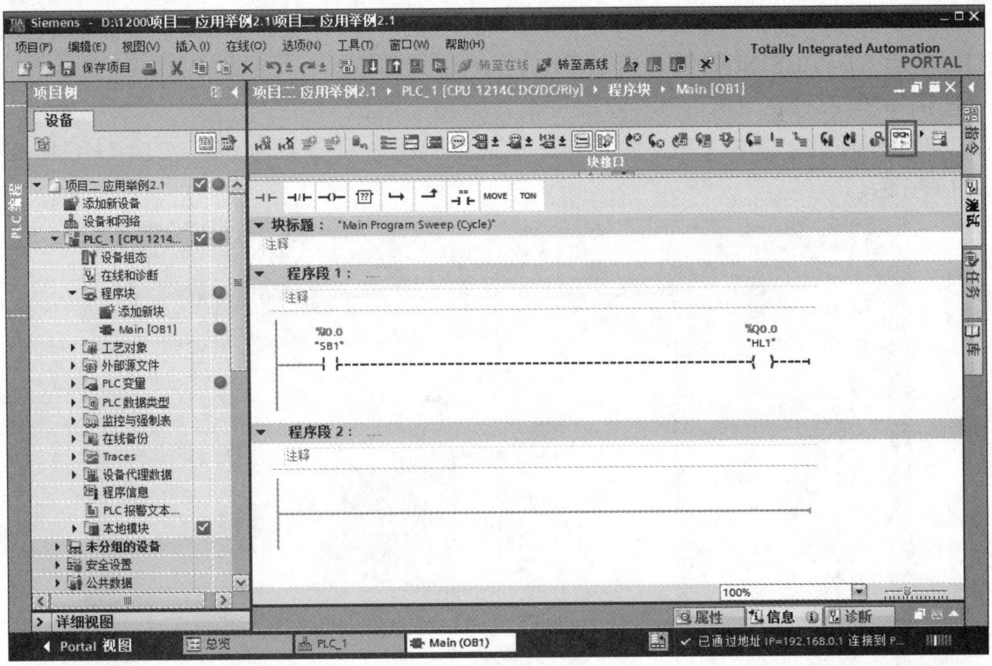

图 2-16　启用系统监视

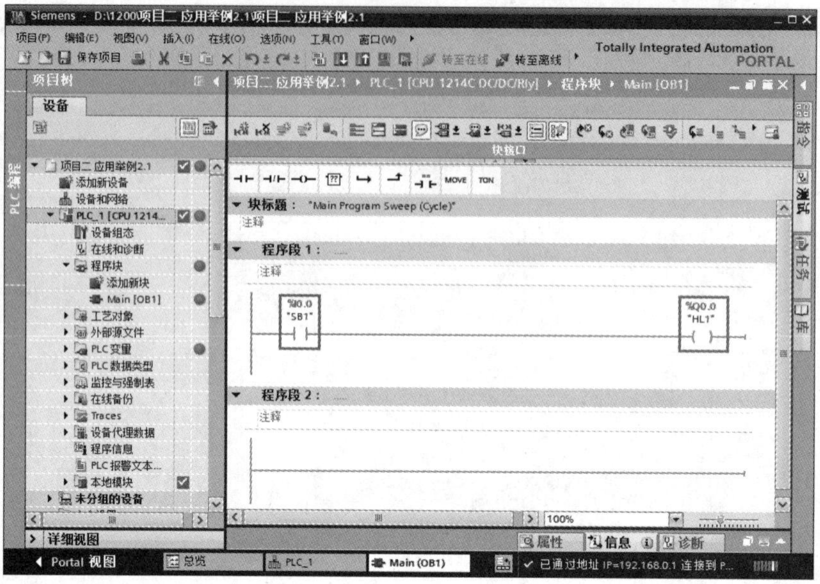

图 2-17　程序运行与调试

2.3　仿真软件 S7-PLCSIM V16 的使用

仿真软件 S7-PLCSIM V16 的使用

TIA 博途 S7-PLCSIM 软件可以对 PLC 程序进行仿真。

【应用举例 2.2】 电机启-保-停程序设计与仿真调试。

(1) 创建新项目。添加 CPU 为 1214C DC/DC/RLy，订货号为 6ES7 214-1HG40-0XB0，如图 2-18 所示。

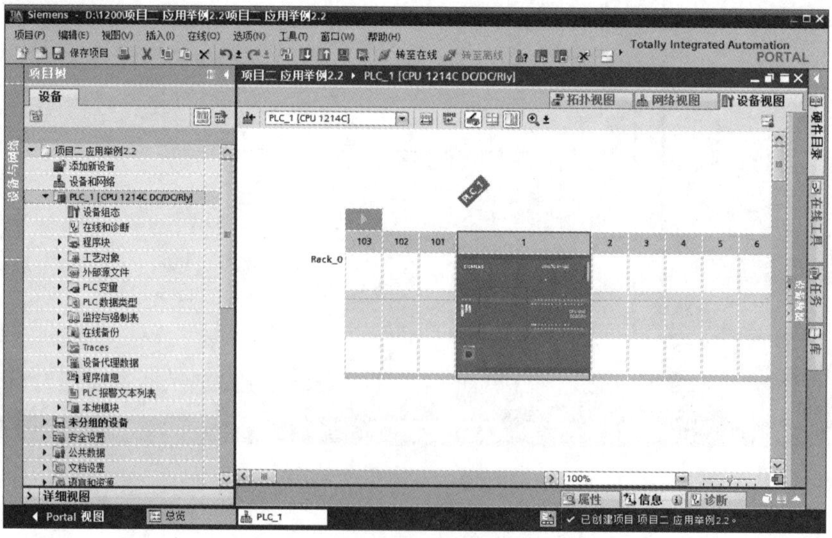

图 2-18　创建新项目

(2) 修改以太网 IP 地址。按照应用举例 2.1 的方法修改以太网 IP 地址为 192.168.0.1。

(3) 新建变量表。按照应用举例 2.1 的方法在默认变量表中输入变量地址，如图 2-19 所示。

默认变量表

	名称	数据类型	地址
	启动按钮	Bool	%I0.0
	停止按钮	Bool	%I0.1
	电机	Bool	%Q0.0

图 2-19　PLC 变量表

(4) 程序编写与编译。电机启-保-停控制程序如图 2-20 所示。

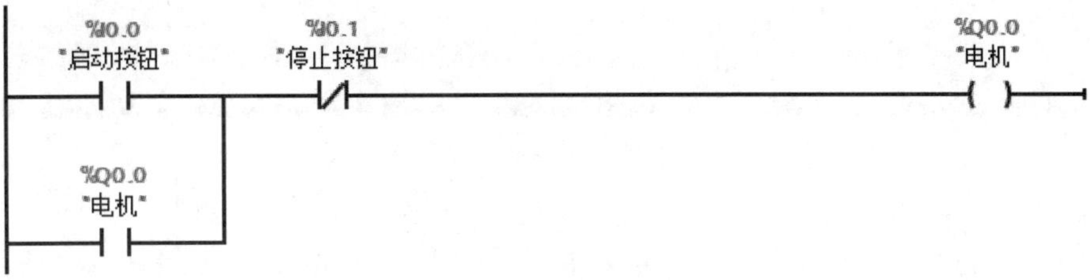

图 2-20　启-保-停控制程序

(5) 启用仿真运行。

① 点击工具栏中的“启用仿真”图标，或者在菜单栏中选择“在线”→“仿真”→“启动”，在弹出的“启用仿真支持”对话框中点击“确定”按钮，首先启动仿真程序 PLCSIM，然后进入程序下载阶段，如图 2-21 所示。

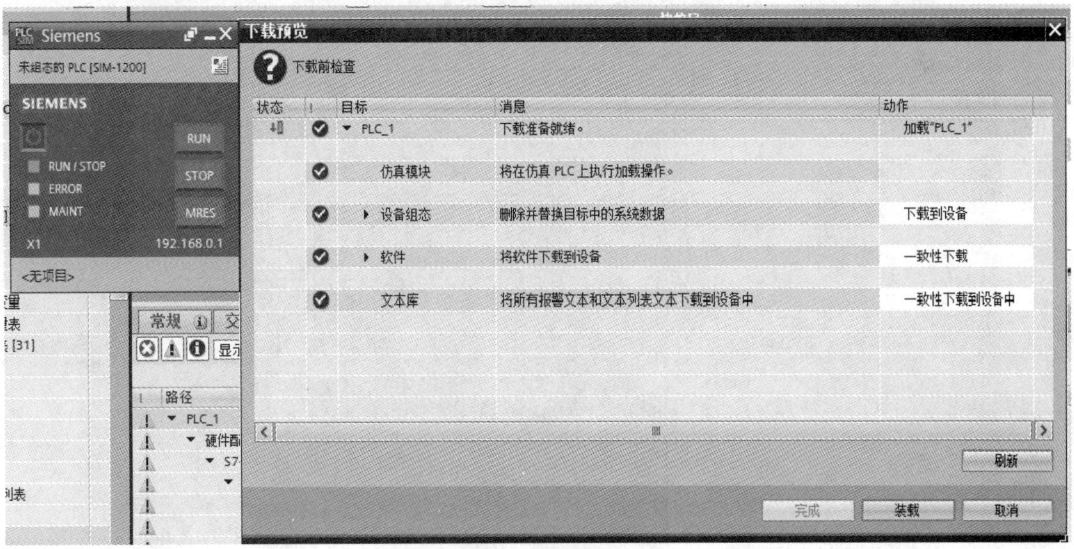

图 2-21　启用仿真设备

② 点击“下载预览”界面中的“装载”按钮，进入“下载结果”界面，如图 2-22 所示。选择“启动模块”选项，然后点击“完成”按钮。

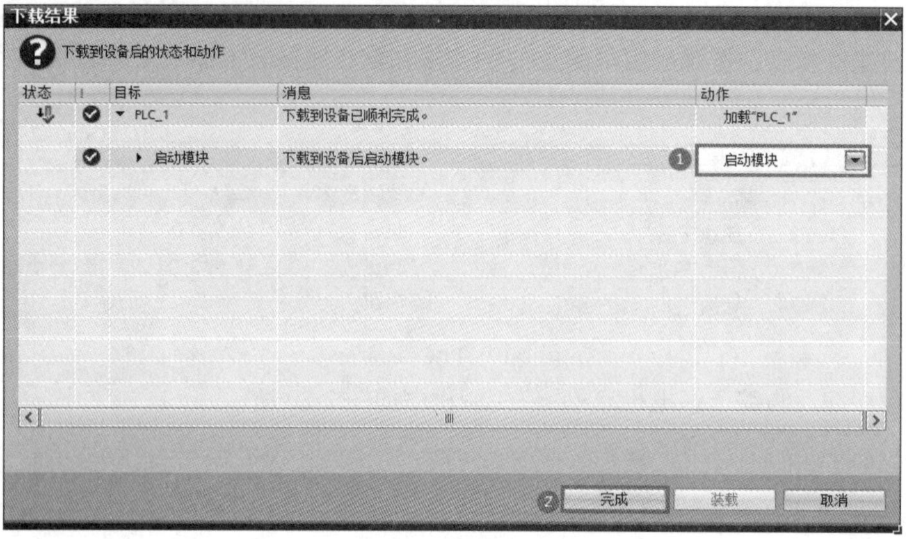

图 2-22　程序下载完成

(6) 仿真运行与调试。有两种方法可以进行程序仿真运行与调试：一种方法是在 PLCSIM 中建立仿真项目进行仿真运行与调试；另一种方法是在 TIA 博途软件中建立强制表进行仿真运行与调试。

方法一：在 PLCSIM 中创建项目进行仿真运行与调试。

① 点击 PLCSIM 小窗口中右上角的“切换到项目视图”图标，进入 PLCSIM 仿真界面，如图 2-23 所示。

图 2-23　PLCSIM 仿真界面

② 创建新仿真项目。在菜单栏中选择“项目”→“新建”或者点击工具栏中的图标，在弹出的对话框中输入项目名称，选择项目保存路径，并点击“创建”按钮(如图 2-24 所示)，完成新仿真项目的创建(如图 2-25 所示)。

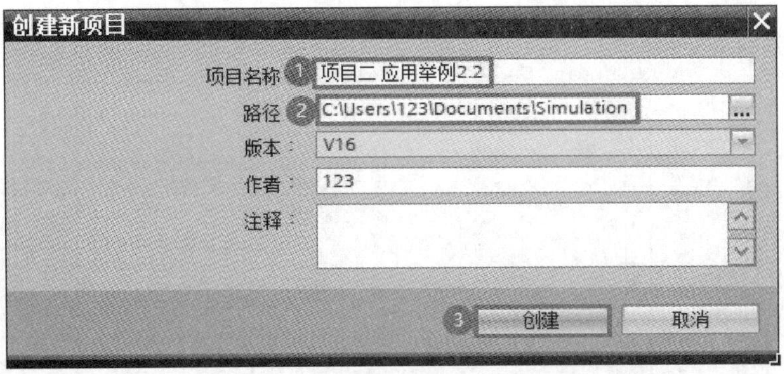

图 2-24　创建新仿真项目

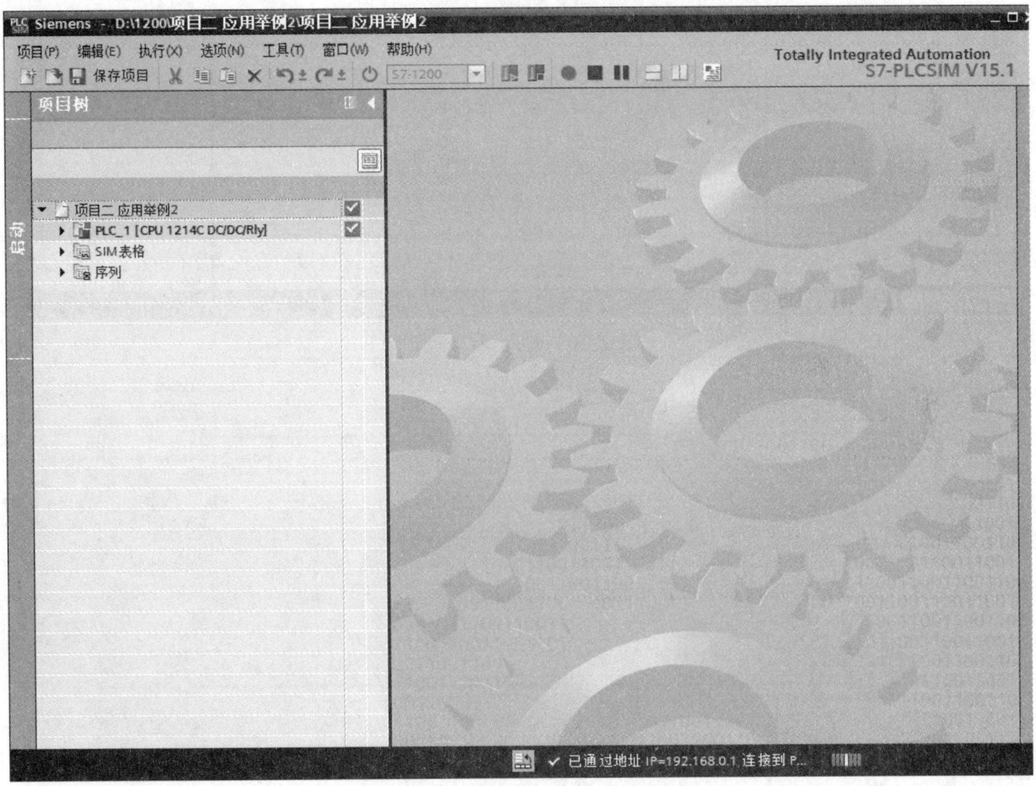

图 2-25　新仿真项目创建完成

③ 在设备组态中的地址窗格模拟启动与停止。点击“PLC_1[CPU 1214C DC/DC/Rly]”→双击“设备组态”→点击右侧“地址”窗格的展开箭头，展开“地址”选项组，可以看到创建的输入和输出信号地址，右侧 CPU 的操作面板“RUN/STOP”指示灯为绿色，表示仿真 PLC 处于运行状态，如图 2-26 所示。在“监视/修改值”栏勾选“启动按钮”，模拟按下启动按钮，此时程序段 1 中常开触点 I0.0 变成绿色，表示启动按钮被按下，同时

线圈 Q0.0 也变成绿色，表示控制电机的接触器线圈得电，电机处于运行状态，如图 2-27(a)所示。再取消勾选“启动按钮”，常开触点 I0.0 又变成蓝色虚线，表示启动按钮已经松开，但是 Q0.0 仍为绿色，说明电机处于保持运行状态，如图 2-27(b)所示。同理可以模拟按下停止按钮，使电机停止运行。

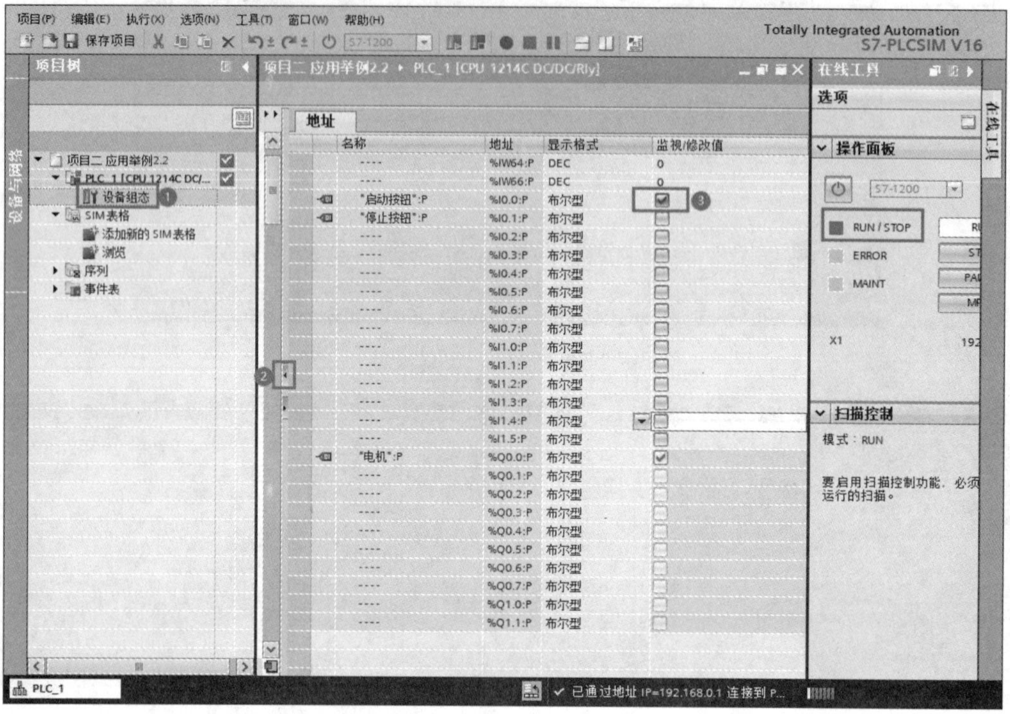

图 2-26 地址窗口展开

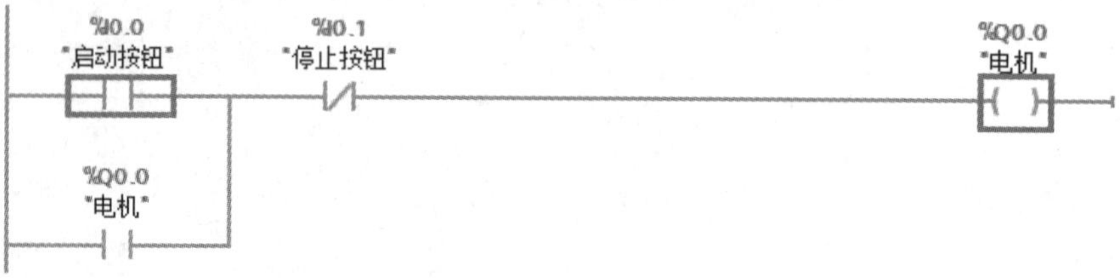

(a) 启动按钮按下

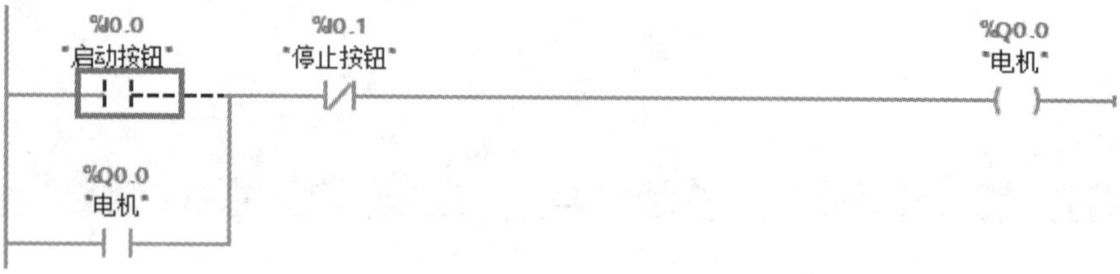

(b) 启动按钮松开

图 2-27 电机仿真运行

④ 在 SIM 表格中模拟启动与停止。点击“PLC_1[CPU 1214C DC/DC/Rly]”→双击“SIM 表格”→双击打开“SIM 表格_1”→点击“名称”栏第一行的下拉菜单按钮→选择“启动按钮”，将“启动按钮”加入 SIM 表格中，如图 2-28 所示，全部添加完成后如图 2-29 所示。

图 2-28　在 SIM 表格中添加 I/O 变量

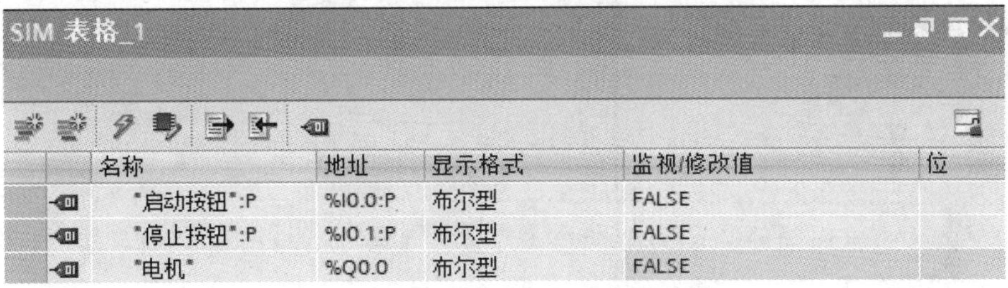

图 2-29　SIM 表格中 I/O 变量添加完成

点击“启动按钮：P”，SIM 表格下方会出现启动按钮，如图 2-30 所示。长按“启动按钮”，SIM 表格中“监视/修改值”栏“启动按钮：P”的值由“False”变为“Ture”，同时“电机”的监视值也变为“Ture”，表示电机运行，程序段 1 中的变化如图 2-27(a)所示。松开“启动按钮”，则“启动按钮：P”的值会变为“False”。也可直接在“监视/修改值”处直接输入 1 模拟按下按钮，输入 0 模拟松开按钮。模拟电机停止的方法与启动相同。

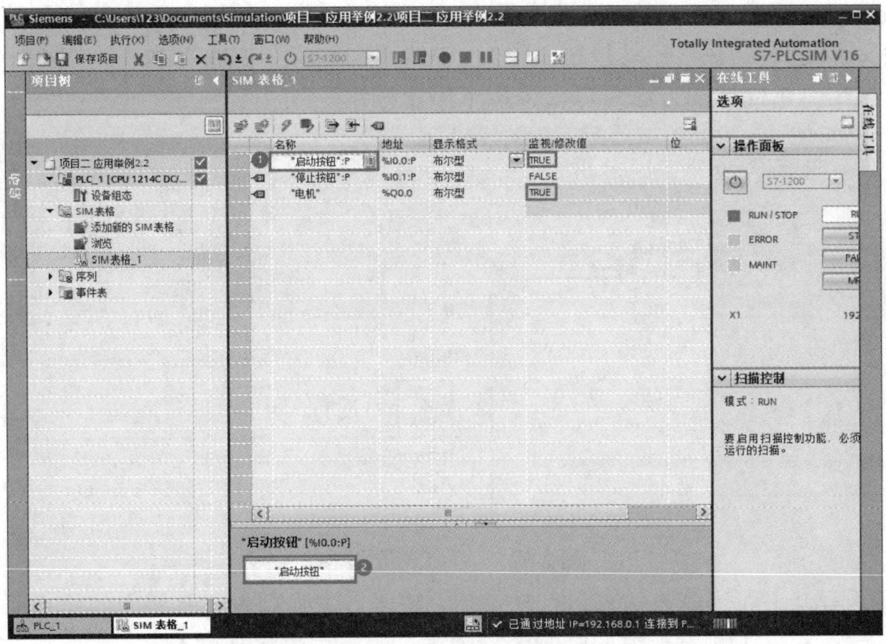

图 2-30　SIM 表格中仿真运行

方法二：在“强制表”中仿真运行。

① 建立强制表。在 TIA 博途软件程序界面的“项目树”中，点击“PLC_1[CPU 1214C DC/DC/RLy]”→点击“监控与强制表”→双击“强制表”，在打开的强制表中添加输入变量，强制表只能加强改变输入信号的值，如图 2-31 所示。

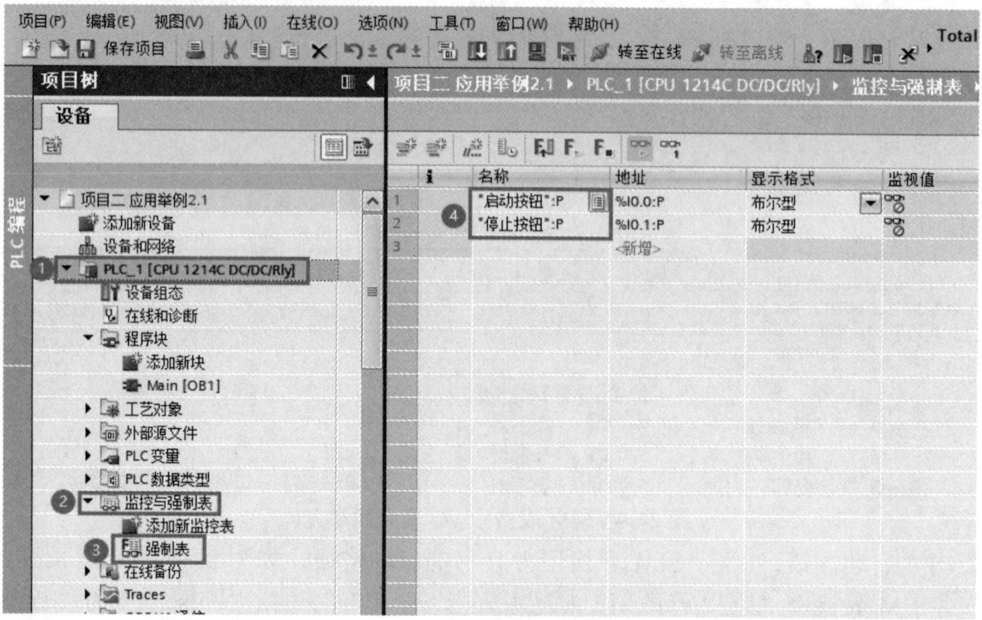

图 2-31 添加强制表

② 点击强制表工具栏中的“全部监视”图标，使强制表处于监控状态，在“启动按钮：P”行中的“强制值”栏输入 1，点击工具栏中的启动或替换可见变量的强制图标，模拟按下启动按钮，在弹出的“全部强制”界面中点击“是”，程序段 1 中的常开触点 I0.0 接通，如图 2-32 所示。在“启动按钮：P”行中的“强制值”栏输入 0，点击强制图标，模拟松开按钮。用同样的方法可以模拟按下停止按钮。

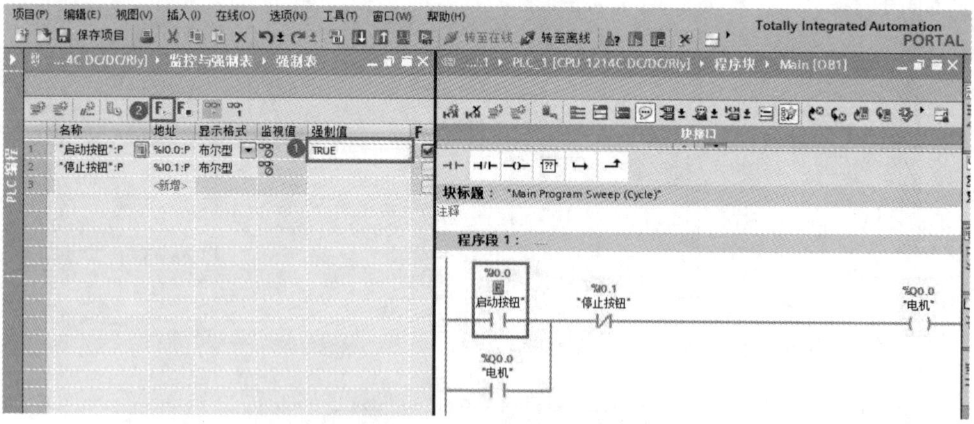

图 2-32 强制表仿真运行

③ 强制结束。在强制表仿真运行结束后，需要点击强制表工具栏中的停止所选地址的强制图标，程序中触点上方的强制图标消失，表示强制操作结束。

应用篇

项目三

三相交流异步电机的点动、连续运行控制

学习目标

1. 掌握 S7-1200 PLC 的数据类型与系统存储区。
2. 掌握 S7-1200 PLC 基本位逻辑指令及其应用。
3. 掌握简单控制程序的设计方法。

知识讲座

3.1 数据类型和数据访问

变量的数据类型

数据类型用于指定数据元素的大小和格式。在定义变量时需要设置变量的数据类型，每个指令参数至少支持一种数据类型，而有些参数则支持多种数据类型。S7-1200 PLC 的 CPU 的数据类型分为以下几种：

- 基本数据类型；
- 复杂数据类型；
- PLC 数据类型(UDT)；
- VARTIANT；
- 系统数据类型；
- 硬件数据类型。

下面只介绍基本数据类型。

1. 基本数据类型

基本数据类型有很多种，如表 3-1 所示。

表 3-1　基本数据类型

分类	数据类型	位数	取值范围	说明/举例
位	布尔(Bool)	1	1,0	TRUE, FALSE 或 1, 0
位序列	字节(Byte)	8	16#00～16#FF	MB0，IB3，QB1，DB0.DBB12
	字(Word)	16	16#0000～16#FFFF	MW0，IW2，QW1，DB0.DBW10
	双字(DWord)	32	16#00000000～16#FFFFFFFF	MD0，ID2，QD1，DB0.DBD10
整数	短整数(SInt)	8	−128～127	有符号十进制整数，如 −121,123
	整数(Int)	16	−32 768～32 767	有符号十进制整数，如 −121,123
	双整数(DInt)	32	−2 147 483 648～−2 147 483 647	有符号十进制整数，如 −121,123
	无符号短整数(USInt)	8	0～255	无符号十进制整数，如 123
	无符号整数(UInt)	16	0～65 535	无符号十进制整数，如 123
	无符号双整数(DUInt)	32	0～4 294 967 295	无符号十进制整数，如 123
浮点数	浮点数(Real)	32	正数范围： 1.175 495e−38～3.402 823e+38； 负数范围： −3.402 823e+38～−1.175 495e+38	IEEE 浮点数
	双精度浮点数(LReal)	64	正数范围：0.0， 2.225 073 858 507 201 4e−308～ 1.797 693 134 862 315 8e+308 负数范围： −1.797 693 134 862 315 8e+308～ −2.225 073 858 507 201 4e−308	
日期和时间	时间(Time)	32	IEC 时间，精度 1 ms，范围为 T#−24D20H31M23S648MS～T#24D20H31M23S647MS	所有可能的 Time 值都有效。Time 值可用于计算，可能会得出负时间
	日期(Date)	32	IEC 时间，精度 1 天，范围为 D#1990-01-01～D#2168-12-31	Date 是包含自 1990 年 1 月 1 日开始算起的天数的 16 位日期值(与 UInt 类似)。最大日期值是 65 378 (16#FF62)，该值与 2168 年 2 月 31 日相对应。所有可能的 Date 值都有效
	每天时间 TOD (TIME-OF-DAY)	32	精度 1 ms，范围为 TOD#00:00:0.000～TOD#23:59:59.999	TOD(日时钟)是包含从午夜算起的毫秒数(从 0～86 399 999)的 32 位日时钟值(与 Dint 类似)
字符	Char	8	ASCII 编码，16#20～16#7F (32～127)	任何可打印的字符，除去 DEL (16#20)和空格(16#7F)

2. S7-1200 PLC CPU 的数据访问

S7-1200 PLC CPU 的存储器分为不同的地址区，包括输入过程映像区(I)、输出过程映像区(Q)、位存储区(M)、数据块(DB)和临时存储区(L)，如表 3-2 所示。

表 3-2　S7-1200 PLC 的 CPU 地址区

地址区	可访问的地址单元	地址标识符	举　例
I	位	I	I0.0
	字节	IB	IB1
	字	IW	IW0
	双字	ID	ID0
Q	位	Q	Q0.0
	字节	QB	QB0
	字	QW	QW0
	双字	QD	QD0
M	位	M	M10.0
	字节	MB	MB10
	字	MW	MW10
	双字	MD	MD10
DB	位	DBX	DB0.DBX0.0
	字节	DBB	DB0.DBB0
	字	DBW	DB0.DBW
	双字	DBD	DB0.DBD
L	位	L	L0.0
	字节	LB	LB0
	字	LW	LW0
	双字	LD	LD0

位(bit)是存储器的最小组成部分，可存放一个二进制的状态“1”或“0”。位与字节(Byte)、字(Word)和双字(Double Word)的关系为(Byte 简写为 B，Word 简写为 W，Double Word 简写为 D)，即 1 B = 8 bit，1 W = 2 B = 16 bit，1 D = 2 W = 4B = 32 bit。

STEP 7 的寻址方式有立即寻址、直接寻址和间接寻址三种。立即寻址是指数据在指令中以常数的形式出现；直接寻址是指在指令中直接给出要访问的存储器或寄存器的名称或地址编号；间接寻址是指使用指针间接给出要访问的存储器或寄存器的地址。下面介绍直接寻址的几种方式。

1) 位寻址

位寻址是对存储器中的某一位进行读写访问。

格式：

地址标识符　字节地址.位地址

例如，I3.2，如图 3-1 所示。

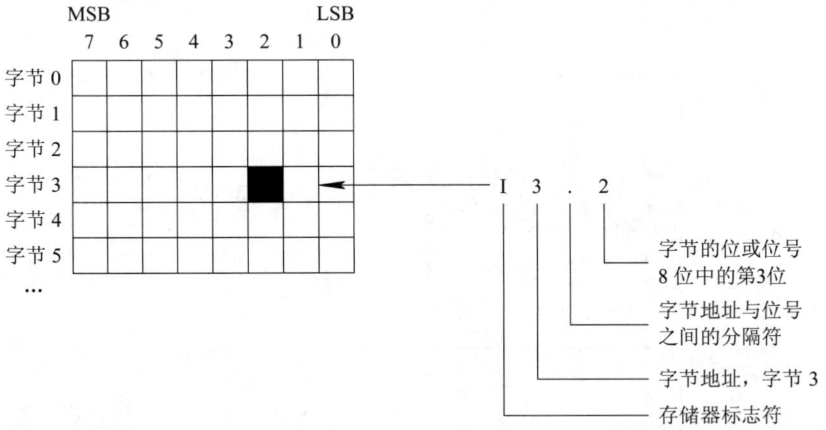

图 3-1　位寻址示意图

2) 字节寻址

字节寻址访问一个 8 位的存储区。

格式：

地址标识符 + 字节地址

例如，MB2，如图 3-2 所示。

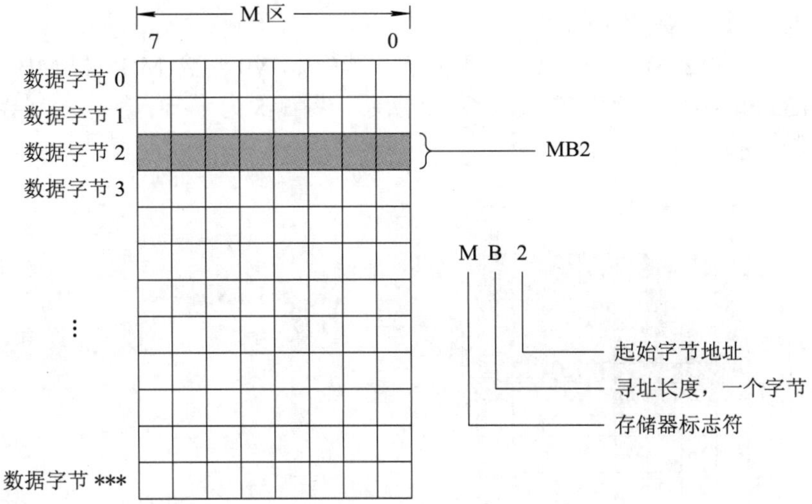

图 3-2　字节寻址示意图

3) 字寻址

字寻址访问一个 16 位的存储区，包含两个字节。

格式：

地址标识符 + 数值小的字节号

例如，MW2，包括 MB2 和 MB3 两个字节，其中 MB2 是高 8 位字节，MB3 是低 8 位字节，如图 3-3 所示。

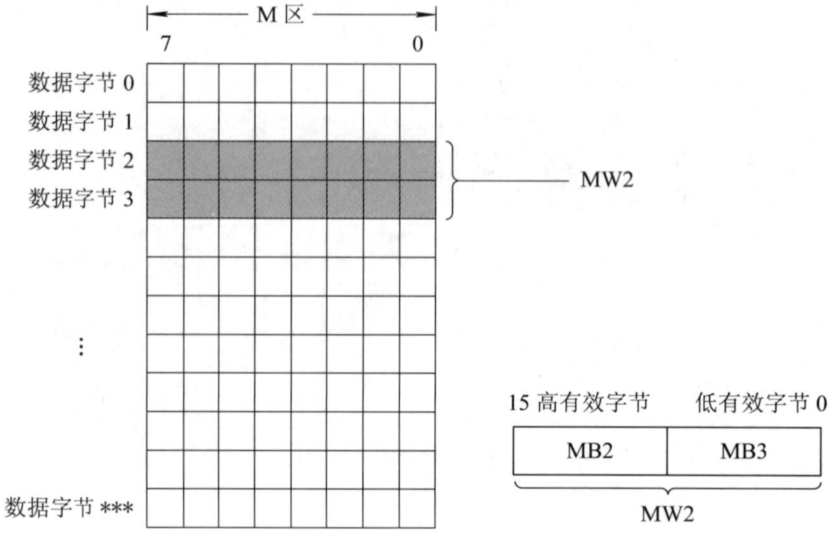

图 3-3　字寻址示意图

4) 双字寻址

双字寻址访问一个 32 位的存储区，包含 2 个字或 4 个字节。

格式：

地址标识符 + 数值小的字节号

例如：MD0，包含 MW0 和 MW2 两个字，其中 MW0 包含 MB0 和 MB1 两个字节，MW2 包含 MB2 和 MB3 两个字节，如图 3-4 所示。图 3-5 为字节、字、双字寻址的方式所对应的存储器空间。

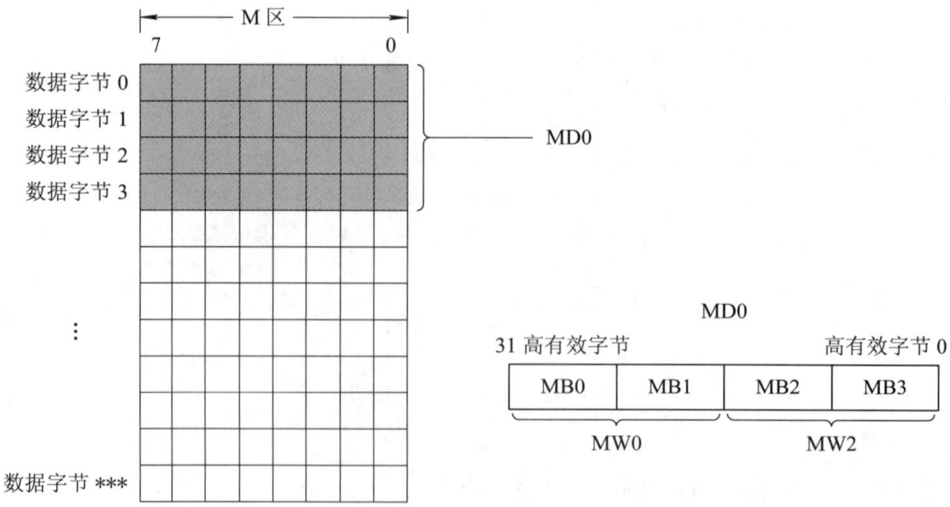

图 3-4　双字寻址示意图

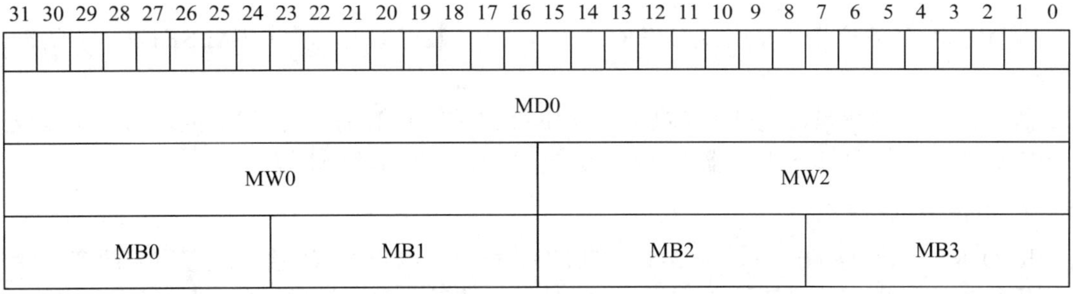

图 3-5　字节、字、双字寻址方式示意图

3.2　位逻辑指令及其应用

位逻辑指令及其应用

使用 S7-1200 PLC 的 CPU 提供的位逻辑运算指令可以实现最基本的位逻辑操作，包括常开、常闭、置位、复位、沿指令等。位逻辑指令如表 3-3 所示。

表 3-3　位逻辑指令汇总表

指　令	说　明	指　令	说　明
—| |—	常开触点	RS	复位/置位触发器
—|/|—	常闭触点	—|P|—	扫描操作数的信号上升沿
—|NOT|—	取反 RLO 触点	—|N|—	扫描操作数的信号下降沿
—( )—	线圈	—(P)—	在信号上升沿置位操作数
—(/)—	取反线圈	—(N)—	在信号下降沿置位操作数
—(S)—	置位输出	P_TRIG	扫描 RLO 的信号上升沿
—(R)—	复位输出	N_TRIG	扫描 RLO 的信号下降沿
—(SET_BF)—	置位位域	R_TRIG	检测信号上升沿
—(RESET_BF)—	复位位域	F_TRIG	检测信号下降沿
SR	置位/复位触发器		

下面介绍表 3-3 中的位逻辑指令。

1. 常开触点与常闭触点

常开触点对应位地址的位为 1(TRUE)时，常开触点闭合；为 0(FALSE)时，常开触点断开。

常闭触点对应位地址的位为 1(TRUE)时，常闭触点断开；为 0(FALSE)时，常闭触点闭合。

触点是布尔型变量，只有 1(TRUE)和 0(FALSE)两种状态，放在线圈的左边。触点位地址的存储单元可以是输入继电器 I、输出继电器 Q、位存储器 M 等。

2. 取反 RLO 触点

RLO 是逻辑运算的简称，表 3-3 中的 NOT 触点为取反 RLO 触点，它用来改变能量流的逻辑状态。如果有能量流流入取反 RLO 触点，该触点输入端的 RLO 为 1 状态，反之为 0 状态。

如果没有能量流流入取反 RLO 触点，则有能量流流出，如图 3-6(a)所示；如果有能量流流入取反 RLO 触点，则没有能量流流出，如图 3-6(b)所示。

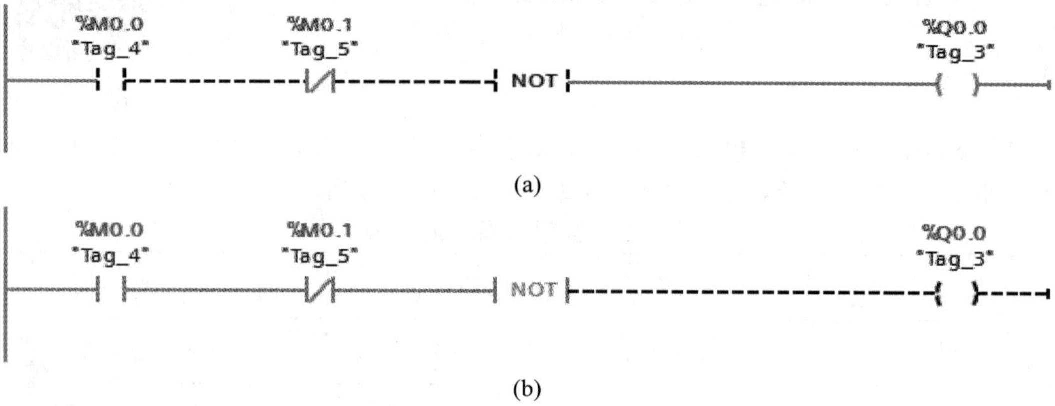

图 3-6　取反 RLO 触点示例

3. 线圈

如果有能量流流入线圈，则线圈对应的位地址存储单元为 1；如果没有能量流流入线圈，则线圈对应的位地址存储单元为 0。

4. 取反线圈

如果有能量流流入取反线圈，则取反线圈对应的位地址存储单元为 0；如果没有能量流流入取反线圈，则取反线圈对应的位地址存储单元为 1。

5. 置位输出/复位输出指令

置位输出指令将指定的位操作数置位为 1 并保持，复位输出指令将指定的位操作数复位为 0 并保持。

6. 置位位域/复位位域

置位位域指令将指定的位操作数地址开始的连续多个位地址置位为 1 并保持，复位位域指令将指定的位操作数地址开始的连续多个位地址复位为 0 并保持。

7. 置位/复位触发器与复位/置位触发器

置位/复位触发器(SR)和复位/置位触发器(RS)指令的符号如图 3-7 所示，两种触发器的输入输出关系如表 3-4 所示。SR 是复位优先触发器，如果置位(S)和复位(R1)信号都为 1，则输出为 0。RS 是置位优先触发器，如果复位(R)和置位(S1)信号都为 1，则输出为 1。

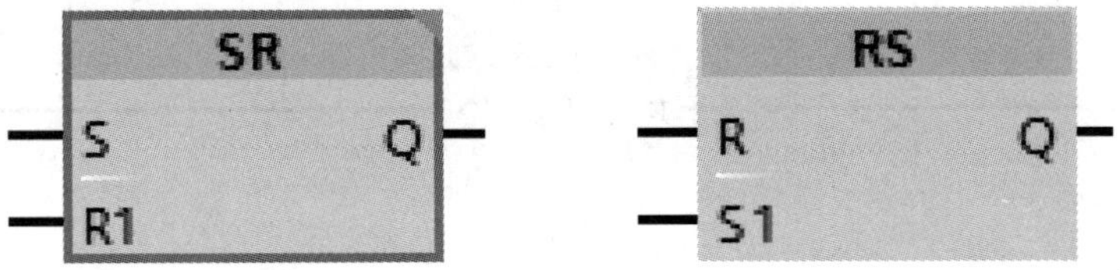

(a) SR　　(b) RS

图 3-7　SR 和 RS 指令符号

表 3-4　SR 与 RS 触发器的功能表

SR			RS		
S	R1	Q	R	S1	Q
0	0	保持前一状态	0	0	保持前一状态
0	1	0	0	1	1
1	0	1	1	0	0
1	1	0	1	1	1

【应用举例 3.1】 用单个按钮实现启动、停止控制。

方案一：在如图 3-8(a)所示的程序中，在程序运行的某个扫描周期按下启动按钮 I0.0，则触发器置位端(S)的信号为 1→M0.2 被置位为 1→触发器端(Q)输出→Q0.1 的状态由 0 为 1，同时 Q0.1 的常开触点闭合。

如果在下一个扫描周期按下启动按钮 I0.0→触发器置位端(S)和复位端(R1)的信号都为 1，由于复位优先，有 M0.2 被复位为 0→Q 端停止输出→Q0.1 的状态由 1 变为 0，系统停止输出。

方案二：在如图 3-8(b)所示的程序中，在程序运行的某个扫描周期按下启动按钮 I0.0，则触发器复位端(R)和置位端(S1)的信号都为 1，由于置位优先，M0.2 被置位为 1→触发器 Q 端输出→Q0.1 的状态变为 1，同时 Q0.1 的常闭触点断开。

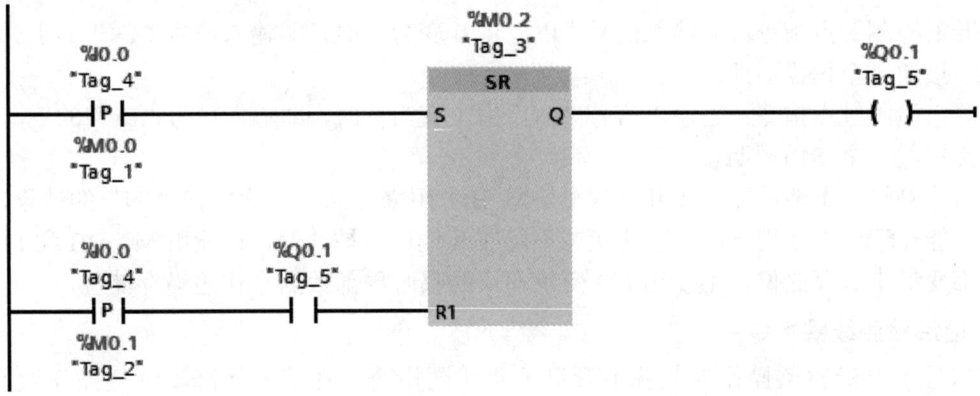

(a)　方案一

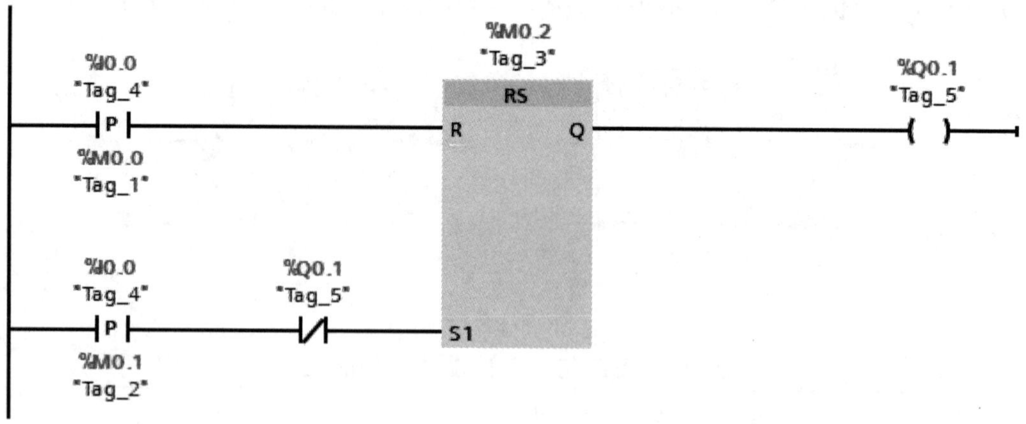

(b) 方案二

图 3-8 单个按钮控制启停

如果在下一个扫描周期再按一次启动按钮 I0.0，则触发器复位端(R)信号为 1→M0.2 被复位为 0→触发器 Q 端停止输出→Q0.1 的状态由 0 变为 1，且 Q0.1 的常闭触点恢复为闭合状态，系统停止输出。

8. 边沿检测触点指令

扫描操作数的信号上升沿又称上升沿检测触点指令，扫描操作数的信号下降沿又称下降沿检测触点指令，如图 3-9 所示。两个指令用于检测单个变量的沿信号，指令上方的操作数为待检测的变量，指令下方的操作数为上一扫描周期结果。

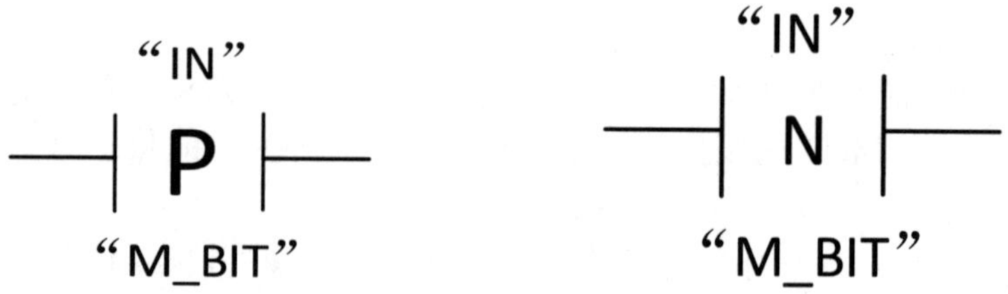

(a) 上升沿检测触点指令　　(b) 下降沿检测触点指令

图 3-9 边沿检测触点指令

上升沿检测触点指令：当输入信号“IN”由 0 变为 1 时，即输入信号“IN”的上升沿，则该触点接通一个扫描周期。

下降沿检测触点指令：当输入信号“IN”由 1 变为 0 时，即输入信号“IN”的下降沿，则该触点接通一个扫描周期。

边沿检测触点不能放在分支和结尾处。M_BIT 用来存储上一次扫描“IN”的结果，该存储位只能在程序中使用一次，它的状态不能在其他地方被改写。只能用 M、DB 和 FB 的静态局部变量来做存储位，不能用 I/O 变量和块的临时局部数据来作边沿存储位。

9. 边沿检测线圈指令

在信号上升沿置位操作数又称上升沿检测线圈指令，在信号下降沿置位操作数又称下降沿检测线圈指令，如图 3-10 所示。两个指令用于检测指令前的能量流结果的沿信号，指令上方的操作数为沿输出，指令下方的操作数为上一扫描周期结果，指令前后的能量流保持不变。

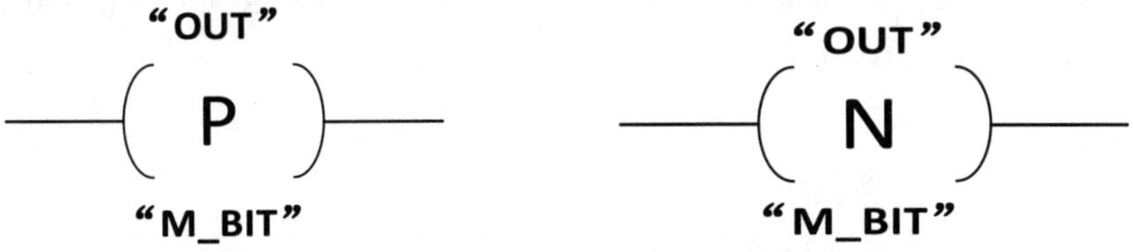

(a) 上升沿检测线圈指令　　(b) 下降沿检测线圈指令

图 3-10　边沿检测线圈指令

在图 3-11 中，当程序运行时，按下外接开关使 I0.0 变为 1，I0.0 的常开触点闭合，能量流经线圈 P 和线圈 N 流过线圈 Q0.0。在 I0.0 的上升沿，M0.0 的常开触点闭合一个扫描周期，使 Q0.1 置位输出；在 I0.0 的下降沿，M0.1 的常开触点闭合一个扫描周期，使 Q0.1 复位，波形如图 3-12 所示。

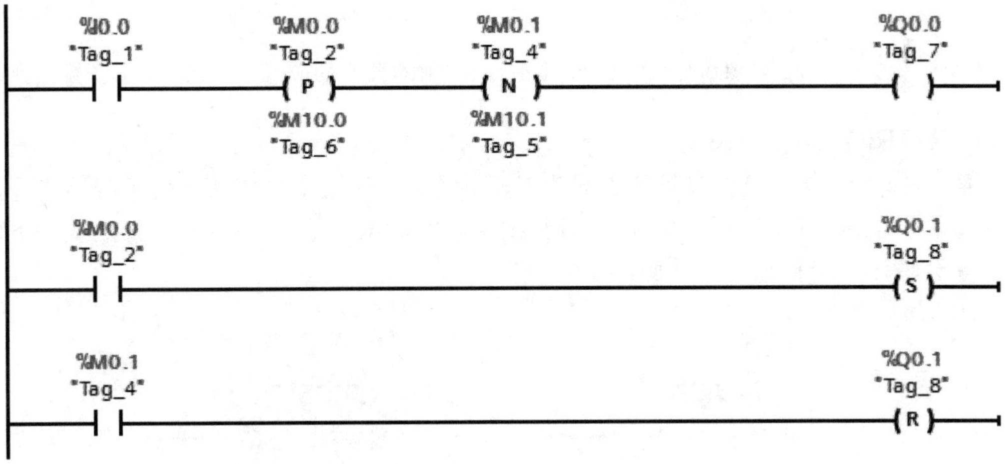

图 3-11　边沿检测线圈指令的应用

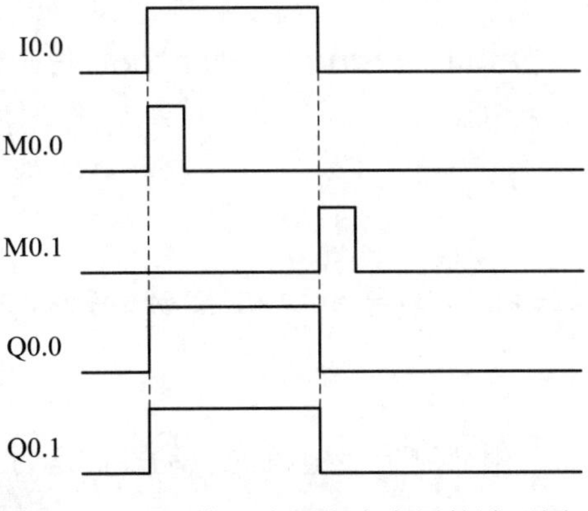

图 3-12　边沿检测线圈指令应用的波形图

10. P_TRIG 与 N_TRIG

在图 3-13 中，P_TRIG 指令扫描 RLO 的信号上升沿，在能量流流入 CLK 端的上升沿(能量流刚流进的瞬间)时，Q 端输出脉冲宽度为一个扫描周期的能量流，使 Q0.0 置位，指令下方的 M2.3 是脉冲存储位。N_TRIG 指令扫描 RLO 的信号下降沿，在能量流流入 CLK 端的下降沿(能量流刚消失的瞬间)时，Q 端输出一个扫描周期的能量流，使 Q0.0 复位，指令下方的 M2.4 是脉冲存储位。

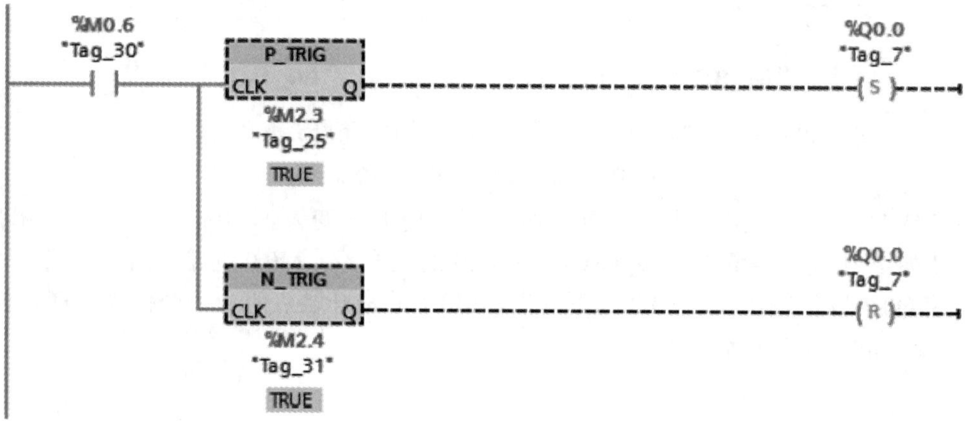

图 3-13　P_TRIG 指令与 N_TRIG 指令的应用

11. R_TRIG 与 F_TRIG

在图 3-14 中，R_TRIG 是检测信号上升沿指令，F_TRIG 是检测信号下降沿指令，它们是函数块，在调用时应为它们指定背景数据块。当 CLK 输入端检测到上升沿或者下降沿时，Q 端会输出一个扫描周期的脉冲。

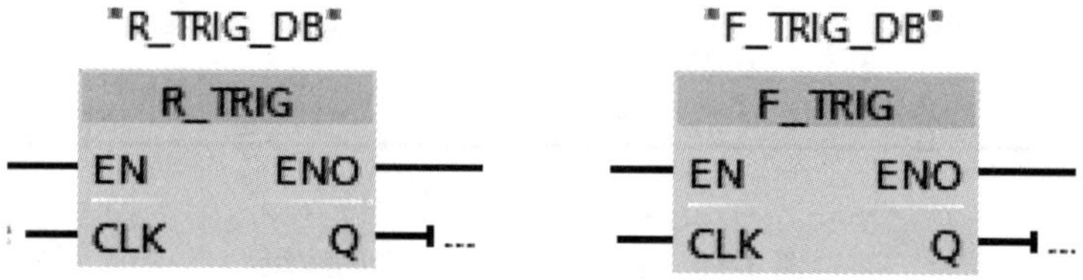

图 3-14　R_TRIG 指令与 F_TRIG 指令

工作任务

任务一　基于 PLC 的三相交流异步电机点动运行控制

基于 PLC 的三相交流异步电机点动运行控制

1. 任务要求

使用 S7-1200 PLC 实现三相交流异步电机的点动控制运行。

2. 任务分析

三相交流异步电机的点动控制要求：按下启动按钮，电机运行；松开按钮，电机停止运行。

图 3-15 为接触器控制的三相交流异步电机点动控制原理图，它由主电路和控制电路两部分组成。电机启动过程：断路器 Q1 闭合，当按下启动按钮 SB 时，交流接触器 KM 线圈得电，其主触点闭合，电机 M 启动运行；当松开按钮 SB 时，交流接触器 KM 线圈失电，其主触点断开，电机 M 停止运行。

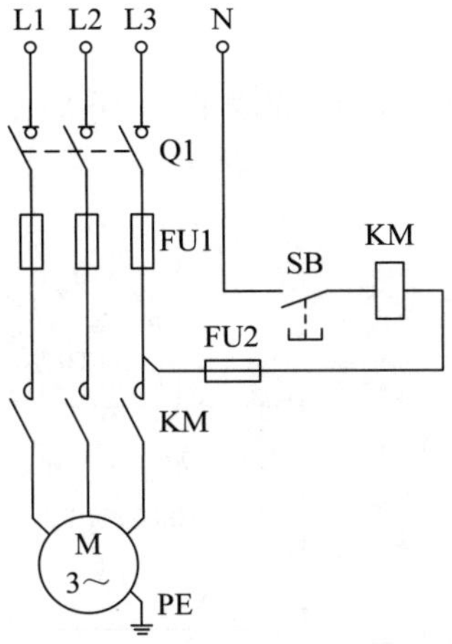

图 3-15　三相交流异步电机点动控制原理图

本任务要求使用 S7-1200 PLC 代替图 3-15 中的控制电路部分实现三相交流异步电机的点动运行。

3. 任务实施

1) 控制系统设计

根据任务分析，SB 为点动按钮，通过 PLC 输出控制 KM 线圈的得电和失电，从而控制电机的启停。由于交流接触器线圈需交流 220 V 供电，因此本项目选择继电器输出类型的 PLC，且系统只有一个输入点和一个 KM 输出点。根据以上分析，西门子 S7-1200 PLC 中 CPU 1211C DC/DC/Rly、CPU 1211C AC/DC/Rly、CPU 1212C AC/DC Rly、CPU 1212C DC/DC/Rly 等 PLC 从 I/O 点数和输出类型两方面都可以满足本项目的控制要求。本项目 PLC 选型为 CPU 1211C DC/DC/Rly，订货号为 6ES7-211-1HE40-0XB0。主要设备清单如表 3-5 所示。

表 3-5　主要设备清单

序号	名　称	型号与规格	单位	数量	备　注
1	三相交流异步电机	YS8012 60W	台	1	可根据实际情况选择电机
2	交流接触器	CJX2—1210	个	1	
3	PLC	西门子 S7-1200 1211C DC/DC/Rly	台	1	可根据实际情况选择继电器输出型 PLC

2) I/O 地址分配

I/O 地址分配如表 3-6 所示。

表 3-6 电机点动控制 I/O 分配表

输入信号			输出信号		
输入元件	作　用	输入继电器	输出元件	作　用	输出继电器
SB	点动按钮	I0.0	KM	电机接触器	Q0.0

3) 系统接线图

基于 PLC 的三相交流异步电机点动控制如图 3-16 所示，图 3-16(a)为主电路，图 3-16(b)为控制电路。

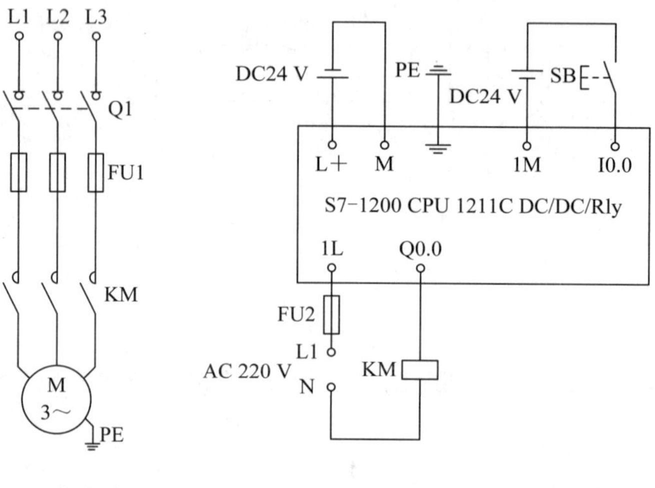

(a) 主电路　　　(b) 控制电路

图 3-16 基于 PLC 的三相交流异步电机点动控制

4) PLC 程序设计

(1) 变量定义。变量表如图 3-17 所示。

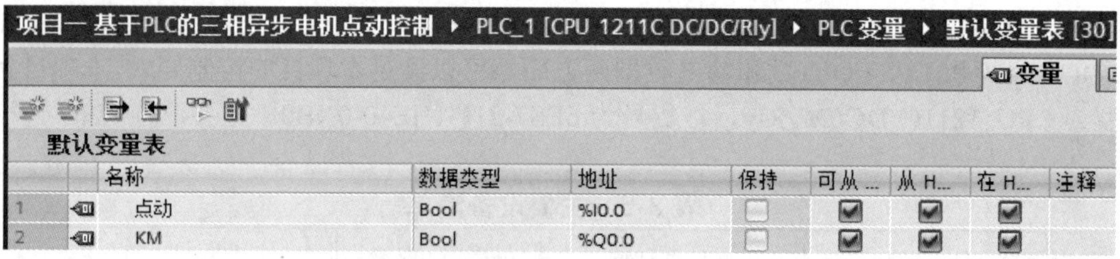

图 3-17 基于 PLC 的三相交流异步电机点动控制变量表

(2) 程序设计。梯形图如图 3-18 所示。

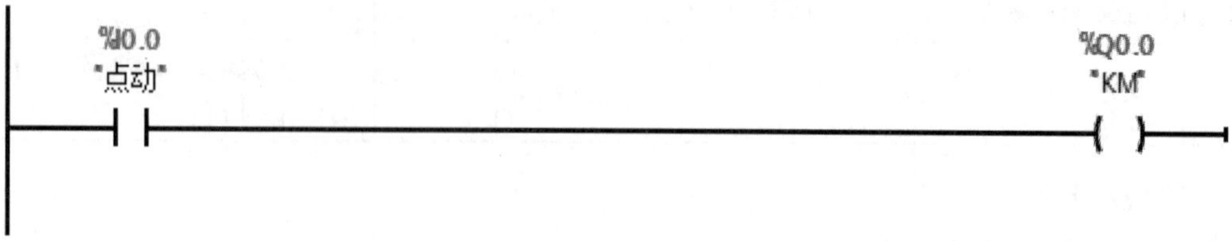

图 3-18 基于 PLC 的三相交流异步电机点动控制程序

5) 控制系统调试

按图 3-16 所示的控制原理图完成控制系统的安装接线，下载程序至 PLC，同时使 PLC 处于运行状态，合上开关 Q1，按住按钮 SB，则有 I0.0 的状态由 0 变为 1→I0.0 的常开触点闭合→输出线圈 Q0.0 置位输出→接触器 KM 线圈得电→接触器主触点闭合→三相交流异步电机得电运行。

松开按钮 SB，则 I0.0 的状态由 1 变为 0→I0.0 恢复为常开状态→输出线圈 Q0.0 复位→接触器线圈失电→接触器主触点断开→三相交流异步电机失电停止运行。

任务二　基于 PLC 的三相交流异步电机连续运行控制

基于 PLC 的三相交流异步电机连续运行控制

1. 任务要求

使用 S7-1200 PLC 实现三相交流异步电机的连续运行控制。

2. 任务分析

三相交流异步电机连续运行控制要求：按下启动按钮，电机运行；松开按钮，电机继续运行。

图 3-19 为接触器控制的三相交流异步电机连续运行控制原理图，由主电路和控制电路组成。电机启动过程：合上断路器 Q1，按下启动按钮 SB1，接触器 KM 线圈得电，其主触点闭合，电机启动，同时与 SB1 并联的接触器 KM 常开辅助触点闭合形成自锁，电机连续运行；按下停止按钮 SB0，接触器 KM 线圈失电，其主触点和常开辅助触点复位断开，电机停止运行。在运行过程中，如果电机过载，热继电器 FR 的常闭触点断开，电机停止运行。

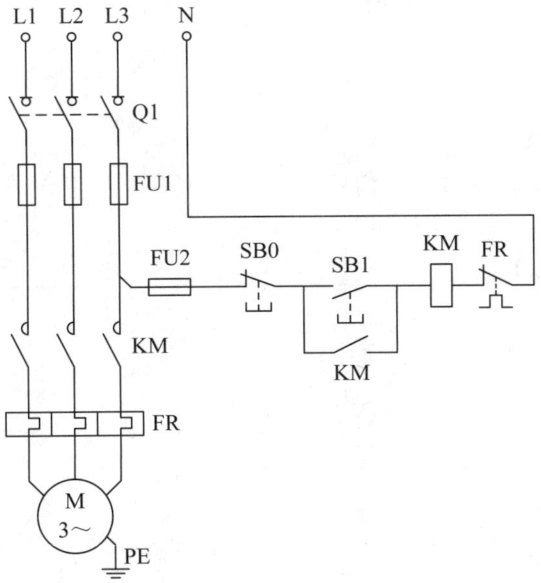

图 3-19　三相交流异步电机连续运行控制原理图

3. 任务实施

1) 控制系统设计

根据任务分析，SB0 为停止按钮，SB1 为启动按钮，通过 PLC 输出控制 KM 线圈的得电和失电来控制电机的启停。由于交流接触器线圈需交流 220 V 供电，因此本任务选择继电器输出类型的 PLC，且系统有启动、停止、过载保护 3 个输入点和一个 KM 输出点，而 S7-1200 系列 PLC 中 CPU 为 1211C 的 PLC 可以满足本任务控制要求。PLC 选型为 CPU 1211C DC/DC/RLy，订货号为 6ES7-211-1HE40-0XB0。设备清单同任务一，如表 3-5 所示。

2) I/O 地址分配

I/O 地址分配如表 3-7 所示。

表 3-7 电机点动控制 I/O 地址分配表

输 入 信 号			输 出 信 号		
输入元件	作 用	输入继电器	输出元件	作 用	输出继电器
SB0	停止按钮	I0.0	KM	电机接触器	Q0.0
SB1	启动按钮	I0.1			
FR	过载保护	I0.2			

3) 系统接线图

基于 PLC 的三相交流异步电机连续运行控制原理图如图 3-20 所示，图 3-20(a)为主电路，图 3-20(b)为控制电路。

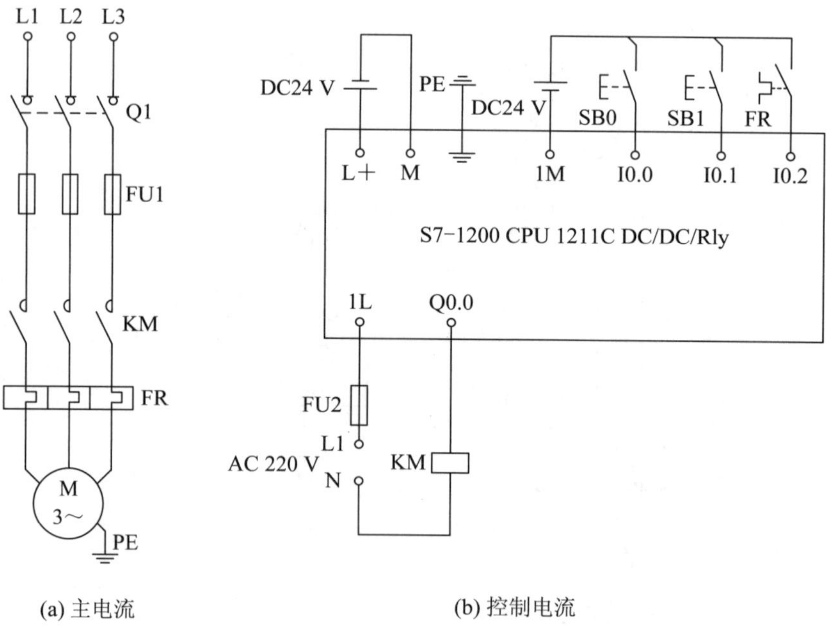

图 3-20 基于 PLC 的三相交流异步电机连续运行控制原理图

4) PLC 程序设计

(1) 变量定义。变量表如图 3-21 所示。

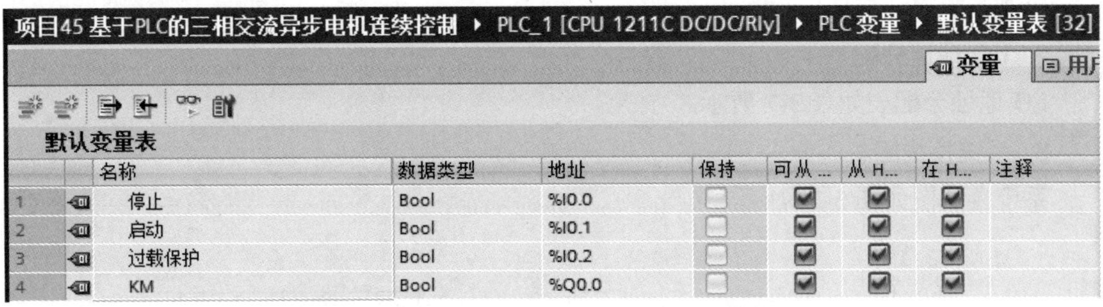

	名称	数据类型	地址	保持	可从 ...	从 H...	在 H...	注释
1	停止	Bool	%I0.0	☐	☑	☑	☑	
2	启动	Bool	%I0.1	☐	☑	☑	☑	
3	过载保护	Bool	%I0.2	☐	☑	☑	☑	
4	KM	Bool	%Q0.0	☐	☑	☑	☑	

图 3-21　基于 PLC 的三相交流异步电机连续控制变量表

(2) 程序设计。梯形图如图 3-22 所示。

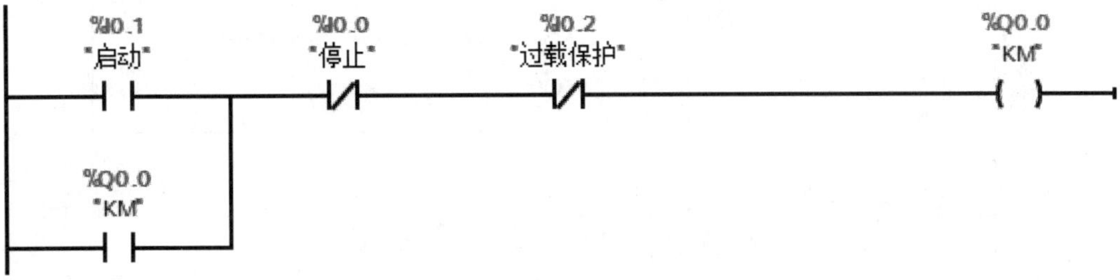

图 3-22　基于 PLC 的三相交流异步电机连续控制程序

5) 控制系统调试

按图 3-20 所示的控制原理图完成控制系统的安装接线，合上开关 Q1，同时使 PLC 处于运行状态。按下启动按钮 SB1，则有 I0.1 的状态由 0 变为 1→I0.1 的常开触点闭合→输出线圈 Q0.0 置位输出，同时 Q0.0 的常开触点闭合形成自锁→接触器 KM 线圈得电→接触器主触点闭合→三相交流异步电机得电运行。

按下停止按钮 SB0，则有 I0.0 的状态由 1 变为 0→I0.0 的常闭触点断开→输出线圈 Q0.0 复位，同时 Q0.0 的常开触点恢复为 0 状态→接触器线圈失电→接触器主触点断开→三相交流异步电机失电停止运行。

系统运行过程中，如果发生过载，则 FR 闭合→I0.2 的状态由 1 变为 0→I0.2 的常闭触点断开→输出线圈 Q0.0 复位，同时 Q0.0 的常开触点恢复为 0 状态→接触器线圈失电→接触器主触点断开→三相交流异步电机失电停止运行。

项目拓展

拓展一　PLC 输入元件常闭接法

在任务二的控制系统原理图 3-20 中，停止按钮和过载保护均采用常开接法，实际上也可以采用常闭接法，PLC控制程序相应进行变化即可。

1. 控制系统设计

控制系统设计与任务二的相同。

2. I/O地址分配

I/O地址分配表如表3-7所示。

3. 系统接线图

系统接线图如图3-23所示。

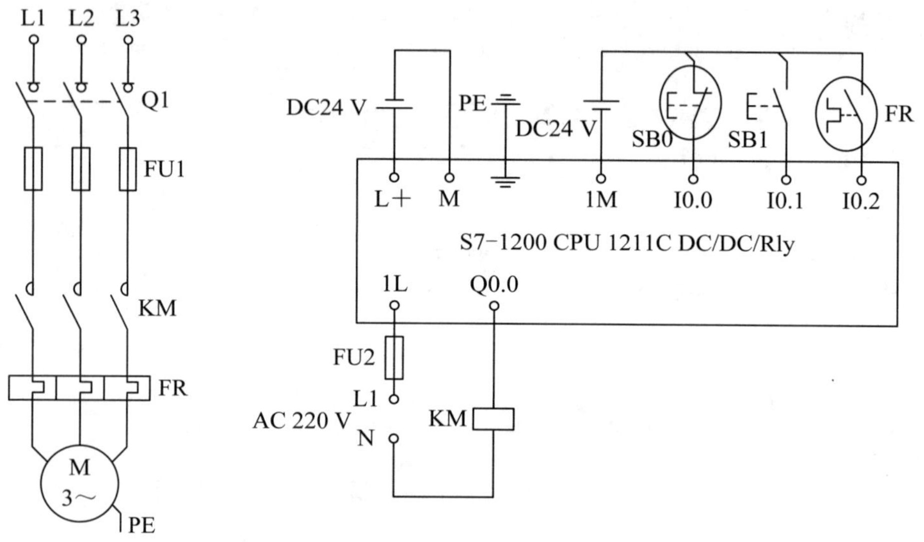

(a) 主电路　　(b) 控制电路

图3-23　基于PLC的三相交流异步电机连续运行控制原理图

4. PLC程序设计

(1) 变量定义如图3-21所示。

(2) 程序设计。梯形图如图3-24所示。

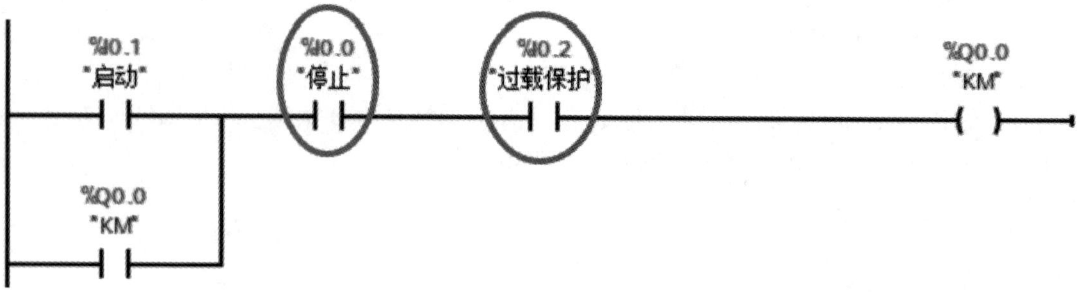

图3-24　基于PLC的三相交流异步电机连续控制程序

在图3-23中，停止按钮和过载保护均采用常闭接法，因此程序中I0.0和I0.2必须使用常开触点。

5. 系统调试

系统调试与任务二的系统调试相同。

拓展二　晶体管输出型 PLC 驱动交流负载

在任务二中，选择了继电器输出类型的 PLC，但是实际工作中，如果没有继电器输出类型的 PLC，只有晶体管输出类型的 PLC，又如何驱动交流负载呢？其实很简单，只需通过中间继电器过渡，然后再用转换电路即可，也就是将中间继电器的常开触点串联到交流接触器的线圈回路，如图 3-25 所示。在实际工程应用中，大多数会采用中间继电器过渡，可以将 PLC 与强电进行隔离，起到保护 PLC 的目的。

1. 控制系统设计

本项目可选择晶体管输出类型 PLC，S7-1200 系列中，CPU 1211C DC/DC/DC 的 PLC 满足要求，订货号为 6ES7-211-1AE40-0XB0。

2. I/O 地址分配

I/O 地址分配如表 3-7 所示。

3. 系统接线图

系统接线图如图 3-25 所示。

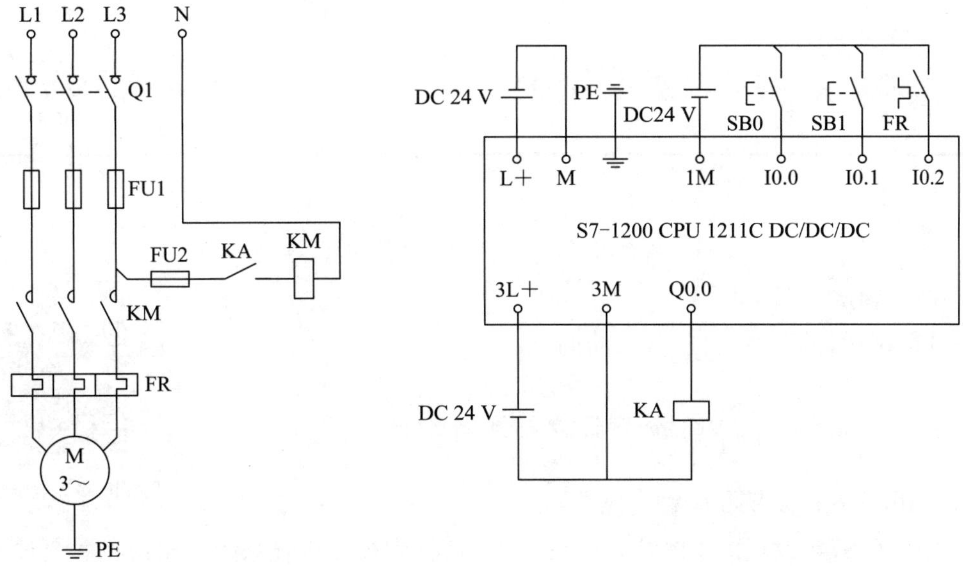

(a) 主电路　　(b) 控制电路

图 3-25　基于 PLC 的三相交流异步电机连续运行控制原理图

4. PLC 程序设计

(1) 变量定义。变量表如图 3-26 所示。

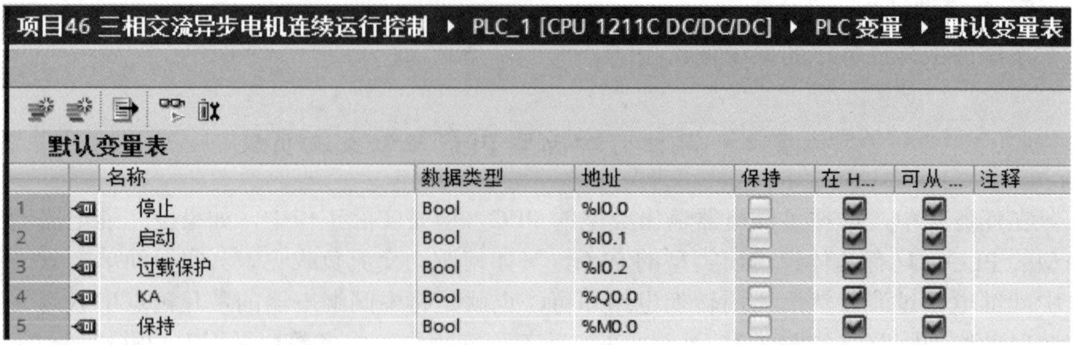
项目46 三相交流异步电机连续运行控制 ▸ PLC_1 [CPU 1211C DC/DC/DC] ▸ PLC 变量 ▸ 默认变量表

默认变量表

	名称	数据类型	地址	保持	在 H...	可从 ...	注释
1	停止	Bool	%I0.0	☐	☑	☑	
2	启动	Bool	%I0.1	☐	☑	☑	
3	过载保护	Bool	%I0.2	☐	☑	☑	
4	KA	Bool	%Q0.0	☐	☑	☑	
5	保持	Bool	%M0.0	☐	☑	☑	

图 3-26 基于 PLC 的三相交流异步电机连续控制变量表

(2) 程序设计。梯形图如图 3-27 所示。

程序段 1：启-保-停。

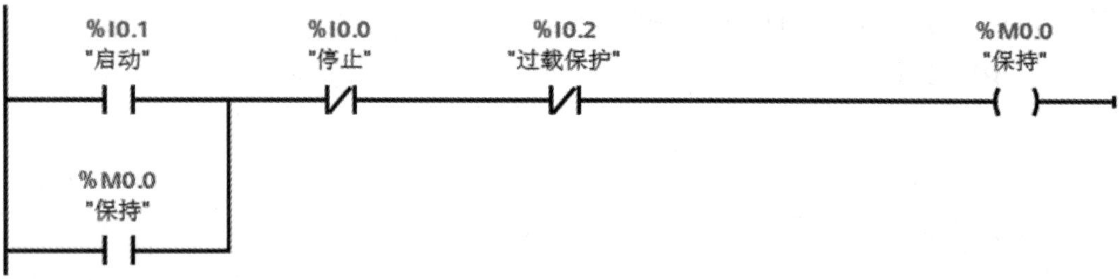

程序段 2：电机控制。

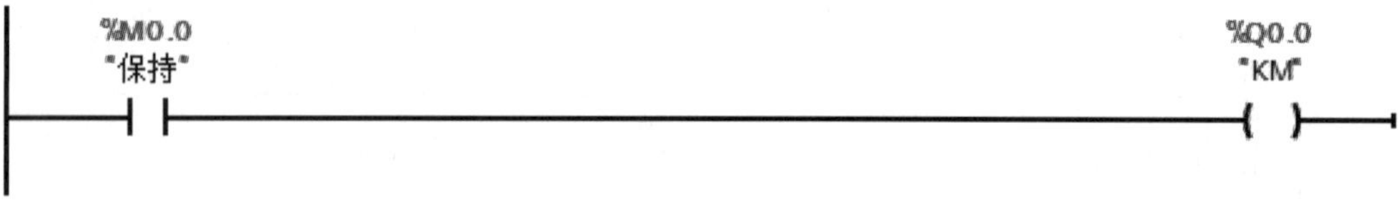

图 3-27 基于 PLC 的三相交流异步电机连续控制程序

5. 系统调试

系统调试过程同本项目任务二的调试过程。

拓展三 四路抢答器控制系统设计

四路抢答器控制系统

1. 知识讲座：系统和时钟存储器

在西门子 S7-1200 系列 PLC 中，在 CPU 属性中可以设置系统存储器和系统时钟存储器，还可以修改系统和时钟存储器的字节地址。通过依次选择“设备组态”→“属性”→“常规”→“系统和时钟存储器”可以进行相关的设置，如图 3-28 所示，系统默认的系统存储器为 MB1，时钟存储器为 MB0。

系统存储器字节提供了四个位，用户可以通过相应变量名称引用四个位。

(1) 首次扫描(FirstScan)M1.0：在启动组织块(OB)完成后的第一个扫描周期内，该位置为 1，之后的扫描周期复位为 0(也就是从第二个扫描周期开始，该位复位为 0)。

(2) 诊断状态已更改(DiagStatusUpdate)M1.1：在诊断事件之后的一个扫描周期内，该位置位为 1。由于直到首次程序循环组织块执行完后 CPU 才能置位该位，因此在启动 OB 和程序循环 OB 首次执行完成后才能判断是否发生诊断更改。

(3) 始终为 1(AlwaysTRUE)M1.2：该位始终为 1。

(4) 始终为 0(AlwaysFALSE)M1.3：该位始终为 0。

时钟存储器的每一个位都可以生成不同频率的时钟方波，被组态为时钟存储器中的 8 个位提供了 8 种不同频率的方波，可以在用户程序中用于周期性触发动作，每一位对应的时钟周期和频率见表 3-8。组态或修改了系统存储器后，要确保将配置重新下载到 CPU，否则组态不生效。

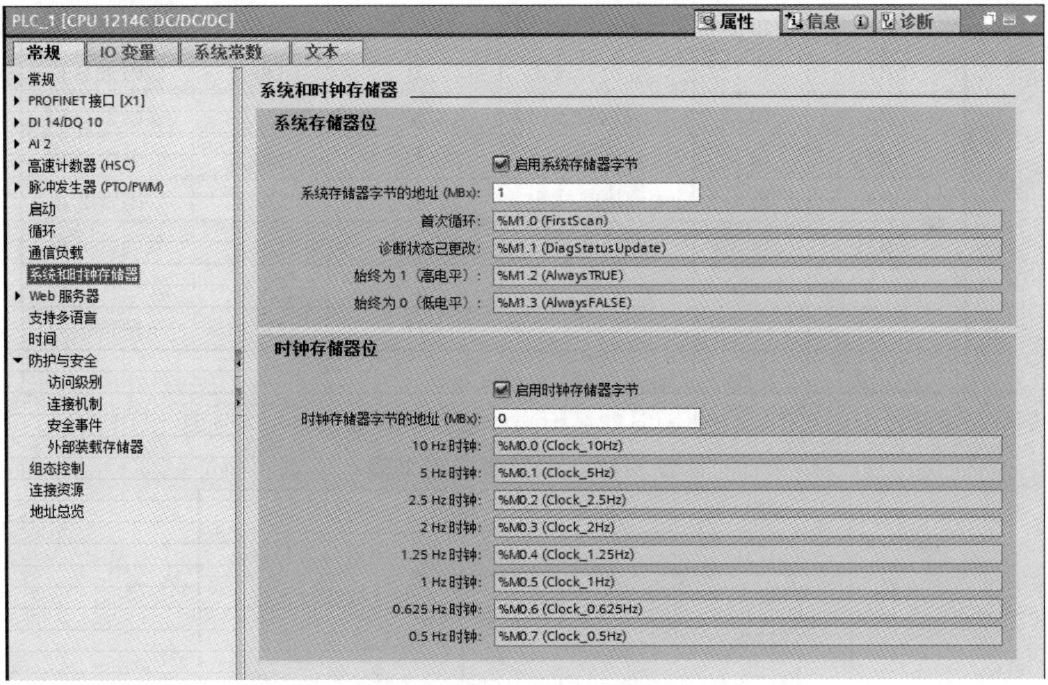

图 3-28　系统和时钟存储器

表 3-8　时钟存储器字节各位对应的时钟周期和频率

位号	7	6	5	4	3	2	1	0
周期/s	2	1.6	1	0.8	0.5	0.4	0.2	0.1
频率/Hz	0.5	0.625	1	1.25	2	2.5	5	10

2. 控制要求

设计一个 PLC 控制的四路抢答器控制系统，SB1 至 SB4 分别为 4 个选手的抢答器按钮，SB0 为出题按钮，SB5 为复位按钮。

当按下出题按钮 SB0 后，出题指示灯以 1 Hz 的频率闪烁，指示灯闪烁后方可抢答。此后任何时刻第一个按下抢答按钮，抢答成功，数码管上显示相应的数字 1～4，出题指示灯灭，此时其他选手再按按钮，抢答无效。答题结束后，按下复位按钮 SB5，数码管灭，准备下一轮的抢答。

1) 控制系统设计

本项目采用触摸屏界面模拟抢答器控制系统，因此 PLC 的选型为 CPU1214 DC/DC/RLy，订货号为 6ES7 214-1HG40-0XB0；触摸屏选用 MCGS，型号为 TPC1061Ti；采用以太网的通信方式。

2) 地址分配

四路抢答器控制系统的地址分配如表 3-9 所示。

表 3-9 四路抢答器控制系统的地址分配表

输 入 信 号			输 出 信 号		
输入元件	地址	作用	输出元件	地址	作用
SB0	I0.0	出题按钮	A	Q0.0	数码管 A 段
SB1	I0.1	1 号抢答按钮	B	Q0.1	数码管 B 段
SB2	I0.2	2 号抢答按钮	C	Q0.2	数码管 C 段
SB3	I0.3	3 号抢答按钮	D	Q0.3	数码管 D 段
SB4	I0.4	4 号抢答按钮	E	Q0.4	数码管 E 段
SB5	I0.5	复位按钮	F	Q0.5	数码管 F 段
			G	Q0.6	数码管 G 段
			H	Q0.7	出题指示灯

在本项目程序编写中，需要定义部分中间变量，位存储区的分配如表 3-10 所示。

表 3-10 中间变量定义表

地址	标志符号	作用
M2.0	F0	出题标志位
M2.1	F1	1 号抢答标志位
M2.2	F2	2 号抢答标志位
M2.3	F3	3 号抢答标志位
M2.4	F4	4 号抢答标志位

3) 数码管及真值表

数码管用来显示抢答选手的编号(数码管的结构如图 3-29 所示)，其通过 a～g 七段数码管的亮灭组合显示相应的数字，因此需要对选手编号进行译码，M2.1～M2.4 为 4 位选手抢答的标志位，它们分别与 I0.1、I0.2、I0.3、I0.4 对应，数码管译码真值表如表 3-11 所示。

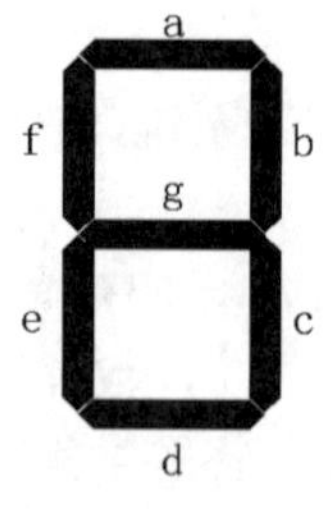

图 3-29 数码管的结构

表 3-11　数码管译码真值表

数码管地址	1(M2.1)	2(M2.2)	3(M2.3)	4(M2.4)
Q0.0 (A)	0	1	1	0
Q0.1 (B)	1	1	1	1
Q0.2 (C)	1	0	1	1
Q0.3 (D)	0	1	1	0
Q0.4 (E)	0	1	0	0
Q0.5 (F)	0	0	0	1
Q0.6 (G)	0	1	1	1

根据表 3-11 可以得出每段数码管输出的关系表达式，如下所示。

Q0.0= M2.2+M2.3

Q0.1= M2.1+M2.2+ M2.3+M2.4

Q0.2= M2.1+ M2.3+M2.4

Q0.3= M2.2+ M2.3

Q0.4= M2.2

Q0.5= M2.4

Q0.6= M2.2+ M2.3+M2.4

以上关系表达式表示每段数码管在相应选手抢答成功后需要亮起，例如 Q0.0= M2.2+M2.3，表示 2 号选手或 3 号选手任何一人抢答成功后，数码管 A 段都需要亮起；Q0.2= M2.1+ M2.3+M2.4，表示 1 号选手、3 号选手或 4 号选手任何一人抢答成功，数码管 C 段都需要亮起，其他表达式依次类推。

4) 设备组态

(1) 组态系统和时钟存储器。组态系统和时钟存储器如图 3-30 所示。

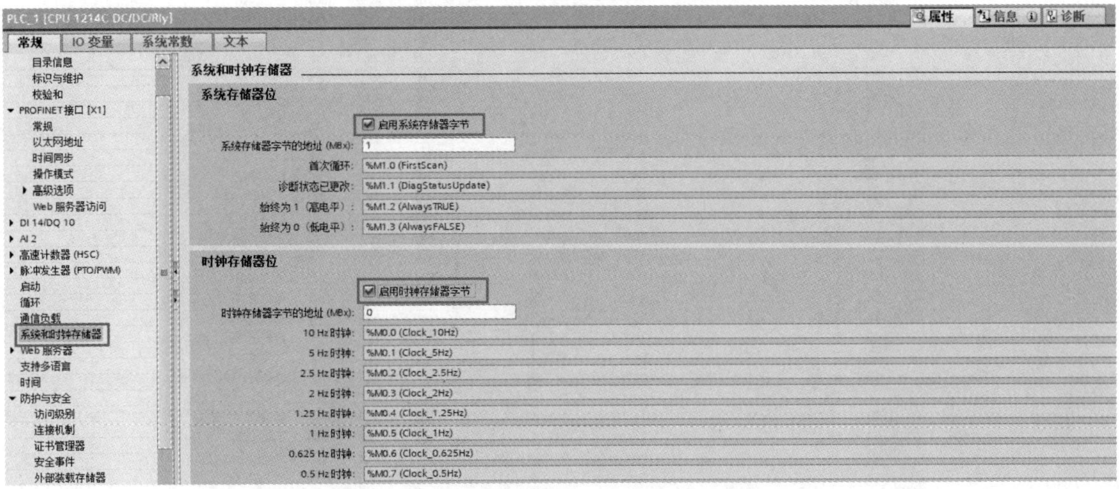

图 3-30　组态系统和时钟存储器

(2) 连接机制组态。双击 PLC_1 中的“设备组态”→“属性”→“常规”→“防护与安全”→“连接机制”，勾选“允许来自远程对象的 PUT/GET 通信访问”，如图 3-31 所示。

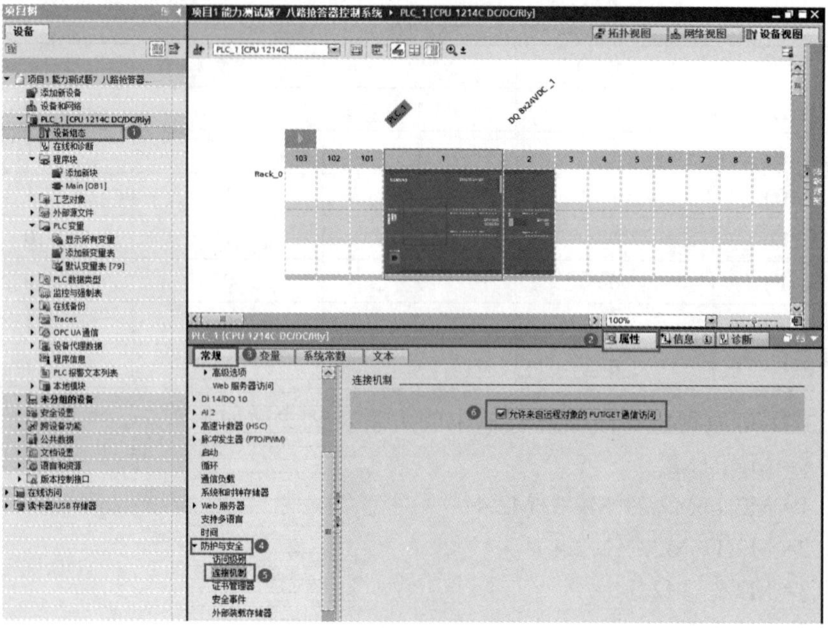

图 3-31　连接机制组态

5) 变量定义

变量表如图 3-32 所示。

项目1 项目三 四路抢答器控制系统 ▸ PLC_1 [CPU 1214C DC/DC/Rly] ▸ PLC 变量 ▸ 默认变量表 [62]

默认变量表

	名称	数据类型	地址	保持	从 H...	从 H...	在 H...	注释
1	System_Byte	Byte	%MB1	☐	☑	☑	☑	
2	FirstScan	Bool	%M1.0	☐	☑	☑	☑	
3	DiagStatusUpdate	Bool	%M1.1	☐	☑	☑	☑	
4	AlwaysTRUE	Bool	%M1.2	☐	☑	☑	☑	
5	AlwaysFALSE	Bool	%M1.3	☐	☑	☑	☑	
6	Clock_Byte	Byte	%MB0	☐	☑	☑	☑	
7	Clock_10Hz	Bool	%M0.0	☐	☑	☑	☑	
8	Clock_5Hz	Bool	%M0.1	☐	☑	☑	☑	
9	Clock_2.5Hz	Bool	%M0.2	☐	☑	☑	☑	
10	Clock_2Hz	Bool	%M0.3	☐	☑	☑	☑	
11	Clock_1.25Hz	Bool	%M0.4	☐	☑	☑	☑	
12	Clock_1Hz	Bool	%M0.5	☐	☑	☑	☑	
13	Clock_0.625Hz	Bool	%M0.6	☐	☑	☑	☑	
14	Clock_0.5Hz	Bool	%M0.7	☐	☑	☑	☑	
15	SB0	Bool	%I0.0	☐	☑	☑	☑	出题按钮
16	SB1	Bool	%I0.1	☐	☑	☑	☑	1号抢答按钮
17	SB2	Bool	%I0.2	☐	☑	☑	☑	2号抢答按钮
18	SB3	Bool	%I0.3	☐	☑	☑	☑	3号抢答按钮
19	SB4	Bool	%I0.4	☐	☑	☑	☑	4号抢答按钮
20	SB5	Bool	%I0.5	☐	☑	☑	☑	复位按钮
21	A	Bool	%Q0.0	☐	☑	☑	☑	数码管A段
22	B	Bool	%Q0.1	☐	☑	☑	☑	数码管B段
23	C	Bool	%Q0.2	☐	☑	☑	☑	数码管C段
24	D	Bool	%Q0.3	☐	☑	☑	☑	数码管D段
25	E	Bool	%Q0.4	☐	☑	☑	☑	数码管E段
26	F	Bool	%Q0.5	☐	☑	☑	☑	数码管F段
27	G	Bool	%Q0.6	☐	☑	☑	☑	数码管G段
28	H	Bool	%Q0.7	☐	☑	☑	☑	出题指示灯
29	F0	Bool	%M2.0	☐	☑	☑	☑	出题标志位
30	F1	Bool	%M2.1	☐	☑	☑	☑	1号抢答标志位
31	F2	Bool	%M2.2	☐	☑	☑	☑	2号抢答标志位
32	F3	Bool	%M2.3	☐	☑	☑	☑	3号抢答标志位
33	F4	Bool	%M2.4	☐	☑	☑	☑	4号抢答标志位

图 3-32　四路抢答器控制系统变量表

6) 程序设计

程序总体结构如图 3-33 所示，梯形图如图 3-34 所示。

图 3-33　四路抢答器程序总体结构

程序段 1：系统复位。

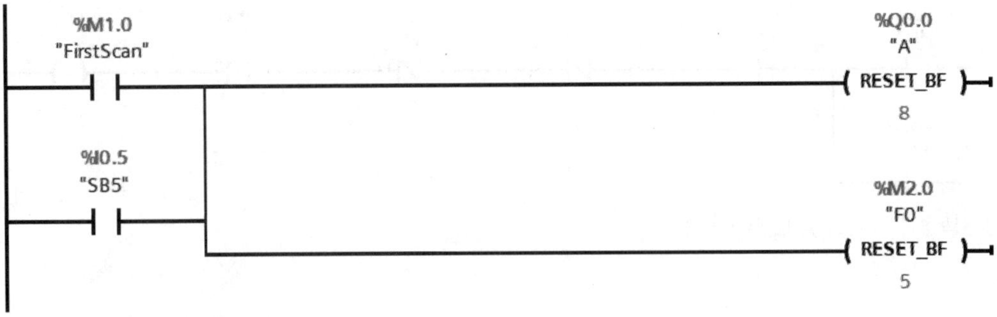

程序段 2：主持人出题。

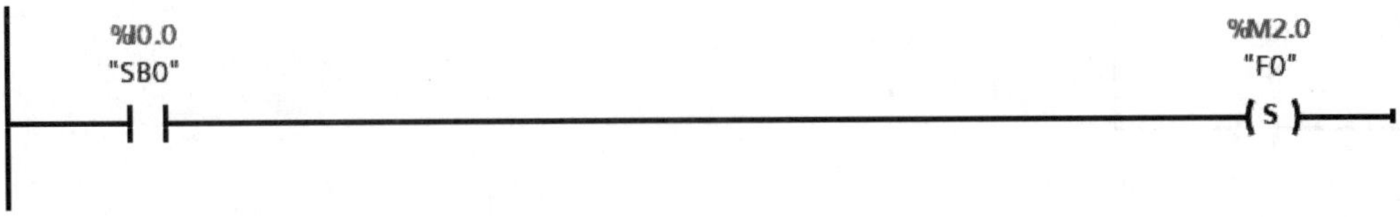

程序段 3：出题指示灯控制。

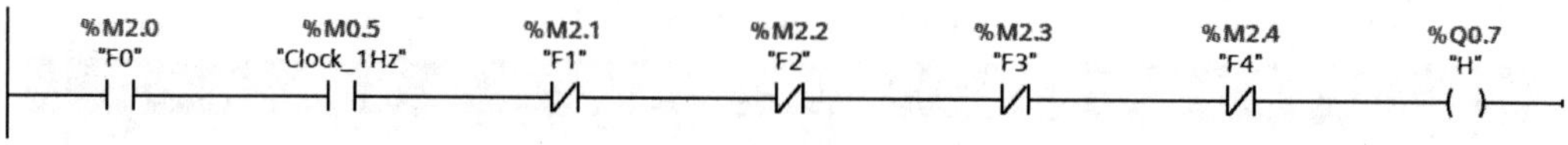

程序段 4：1 号选手抢答。

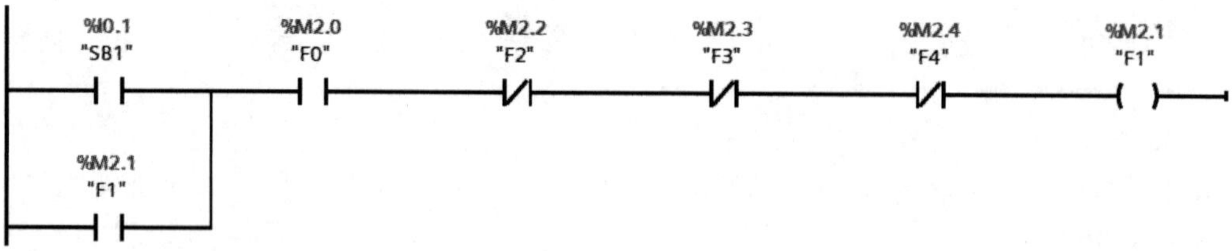

程序段 5：2 号选手抢答。

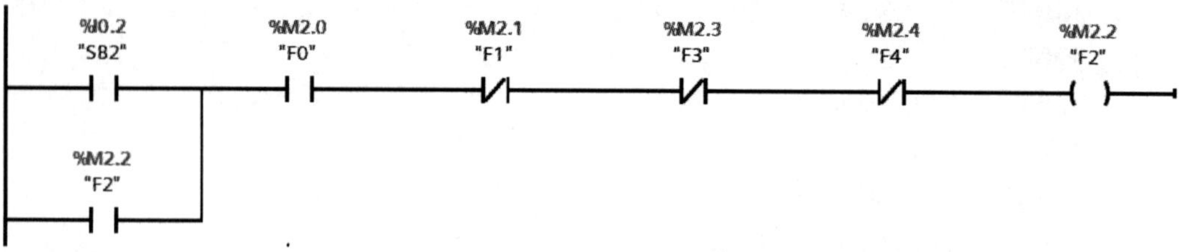

程序段 6：3 号选手抢答。

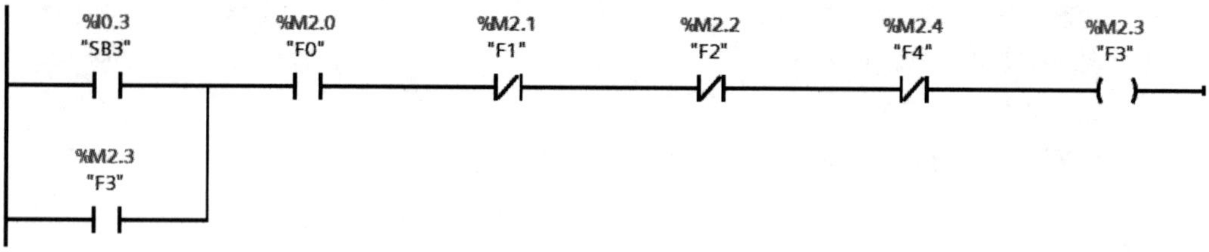

程序段 7：4 号选手抢答。

程序段 8：数码管 A 段显示控制。

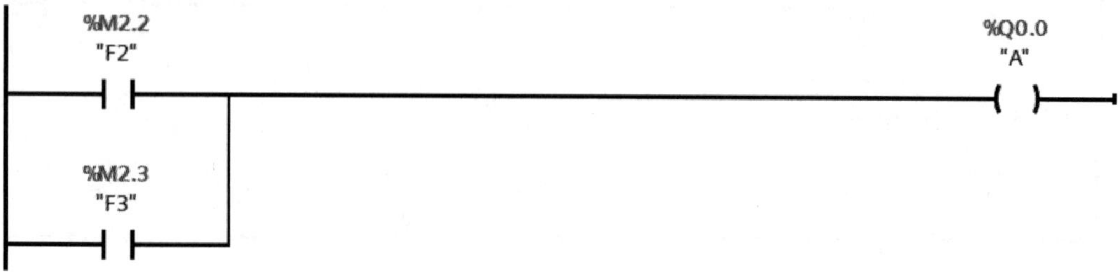

程序段 9：数码管 B 段显示控制。

程序段 10：数码管 C 段显示控制。

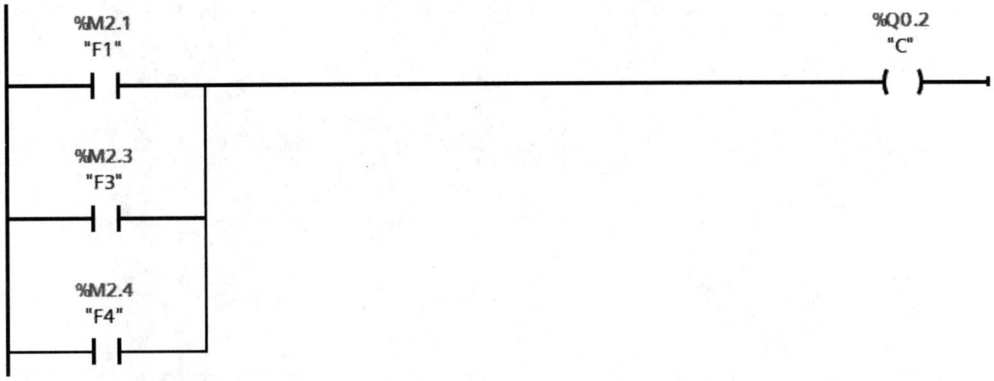

程序段 11：数码管 D 段显示控制。

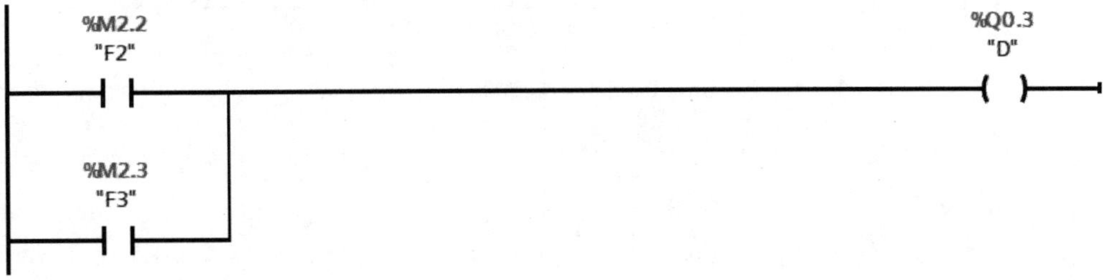

程序段 12：数码管 E 段显示控制。

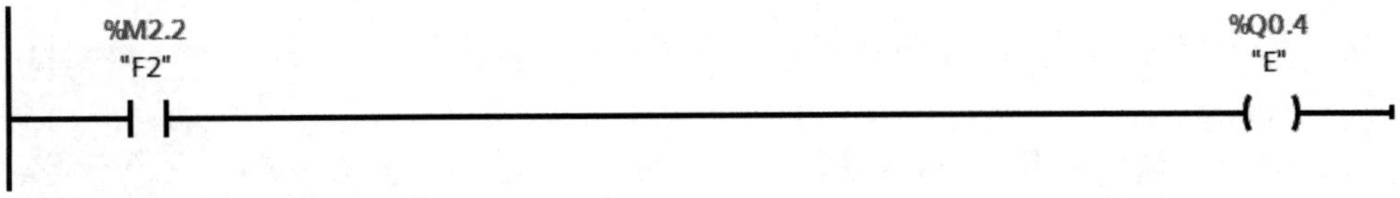

程序段 13：数码管 F 段显示控制。

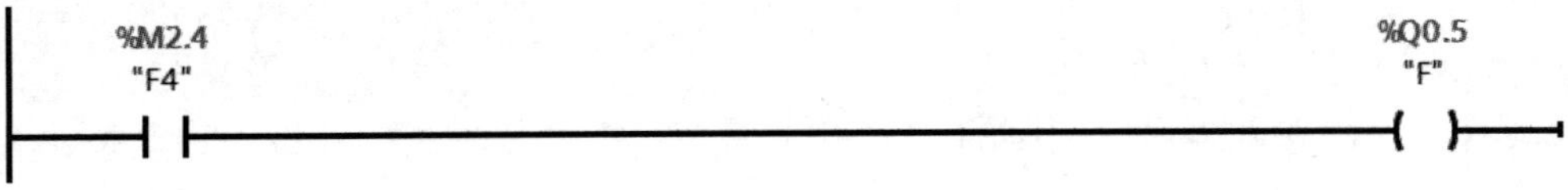

程序段 14：数码管 G 段显示控制。

图 3-34　四路抢答器控制系统梯形图

5) 抢答器控制系统界面设计

四路抢答器控制系统的界面如图 3-35 所示，MCGS 触摸屏详细操作步骤见附录 I。

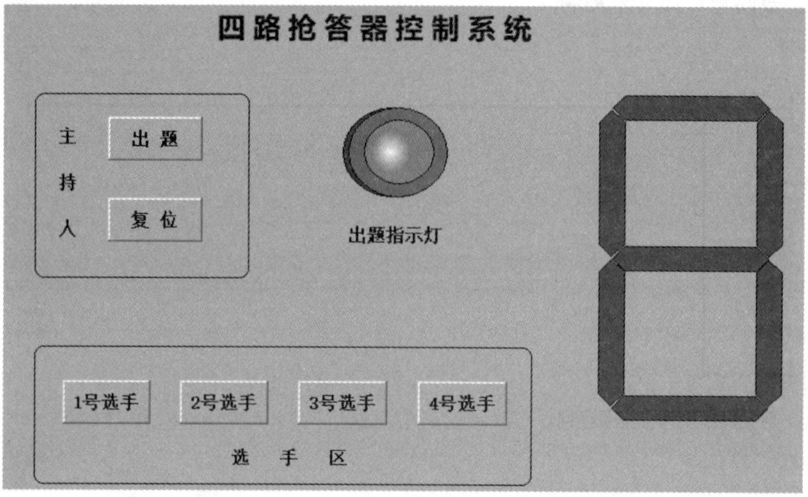

图 3-35　四路抢答器控制系统界面

能力测试

1. 实现一个按钮控制一盏灯的亮和灭，奇数次按下按钮灯亮，偶数次按下按钮灯灭。

2. 设计故障信息显示电路，从故障信号 I0.0 的上升沿开始，Q0.0 控制的指示灯以 2 Hz 的频率闪烁。操作人员按复位按钮 I0.1 后，如果故障消失，则指示灯熄灭；如果故障没有消失，则指示灯转为常亮，直至故障消失。

项目三　能力测试题解

3. 设计一个能在两地启停控制的 PLC 控制系统。控制要求：甲地按下启动按钮 SB1，则电机运行，按下停止按钮 SB2，电机停止；乙地按下启动按钮 SB3，电机运行，按下停止按钮 SB4，电机停止；任何时候若热继电器动作，则电机停止运行。

4. 要求用两种方案实现电动机点动和连续运行控制。

5. 设计一个多电机启停控制系统，控制要求：按下启动按钮 SB1，电机运行 M1-M8 同时启动运行，按下停止按钮 SB2，所有电机停止运行，要求用 R、S 指令实现电机启停控制。

6. 设计一个控制小车自动往返的程序，控制要求：按下左行按钮 SB1，小车左行至左侧行程开关 SQ1 处，小车自动往返；若按下右行按钮 SB2，小车右行至右侧行程开关 SQ2 处，小车自动往返，如此循环；按下停止按钮 SB0，小车立即停止运行。

7. 设计一个 PLC 控制的八路抢答器控制系统，SB1 至 SB8 分别为 8 个选手的抢答器按钮，H1 至 H8 分别为每个抢答器对应的指示灯，SB0 为出题按钮，SB9 为复位按钮。

当主持人按下出题按钮 SB0 后，出题指示灯以 1 Hz 的频率闪烁，指示灯闪烁后方可抢答。此后任何时刻第一个选手按下抢答按钮，其相应的指示灯以 0.5 Hz 的频率闪烁，数码管上显示相应的数字 1～8，则抢答成功，出题指示灯灭，此时其他选手再按按钮，则抢答无效。答题结束后，主持人按下复位按钮 SB9，数码管灭，准备下一轮的抢答。

项目四

三相异步电机正反转控制、降压启动控制

学习目标

1. 掌握 S7-1200 PLC 中 CPU 定时器指令格式、数据类型以及定时器的基本应用。
2. 掌握比较操作指令的格式及应用。
3. 掌握简单程序设计的基本方法。

知识讲座

定时器使用讲解

4.1 定时器指令

S7-1200 PLC 中 CPU 的定时器指令采用 IEC 标准，定时器的数据类型为 IEC_TIMER，数据长度为 16 个字节。使用 IEC 定时器时，系统会自动创建 IEC_TIMER 类型的 DB(Data Block，数据块)来存储定时器指令的数据。

S7-1200 PLC 的 CPU 包含 4 种定时器，即脉冲定时器(TP)、接通延时定时器(TON)、关断延时定时器(TOF)、时间累加器(TONR)。定时器引脚汇总表如表 4-1 所示。

表 4-1　定时器引脚汇总表

	名　称	数据类型	说　　明
输入	IN	Bool	信号输入端，TP、TON、TONR：1 = 启用定时器，0 = 禁用定时器； TOF：0 = 启动定时器，1 = 禁用定时器
	PT(Preset Time)	Time	预设时间值，最大定时时间为 T#24D20H31M23S647MS
	R	Bool	复位信号端，仅出现在 TONR 中
输出	Q	Bool	位输出端
	ET(Elapsed Time)	Time	当前时间值

1. 脉冲定时器(TP)

TP 的指令名称为“生成脉冲”，可生成具有预设宽度时间的脉冲，如图 4-1 所示。在 IN 端输入信号的上升沿启动 TP，Q 端立即输出，状态由 0 变为 1。定时器启动之后，当前时间 ET 从 0 ms 开始不断增加，达到 PT 预设值的时间时，Q 端的输出状态由 1 变为 0，停止输出。

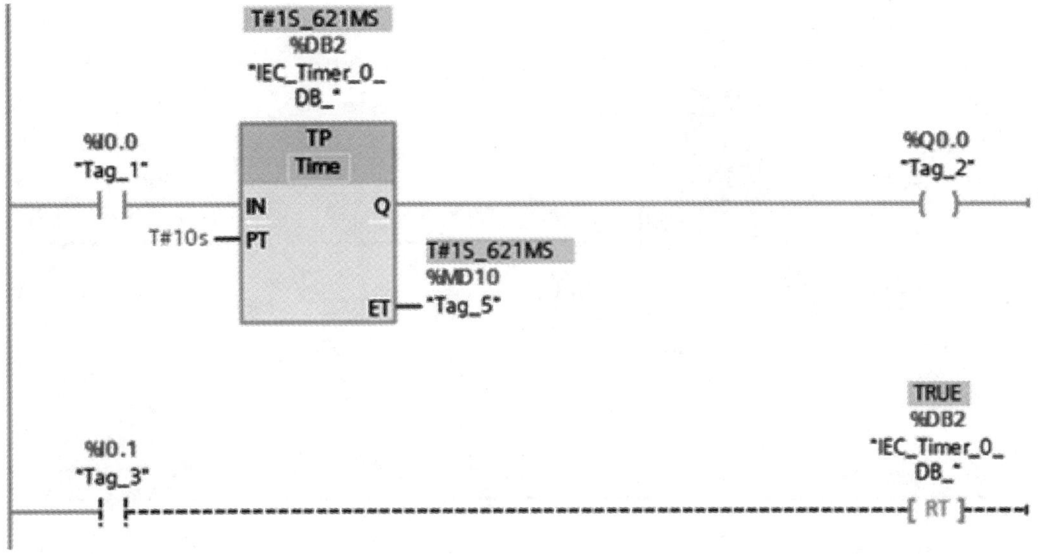

(a) TP 指令应用示例梯形图

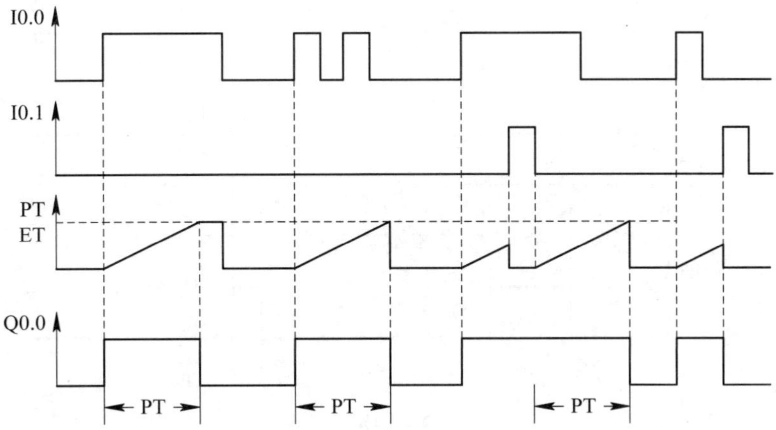

(b) 波形图

图 4-1　TP 指令的应用及波形图

当 ET < PT 时，IN 状态的改变不影响 Q 的输出状态和 ET 的计时。当 ET = PT 时，ET 立即停止计时，如果 IN 的状态为 0，则 Q 端输出 0，ET 回到 0；如果 IN 的状态为 1，则 Q 端输出为 1，ET 保持。

图 4-1 中，若 I0.1 为 1 时，定时器复位线圈(RT)得电，定时器被复位。如果此时定时

器处于定时状态，且 IN 的状态为 0，则当前时间 ET 清零，Q 端输出状态变为 0；如果定时器正在定时，且 IN 的状态为 1，当前时间 ET 清零，但 Q 端输出保持为 1 状态。

2. 接通延时定时器(TON)

TON 用于将 Q 端的置位操作延时 PT 指定的一段时间。如图 4-2 所示，当 IN 端输入信号由 0 变为 1 时，定时器启动。当 ET = PT 时，Q 端立即输出，状态由 0 变为 1，ET 立即停止计时并保持。在任何时刻，只要 IN 端变为 0，ET 立即停止计时并回到 0，同时 Q 端停止输出，状态变为 0。

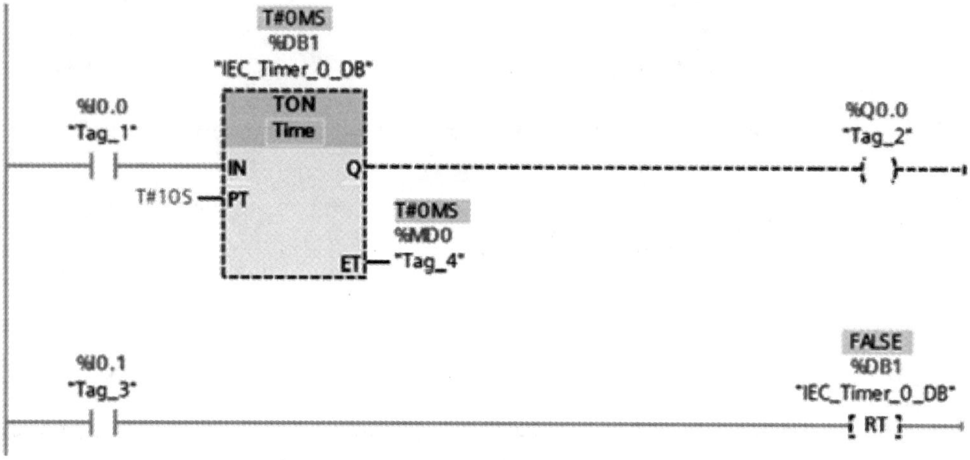

(a) TON 指令应用示例

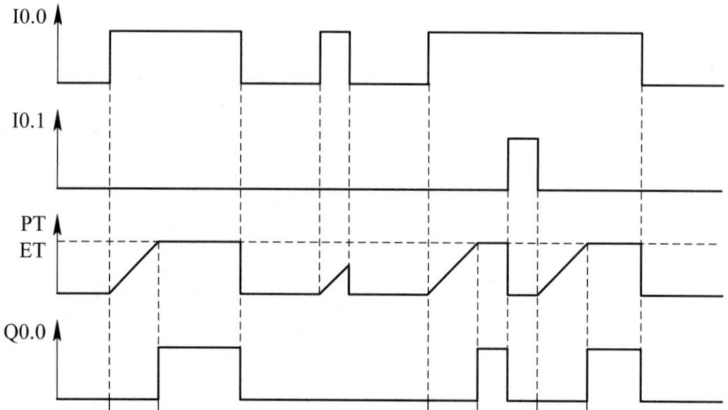

(b) 波形图

图 4-2 TON 指令的应用及波形图

3. 关断延时定时器(TOF)

TOF 用于将 Q 端的复位操作延时 PT 指定的一段时间。如图 4-3 所示，只要 IN 端的状态为 1，Q 端即输出，状态为 1，同时 ET 被清零。IN 端的状态由 1 变为 0，定时器启动。当 ET = PT 时，ET 立即停止计时并保持当前值不变，Q 端立即停止输出，状态由 1 变为 0。在任何时刻，只要 IN 端变为 1，ET 立即停止计时并回到 0。

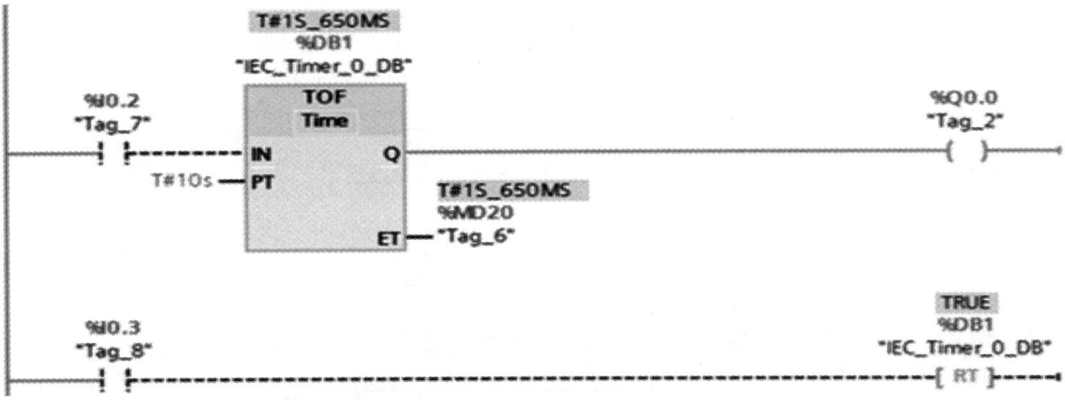

(a) TOF 指令应用示例

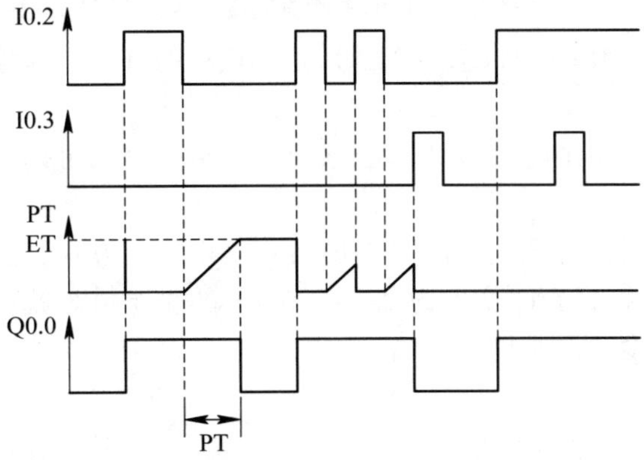

(b) 波形图

图 4-3　TOF 指令的应用及波形图

4. 时间累加器(TONR)

TONR 也叫保持型接通延时定时器，如图 4-4 所示，当 IN 端的状态为 0 时，Q 端输出为 0。当 IN 端的状态由 0 变为 1，且定时器启动开始计时，当 ET < PT，且 IN 端的状态为 1 时，则 ET 计时；若 IN 端的状态变为 0，则 ET 立即停止计时并保持。当 ET = PT 时，ET 立即停止计时并保持($ET = t_1 + t_2$)，同时 Q 端立即输出，状态由 0 变为 1，直到 IN 端的状态变为 0。

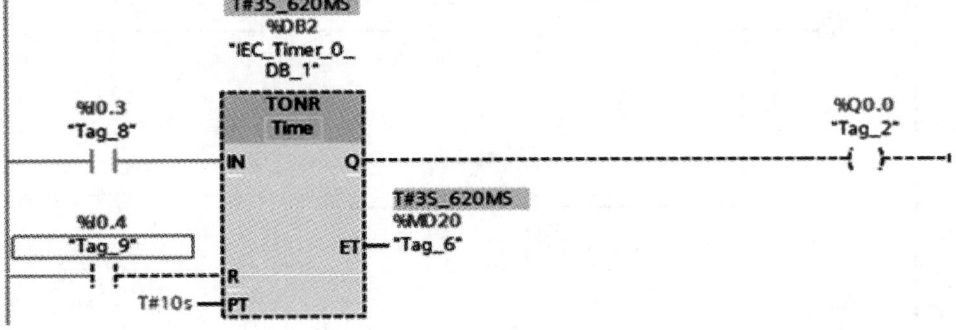

(a) TONR 指令应用示例

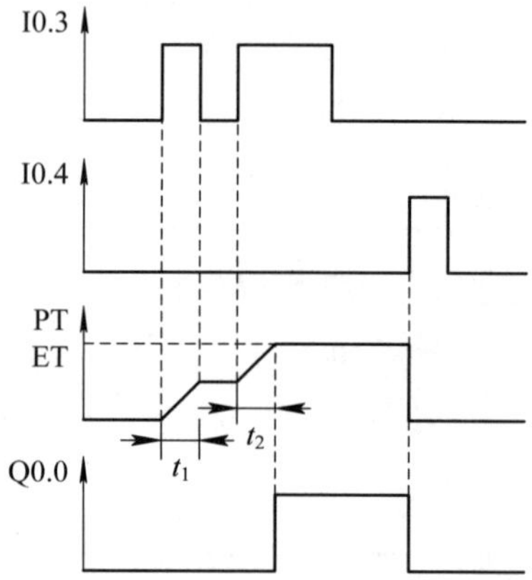

(b) 波形图

图 4-4　TONR 指令的应用及波形图

在任何时刻，只要 R 端的状态为 1，Q 端输出为 0，ET 立即停止计时并回到 0。

【应用举例 4.1】 用定时器设计输出脉冲周期和占空比可调的震荡电路。

占空比可调的震荡电路

图 4-5(a)采用分别计时方式，图 4-5(b)采用累积计时方式，图 4-5(c)采用脉冲定时器，只要改变定时器 T0 和 T1 的设定值，就可以调整输出脉冲的宽度和占空比。

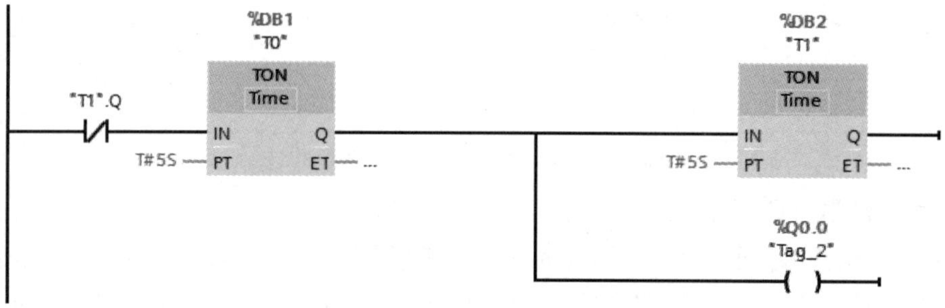

(a) 分别计时

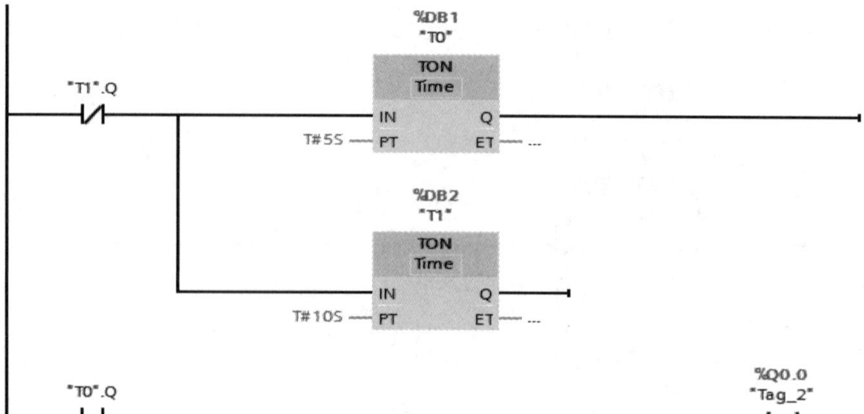

(b) 累积计时

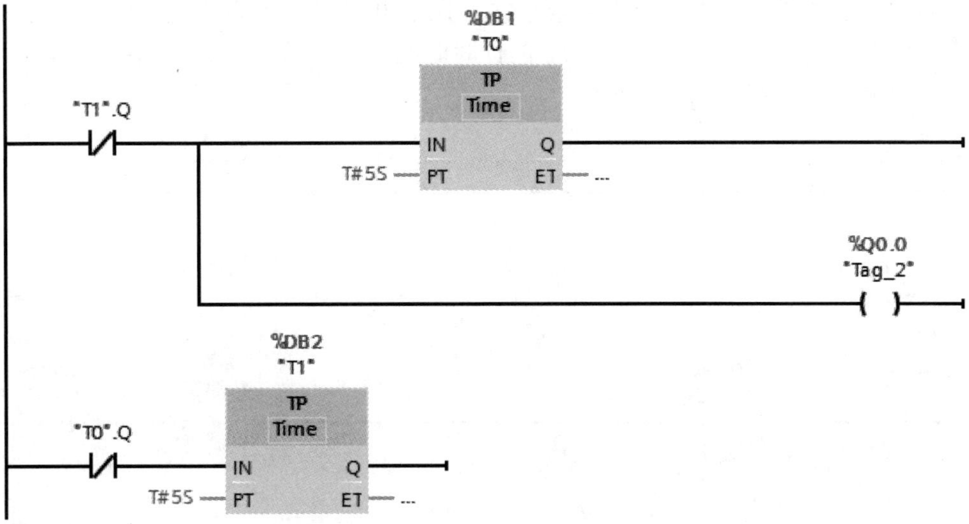

(c) 脉冲定时

图 4-5　震荡电路

【应用举例 4.2】 洗手间自动冲水控制系统。控制要求：有人进去时，关电开关 I0.0 接通，3 s 后 Q0.0 输出，控制水阀打开，开始冲水，时间为 2 s；使用离开后，再次冲水 3 s，如图 4-6 所示。

洗手间自动冲水控制系统

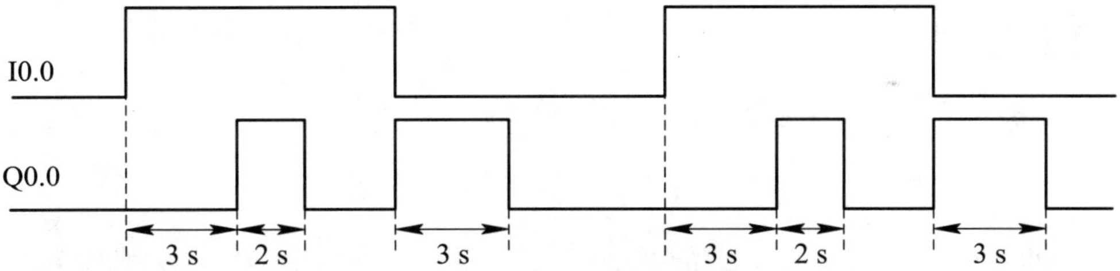

图 4-6　洗手间自动冲水控制系统时序图

从图 4-6 所示的时序图可知，有人来时，光电开关 I0.0 每接通一次，水阀 Q0.0 接通 2 次。光电开关接通(I0.0 的上升沿)后延时 3 s，水阀 Q0.0 第一次接通，冲水 2 s；当人离开时(I0.0 的下降沿)，水阀 Q0.0 第二次接通，冲水 3 s。

图 4-7(a)中，当有人来时，检测光电开关 I0.0 的上升沿，定时器 T0 延时 3 s，3 s 后 T0 的 Q 端输出，接通定时器 T1，同时 T1 的 Q 端输出，T1 的常开触点闭合，水阀打开开始第一次冲水，时间 2 s。冲水结束后，复位上升沿信号。当人离开时，光电开关 I0.0 断开，其下降沿接通定时器 T2，同时 T2 的 Q 端输出，T2 的常开触点闭合，水阀打开开始第二次冲水。

图 4-7(b)中，当有人来时，光电开关接通，定时器 T0 接通并延时 3 s，3 s 后定时器 T1 接通并计时 2 s，同时 T1 的 Q 端输出，T1 的常开触点闭合，水阀 Q0.0 打开开始第一次冲水。当人离开时，光电开关 I0.0 断开，定时器 T2 断开并开始计时 3 s，同时 Q 端仍处于输

出状态，因此 T2 的常开触点仍处于闭合状态，且 I0.0 的常闭触点也处于闭合状态，因此水阀 Q0.0 接通，开始第二次冲水。当 T2 的计时时间到，T2 的 Q 端停止输出，T2 的常开触点复位，水阀 Q0.0 断开并停止冲水。

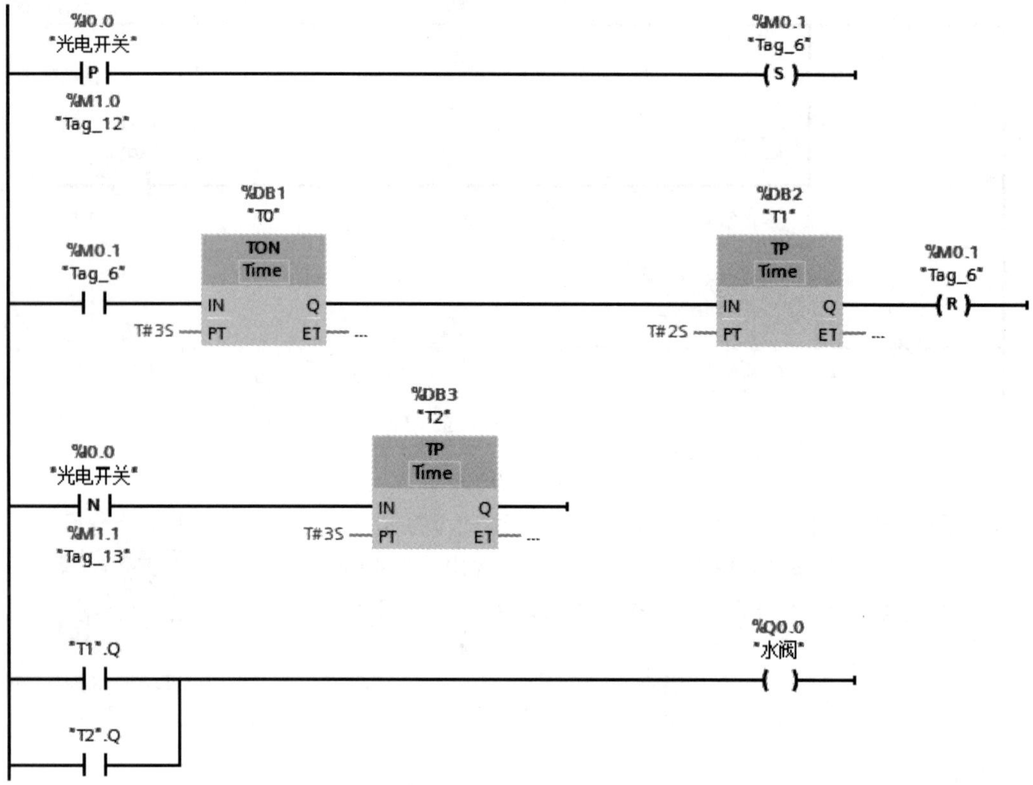

(a)

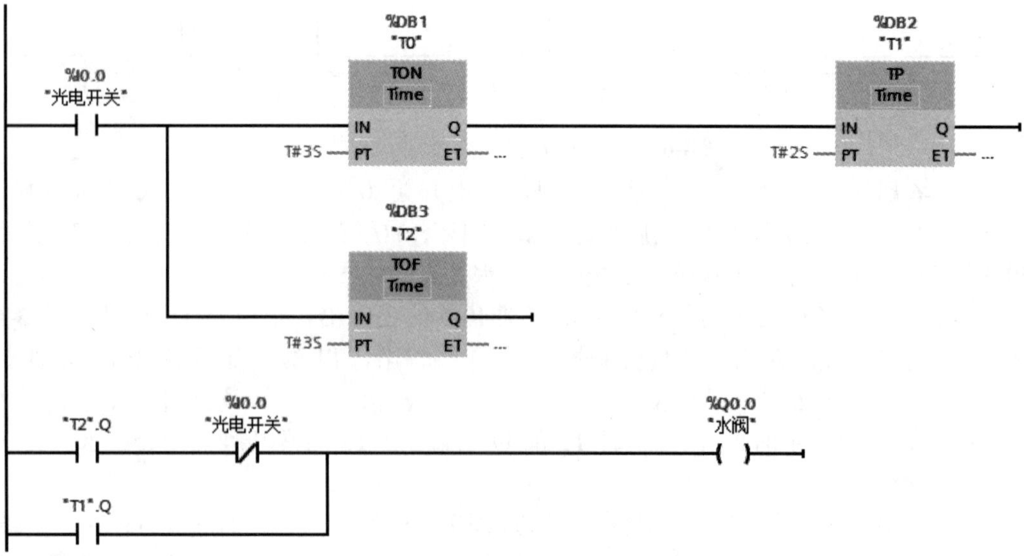

(b)

图 4-7　洗手间自动冲水控制系统

4.2　比较操作指令

比较操作指令讲解

1. 关系比较操作指令

关系比较操作指令主要用于比较数据类型相同的两个操作数的大小，因此在比较不同数据类型的操作数时，首先应进行数据类型的转换，若比较的结果为真，则输出为 1；若比较的结果为假，则输出为 0。比较指令包括“==”(等于)、“<>”(不等于)、“>”(大于)、“>=”(大于等于)、“<”(小于)、“<=”小于等于。比较指令可以用于比较字符、整数、浮点数、时间等基本数据类型，也可以用于比较字符串、DTL 等复杂数据类型。关系比较操作指令符号如图 4-8 所示。

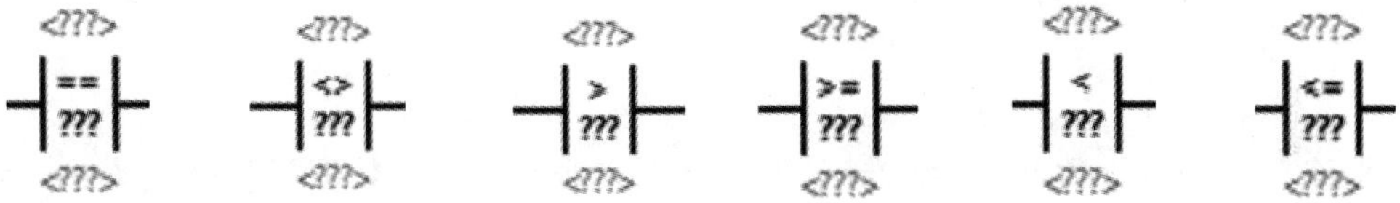

图 4-8　关系比较操作指令符号

2. 值在范围内指令与值超出范围指令

值在范围内指令(IN_RANGE)与值超出范围指令(OUT_RANGE)用于判断整数或浮点数是否在范围之内或之外，条件满足则输出 1，不满足则输出 0。IN_RANGE 与 OUT_RANGE 符号如图 4-9 所示。

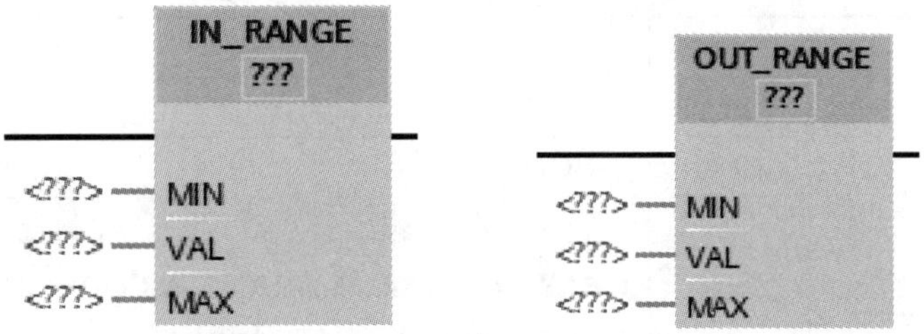

图 4-9　IN_RANGE 与 OUT_RANGE 指令符合

【应用举例 4.3】 用 TON 和比较指令实现占空比可调的脉冲发生器。

程序如图 4-10 所示。

程序段 1：

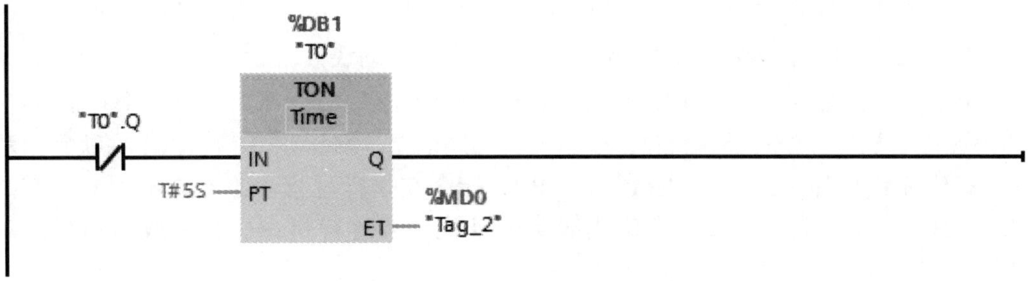

程序段 2：

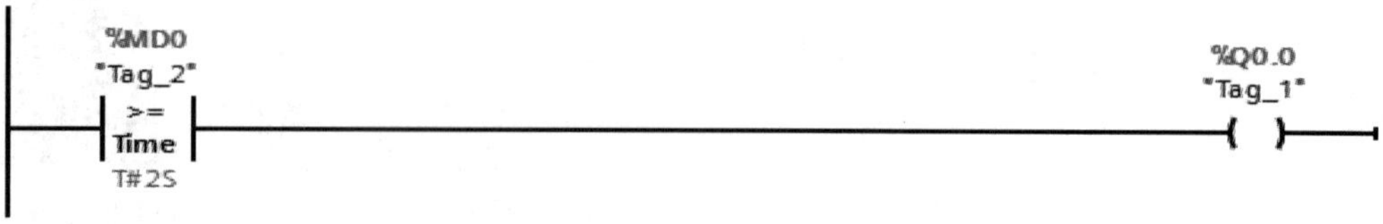

图 4-10　占空比可调的脉冲发生器

在图 4-10 中，程序段 1 用定时器 T0 构成一个自复位电路，周期为 5 s。程序段 2 用大于等于比较控制输出，当定时器的当前值 ET 大于等于 2 s 时，系统输出为 1。本例中，输出时间为 3 s，占空比为 60%。只要改变定时器的预设时间值 PT 和比较指令的时间常量，就可以改变占空比，即可以改变高电平输出的宽度。

4.3　移动操作指令

使用移动指令可将数据元素复制到新的存储器地址，并将数据类型转换为另一种数据类型。移动过程不会更改源数据。移动操作指令有 MOVE(移动值)、MOVE_BLK(移动块)、UMOVE_BLK(无中断移动块)和 MOVE_BLK_VARIANT(移动块)四种。

1. MOVE(移动值)

MOVE 指令用于将单个数据元素从参数 IN 指定的源地址复制到参数 OUT 指定的目标地址，MOVE 指令及参数如表 4-2 所示。

表 4-2　MOVE 指令及参数

LAD	参数	数 据 类 型	说明
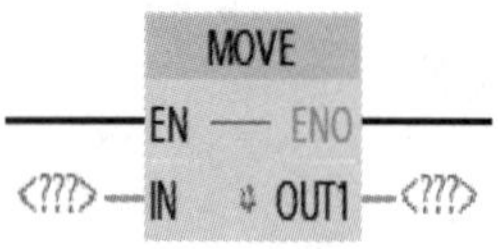	EN	BOOL	使能输入
	ENO	BOOL	使能输出
	IN	位字符串、整数、浮点数、定时器、日期时间、CHAR、WCHAR、STRUCT、ARRAY、IEC 数据类型、PLC 数据类型 (UDT)	源地址
	OUT1	位字符串、整数、浮点数、定时器、日期时间、CHAR、WCHAR、STRUCT、ARRAY、IEC 数据类型、PLC 数据类型 (UDT)	目标地址

注：点击 MOVE 指令中的 图标，可以增加输出端，每点击一次就增加一个输出端。

2. MOVE_BLK(移动块)和 UMOVE_BLK(无中断移动块)

MOVE_BLK(移动块)与 UMOVE_BLK(无中断移动块)指令都用于将某个存储区(源区域)的内容移动到另一个存储区(目标区域)中。不同的是，MOVE_BLK 指令在执行过程中可以被高优先级事件中断，而 UMOVE_BLK 指令在执行过程中不允许被中断，在执行 UMOVE_BLK 过程中，如果有高优先级事件发生，要等待指令执行完成后再做处理。

UMOVE_BLK 指令通常用于对移动数据有一致性要求的应用。

MOVE_BLK 和 UMOVE_BLK 指令具有附加的 COUNT 参数。COUNT 指定要复制的数据元素个数。每个被复制元素的字节数取决于 PLC 变量表中分配给 IN 和 OUT 参数变量名称的数据类型。MOVE_BLK、UMOVE_BLK 指令及参数如表 4-3 所示。

表 4-3　MOVE_BLK、UMOVE_BLK 指令及参数

LAD	参数	数 据 类 型	说　明
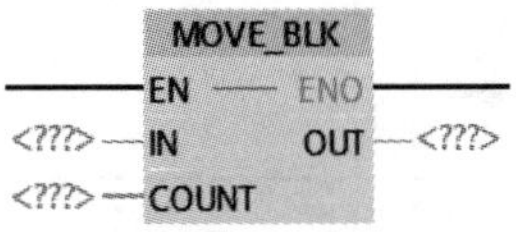 	EN	BOOL	使能输入
	ENO	BOOL	使能输出
	IN	位字符串、整数、浮点数、定时器、日期时间、CHAR、WCHAR、STRUCT、ARRAY、IEC 数据类型、PLC 数据类型 (UDT)	源起始地址
	COUNT	UInt	要复制的数据元素个数
	OUT1	位字符串、整数、浮点数、定时器、日期时间、CHAR、WCHAR、STRUCT、ARRAY、IEC 数据类型、PLC 数据类型 (UDT)	目标起始地址

3. MOVE_BLK_VARIANT(移动块)

MOVE_BLK_VARIANT 指令将一个存储区(源区域)的数据移动到另一个存储区(目标区域)中。也可以将一个完整的数组(ARRAY)或数组中的元素复制到另一个相同数据类型的数组中，源数组和目标数组的大小(元素个数)可能会不同，MOVE_BLK_VARIANT 指令及参数如表 4-4 所示。

表 4-4　MOVE_BLK_VARIANT 指令及参数

LAD	参数	数据类型	说　明
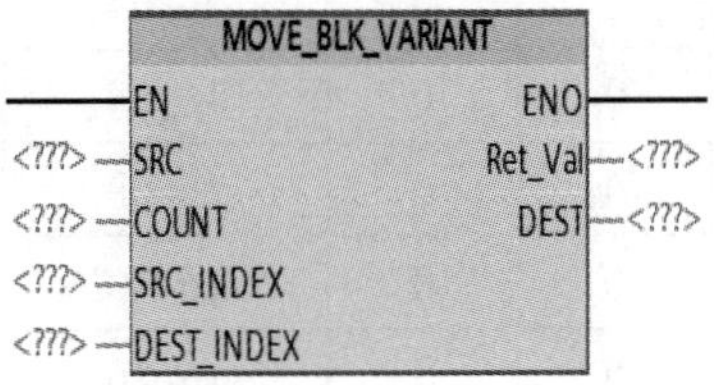	EN	BOOL	使能输入
	ENO	BOOL	使能输出
	SRC	Variant	指令要执行移动的数据源
	COUNT	UDInt	要复制的数据元素个数。COUNT 的值根据 SRC 数据源决定，如果指定只有一个数据，COUNT 的值就必须设定为 1；如果没有设定，数据源是一个数组(ARRAY)，则 COUNT 的值为要复制的数据个数(设定值不可超出数组内要传送的个数)
	SRC_INDEX	DInt	指定 SRC 数据源的开始位
	DEST_INDEX	DInt	指定 DEST 目标数据区的开始位
	RET_VAL	Int	指令执行错误信息。
	DEST	Variant	源块内容所要复制到的目标区域

【应用举例 4.4】 流水灯控制。

控制要求：使用 PLC 控制 8 盏灯并以一定的形式流动：按下启动按钮，流水灯启动运行，每次亮一盏灯，每次亮 1 s，依次循环点亮；按下停止按钮，所有灯立即熄灭。

流水灯控制

(1) 系统分析。

流水灯控制系统有启动、停止 2 个输入信号，8 盏灯有 8 个输出信号，因此 PLC 选型 CPU1214 DC/DC/RLy，订货号为 6ES7 214-1HG40-0XB0。

(2) I/O 地址分配表。

流水灯 I/O 地址分配表如表 4-5 所示。

表 4-5 流水灯 I/O 地址分配表

输 入 信 号			输 出 信 号		
输入元件	地址	作 用	输出元件	地址	作 用
SB0	I0.0	启动	HL1	Q0.0	第 1 盏灯
SB1	I0.1	停止	HL2	Q0.1	第 2 盏灯
			HL3	Q0.2	第 3 盏灯
			HL4	Q0.3	第 4 盏灯
			HL5	Q0.4	第 5 盏灯
			HL6	Q0.5	第 6 盏灯
			HL7	Q0.6	第 7 盏灯
			HL8	Q0.7	第 8 盏灯

(3) 流水灯真值表。

流水灯真值表如表 4-6 所示。

表 4-6 流水灯真值表

	HL8	HL7	HL6	HL5	HL4	HL3	HL2	HL1	QB0
第 1 秒	0	0	0	0	0	0	0	1	16#01
第 2 秒	0	0	0	0	0	0	1	0	16#02
第 3 秒	0	0	0	0	0	1	0	0	16#04
第 4 秒	0	0	0	0	1	0	0	0	16#08
第 5 秒	0	0	0	1	0	0	0	0	16#10
第 6 秒	0	0	1	0	0	0	0	0	16#20
第 7 秒	0	1	0	0	0	0	0	0	16#40
第 8 秒	1	0	0	0	0	0	0	0	16#80

(4) 程序编写。

流水灯程序如图 4-11 所示。

程序段 1：启-保-停电路。

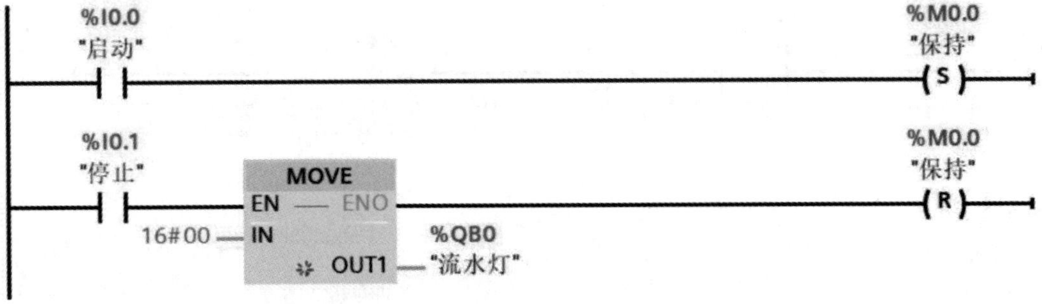

程序段 2：定时器控制。

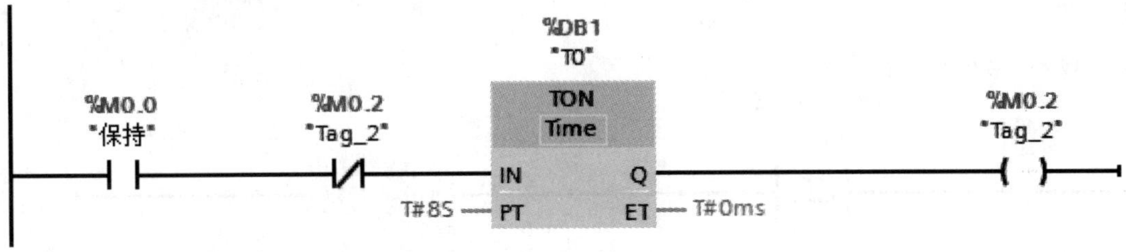

程序段 3：第 1 盏灯亮。

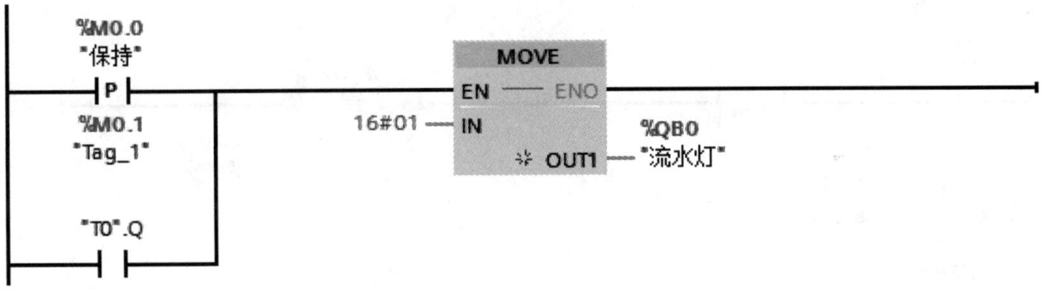

程序段 4：第 2 盏灯亮。

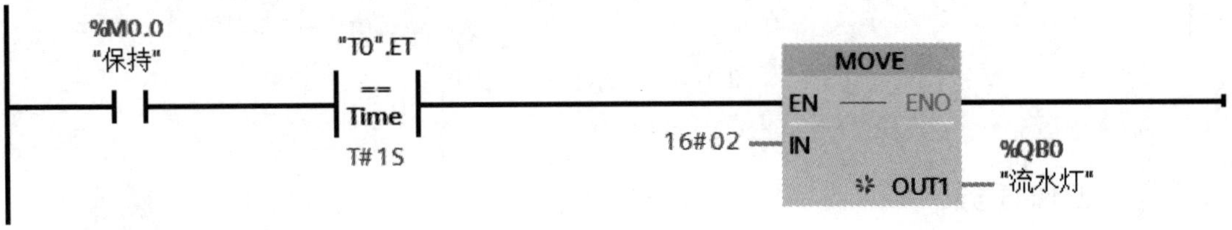

程序段 5：第 3 盏灯亮。

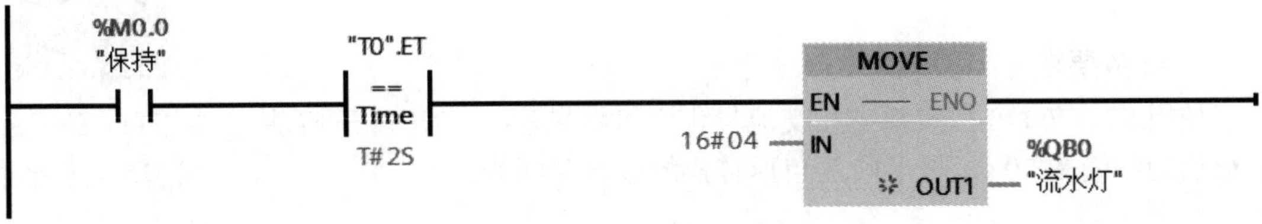

程序段 6：第 4 盏灯亮。

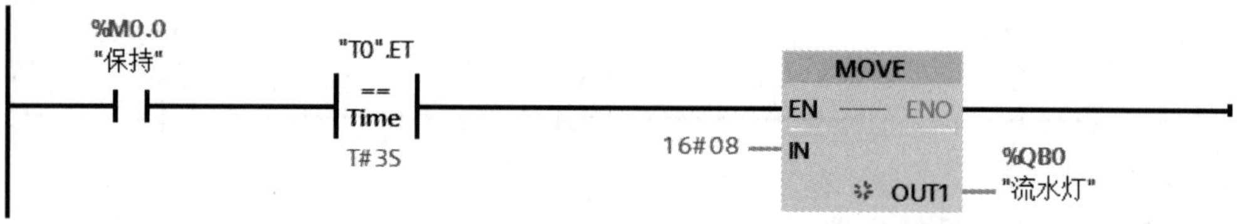

程序段 7：第 5 盏灯亮。

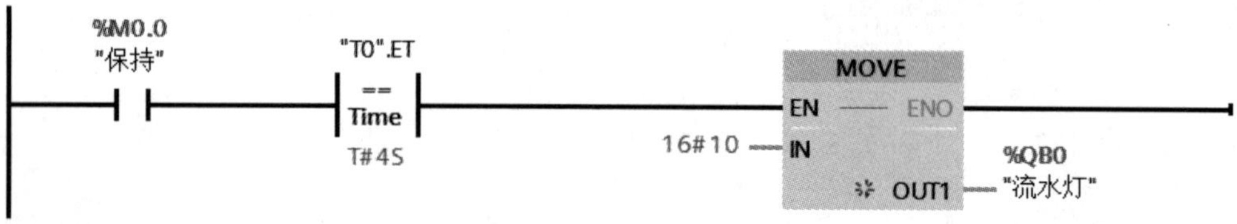

程序段 8：第 6 盏灯亮。

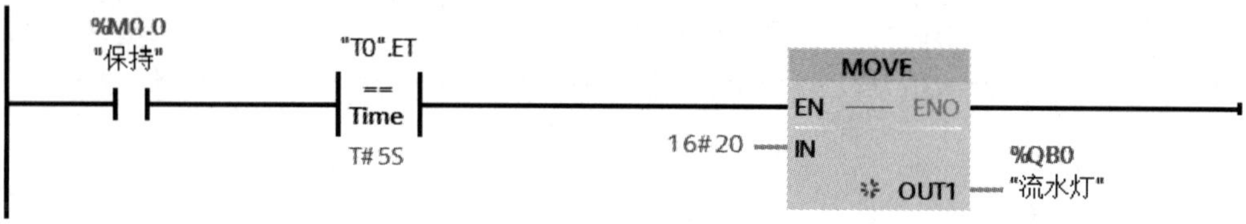

程序段 9：第 7 盏灯亮。

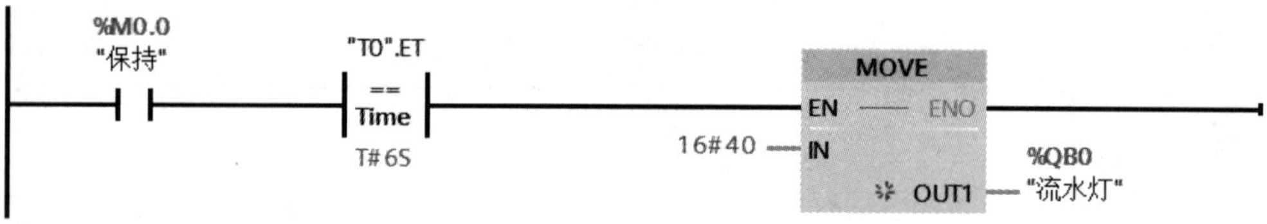

程序段 10：第 8 盏灯亮。

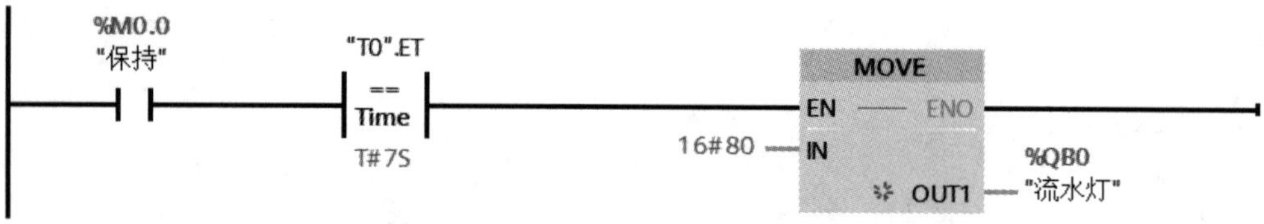

图 4-11　流水灯控制程序

工作任务

任务一　基于 PLC 的三相交流异步电机星形-三角形降压启动

基于 PLC 的三相交流异步电机星形-三角形降压启动

1. 任务要求

使用 S7-1200 PLC 实现三相交流异步电机的星形-三角形降压启动，星形启动时间为 20 s，星形向三角形转换的过渡时间为 1 s。

2. 任务分析

图 4-12 为三相交流异步电机星形-三角形降压启动原理图，左边为主电路，右边为控制电路。

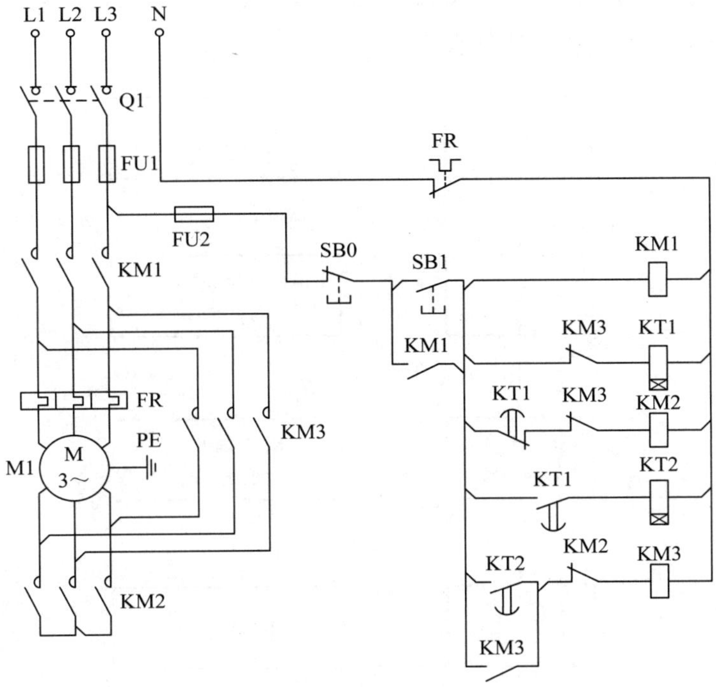

图 4-12　三相交流异步电机星形-三角形降压启动原理图

启动过程为：

(1) 合上断路器 Q1，按下启动按钮 SB1→接触器 KM1、KM2 和定时器 KT1 的线圈得电→KM1、KM2 的主触点闭合，电机星形启动，同时 KM1 常开的辅助触点闭合，形成自锁。

(2) 当 KT1 的定时时间到→KT1 的常开触点断开，常闭触点闭合→KM2 线圈失电，定时器 KT2 的线圈得电，开始计时→KM2 的主触点断开，星形启动结束。KT2 定时的时间可以设为 0.5 s～1 s，目的是防止在星形启动和三角形运行转换的过程中，出现短路现象。

(3) 当 KT2 的定时时间到→KT2 的常开触点闭合→接触器 KM3 线圈得电→KM3 的主触点闭合，同时 KM3 的常开辅助触点闭合形成自锁→电机三角形运行。

本任务要求使用 S7-1200 PLC 代替图 4-11 中的控制电路部分，实现 PLC 控制三相交流异步电机的星形-三角形降压启动。

3. 任务实施

1) 控制系统设计

根据本项目任务分析，三相交流异步电机星形-三角形降压控制系统有停止按钮、启动按钮和过载保护三个输入信号，有 KM1、KM2、KM3 三个输出控制信号，其中交流接触器 KM1、KM2、KM3 线圈电压为 220 V，因此选择继电器输出类型的 PLC。根据以上分析，西门子 S7-1200 系列中 CPU 1211C、CPU 1212C、CPU 1214C 等继电器输出类型的 PLC 从 I/O 点数和输出类型两方面都可以满足本项目的控制要求。因此，PLC 选型为 CPU1211C AC/DC/Rly，订货号为 6ES7-211-1BE40-0XB0。三相交流异步电机星形-三角形降压启动流程如图 4-13 所示，主要设备清单如表 4-7 所示。

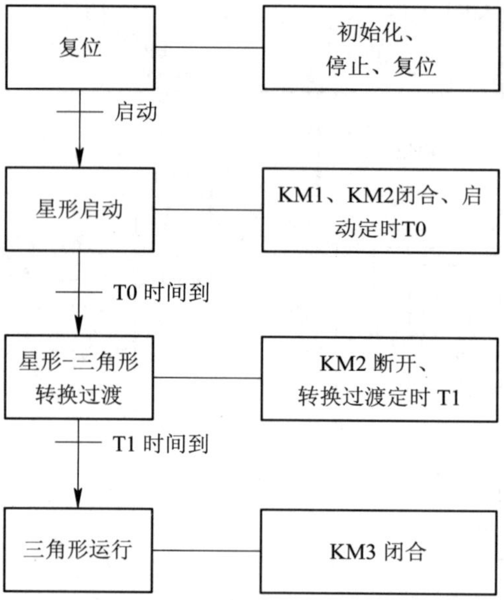

图 4-13　三相交流异步电机星形-三角形降压启动流程图

表 4-7　三相交流异步电机星形-三角形降压启动主要设备清单

序号	名　称	型号与规格	单位	数量	备　注
1	三相交流异步电机	YS801260W	台	1	可根据实际情况选择电机
2	交流接触器	CJX2-1210	个	3	
3	PLC	西门子 S7-1200 1211C AC/DC/Rly	台	1	可根据实际情况选择继电器输出型 PLC

2) I/O 地址分配

I/O 地址分配如表 4-8 所示。

表 4-8　星形-三角形降压启动 I/O 分配表

输 入 信 号			输 出 信 号		
输入元件	作　用	输入继电器	输出元件	作　用	输出继电器
SB0	停止按钮	I0.0	KM1	电源接触器	Q0.0
SB1	启动按钮	I0.1	KM2	星形启动接触器	Q0.1
FR	过载保护	I0.2	KM3	三角形运行接触器	Q0.2

3) 系统接线图

基于 PLC 的三相交流异步电机星形-三角形降压启动如图 4-14 所示，图 4-14(a)为主电路，图 4-14(b)为控制电路。

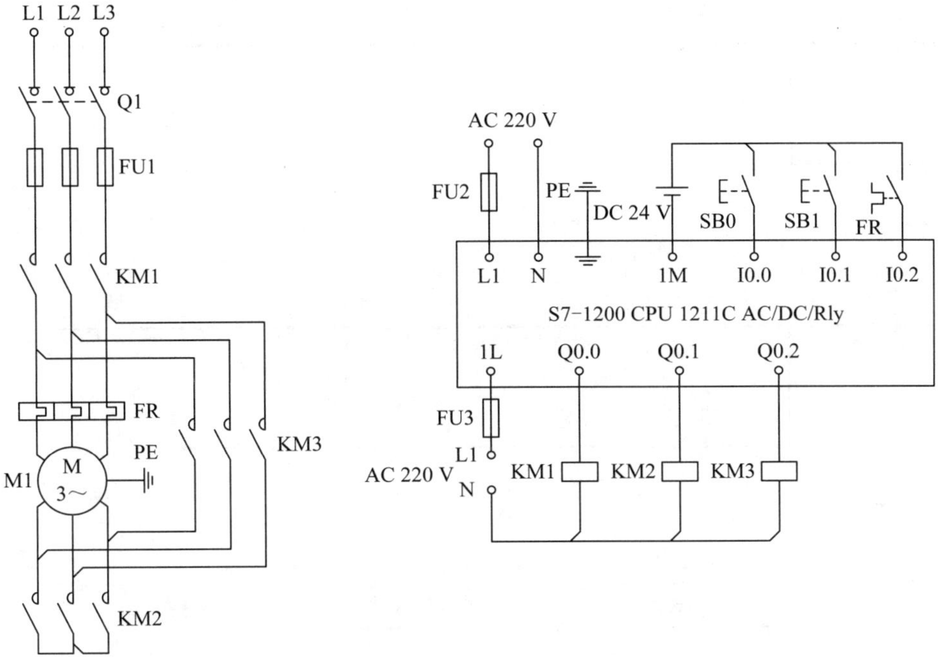

(a) 主电路　　　　(b) 控制电路

图 4-14　基于 PLC 的三相交流异步电机星形-三角形降压启动

4) PLC 程序设计

(1) 变量定义。变量表如图 4-15 所示。

项目46 星-三角降压启动 ▸ PLC_1 [CPU 1211C AC/DC/Rly] ▸ PLC 变量 ▸ 默认变量表 [36]

默认变量表

	名称	数据类型	地址	保持	在 H...	可从 ...	注释
1	停止	Bool	%I0.0	☐	☑	☑	
2	启动	Bool	%I0.1	☐	☑	☑	
3	过载保护	Bool	%I0.2	☐	☑	☑	
4	电源线圈	Bool	%Q0.0	☐	☑	☑	
5	星形线圈	Bool	%Q0.1	☐	☑	☑	
6	三角形线圈	Bool	%Q0.2	☐	☑	☑	
7	保持	Bool	%M0.0	☐	☑	☑	

图 4-15　星形-三角形降压启动变量表

(2) 程序设计。本项目采用两种方式实现星形-三角形降压启动，梯形图分别如图 4-16 和图 4-17 所示。图 4-16 是采用两个 TON 实现星形-三角形降压启动的梯形图。程序段 1 为启-保-停电路，M0.0 为启动/停止标志位；程序段 2 为星形启动阶段，Q0.0 和 Q0.1 线圈得电，电机星形启动，同时 20 s 计时开始；程序 3 为三角形运行阶段，当星形启动结束 1 s，电机处于三角形运行状态。

程序段 1：启-保-停电路。

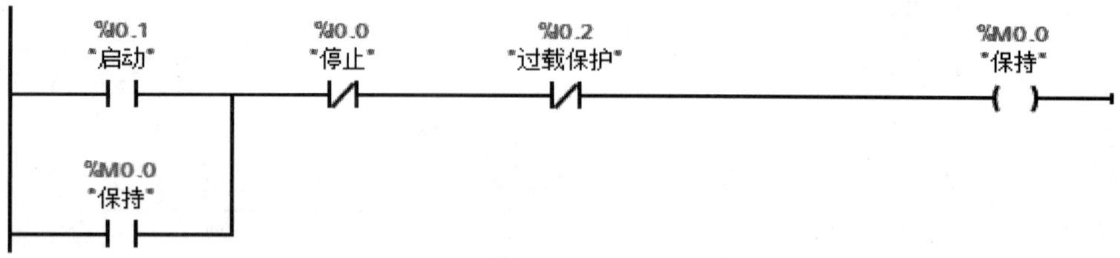

程序段 2：星形启动。

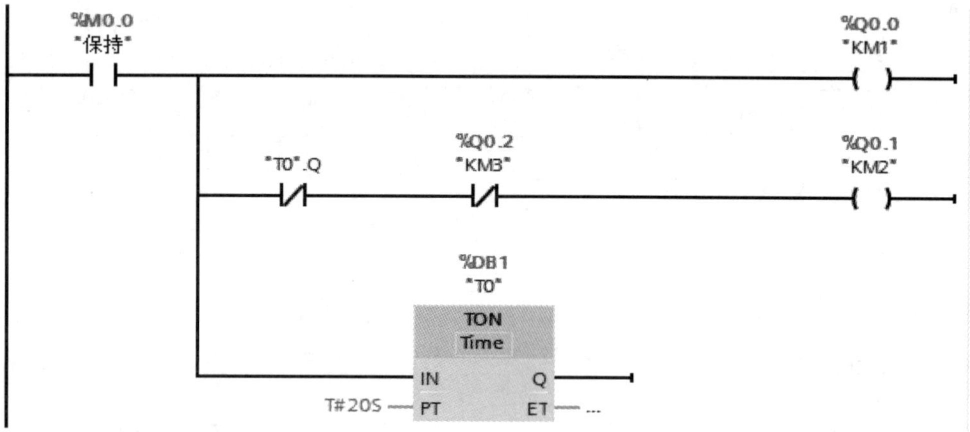

程序段 3：三角形运行。

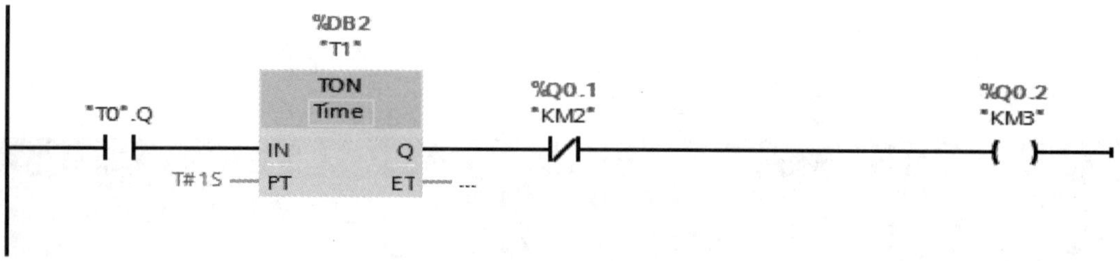

图 4-16　星形-三角形降压启动控制程序(一)

图 4-17 所示程序是采用一个 TON 和两个比较指令的组合实现降压启动。

程序段 1：启-保-停电路，采用复位优先指令实现。

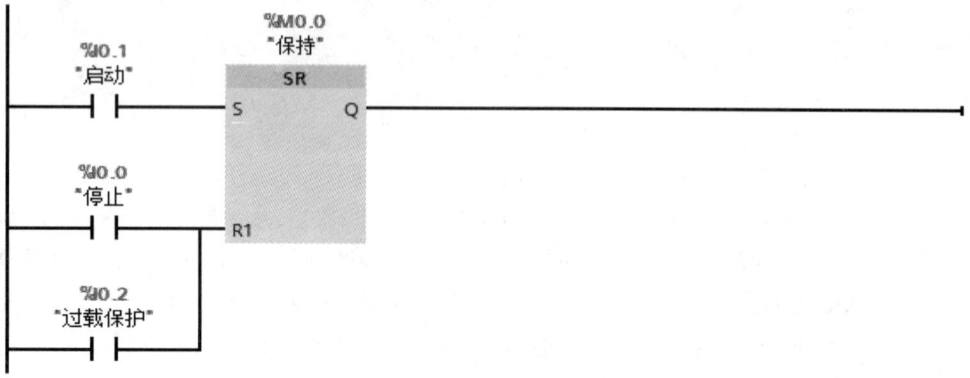

程序段 2：星形启动时间为 20 s，星形启动到三角形运行之间的过渡时间为 1 s。

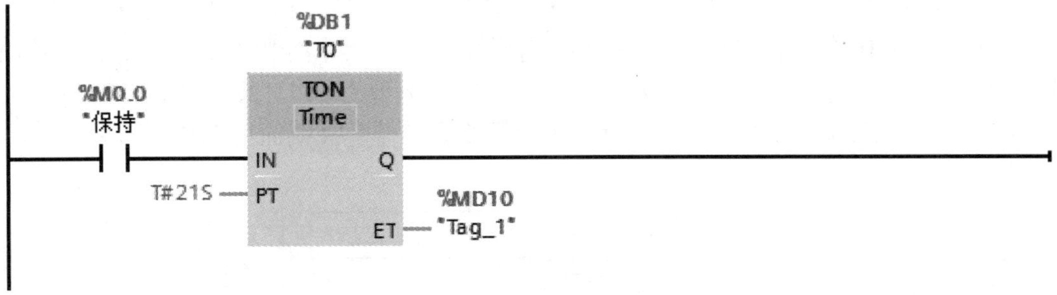

程序段 3：星形启动阶段。按下启动按钮，接触器 Q0.0 得电，当 ET≤20 s 时，Q0.1 得电，星形启动；当 ET > 20 s 时，Q0.1 断开，星形启动结束。

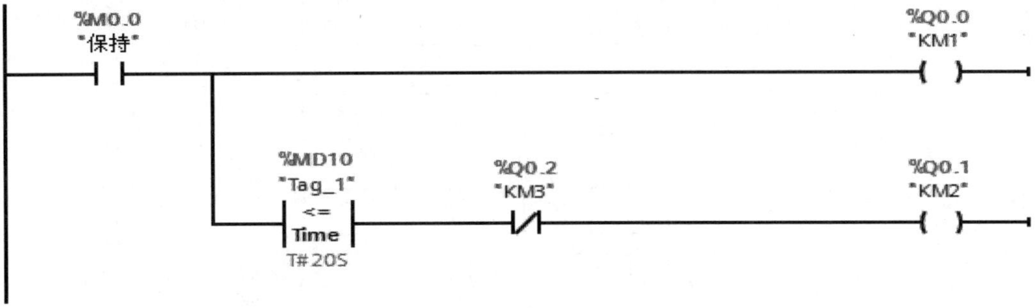

程序段 4：三角形运行阶段。当 ET≥21 s 时，Q0.2 得电，三角形运行。

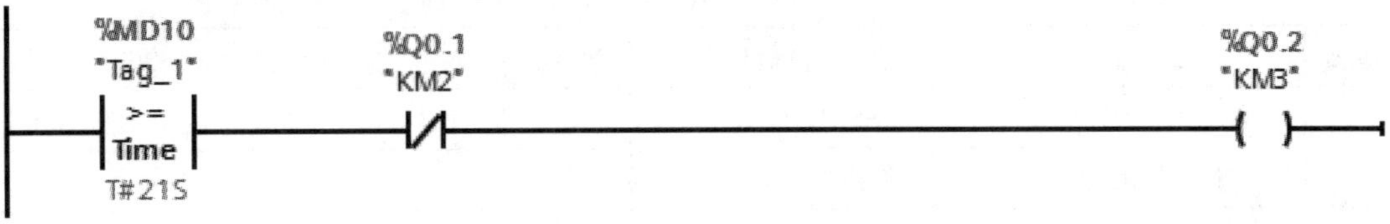

图 4-17　星形-三角形降压启动控制程序(二)

任务二　基于 PLC 的三相交流异步电机正反转循环控制

基于PLC的三相交流异步电机正反转循环控制

1. 任务要求

使用 S7-1200 PLC 实现三相交流异步电机循环正反转控制。

2. 任务分析

本任务要求按下启动按钮，三相交流异步电机正转 5 s，暂停 2 s，反转 5 s，暂停 2 s，如此循环，按下停止按钮电机立即停止运行。同时电机正转时，正转指示灯亮，反转时反转指示灯亮。

3. 任务实施

1) 控制系统设计

根据本项目任务分析，正反转循环控制系统有停止按钮、启动按钮和过载保护三个输入信号，有正转接触器 KM1、反转接触器 KM2、正转指示灯 HL1 和反转指示灯 HL2 四个输出控制信号，其中交流接触器 KM1、KM2 线圈电压为 220 V，指示灯额定电压为直流 24 V，因此选择既有交流输出回路又有 24 V 直流输回路类型的 PLC。根据以上分析，西门子 S7-1200 系列中 CPU 1212C、CPU 1214C 等继电器输出类型的 PLC 从 I/O 点数和输出类型两方面都可以满足本项目的控制要求。因此，PLC 选型为 CPU1212C DC/DC/Rly，订货号为 6ES7-212-1HE40-0XB0。三相交流异步电机正反转循环控制流程图如图 4-18 所示，主要设备清单如表 4-9 所示。

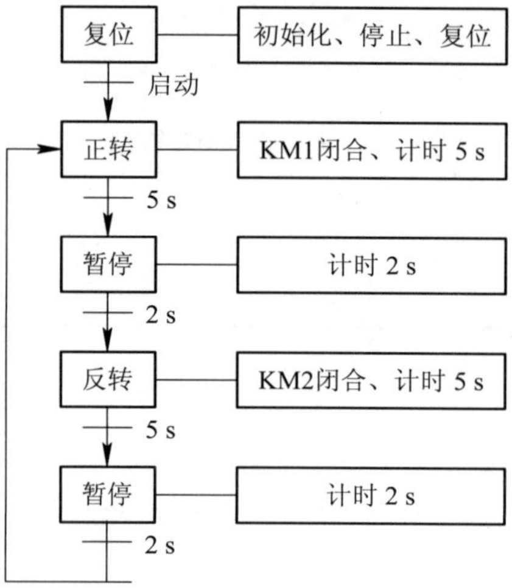

图 4-18 三相交流异步电机正反转循环控制系统流程图

表 4-9 三相交流异步电机正反转循环控制系统主要设备清单

序号	名 称	型号与规格	单位	数量	备 注
1	三相交流异步电机	YS8012 60W	台	1	可根据实际情况选择电机
2	交流接触器	CJX2-1210	个	2	
3	PLC	西门子 S7-1200 CPU 1212C DC/DC/Rly	台	1	可根据实际情况选择继电器输出型 PLC
4	指示灯	施耐德 XB2BVB3LC	个	2	

2) I/O 地址分配

I/O 地址分配表如表 4-10 所示。

表 4-10 三相交流异步电机正反转循环控制系统 I/O 分配表

输 入 信 号			输 出 信 号		
输入元件	作 用	输入继电器	输出元件	作 用	输出继电器
SB0	停止按钮	I0.0	KM1	正转接触器	Q0.4
SB1	启动按钮	I0.1	KM2	反转接触器	Q0.5
FR	过载保护	I0.2	HL1	正转指示灯	Q0.0
			HL2	反转指示灯	Q0.1

3) 系统接线图

由 CPU1212C/DC/DC/Rly 的接线图如图 4-19 可知，它的第一组输出回路可接直流

24 V，第二组输出回路只能接交流 220 V，因此两个指示灯 HL1、HL2 接在输出的第一组回路中，接触器线圈 KM1、KM2 接在输出的第二组回路中。基于 PLC 的三相交流异步电机正反转循环控制原理图如图 4-20 所示。

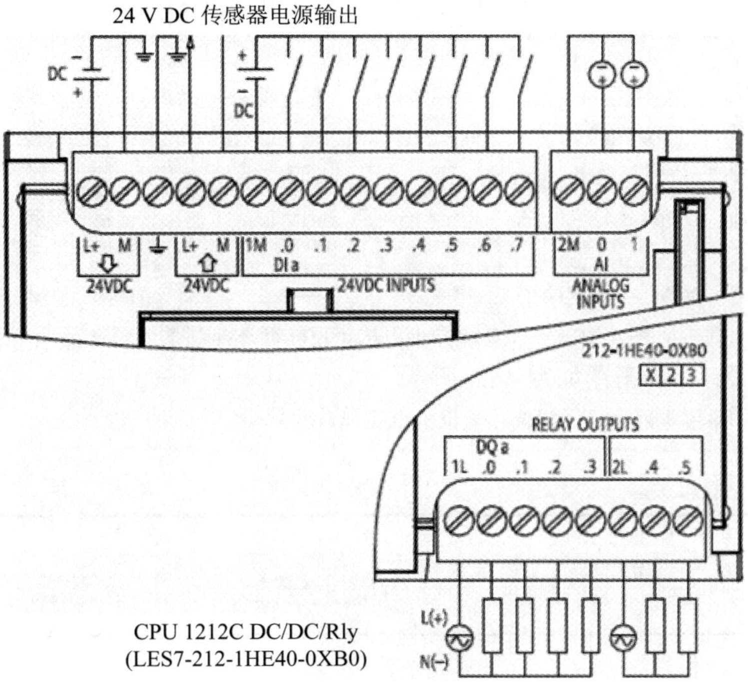

图 4-19　CPU 1212C DC/DC/Rly 接线图

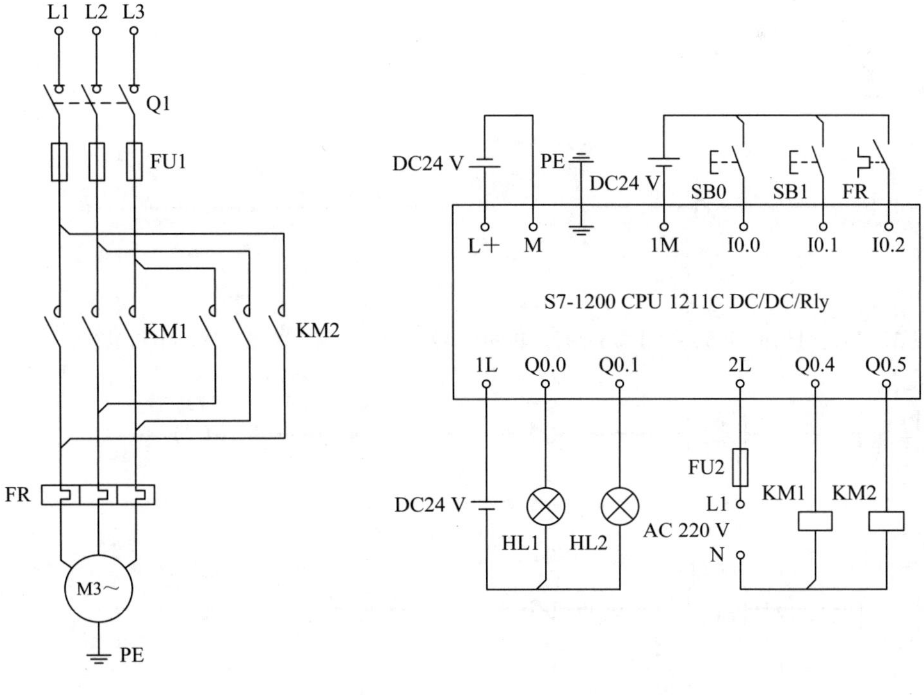

图 4-20　基于 PLC 的三相交流异步电机正反转循环控制系统原理图

4) PLC 程序设计

(1) 变量定义。变量表如图 4-21 所示。

项目47 三相交流异步电机正反转循环控制 ▸ PLC_1 [CPU 1212C DC/DC/Rly] ▸ PLC 变量 ▸ 默认变量表

默认变量表

	名称	数据类型	地址	保持	在 H...	可从 ...	注释
1	停止	Bool	%I0.0	☐	☑	☑	
2	启动	Bool	%I0.1	☐	☑	☑	
3	过载保护	Bool	%I0.2	☐	☑	☑	
4	正转指示灯	Bool	%Q0.0	☐	☑	☑	
5	反转指示灯	Bool	%Q0.1	☐	☑	☑	
6	正转	Bool	%Q0.4	☐	☑	☑	
7	反转	Bool	%Q0.5	☐	☑	☑	
8	保持	Bool	%M0.0	☐	☑	☑	

图 4-21　三相交流异步电机正反转循环控制系统变量表

(2) 程序设计。梯形图如图 4-22 所示。

程序段 1：启-保-停电路，采用置位和复位指令实现。

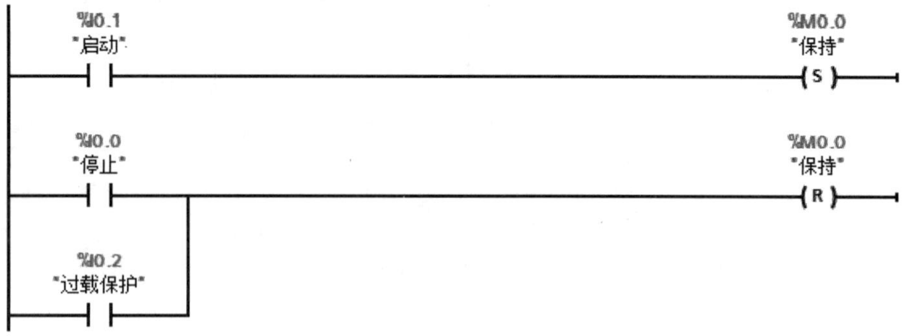

程序段 2：完成一次正反转所需时间。

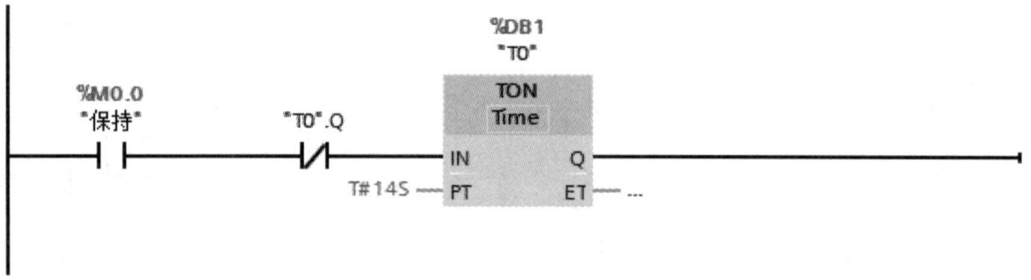

程序段 3：当定时器时间 0 s＜ET≤5 s 时，电机正转；当 7 s≤ET≤12 s 时，电机反转。

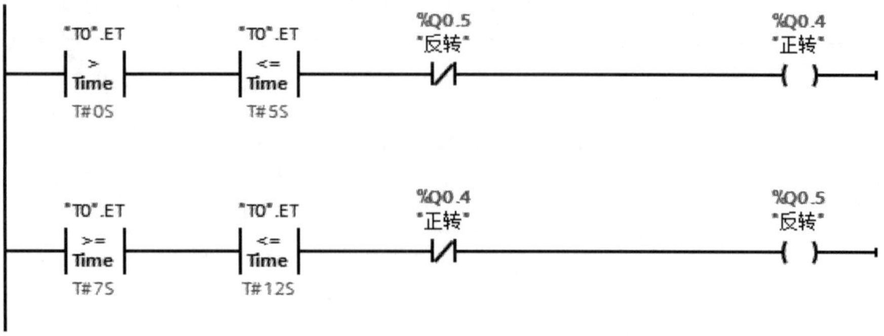

图 4-22　三相交流异步电机正反转循环控制系统梯形图

项目拓展

拓展一　“三相交流异步电机星形-三角形降压启动”移动指令方法实现

在任务一中，“三相交流异步电机星形-三角形降压启动”移动指令采用两种方法实现，也可以采用 Move 指令实现其功能。其控制系统 I/O 地址分配、系统接线图均与任务一相同，仅控制程序不同。

三相交流异步电机星形-三角形降压启动的真值表如表 4-11 所示，流程图及传值过程如图 4-23 所示，程序如图 4-24 所示。

表 4-11　三相交流异步电机星形-三角形降压启动的真值表

运行状态	QB0	Q0.7	Q0.6	Q0.5	Q0.4	Q0.3	Q0.2(KM3)	Q0.1(KM2)	Q0.0(KM1)
星形启动	16#03	0	0	0	0	0	0	1	1
星形→三角形转换过渡	16#01	0	0	0	0	0	0	0	1
三角形运行	16#05	0	0	0	0	0	1	0	1
停止与过载	16#00	0	0	0	0	0	0	0	0

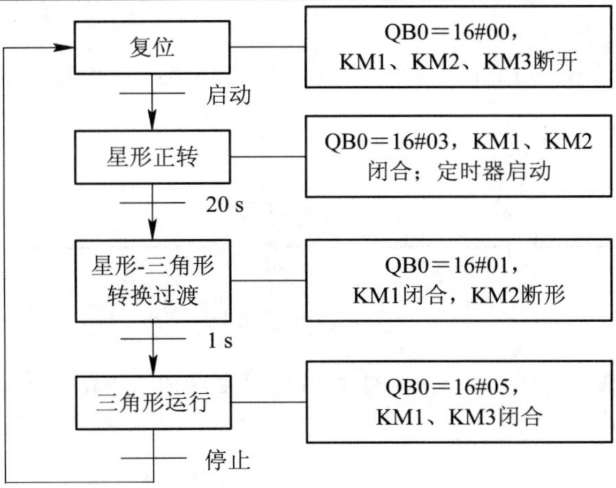

图 4-23　三相交流异步电机星形-三角形降压启动流程及传值过程

程序段 1：启-保-停。

程序段2：定时器控制。星形启动时间为20 s，星形启动到三角形运行过渡时间为1 s。

程序段3：星形启动阶段。按下启动按钮，传值16#03给QB0，Q0.0,Q0.1得电，接触器KM1、KM2闭合，电机星形启动。

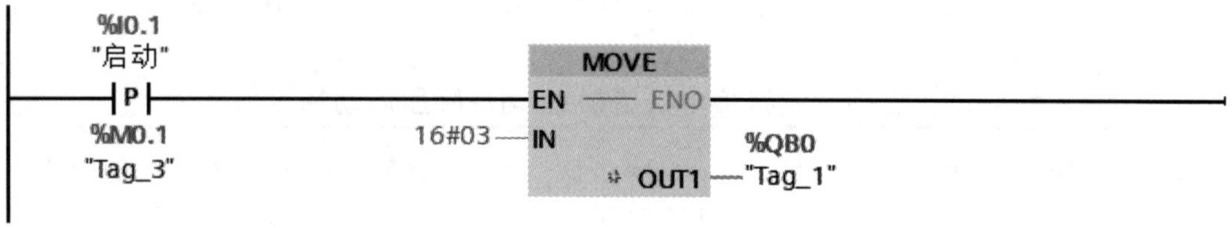

程序段4：星形→三角形转换过渡阶段。当定时器T0.ET=20 s时，星形启动结束，传值16#01给QB0，Q0.0得电，KM1闭合，Q0.1失电，KM2断开，转换过渡的时间为1 s。

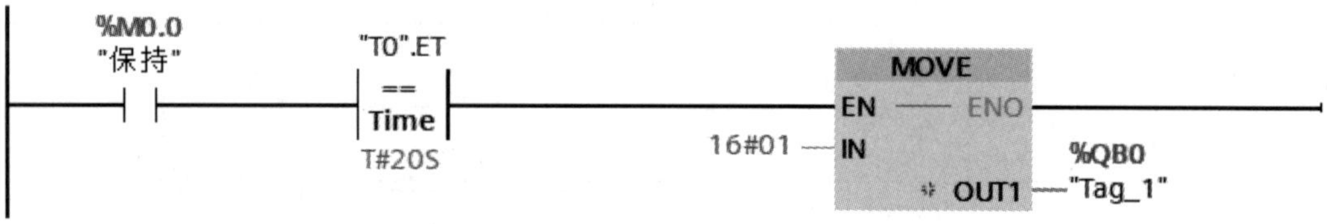

程序段5：三角形运行阶段。当定时器定时时间到，传值16#05给QB0，Q0.0、Q0.2得电，KM1、KM3闭合，电机三角形运行。

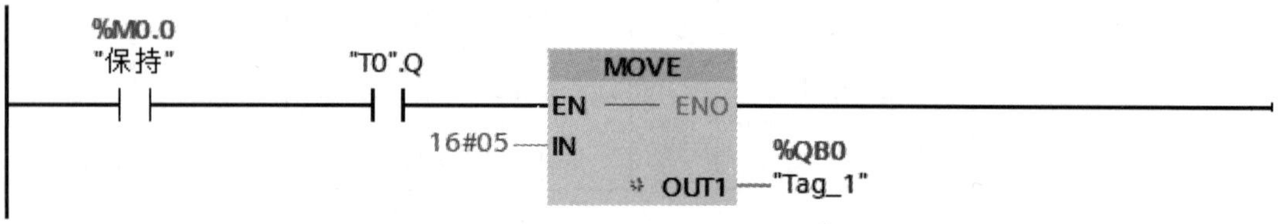

程序段6：停止和过载保护。当按下停止按钮或者过载时，传值16#00给QB0，Q0.0、Q0.2失电，KM1、KM3断开，电机停止运行。

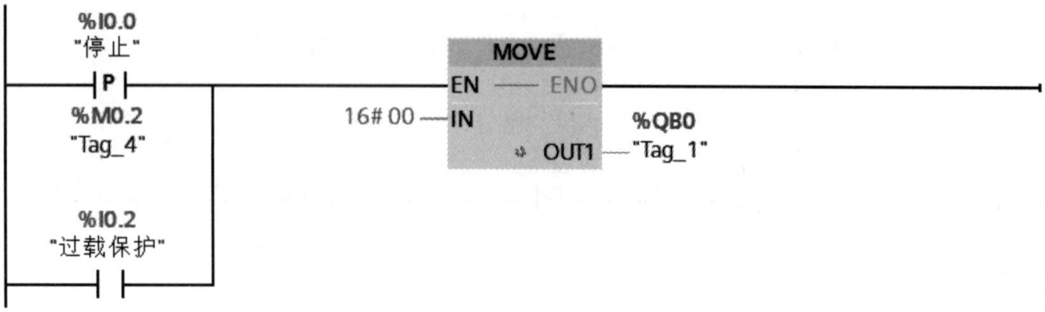

图4-24　三相交流异步电机星形-三角形降压启动移动指令方法控制程序

拓展二　交通灯控制系统设计

设计一个 PLC 控制的十字路口交通灯控制系统，控制要求如下：自动运行时，按下启动按钮，交通灯控制系统按图 4-25 所示的时序图工作(绿灯闪烁频率为 1 Hz)；按下停止按钮，所有信号灯都熄灭；手动运行时，两个方向的黄灯同时闪烁，闪烁频率为 1 Hz。

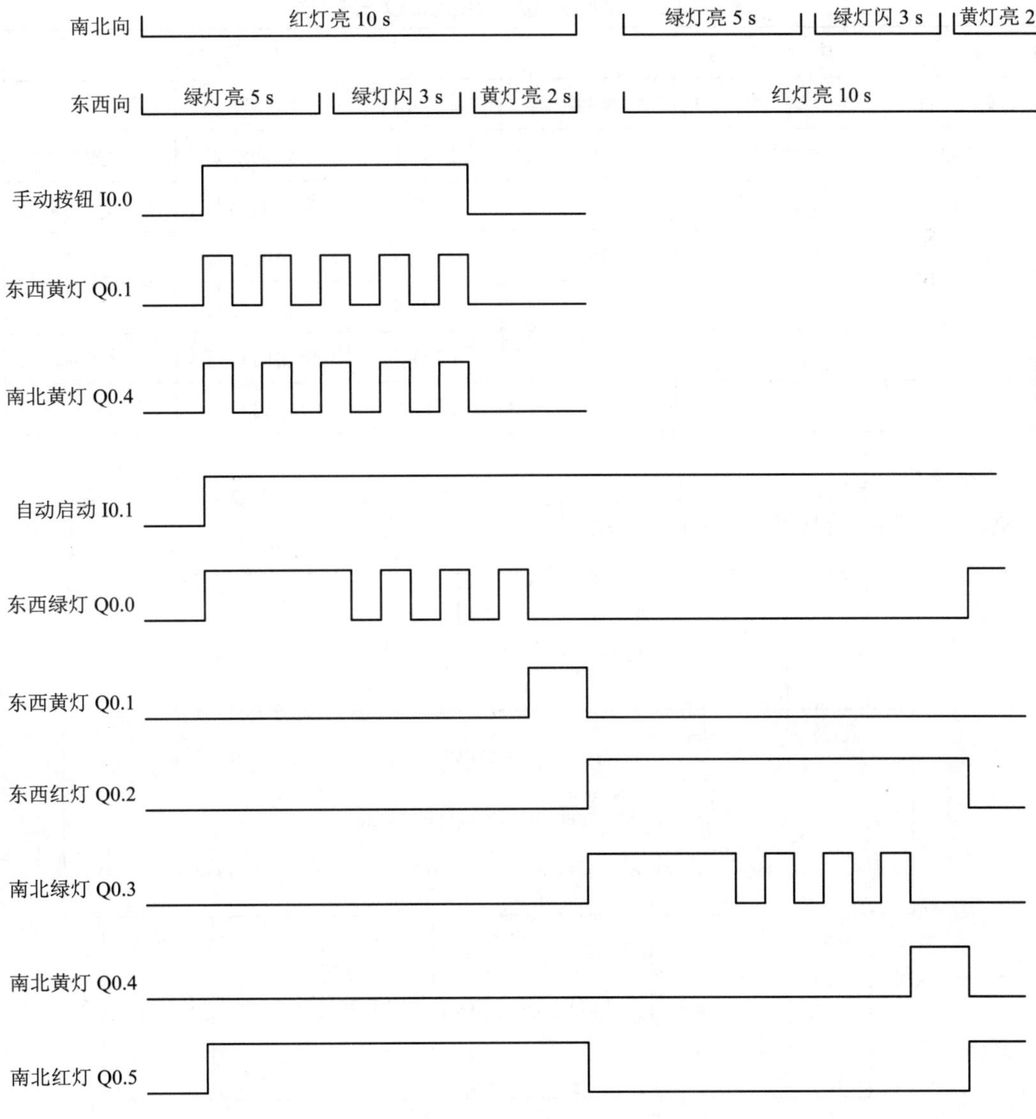

图 4-25　交通灯控制系统时序图

1. 控制系统设计

交通灯控制系统有手动按钮、自动启动按钮和停止按钮 3 个输入信号，有东西方向、南北方向绿灯、黄灯、红灯各 3 个，共 6 个输出信号。在模拟交通灯中，所有信号灯均为直流 24 V LED 灯。因此 S7-1200 系列中 CPU 1212C DC/DC/DC、CPU 1214C DC/DC/DC、CPU 1215C DC/DC/DC 三种型号符合输入、输出点数的要求，本项目 PLC 选型为 CPU 1214C DC/DC/DC，订货号为 6ES7-214-1AG40-0XB0。

2. I/O 地址分配

I/O 地址分配如表 4-12 所示。

表 4-12　交通灯控制系统 I/O 分配表

输 入 信 号			输 出 信 号		
输入元件	作　用	输入继电器	输出元件	作　用	输出继电器
SB0	手动按钮	I0.0	LED 1	东西向绿灯	Q0.0
SB1	自动启动按钮	I0.1	LED 2	东西向黄灯	Q0.1
SB2	停止按钮	I0.2	LED 3	东西向红灯	Q0.2
			LED 4	南北向绿灯	Q0.3
			LED 5	南北向黄灯	Q0.4
			LED 6	南北向红灯	Q0.5

3. 系统接线图

交通灯控制系统接线图如图 4-26 所示。

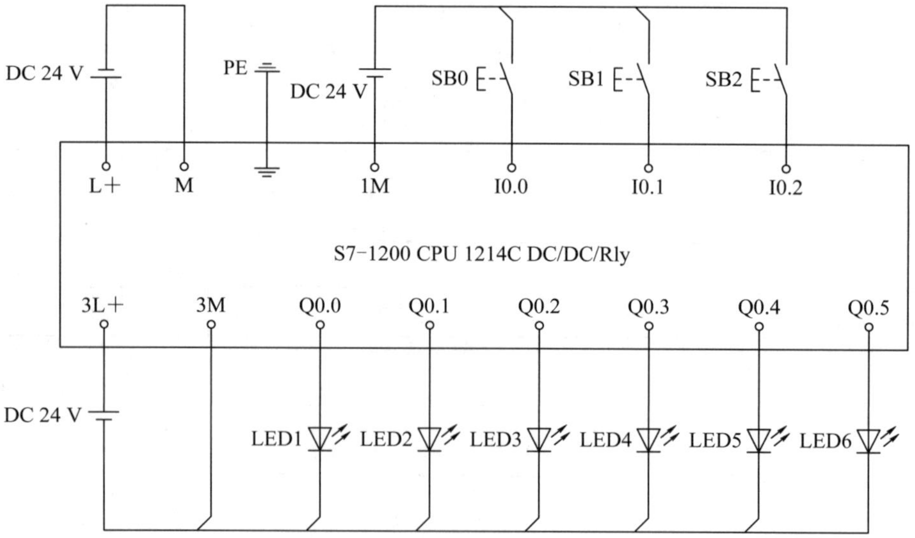

图 4-26　交通灯控制系统接线图

4. PLC 程序设计

(1) 变量定义。变量表如图 4-27 所示。

项目47 交通灯控制系统 ▸ PLC_1 [CPU 1214C DC/DC/DC] ▸ PLC 变量 ▸ 默认变量表 [51]

默认变量表

	名称	数据类型	地址	保持	在 H...	可从 ...
1	手动按钮	Bool	%I0.0	☐	☑	☑
2	东西绿灯	Bool	%Q0.0	☐	☑	☑
3	东西黄灯	Bool	%Q0.1	☐	☑	☑
4	东西红灯	Bool	%Q0.2	☐	☑	☑
5	南北绿灯	Bool	%Q0.3	☐	☑	☑
6	南北黄灯	Bool	%Q0.4	☐	☑	☑
7	南北红灯	Bool	%Q0.5	☐	☑	☑
8	自动按钮	Bool	%I0.1	☐	☑	☑
9	停止按钮	Bool	%I0.2	☐	☑	☑
10	保持	Bool	%M0.0	☐	☑	☑
11	Clock_2.5Hz	Bool	%M11.2	☐	☑	☑
12	Clock_2Hz	Bool	%M11.3	☐	☑	☑
13	Clock_1Hz	Bool	%M11.5	☐	☑	☑
14	FirstScan	Bool	%M10.0	☐	☑	☑
15	Clock_Byte	Byte	%MB11	☐	☑	☑
16	Clock_10Hz	Bool	%M11.0	☐	☑	☑
17	Clock_5Hz	Bool	%M11.1	☐	☑	☑
18	Clock_1.25Hz	Bool	%M11.4	☐	☑	☑
19	Clock_0.625Hz	Bool	%M11.6	☐	☑	☑
20	Clock_0.5Hz	Bool	%M11.7	☐	☑	☑
21	DiagStatusUpdate	Bool	%M10.1	☐	☑	☑
22	AlwaysTRUE	Bool	%M10.2	☐	☑	☑
23	AlwaysFALSE	Bool	%M10.3	☐	☑	☑

图 4-27　交通灯控制系统变量表

(2) 程序设计。梯形图如图 4-28 所示。程序中，各定时器的作用如表 4-13 所示。在本项目中，所有的定时器采用的都是定时器线圈指令。由于 S7-1200 PLC 中 CPU 的定时器使用时需要背景数据块，因此在使用定时器线圈指令之前，先建立 DB，其数据类型选择为 IEC_TIMER。

程序段 1：启-保-停电路。

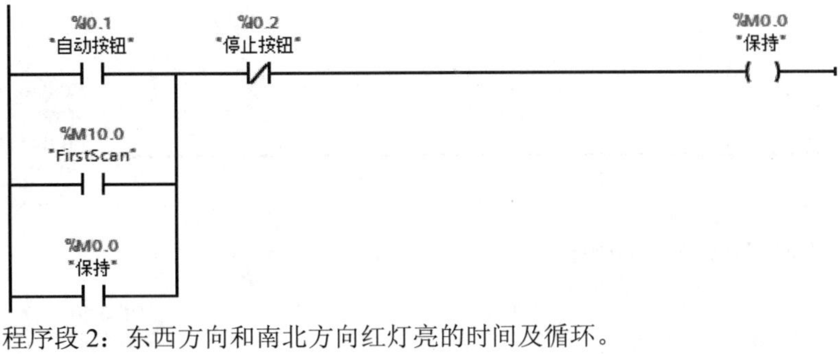

程序段 2：东西方向和南北方向红灯亮的时间及循环。

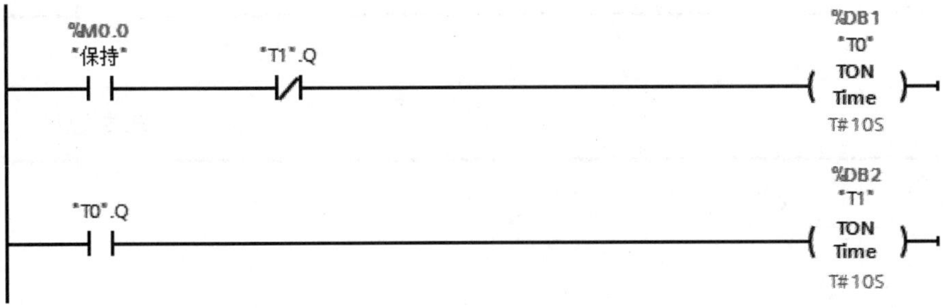

程序段 3：东西方向绿灯、绿灯闪烁及黄灯亮的时间和先后顺序。

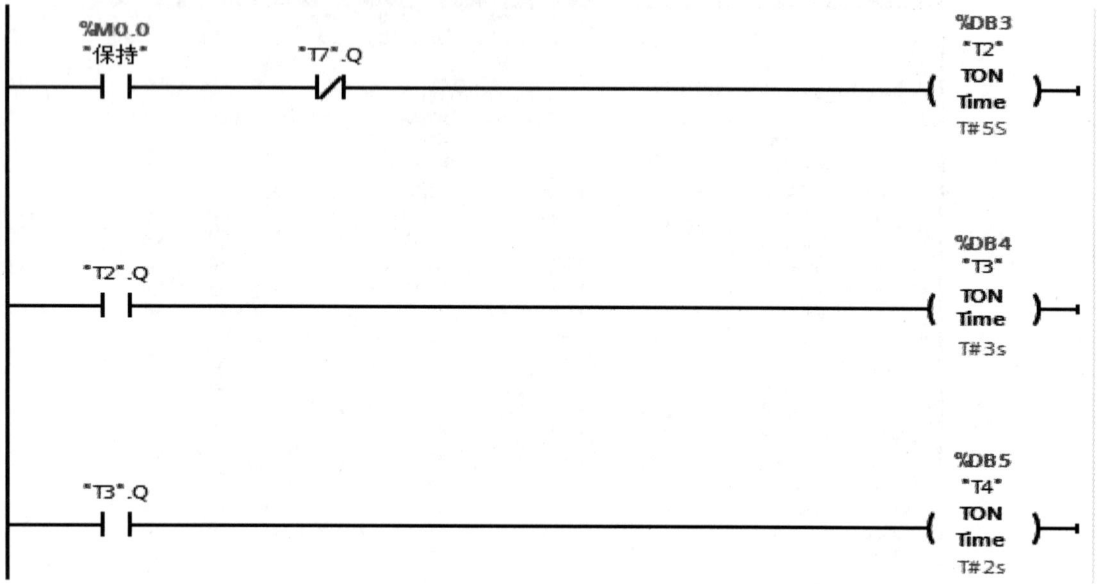

程序段 4：南北方向绿灯、绿灯闪烁及黄灯亮的时间和先后顺序。

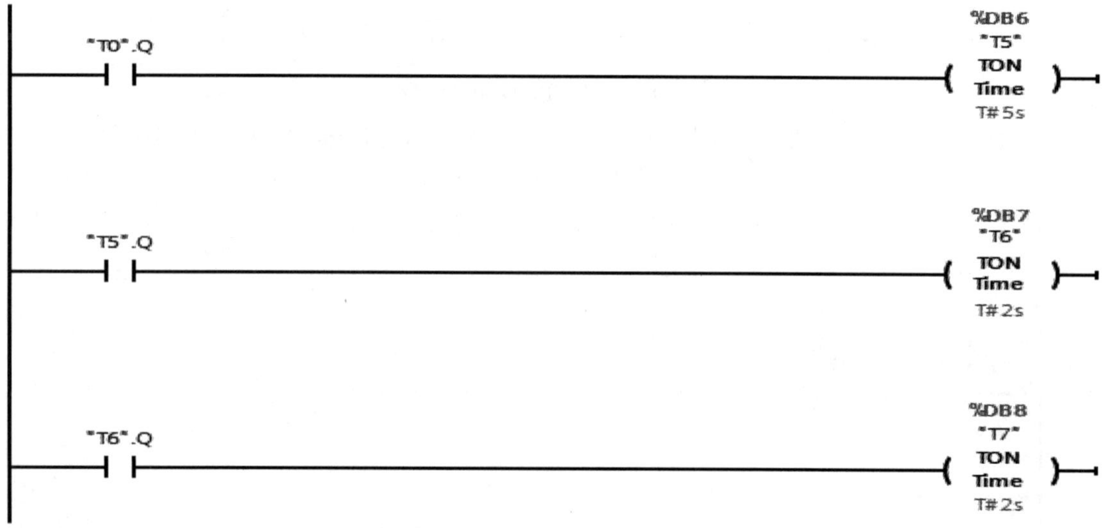

程序段 5：东西方向和南北方向红灯亮及先后顺序。

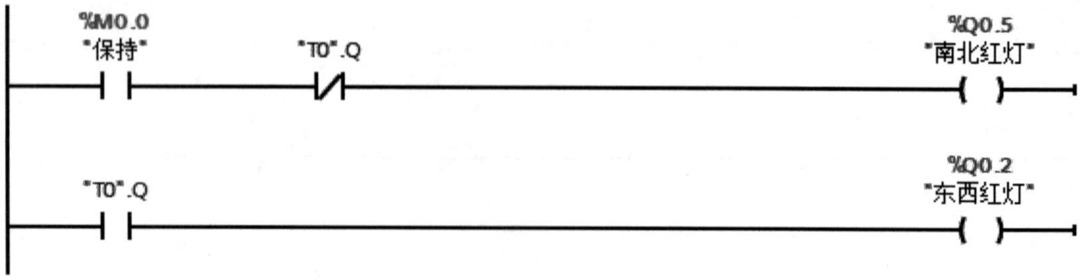

程序段 6：东西方向绿灯亮及绿灯闪烁。

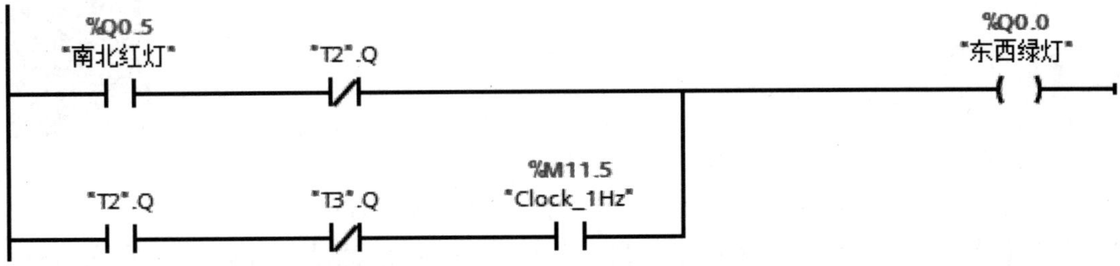

程序段 7：东西方向黄灯亮及手动闪烁。

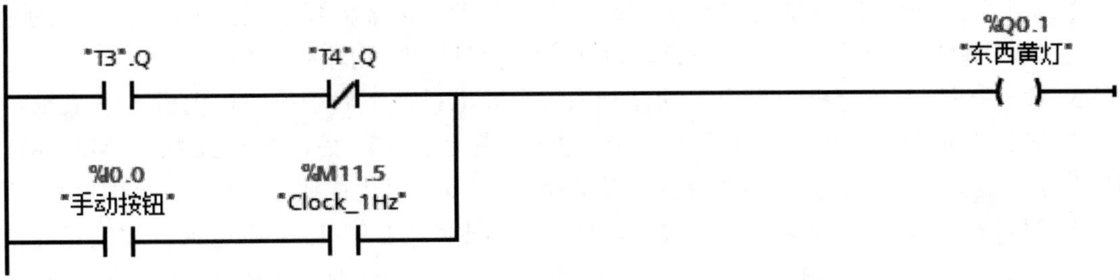

程序段 8：南北方向绿灯亮及绿灯闪烁。

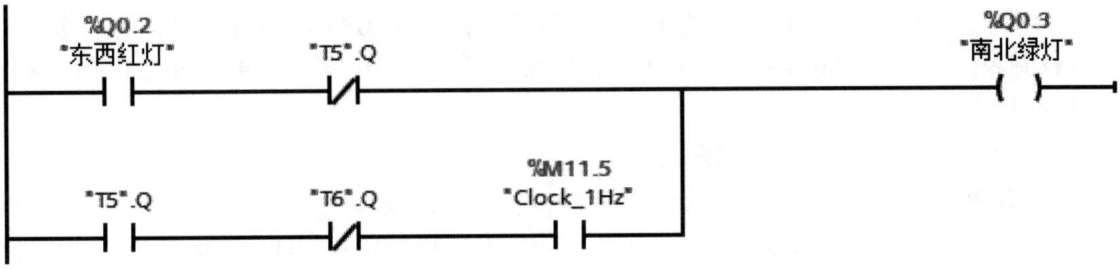

程序段 9：南北方向黄灯亮及手动闪烁。

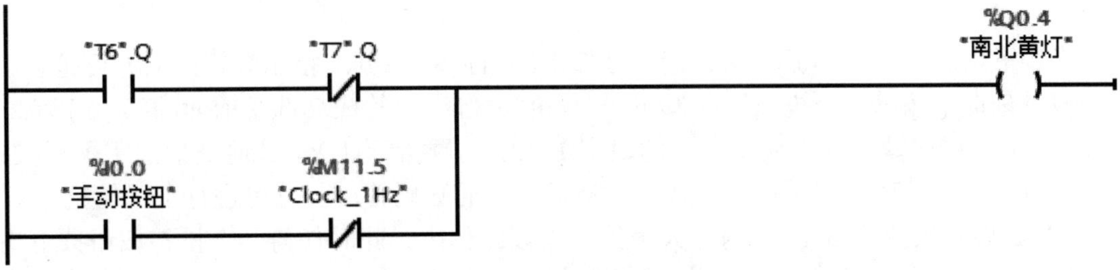

图 4-28　交通灯控制系统梯形图

表 4-13　交通灯控制系统定时器分配表

东 西 方 向		南 北 方 向	
T1	东西向红灯亮的时间	T0	南北向红灯亮的时间
T2	东西向绿灯亮的时间	T5	南北向绿灯亮的时间
T3	东西向绿灯闪烁的时间	T6	南北向绿灯闪烁的时间
T4	东西向黄灯亮的时间	T7	南北向黄灯亮的时间

能力测试

项目四　能力测试题解

1. 设计一个两台电机交替运行的控制系统。要求：按下启动按钮，电机 M1 工作 10 s 后停止，紧接着电机 M2 工作 6 s 后停止，然后交替运行；按下停止按钮，电机 M1、M2 全部停止工作。

2. 设计一个彩灯控制系统。要求：按下启动按钮，8 盏彩灯首先按 HL1～HL8 的顺序亮灭，然后按 HL8～HL1 的顺序亮灭，每次亮一盏灯，时间间隔为 1 s。

3. 设计一个 3 台电机顺序启动的控制系统。要求：按下启动按钮，电机 M1 启动，5 s 后电机 M2 启动，5 s 后电机 M3 启动；3 台电机一起运行 10 s 后，电机按 M3、M2、M1 的顺序先后停止，停止的间隔时间为 2 s；在任何时刻，按下停止按钮，3 台电机全部停止工作。

4. 设计一个照明控制程序。当按下按钮 SB，照明灯 L 亮 15 s 后熄灭。如果灯在点亮的 15 s 内有人按下按钮 SB，则照明灯的点亮时间从零开始计时，这样可以保证在最后一次按下按钮后，照明灯点亮的时间为 15 s。

5. 设计一个简易定时报时控制系统。控制要求：早上 6:00，电铃每 2 s 响一次，响 5 次后自动停止；上午 8:00 至下午 18:00，住宅报警系统启动；晚上 19:00 至 23:00，室外照明灯自动打开。

6. 设计一个 8 路抢答器控制系统。

控制要求如下：

(1) 用 PLC 设计一个 8 路抢答器系统，SB0 为出题按钮，SB1～SB8 为 8 个抢答器的按钮，每个抢答器按钮前对应一个抢答指示灯 H1～H8，H0 为出题指示灯，SB9 为复位按钮。

当按下出题按钮 SB8 后，出题指示灯按 1 Hz 的频率闪烁，指示灯闪烁后方可抢答。此后任何时刻选手按下一个抢答器的按钮，一旦抢答成功，抢答成功选手前面的指示灯以 2 Hz 的频率闪烁，同时数码管上显示相应的数字 1～8，出题指示灯灭，此时其他选手再按按钮，抢答无效。答题结束，同时按复位按钮 SB5，对应的数码管灭，方可进行下一轮抢答。

(2) 如果开始抢答后 15 s 内无人抢答，则该题作废，此时任何一个抢答按钮按下均无效。如果需要清除该题可按下 SB9，方可进行下一题抢答。

7. 某台三相异步电机具有手动/自动两种操作模式。SA 是操作模式选择开关，当 SA 闭合时为自动工作模式；当 SA 断开时为手动操作模式。自动工作模式：按下启动按钮 SB0，电机运行 10 s 后停 2 s，如此循环运行，任何时刻按下停止按钮 SB1，电机立即停止运行；手动工作模式：按下启动按钮 SB0，电机启动运行；按下停止按钮 SB1，电机停止运行。

8. 设计一个数码管循环显示数字 0、1、2……9 的系统。控制要求：按下启动按钮，系统依次显示 0、1、2……9，每个数字显示 1 s，如此循环；按下停止按钮，程序停止 (要求用基本位逻辑指令和 Move 指令两种方法实现)。

项目五

工业洗衣机的 PLC 控制

学习目标

1. 掌握 S7-1200 PLC 中 CPU 计数器的指令格式、数据类型，计数器的基本应用。
2. 掌握顺序控制程序设计的方法。

知识讲座

5.1 计数器指令

计数器器使用讲解

S7-1200 PLC 中 CPU 的计数器指令采用 IEC 标准，计数器的数据类型为 IEC_COUNTER，数据长度为 16 个字节。使用计数器需要创建相应的背景数据块来存储相关的数据，在 TIA 博途软件中插入计数器指令时，系统会自动分配并创建 DB，用户程序中可以使用的计数器的数量仅受 CPU 存储容量的限制。

S7-1200 PLC 的 CPU 包含加计数器(CTU)、减计数器(CTD)和加减计数器(CTUD)三种计数器，三种计数器指令符号如图 5-1 所示。计数器引脚汇总表如表 5-1 所示。

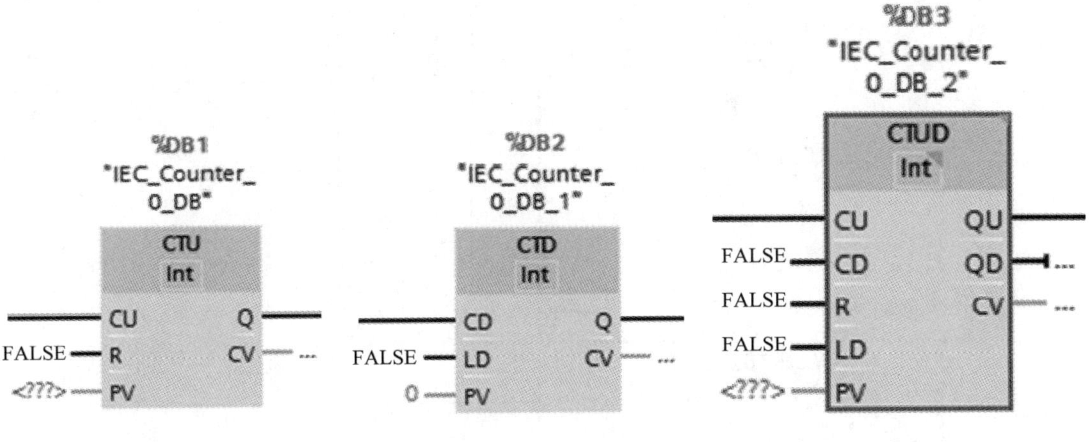

(a) CTU (b) CTD (c) CTUD

图 5-1 三种计数器指令符号

表 5-1 计数器引脚汇总表

	名　称	数据类型	说　　明
输入	CU(Count UP)/CD(Count Down)	Bool	信号输入端，可以不在引脚处加入沿信号
	R	Bool	计数器复位信号端，将 CV 清零，在 CTU、CTUD 中出现
	LD	Bool	预设值的装载控制端，在 CTD、CTUD 中出现
	PV	整数	预设计数值
输出	Q	Bool	信号输出端，当计数器当前值 CV≥PV 时，状态为 1
	QD	Bool	信号输出端，当计数器当前值 CV≤0 时，状态为 1
	QU	Bool	信号输出端，当计数器当前值 CV≥PV 时，状态为 1
	CV	整数	当前计数值

1. 加计数器(CTU)

在 CTU 指令中，每当 CU 从 0 变为 1 时，CV 加 1，当 CV = PV 时，Q = 1。此后，每当 CU 从 0 变为 1 时，Q 端保持输出 1，CV 值继续增加，直到 CV 达到指定的数据类型的最大值。在任意时刻，只要 R 端的状态为 1，Q = 0，CV 立即停止计数并回到 0。CTU 指令应用如图 5-2 所示。

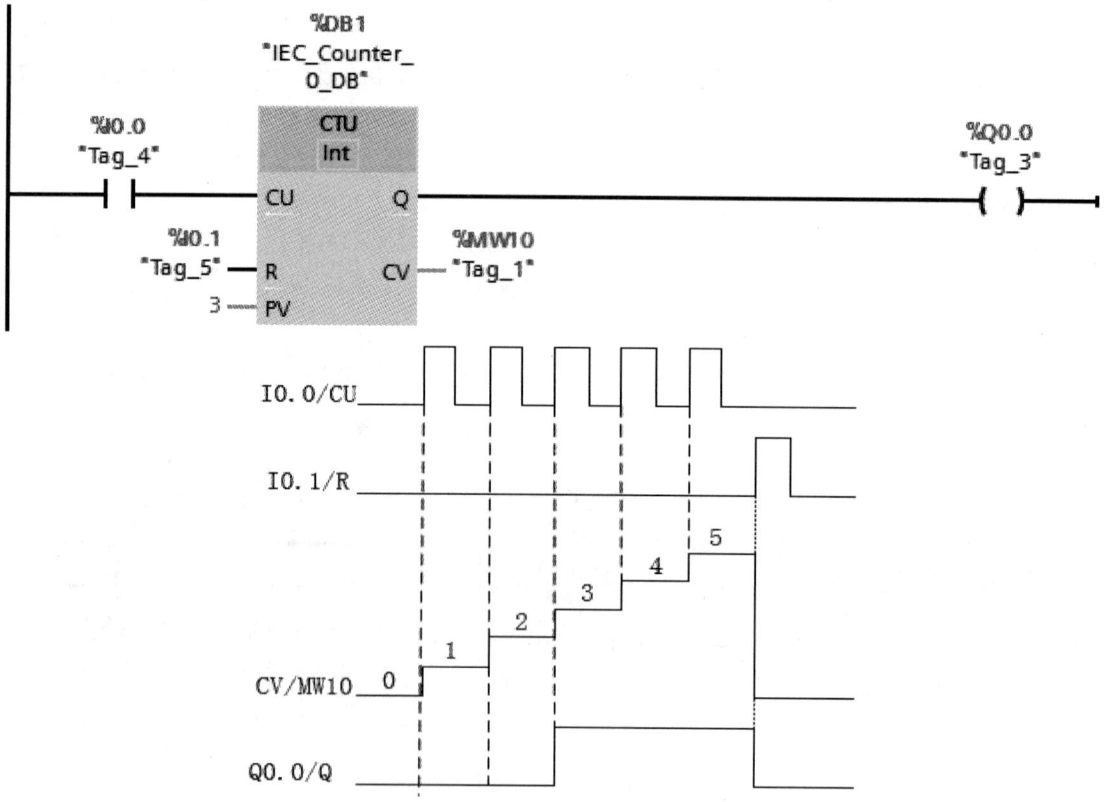

图 5-2 CTU 指令应用及波形图

2. 减计数器(CTD)

在 CTD 指令中，每当 CD 从 0 变为 1 时，CV 减 1，当 CV = 0 时，Q = 1。此后，每当 CD 从 0 变为 1 时，Q 端保持输出 1，CV 继续减少直到达到计数器指定的数据类型的最小值。在任意时刻，只要 LD 端的状态为 1，Q = 0，CV 立即停止计数并回到 PV 值。CTD 指令如图 5-3 所示。

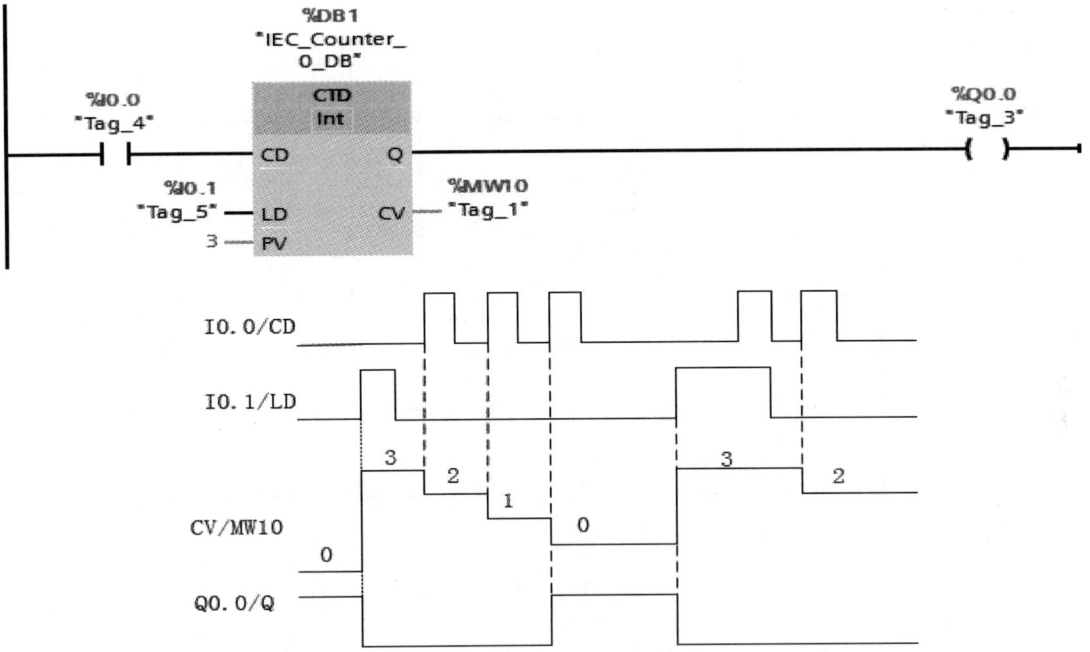

图 5-3　CTD 指令应用及波形图

3. 加减计数器(CTUD)

在 CTUD 指令中，每当 CU 从 0 变为 1，CV 就加 1；每当 CD 从 0 变为 1，CV 就减 1。当 CV≥PV 时，QU = 1；当 CV<PV 时，QU = 0；当 CV≤0 时，QD = 1；当 CV>0 时，QD = 0。CV 的上下限值取决于计数器指定的整数类型的最大值与最小值。在任意时刻，只要 R 从 0 变为 1，QU = 0，则 CV 立即停止计数并复位为 0；只要 LD 为 1，则 QD = 0，CV 立即停止计数并回到 PV 值。CTUD 指令应用如图 5-4 所示。

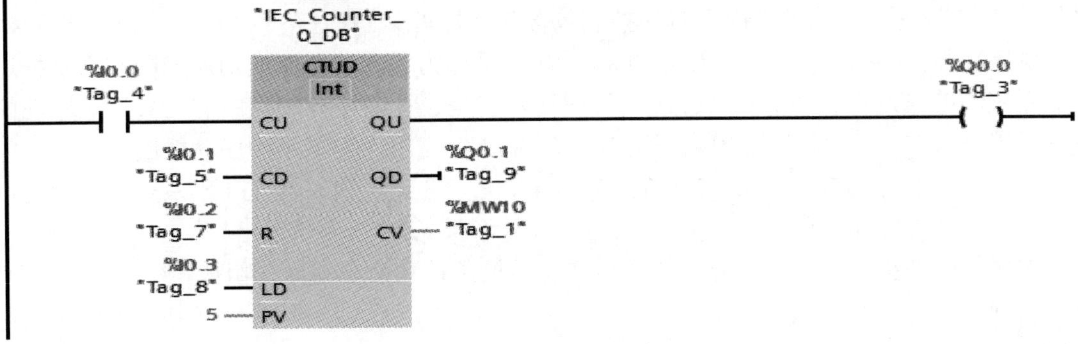

(a) 梯形图

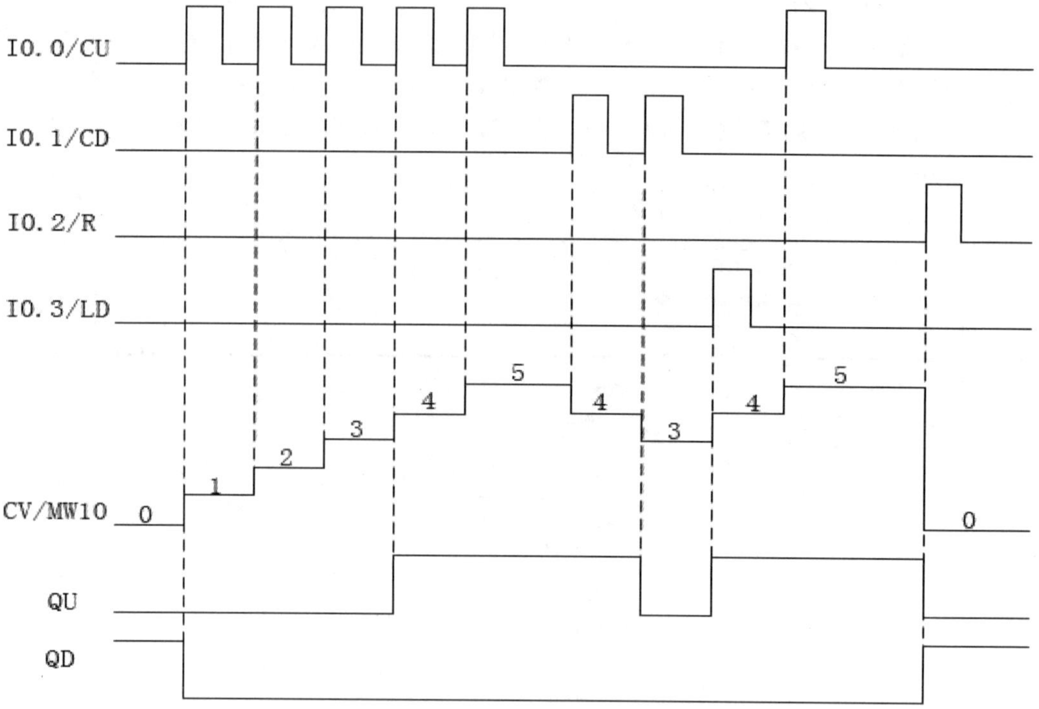

(b) 波形图

图 5-4　CTD 指令应用及波形图

5.2　顺序控制设计与顺序功能图

1. 顺序控制与顺序功能图

顺序控制就是按照生成工艺预先规定的顺序控制各个执行机构自动有序的运行，它是一种按时间顺序或逻辑顺序进行控制的开环控制，也称步进控制。

在工业控制中，顺序控制的应用非常广泛，例如搬运机械手的运动控制、产品包装生产线的控制、工业洗衣机的控制等。顺序控制包含三个要素：工作任务、转移条件和转移目标。

顺序功能图(Sequential Function Chart，SFC)又称为状态转移图或功能表图，它是描述控制系统的控制过程、功能和特性的一种图形，也是设计顺序控制程序的工具。顺序功能图是采用 IEC 61131 国际标准的编程语言，有的 PLC 为用户提供了顺序功能图语言，例如西门子 S7 系列中，S7-300/400/1500 的 S7-Graph 语言，三菱 PLC 中的 FX 系列中也为用户提供了顺序功能图编程语言。

顺序功能图主要由步、有向连线、转换与转换条件和命令与动作组成。

1) 步

顺序控制设计就是将系统的一个工作周期划分成若干顺序相连的阶段，这些阶段称为步，各步用编程元件(用位存储器 M)来代表。当系统正处于某一步所在的阶段时，称为该步处于活动状态，即“活动步”。步处于活动状态时，相应的动作被执行；处于不活动状态时，相应的非存储型的动作被停止执行。

系统的初始状态相对应的“步”称为初始步，初始状态一般是系统等待启动命令、复位的相对静止的状态。初始步用双线方框表示，每一个顺序功能图至少应有一个初始步。

2) 有向连线

在顺序功能图中，随着时间的推移或逻辑关系的变化，会发生步的活动状态的进展，步之间进展的路线和方向用有向连线表示，有向连线是垂直或水平的。步的进展方向一般是从上到下，从左到右。如果步之间进展的方向是遵守上述习惯，则必须增加箭头，箭头表示步进展的方向。

3) 转换与转换条件

在两步之间的垂直短线为转换，其线上的横线为编程元件触点，它表示从上一步转到下一步的条件。使系统由当前步进入下一步的信号称为转换条件。转换条件可以是外部的输入信号，例如按钮、指令开关、限位开关、传感器信号的接通或断开；也可以是 PLC 内部产生的信号，例如定时器、计数器等。转换条件可以是单个信号，也可以是多个信号的逻辑组合。

4) 命令与动作

命令与动作是指每一个状态中的命令与动作，即每一个状态的控制要求以及完成该要求对应的程序。

2. 顺序功能图的基本结构

1) 单流程结构

单流程结构是只有一条流程的结构。在单流程结构中，每一步后面只有一个转换，每个转换后面只有一步。各个步按顺序执行，上一步执行结束，转换条件成立，立即执行下一步，同时关断上一步。单流程结构图如图 5-5 所示。

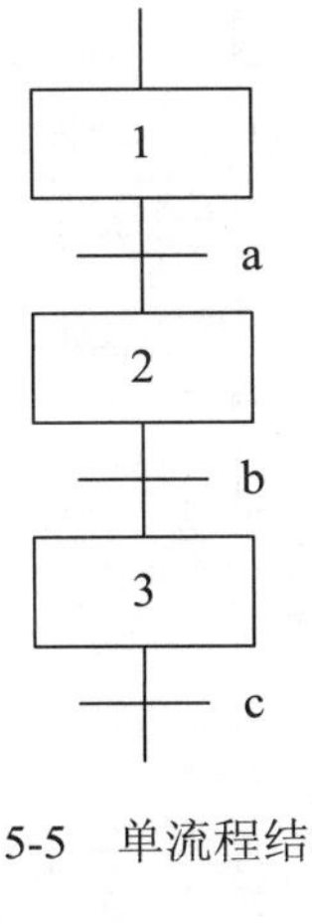

图 5-5　单流程结构图

2) 选择流程结构图

由两个及两个以上的分支结构组成，但只能从中选择一个分支执行的结构称为选择流程结构，如图 5-6 所示。选择流程结构的特点是：当有多条路径可选择时，只允许选择其中一条路径来执行，选择哪条路径取决于哪一条路径的转换条件首先变为 1。图 5-6 中，第 1 步后面有两个分支，如果条件 c=1，则执行第 2 步，如果 f = 1，则执行第 4 步。第 6 步为汇合步，不管选择哪条分支，只要满足转换条件，最终会汇合到第 6 步。

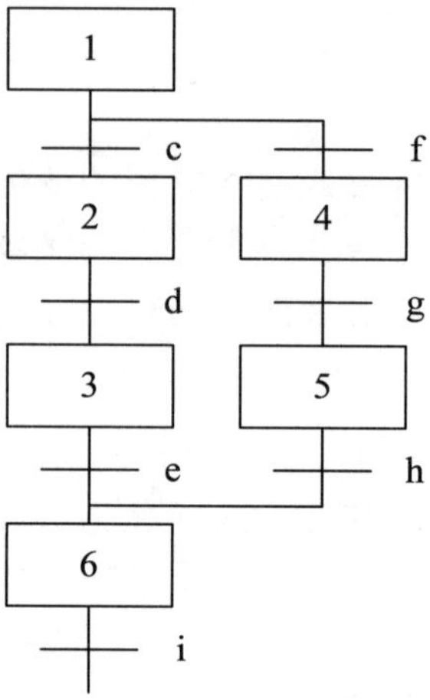

图 5-6　选择流程结构图

3) 并行流程结构

由两个及两个以上的分支组成，当某个转移条件满足后使多个分支同时执行的结构称为并行流程结构，如图 5-7 所示。为了强调转换的同步实现，并行流程结构开始与汇合处的水平连线用双水平线表示。并行流程结构的特点是：如果有多条路径，则必须同时执行；在各条路径都执行后，才会继续往下执行。在图 5-7 中，第 1 步后面有两个分支，如果转换条件 a = 1，则同时执行第 2 步和第 4 步；如果转换条件 d = 1，则两个分支汇合到第 6 步。

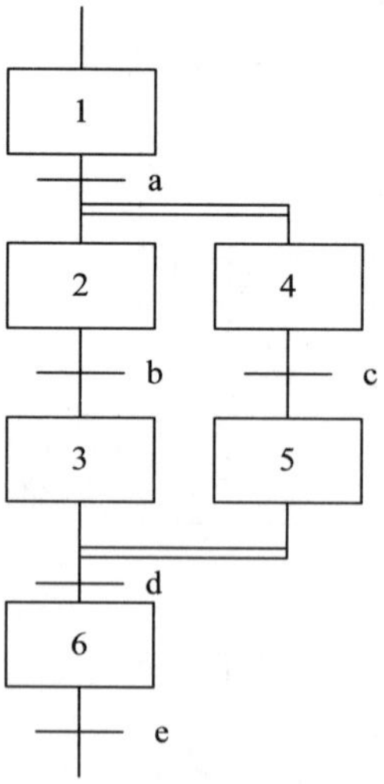

图 5-7　并行流程结构图

工作任务

任务　基于 PLC 的工业洗衣机控制

基于PLC的工业洗衣机控制

1. 任务要求

按下启动按钮，工业洗衣机开始进水，到高水位后停止进水，开始洗涤。正转洗涤 15 s，暂停 3 s 后反转洗涤 15 s，暂停 3 s 后再正转洗涤，如此反复 20 次，完成洗衣过程后自动停机。

2. 任务分析

工业洗衣机正、反转洗涤主要由交流电机的正反转控制，并且整个工作过程都是按固定的流程进行的，工作流程图如图 5-8 所示。因此，可以采用顺序控制实现洗衣机的自动控制。

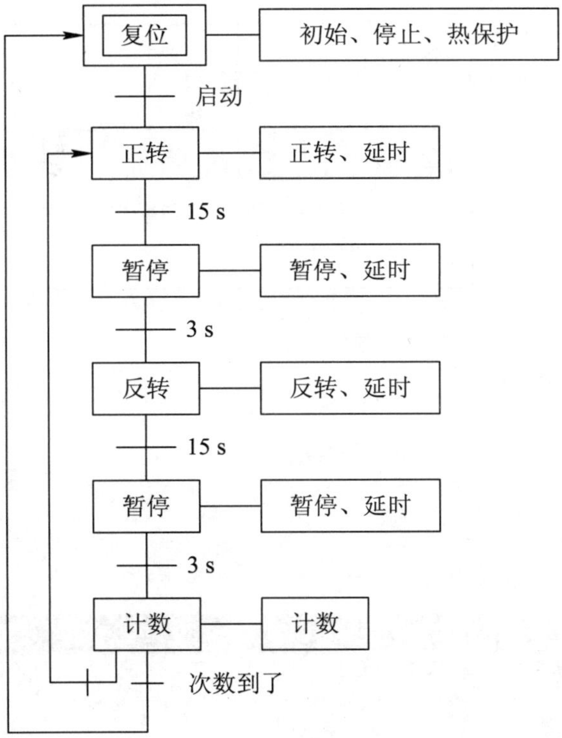

图 5-8　工业洗衣机的工作流程图

3. 任务实施

1) 控制系统设计

根据任务分析可知，工业洗衣机控制有启动按钮、停止按钮和过载保护三个输入信号，以及交流电机正转和反转两个输出信号。因此，必须选择继电器输出类型且输入点数大于 3 和输出点数大于 2 的 PLC。本项目 PLC 选型为 CPU1212C DC/DC/Rly，订货号为

6ES7-212-1HE40-0XB0。

2) I/O 地址分配

I/O 地址分配如表 5-2 所示。

表 5-2 工业洗衣机 I/O 地址分配表

输 入 信 号			输 出 信 号		
输入元件	作 用	输入继电器	输出元件	作 用	输出继电器
SB0	停止按钮	I0.0	KM1	正转接触器	Q0.0
SB1	启动按钮	I0.1	KM2	反转接触器	Q0.1
FR	过载保护	I0.2			

3) 系统接线图

工业洗衣机控制电路接线图如图 5-9 所示。

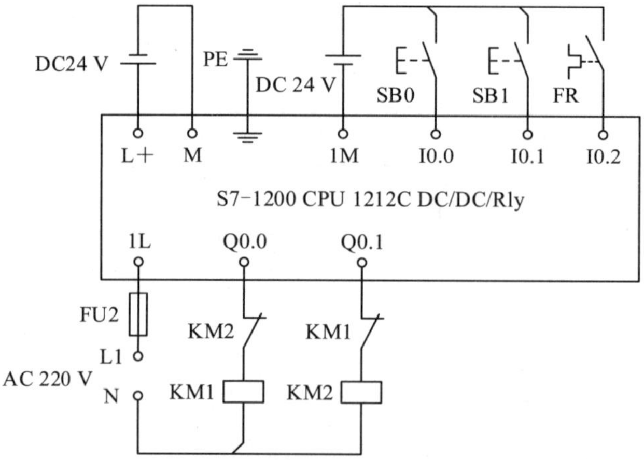

图 5-9 工业洗衣机控制电路接线图

4) PLC 程序设计

(1) 变量定义。变量表如图 5-10 所示。

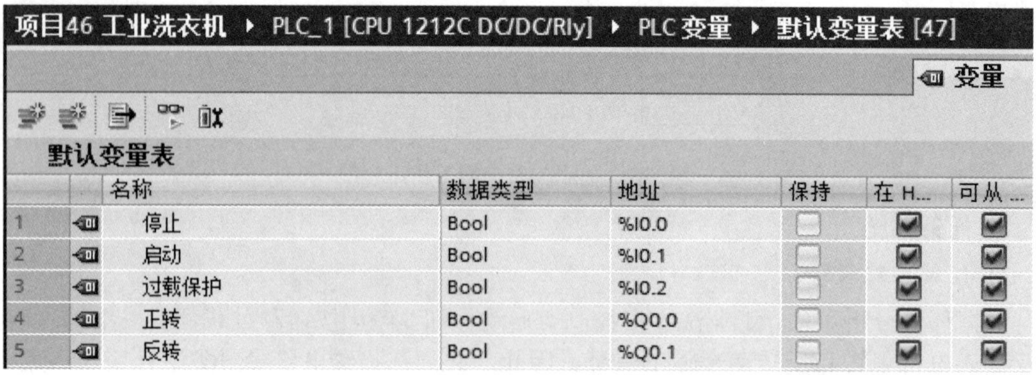

	名称	数据类型	地址	保持	在 H...	可从 ...
1	停止	Bool	%I0.0	☐	☑	☑
2	启动	Bool	%I0.1	☐	☑	☑
3	过载保护	Bool	%I0.2	☐	☑	☑
4	正转	Bool	%Q0.0	☐	☑	☑
5	反转	Bool	%Q0.1	☐	☑	☑

图 5-10 工业洗衣机变量表

(2) 顺序功能图。根据图 5-8 可以画出工业洗衣机的顺序功能图，如图 5-11 所示。本项目中，控制流程共分为 6 步，分别对应 6 种状态，每一步用一个位存储器 M 来表示，从 M0.0～M0.5。M0.0 为起始步，为系统初始化、控制停止和过载保护；M0.1 步为洗衣机正转；M0.2 步为正转暂停；M0.3 步为洗衣机反转；M0.4 步为反转暂停；M0.5 步为循环计数。

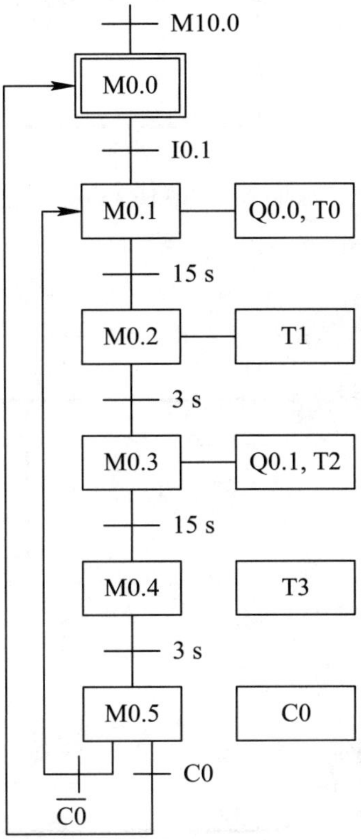

图 5-11 工业洗衣机顺序功能图

(3) 程序设计。梯形图如图 5-12 所示。

程序段 1：系统初始化、停止和过载保护功能。

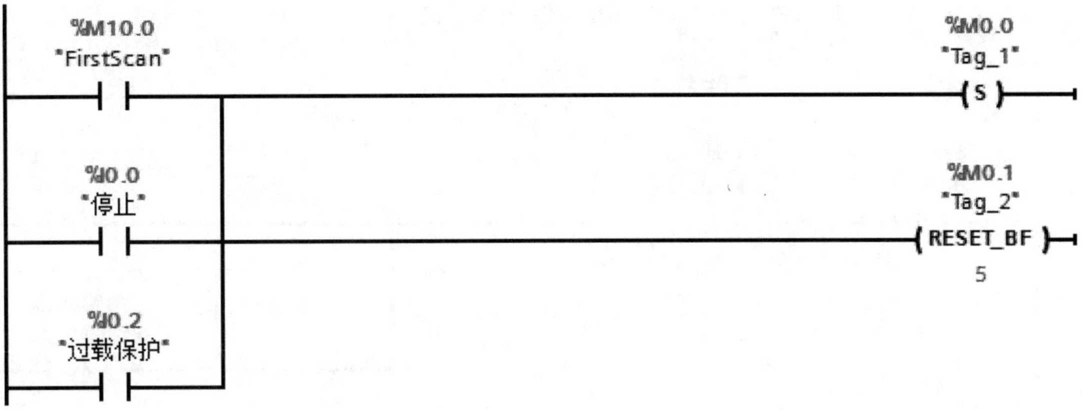

程序段 2：系统启动。按下启动按钮，激活 M0.1 步，洗衣机正转。

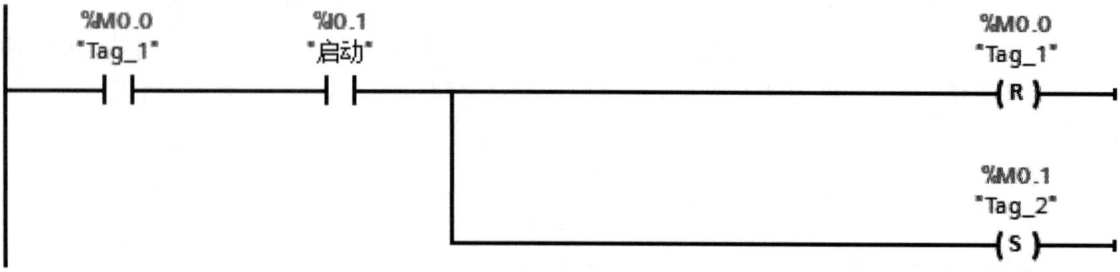

程序段 3：M0.1 激活并计时 15 s，当洗衣机正转洗涤 15 s 后，正转停止，同时转移到 M0.2 步。

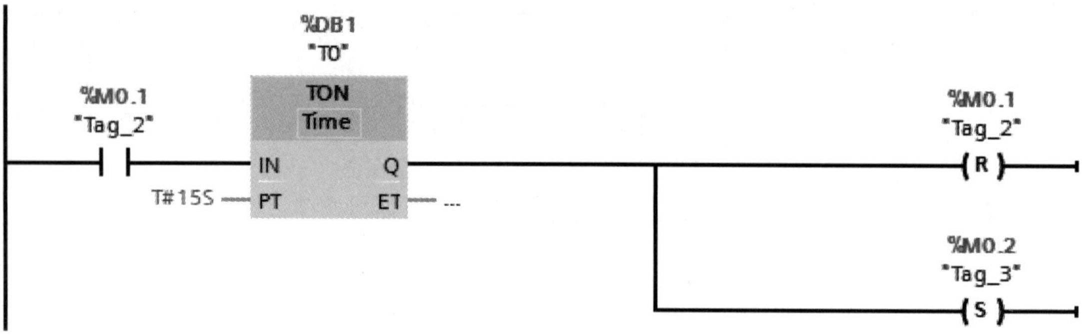

程序段 4：M0.2 步被激活，暂停 3 s 计时开始

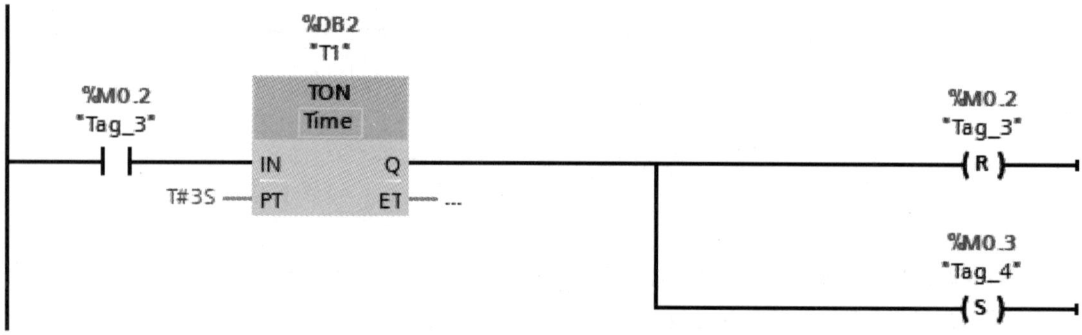

程序段 5：暂停 3 s 时间到，M0.3 步被激活，洗衣机反转洗涤，并计时 15 s。

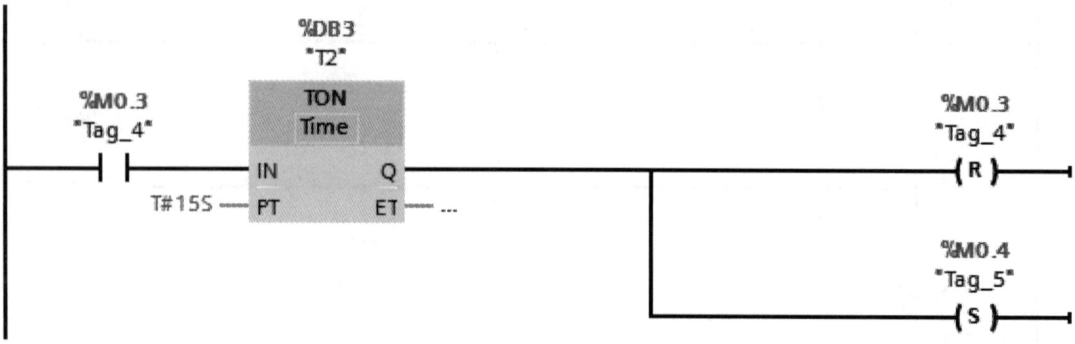

程序段 6：洗衣机反转洗涤 15 s 后，M0.4 步被激活，洗衣机暂停 3 s。

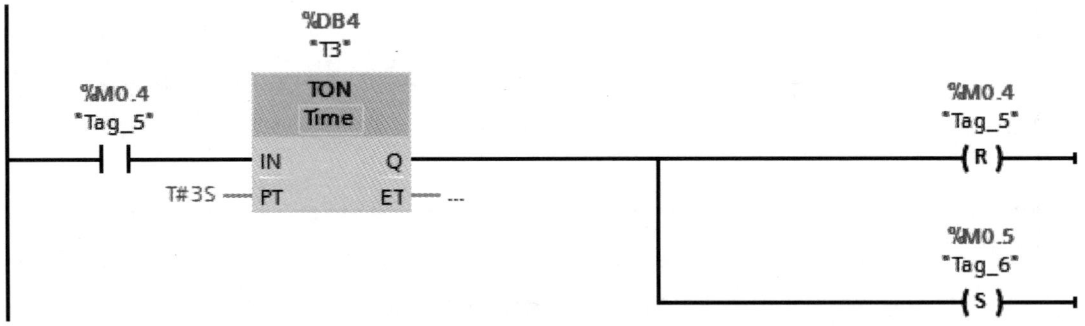

程序段 7：暂停时间，M0.5 步被激活，计数器计数 1 次。

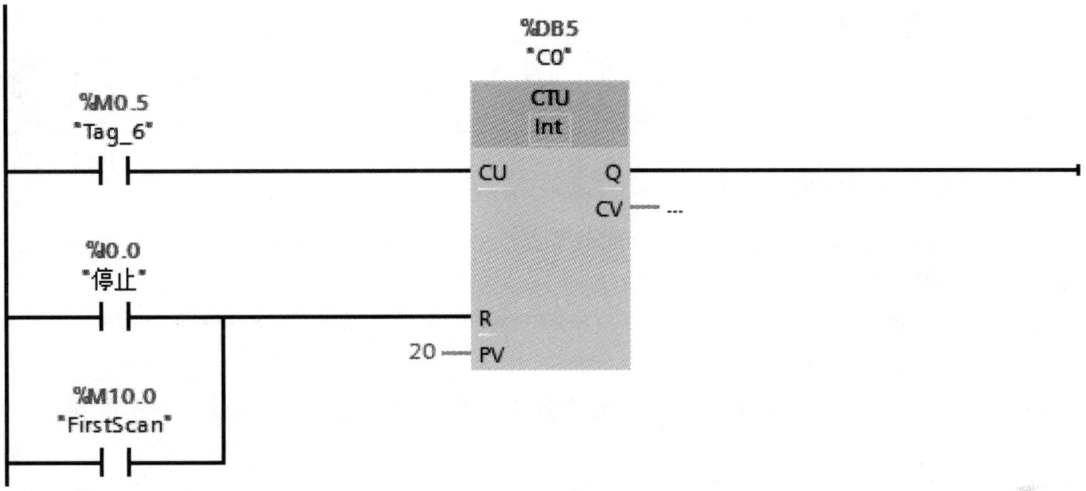

程序段 8：若计数次数未到，则继续进行正反转循环洗涤过程，激活 M0.1 步进入下一个循环；若计数次数达到循环次数，则激活 M0.0 步，系统自动停止。

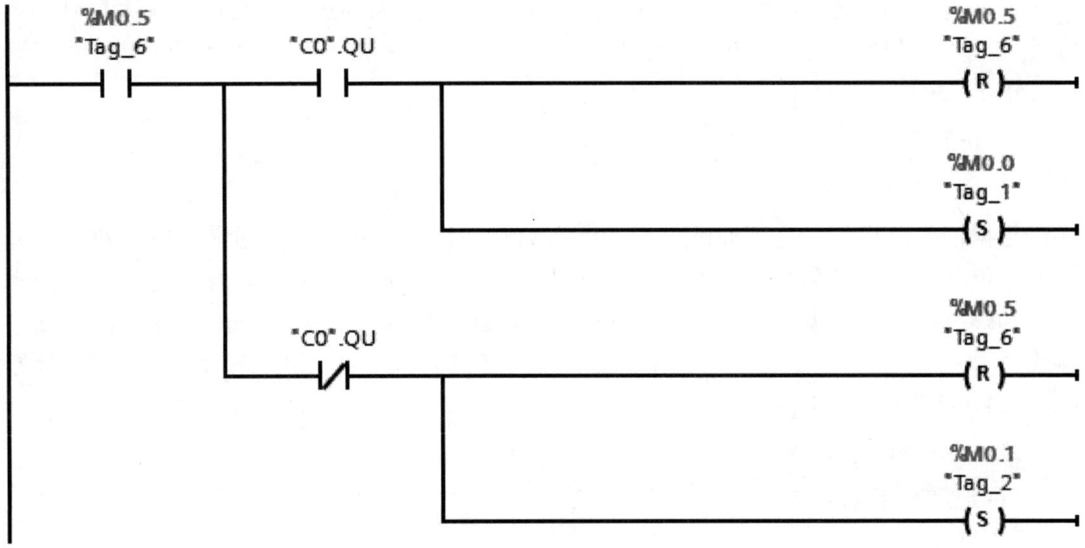

程序段 9：当 M0.1 步和 M0.3 步分被激活时，分别控制电机实现正转或反转。

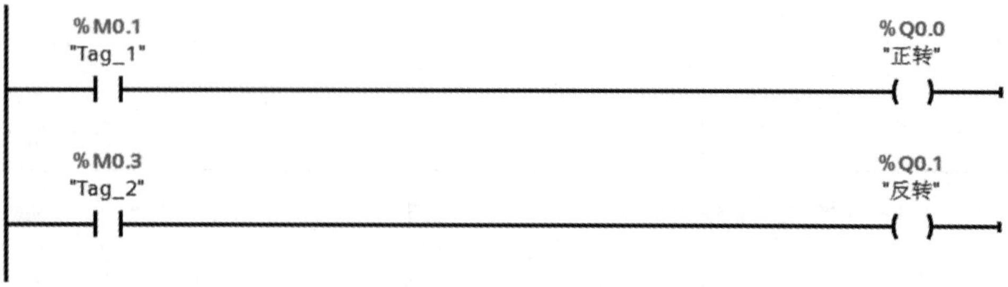

图 5-12　工业洗衣机控制梯形图

项目拓展

拓展一　工业洗衣机的 PLC 控制

比较指令在顺控程序中的应用

1. 任务要求及分析

上述项目任务只实现了洗衣机的部分功能，因此在项目拓展中，我们将完善洗衣机的控制功能。

控制要求如下：洗衣机的进水和排水分别由进水电磁阀和排水电磁阀控制。进水时，进水电磁阀打开，将水注入桶内；排水时，排水电磁阀打开，将水排出桶外。洗涤和脱水由同一台电机拖动，通过电磁离合器来控制，将动力传递给洗涤波轮或甩干桶。电磁离合器失电，电动机带动洗涤波轮实现正、反转，进行洗涤；电磁离合器得电，电动机带动甩桶单向旋转，进行甩干(此时波轮步转)。按下启动按钮，洗衣机进水，到高水位后停止进水，开始洗涤。正转洗涤 15 s，暂停 3 s 后反转洗涤 15 s，暂停后再正转洗涤，如此反复 20 次。洗涤结束后，开始排水，当水位下降到低水位时，进行脱水(同时排水)，脱水时间为 10 s。这样就完成了一次从进水到脱水的大循环过程。经过三次大循环后，完成洗衣过程并报警，报警 10 s 后结束整个洗衣过程，洗衣机自动停止。洗衣机系统流程图如图 5-13 所示。

2. 任务实施

1) 控制系统设计

根据任务分析可知，工业洗衣机控制有启动按钮、停止按钮、过载保护、高水位开关和低水位开关 5 个输入信号，有交流电机正转、反转、进水电磁阀、排水电磁阀、脱水离合器和蜂鸣器 6 个输出信号。因此，必须选择继电器输出类型，且输入点数大于等于 5、输出点数大于等于 6 的 PLC。本项目 PLC 选型为 CPU1212C DC/DC/Rly，订货号为 6ES7-212-1HE40-0XB0。

2) I/O 地址分配

I/O 地址分配如表 5-3 所示。

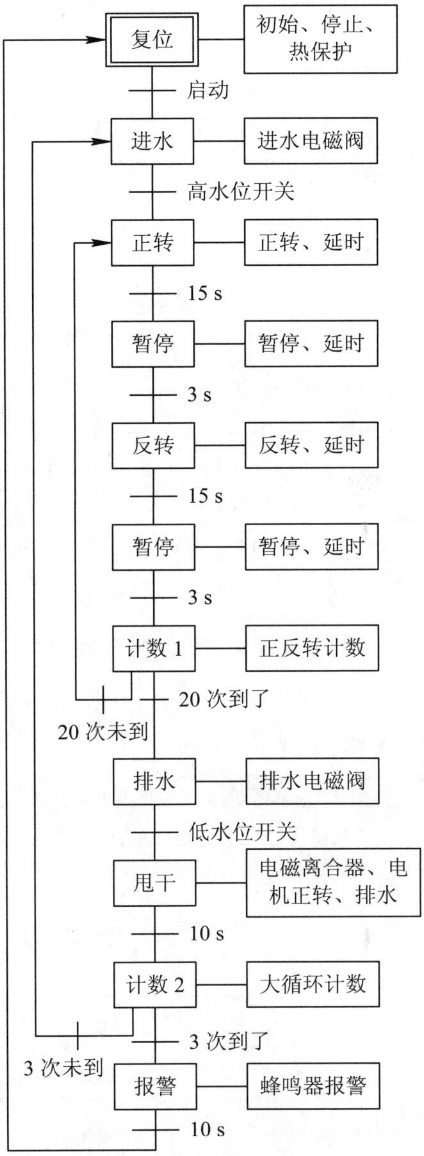

图 5-13 洗衣机系统流程图

表 5-3 工业洗衣机 I/O 分配表

输入信号			输出信号		
输入元件	作 用	输入继电器	输出元件	作 用	输出继电器
SB0	停止按钮	I0.0	KM1	正转接触器	Q0.0
SB1	启动按钮	I0.1	KM2	反转接触器	Q0.1
FR	过载保护	I0.2	KA1	进水电磁阀	Q0.2
SQ1	高水位开关	I0.3	KA2	排水电磁阀	Q0.3
SQ2	低水位开关	I0.4	KA3	脱水离合器	Q0.4
			KA4	报警蜂鸣器	Q0.5

3) 系统接线图

工业洗衣机控制电路接线图如图 5-14 所示。

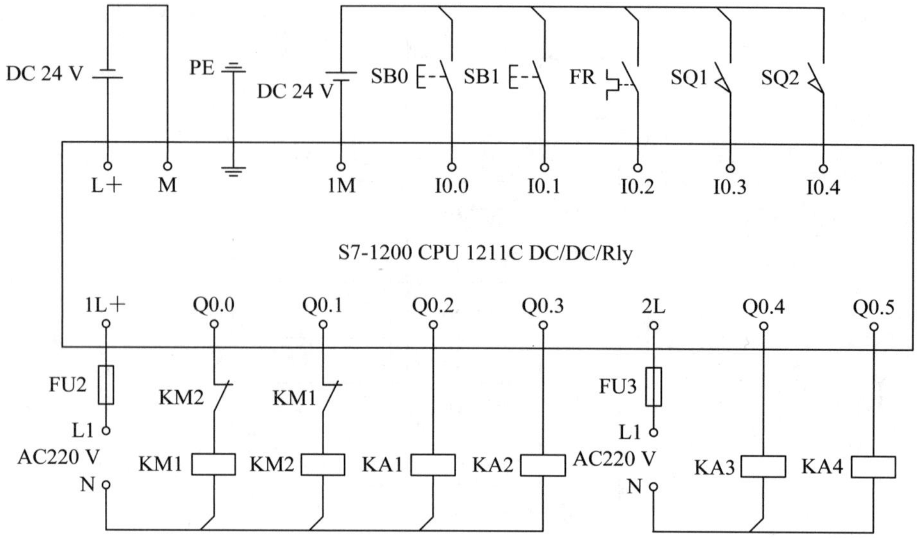

图 5-14 工业洗衣机控制电路接线图

4) PLC 程序设计

(1) 变量定义。变量表如图 5-15 所示。

项目46 工业洗衣机 ▸ PLC_1 [CPU 1212C DC/DC/Rly] ▸ PLC 变量 ▸ 默认变量表 [52]

默认变量表

	名称	数据类型	地址	保持	在 H...	可从 ...
1	停止	Bool	%I0.0	☐	☑	☑
2	启动	Bool	%I0.1	☐	☑	☑
3	过载保护	Bool	%I0.2	☐	☑	☑
4	高水位	Bool	%I0.3	☐	☑	☑
5	低水位	Bool	%I0.4	☐	☑	☑
6	电机正转	Bool	%Q0.0	☐	☑	☑
7	电机反转	Bool	%Q0.1	☐	☑	☑
8	进水阀	Bool	%Q0.2	☐	☑	☑
9	排水阀	Bool	%Q0.3	☐	☑	☑
10	脱水离合器	Bool	%Q0.4	☐	☑	☑
11	蜂鸣器	Bool	%Q0.5	☐	☑	☑
12	System_Byte	Byte	%MB10	☐	☑	☑
13	FirstScan	Bool	%M10.0	☐	☑	☑
14	起始状态	Bool	%M0.0	☐	☑	☑
15	进水	Bool	%M0.1	☐	☑	☑
16	正转	Bool	%M0.2	☐	☑	☑
17	正转暂停	Bool	%M0.3	☐	☑	☑
18	反转	Bool	%M0.4	☐	☑	☑
19	反转暂停	Bool	%M0.5	☐	☑	☑
20	正反转计数	Bool	%M0.6	☐	☑	☑
21	排水	Bool	%M0.7	☐	☑	☑
22	甩干	Bool	%M1.0	☐	☑	☑
23	大循环计数	Bool	%M1.1	☐	☑	☑
24	报警	Bool	%M1.2	☐	☑	☑

图 5-15 工业洗衣机变量表

(2) 顺序功能图。根据图 5-13 可以画出工业洗衣机的顺序功能图，如图 5-16 所示。本项目共 11 步，分别对应 11 种状态，每一步用一个位存储器 M 来表示，即 M0.0～M1.2。M0.0 步为起始步，为系统初始化、控制停止和过载保护；M0.1 步为进水；M0.2 步为正转；M0.3 步为正转暂停；M0.4 步为洗衣机反转；M0.5 步为反转暂停；M0.6 为正、反转计数；M0.7 为排水；M1.0 步为甩干；M1.1 步为大循环计数；M1.2 步为蜂鸣器报警。

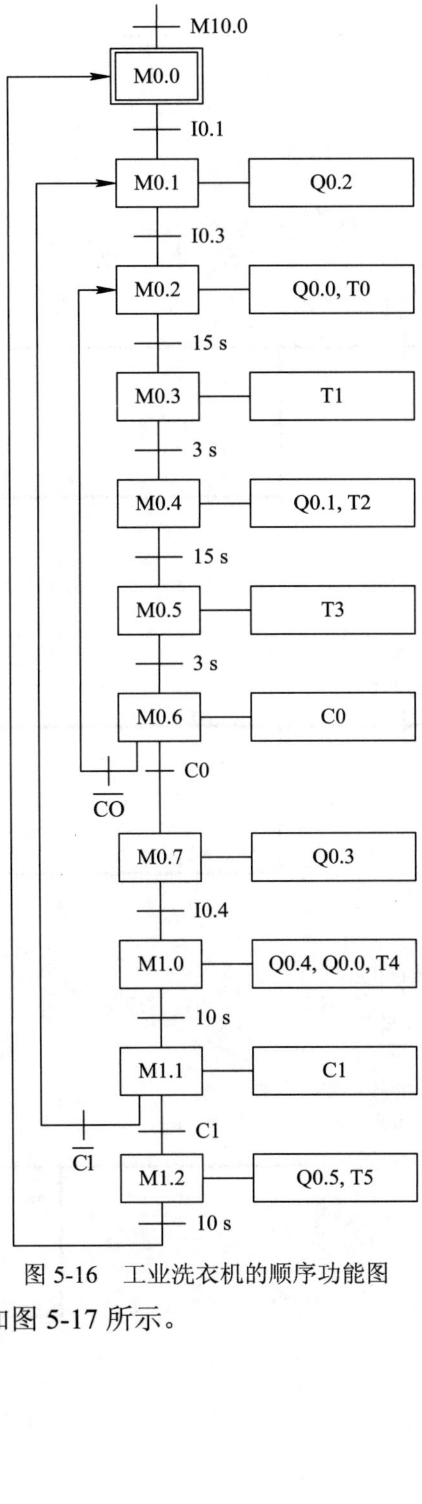

图 5-16 工业洗衣机的顺序功能图

(3) 程序设计。梯形图如图 5-17 所示。

程序段 1：系统初始化、停止和过载保护功能。

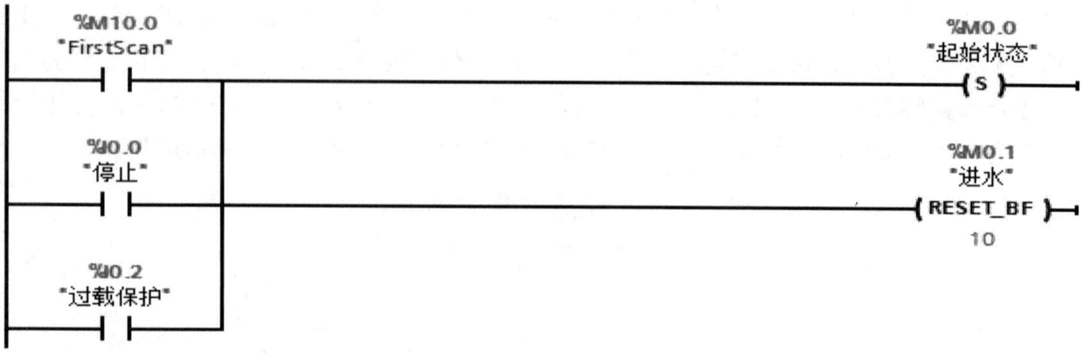

程序段 2：按下启动按钮，M0.1 步被激活，开始进水。

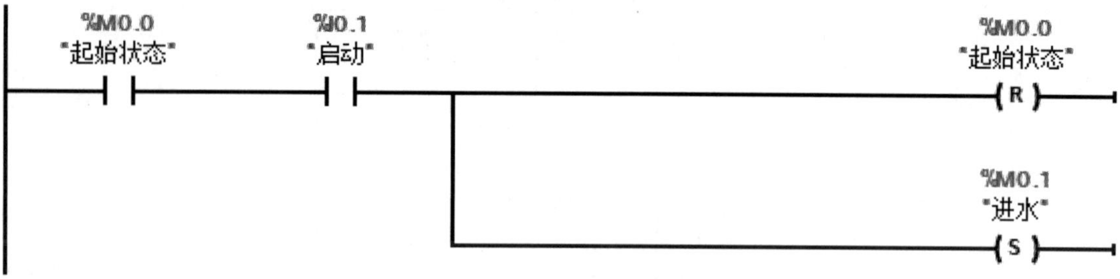

程序段 3：当桶内水位达到高水位时，高水位限位开关闭合，M0.2 步被激活，M0.1 步被置位，停止进水。

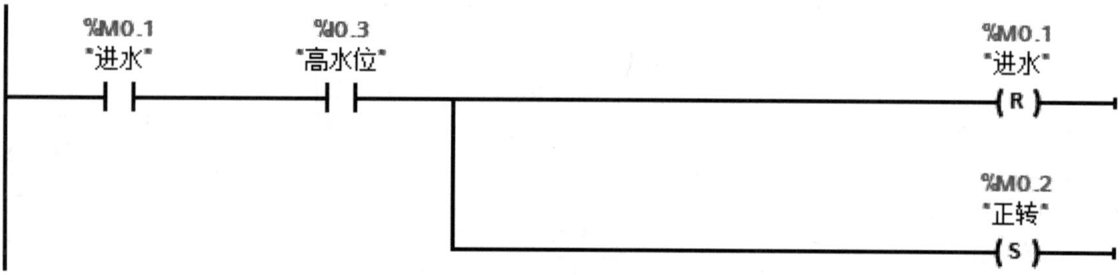

程序段 4：M0.2 步被激活，洗衣机正转 15 s。

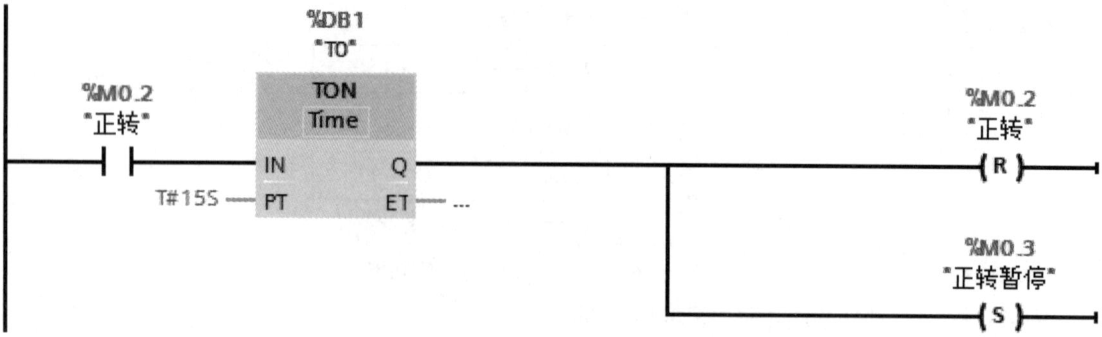

程序段 5：洗衣机正转 15 s 后，M0.3 步被激活，暂停 3 s。

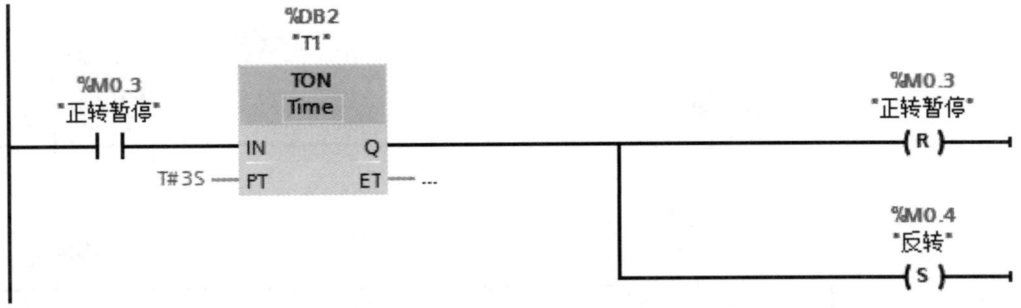

程序段 6：暂停 3 s 后，M0.4 步被激活，洗衣机反转。

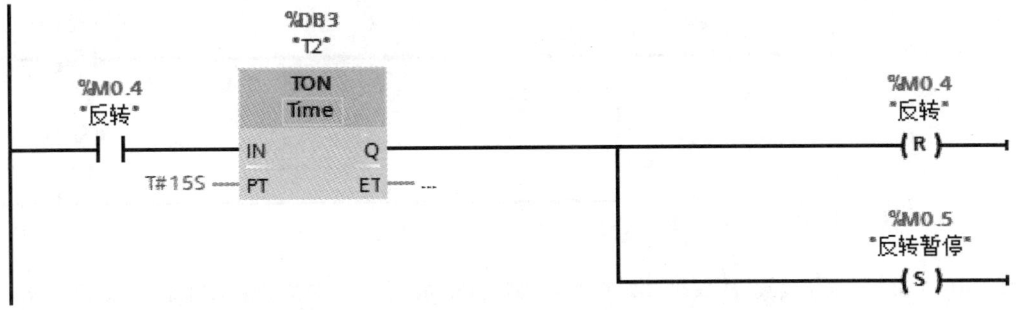

程序段 7：洗衣机反转 15 s 后，M0.5 步被激活，暂停 3 s。

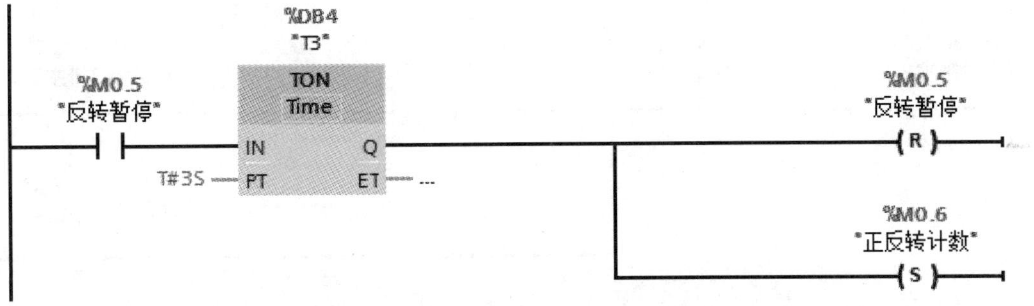

程序段 8：暂停 3 s，M0.6 步被激活，进行正、反转计数。当循环 20 次结束后，洗衣机开始排水，同时给计数器 C0 复位，准备下一次的正、反转计数。

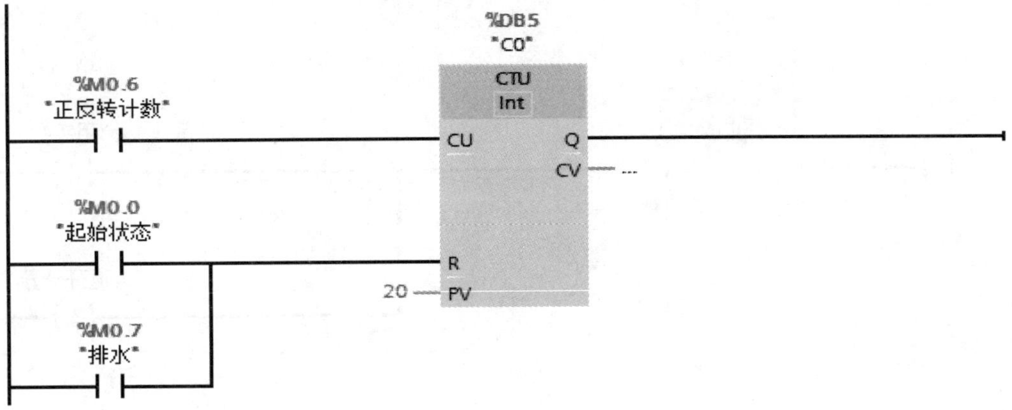

程序段 9：如果正、反转未达到 20 次，M0.2 步被激活，则再次进行正、反转洗涤；如果正、反转次数达到 20 次，M0.7 步被激活，开始排水。

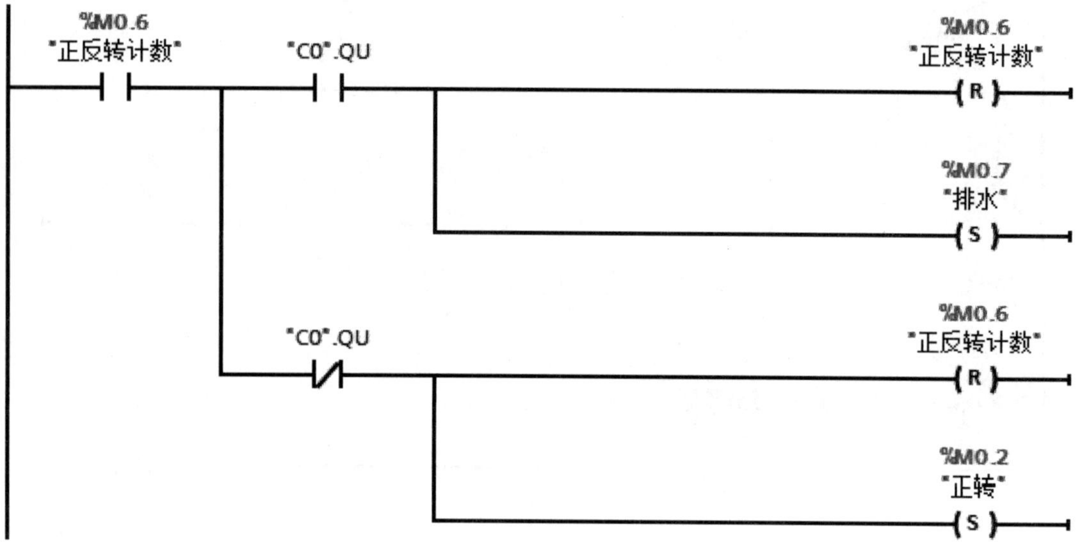

程序段 10：M0.7 步被激活，洗衣机开始排水，当达到低水位时，M1.0 步被激活，洗衣机进入甩干阶段。

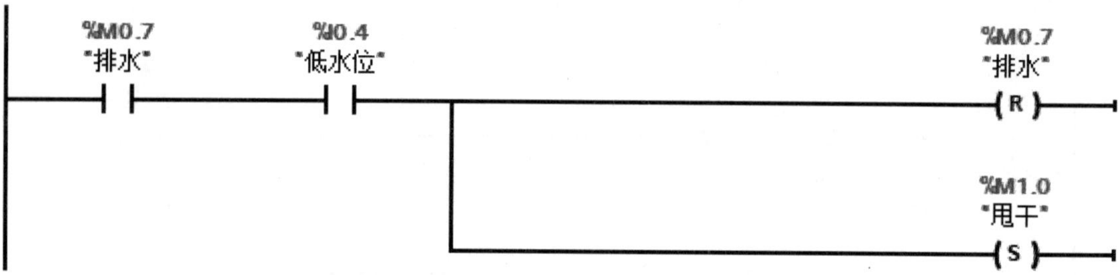

程序段 11：甩干 10 s 后，M1.1 步被激活。

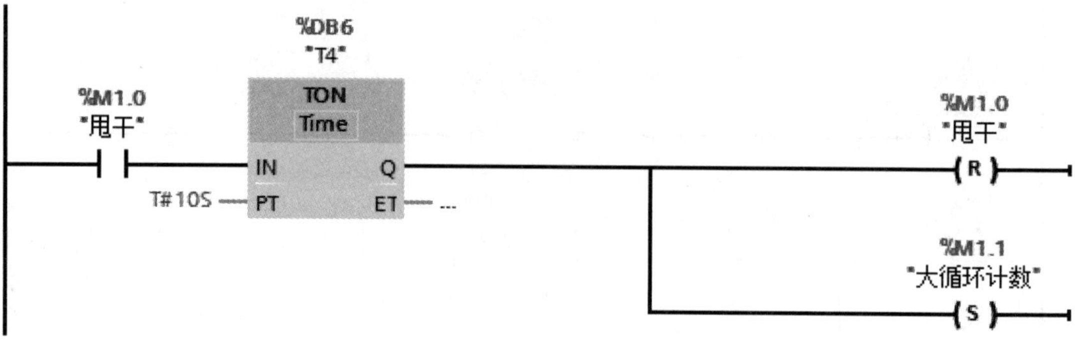

程序段 12：M1.1 被激活后，进行 3 次大循环计数。

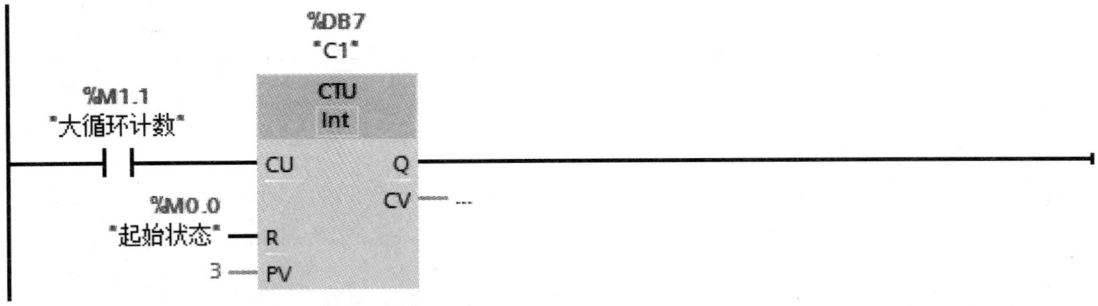

程序段 13：当大循环次数未达到 3 次时，M0.1 步被激活，洗衣机再次进行进水、正反转、排水和甩干的大循环；当大循环次数达到 3 次时，M1.2 步被激活。

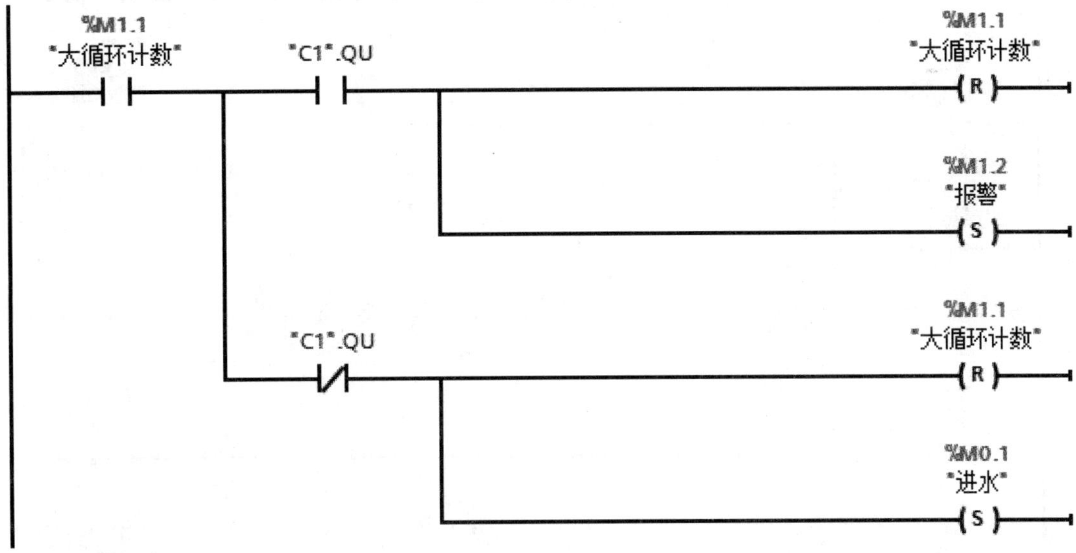

程序段 14：M1.2 步被激活后，蜂鸣器报警 10 s，然后洗衣机自动停止。

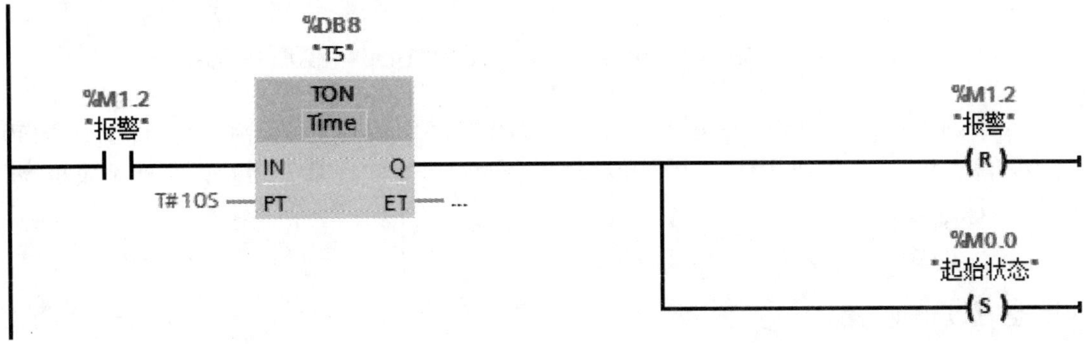

程序段15：M0.2步或M1.0步被激活，洗衣机正转；M0.4步被激活，洗衣机反转。

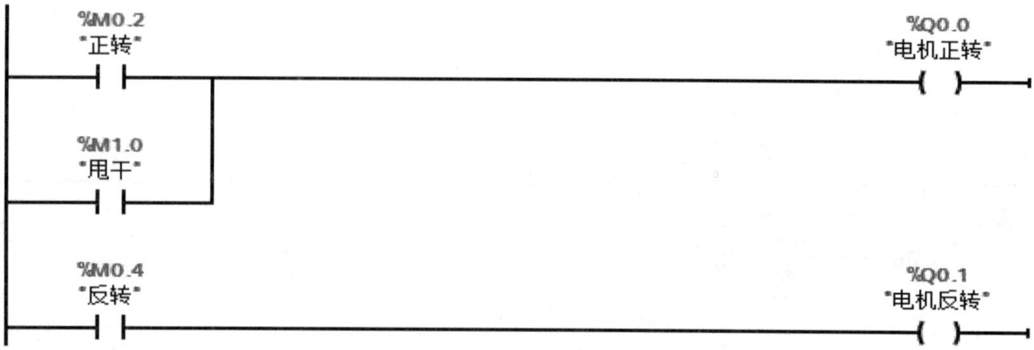

程序段16：M0.1被激活，洗衣机开始进水；M0.7步被激活，洗衣机开始排水。

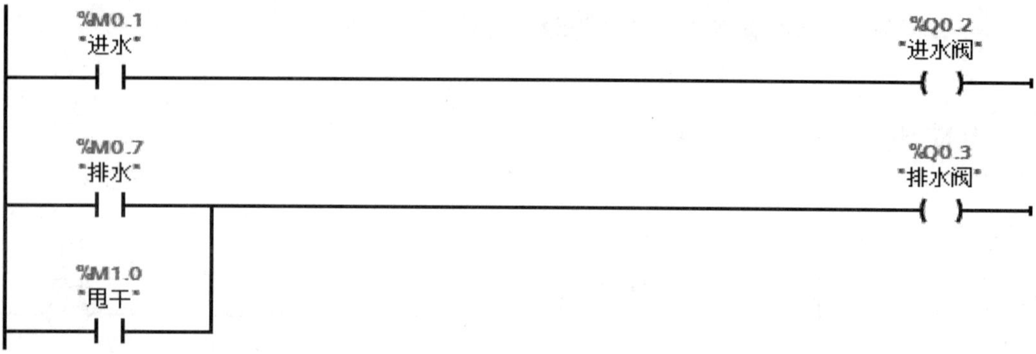

程序段17：M1.0步被激活，脱水离合器得电，洗衣机准备脱水；M1.2步被激活，洗衣过程结束，蜂鸣器报警。

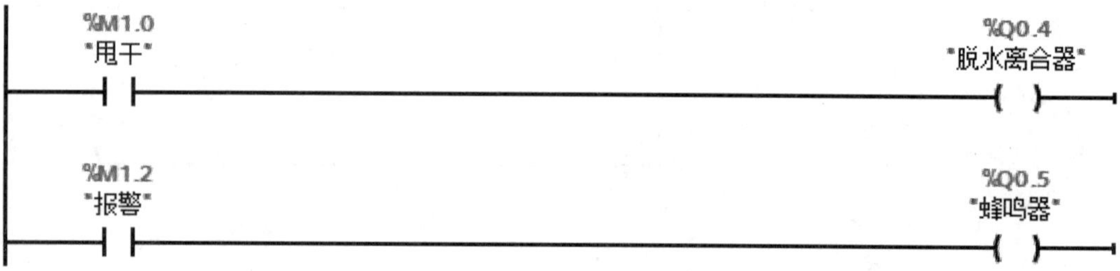

图5-17　梯形图程序

拓展二　比较指令和移动指令在顺序控制程序中的应用

用于顺序控制程序的方法很多，在前面工作任务中用置位/复位指令实现了基于PLC的工业洗衣机控制，此处用比较指令和移动指令的组合来实现基于PLC的工业洗衣机控制。

1. 控制系统设计

控制系统设计同本项目的工作任务部分。

2. I/O地址分配

I/O地址分配如表5-2所示。

3. 顺序功能图

工业洗衣机的顺序功能图如图 5-18 所示。工业洗衣机的洗涤顺序共分为 6 步，每步用 0～5 的数字表示，第 0 步为系统初始化、停止和热保护；第 1 步为洗衣机正转；第 2 步为正转暂停；第 3 步为洗衣机反转；第 4 步为反转暂定，第 5 步为循环计数。

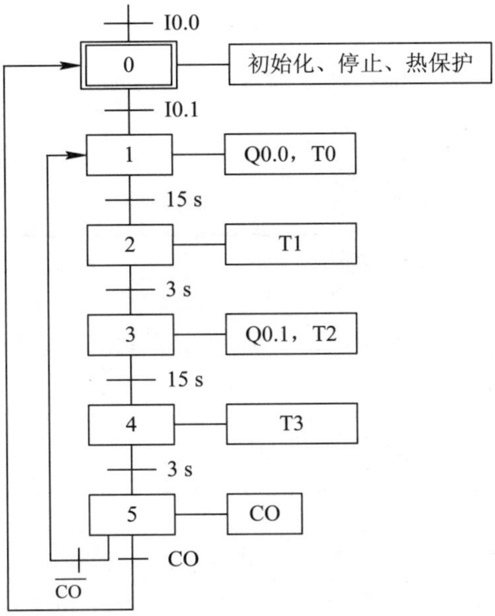

图 5-18　工业洗衣顺序功能图(采用比较指令和移动指令方法)

4. PLC 程序设计

梯形图如图 5-19 所示。

程序段 1：系统初始化、停止和过载保护。

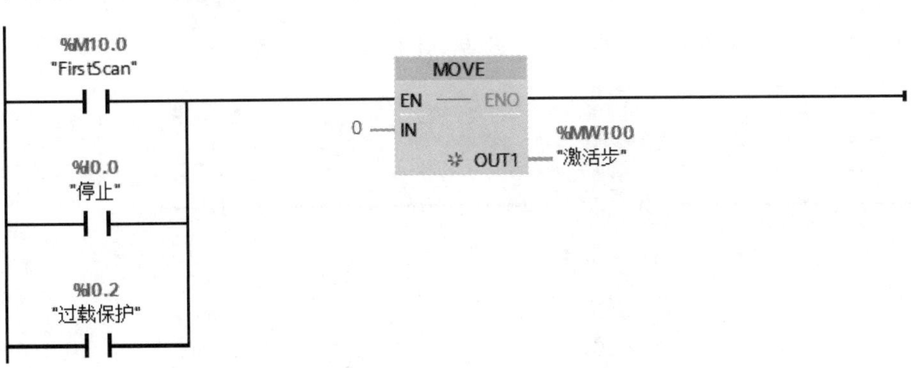

程序段 2：系统启动。按下启动按钮，传值 1 给 MW100。

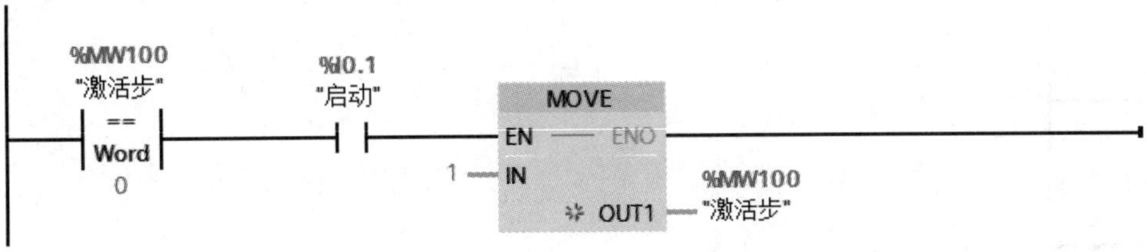

程序段 3：当 MW100=1 时，第 1 步被激活，计时 15 s，洗衣正转；15 s 后正转结束，传值 2 给 MW100。

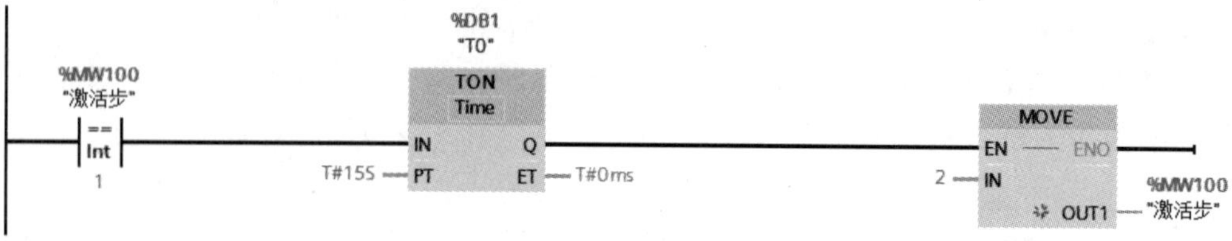

程序段 4：当 MW100=2 时，第 2 步被激活，暂停 3 s 计时开始；3 s 后暂停结束，传值 3 给 MW100。

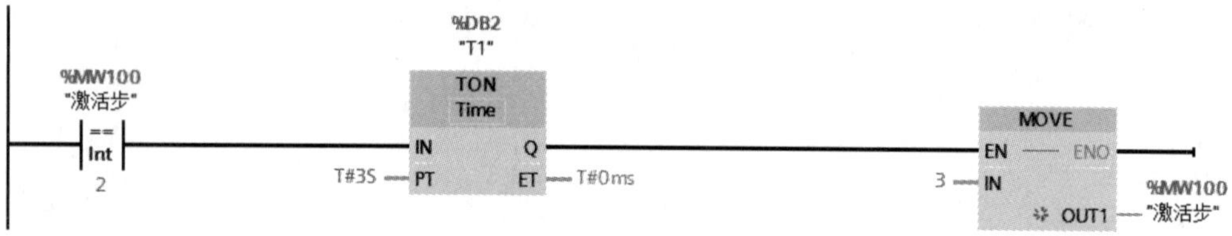

程序段 5：当 MW100=3 时，第 3 步被激活，15 s 计时开始，洗衣机反转；15 s 后反转结束，传值 4 给 MW100。

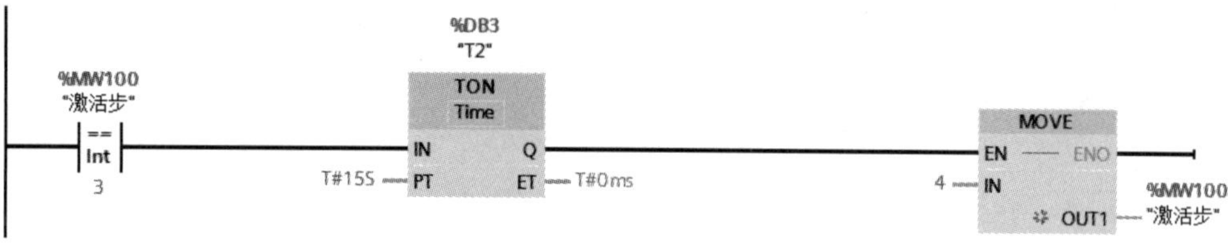

程序段 6：当 MW100=4 时，第 4 步被激活，反转暂停，3 s 计时开始；3 s 后暂停结束，传值 5 给 MW100。

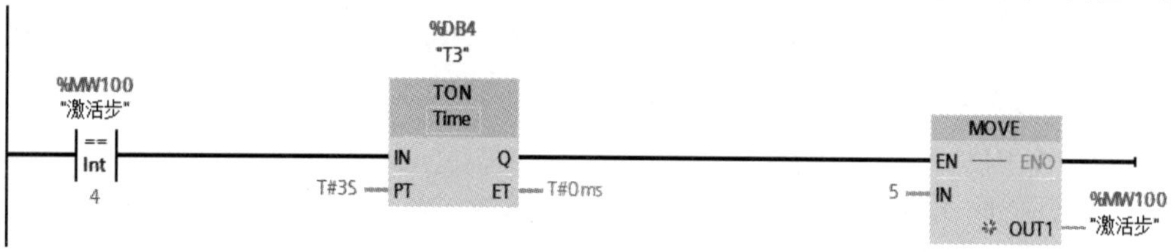

程序段 7：暂停时间到，当 MW100=5 时，第 5 步被激活，计数器计数 1 次。

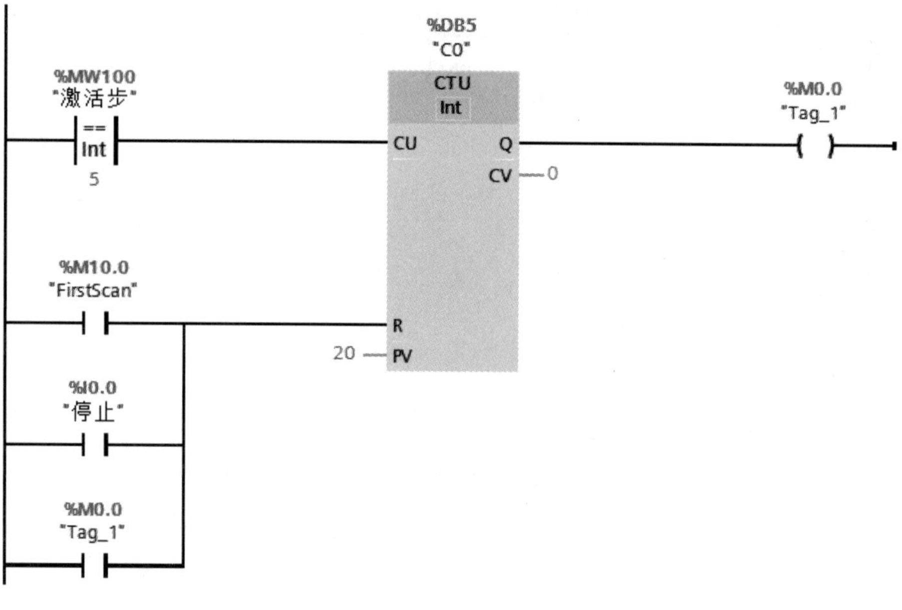

程序段 8：当计数次数未到时，继续进行正反转循环洗涤过程，传值 1 给 MW100，激活第 1 步进入下一个循环；当计数次数达到循环次数时，传值 0 给 MW100，激活第 1 步，系统自动停止。

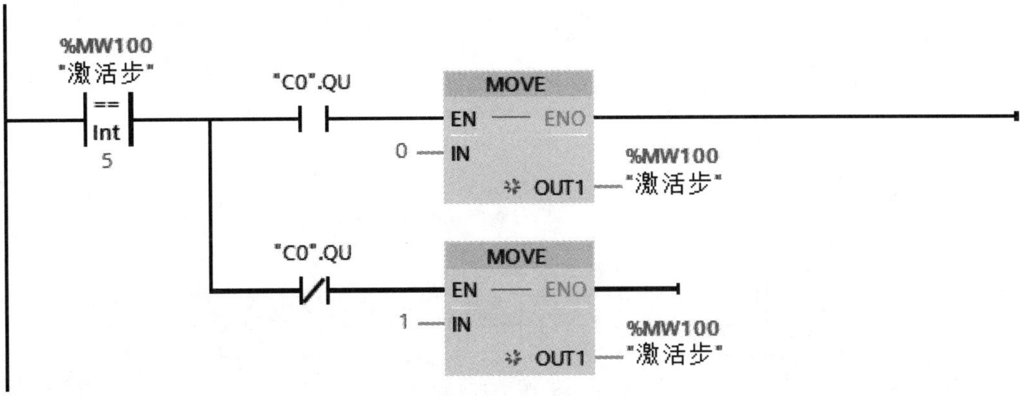

程序段 9：当 MW=1 时，电机正转；当 MW=3 时，电机反转。

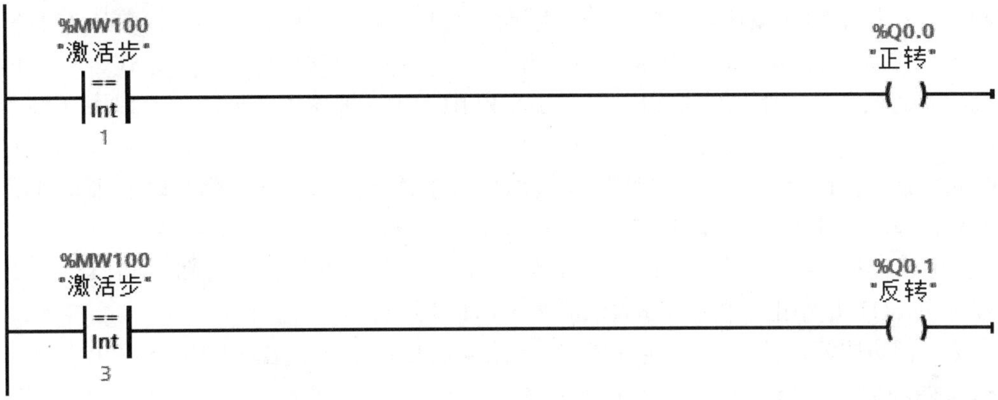

图 5-19　工业洗衣机控制程序(采用移动指令方法)

能力测试

项目五　能力测试题解

1. 用步进流程图方法设计一个彩灯闪烁电路。控制要求：三盏彩灯 HL1、HL2、HL3，按下启动按钮后，HL1 亮→1 s 后，HL1 灭、HL2 亮→1 s 后，HL2 灭、HL3 亮→1 s 后，HL1、HL2、HL3 全亮→1 s 后，HL1、HL2、HL3 全灭→1 s 后，HL1、HL2、HL3 全亮→1 s 后，HL1、HL2、HL3 全灭→HL1 亮……，如此循环；任何时刻，按下停止按钮，系统停止运行。

2. 设计一个数码管循环显示数字 0、1、2……9 的系统。控制要求：按下启动按钮，系统依次显示 0、1、2……9，每个数字显示 1 s，如此循环；按下停止按钮，系统停止运行。

3. 设计一个机械手控制系统，如图 5-20 所示。控制要求：机械手将工件从 A 点搬到 B 点，原点位置为左限位和上限位处；自动工作模式路径为原点→下降→夹紧→上升→右移

→下降→放松→上升→左移→原点；手动工作模式要求上升、下降、左移、右移、夹紧、放松，每个动作都能单独操作。

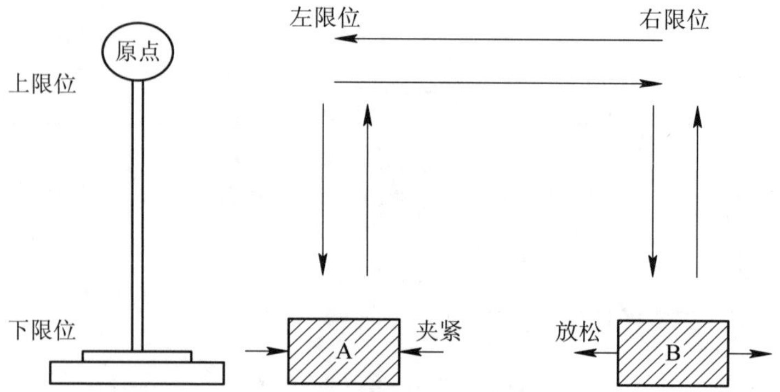

图 5-20　机械手控制系统

4. 设计一个运料小车往返控制系统，如图 5-21 所示。

控制要求：按下启动按钮，运料小车在原点处装料，10 s 后停止装料，运料小车右行至行程开关 SQ2 处停止，并卸料，10 s 后停止卸料，运料小车左行至行程开关 SQ1 处，再次进行装料，如此循环。按下停止按钮，运料小车停止工作。根据工作要求，有以下 4 种不同的工作模式。

(1) 要求通过自锁开关 SA 可以选择单次循环或多次循环。当 SA 闭合时，小车连续循环；当 SA 断开时，小车单次循环。

(2) 小车连续循环，按下停止按钮，小车完成当前运行环节后，立即返回原点，直到碰到行程开关 SQ1 并停止；再按启动按钮，小车重新运行。

(3) 按下启动按钮，要求小车连续做 3 次循环后自动停止。若中途按下停止按钮，小车完成一次循环后返回原点停止。

(4) 按下启动按钮，小车连续做 3 次循环后自动停止。若中途按下停止按钮，小车立即停止在当前位置，再按下启动按钮时，小车在当前位置继续循环，直到 3 次循环结束。

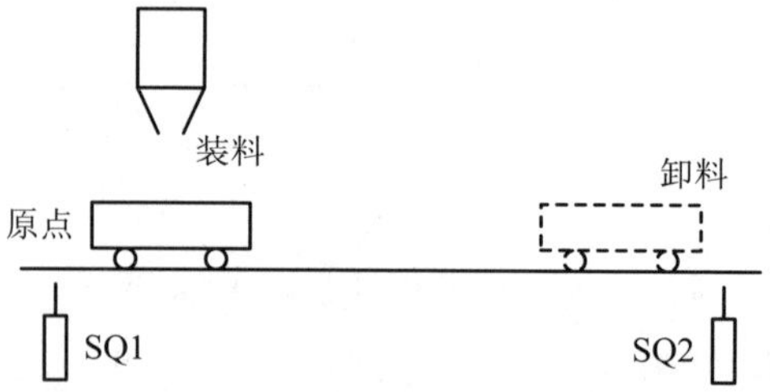

图 5-21　运料小车往返控制系统示意图

5. 采用顺序控制方法实现三台电机顺序启动与停止，控制要求见项目四能力测试题 3(用两种方法实现：置位/复位方法和比较指令方法)。

6. 设计一个单按钮控制一盏灯循环亮、灭的控制系统，控制要求：按下按钮 SB0，灯按亮 5 s、灭 2 s 的规律闪亮，在任何时刻再按 SB0，灯立即熄灭。

7. 设计一个汽车车库自动门控制系统，控制要求：当汽车到达车库门前时，光电开关 U1 检测到来车信号，车库门电机正转，门上升，当门上升到顶点碰到上限位开关 SQ1 时，门停止上升；汽车驶入车库后，光电开关 U2 发出信号，车库门电机反转，门下降，当门下降到下限位开关 SQ2 后，门停止下降。

8. 设计一个液体混合控制系统，液体混合装置示意图如图 5-22 所示。控制要求如下：

(1) 当混合 A 装置处于初始状态时，容器内没有任何液体，所有阀门均关闭，搅拌电机未运行；

(2) 按下启动按钮，阀门 1 打开，注入液体 A，30 s 后，阀门 2 打开，注入液体 B，同时搅拌电机运行，开始搅拌；

(3) 1 min 后，阀门 1 关闭，停止液体 A 注入，同时阀门 3 打开，注入液体 C，搅拌电机继续运行；

(4) 当混合液体到达上液位开关时，阀门 2 和阀门 3 关闭，停止注入液体 B 和液体 C，搅拌电机继续运行。

(5) 2 min 后停止搅拌，同时阀门 4 打开，开始排放混合液体，当液位达到下液位开关时，阀门 4 关闭，排放混合液体结束。

(6) SB1 为搅拌电机手动停止按钮，SB2、SB3、SB4、SB5 分别为阀门 1、阀门 2、阀门 3、阀门 4 的手动控制开关，按下按钮阀门打开，松开按钮阀门关闭。

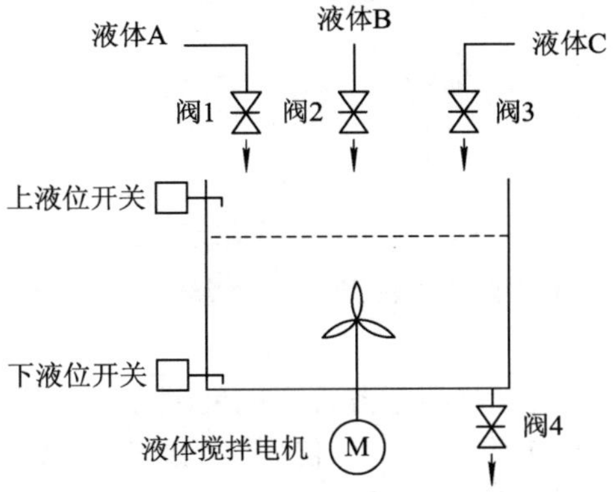

图 5-22 液体混合示意图

项目六

十字路口交通灯控制系统

学习目标

1. 掌握 S7-1200 PLC 中 CPU 的计数器功能、功能块和数据块的基本应用。
2. 能够独立完成交通灯控制系统的设计。

知识讲座

6.1 组织块

程序结构讲解

组织块(Organization Block，OB)是操作系统和用户程序之间的接口，出现启动 OB 的条件是操作系统调用相对应的 OB。如果此时优先级较高的 OB 正在执行，则需要等待高优先级 OB 执行完成后再执行此 OB。

OB 优先级组合队列用来决定时间服务程序的处理顺序。每个 CPU 事件都有它的优先级，不同优先级的事件分为三个优先级组。优先级的编号越大，优先级越高。事件一般按优先级的高低来处理，先处理高优先级的事件；优先级相同的事件按“先来先服务”的原则处理。高优先级组的事件可以中断低优先级组事件 OB 的执行。一个 OB 正在执行时，如果出现了另一个具有相同或较低优先级组的事件，后者不会中断正在处理的 OB，并将根据它的优先级添加到对应的中断队列排队等待；当前的 OB 处理完后，再处理排队的事件。OB 的具体使用情况如表 6-1 所示。

表 6-1　启动 OB 事件

事件类型	OB 编号	OB 个数	启 动 事 件	OB 优先级	优先级组
程序循环	1 或≥123	≥1	启动或结束前一循环 OB	1	1
启动	100 或≥123	≥0	从 STOP 切换到 RUN	1	
时间延迟	≥20	最多 4 个	延迟时间到	3	2
循环中断	≥30	最多 4 个	固定的循环时间到	8	
硬件中断	≥40	≤50	上升沿(16 个)、下降沿(16 个)	18	
			HSC 计数值＝参考值(最多 6 次)；HSC 计数方向变化(最多 6 次)；外部复位(最多 6 次)		

续表

事件类型	OB 编号	OB 个数	启 动 事 件	OB 优先级	优先级组
诊断错误	82	0 或 1	模块检测到错误	5	
时间错误	80	0 或 1	超过最大循环时间；仍在执行被调用的OB；错过的时间中断；STOP 期间将丢失时间中断；队列溢出；因为中断负荷过高而导致中断丢失	22	3

下面介绍几种事件。

1. 程序循环 OB

需要连续执行的程序应放在主程序 OB1 中，CPU 在 RUN 模式时循环执行 OB1，可以在 OB1 中调用 FC(Function，功能)和 FB(Function Block，功能块)。

如果用户程序生成了其他程序循环 OB，CPU 按 OB 编号的顺序执行它们，首先执行主程序 OB1，然后执行编号大于等于 123 的程序循环 OB。

2. 启动 OB

启动 OB 用于初始化，CPU 从 STOP 切换到 RUN 时，执行一次启动 OB。执行完后，CPU 开始执行程序循环 OB1。每个 CPU 允许生成多个启动 OB，默认的是 OB100，其他启动 OB 的编号应大于等于 123。

3. 循环中断 OB

在设定的时间间隔，循环中断 OB 被周期地执行，最多可以组态 4 个循环中断事件，循环中断 OB 的编号大于等于 123。

4. 硬件中断 OB

硬件中断 OB 用于处理需要快速响应的过程事件。出现 CPU 内置的数字量输入的上升沿、下降沿和高速计数器事件时，CPU 立即中止当前正在执行的程序，改为执行对应的硬件中断 OB(编号大于等于 40)。硬件中断 OB 没有启动信息。

6.2　数据块

数据块(Date Block，DB)用来存储代码块使用的各种类型的数据，包括中间操作状态、其他控制信息以及某些指令(例如定时器、计数器指令)需要的数据结构。

1. DB 的分类

DB 分为全局 DB 和背景 DB 两种。

全局 DB：存储的数据可以被所有的程序块(FB、FC、OB)访问。

背景 DB：存储的数据供指定的 FB 使用。保存的数据为 Input、Output、InOut、Static(静态变量)类型。FB 的临时数据不是用背景 DB 保存的。

2. 块访问的分类

根据访问类型的不同，DB 可以分为可优化访问的 DB(S7-1200/1500)和可标准访问的 DB(S7-300/S7-400/S7-1200/S7-1500)两种。可优化访问的 DB 没有固定的定义结构，仅为数据元素分配一个符号名称，而不分配块中的固定地址；可标准访问的 DB 具有固定的结构，数据元素在声明中分配了一个符号名，并且在块中有固定的地址。

3. DB 设置保持性

在 TIA 博途软件中，可以通过不同方式来设置 DB(数据块)中的变量数据为保持型或非保持型。如果 DB 块将数据设置为具有保持性，保持型变量就会在程序执行期间保持其值，在发生电源故障或网络断开时，也可以保留这些数据的值。在热启动后也不会对保持型变量进行初始化，而是保持电源发生故障之前的值。如果将一个 DB 变量定义为具有保持性，则该变量将存储在 DB 的保持性存储器区域中。

DB 设置保持性的选项取决于块的访问类型。可标准访问的 DB 不能定义各变量的保持性，保持性设置对于该 DB 的所有变量均有效；可优化访问的 DB 可以定义各个变量的保持性；对于结构化数据类型的变量，保持性设置将始终应用于整个结构，无法对数据类型中的各个元素进行任何单独的保持性设置。

6.3 功能

功能(Function，FC)是通常用于对一组输入值执行特定运算的程序块。例如，可使用 FC 执行标准运算、可重复使用的运算(例如数学计算)或者执行工艺功能(如使用位逻辑运算执行独立的控制)。FC 也可以在程序中的不同位置多次调用，从而简化了对经常重复发生的任务的编程。新建 FC 块的步骤如下：

(1) 新建 FC 块。在新建项目的项目树中找到“添加新块”选项，如图 6-1 所示。双击“添加新块”选项，然后为 FC 块命名、选择编程语言和设置编号，如图 6-2 所示。

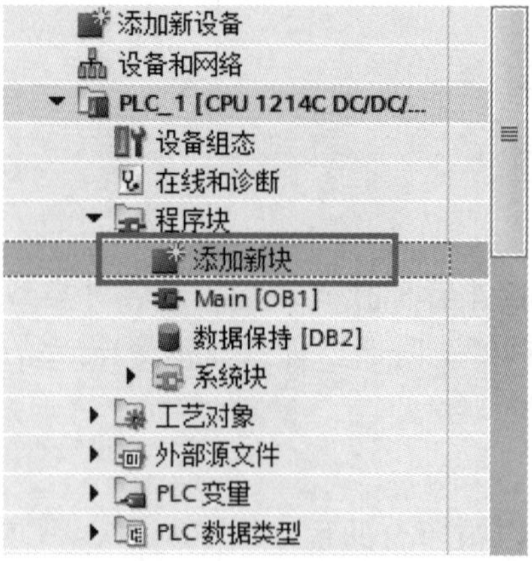

图 6-1　添加新块

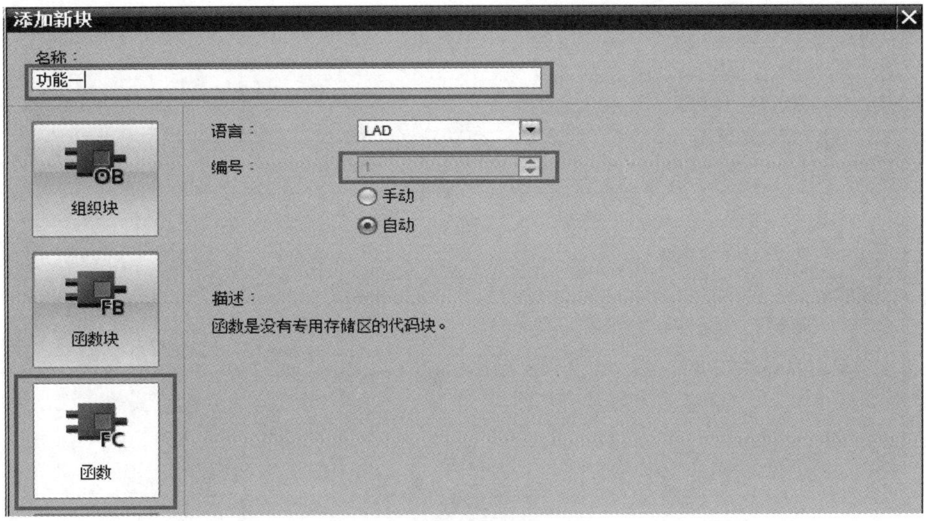

图 6-2　添加 FC 块

(2) 新建完成后，如图 6-3 所示。双击打开“功能一[FC1]”选项，点击功能一窗口的向下箭头，定义 I/O 引脚，如图 6-4 所示。

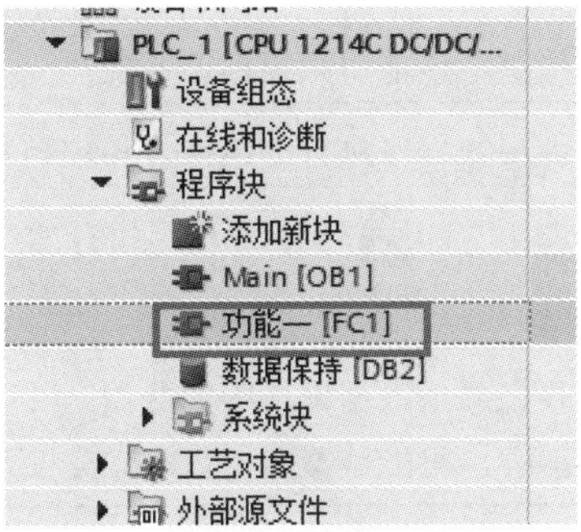

图 6-3　新建 FC 块完成

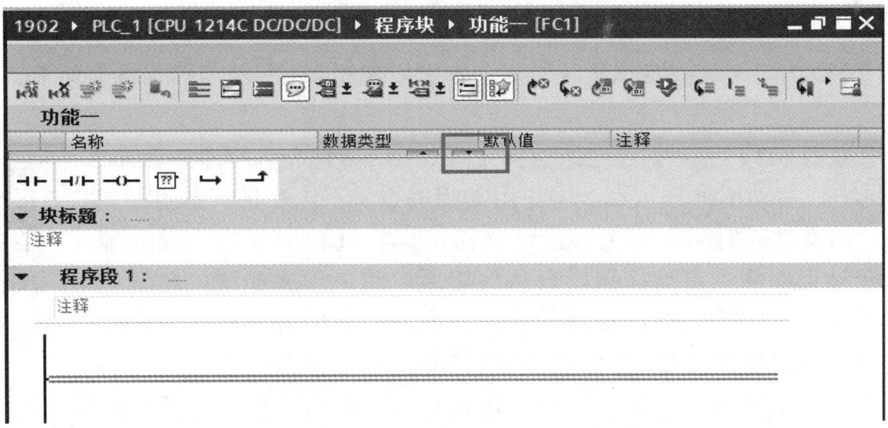

图 6-4　功能一窗口

(3) FC 块的 I/O 引脚定义如图 6-5 所示，I/O 引脚有 6 类，分别为 Input、Output、InOut、Temp、Constant、Return，各引脚参数说明如表 6-1 所示。

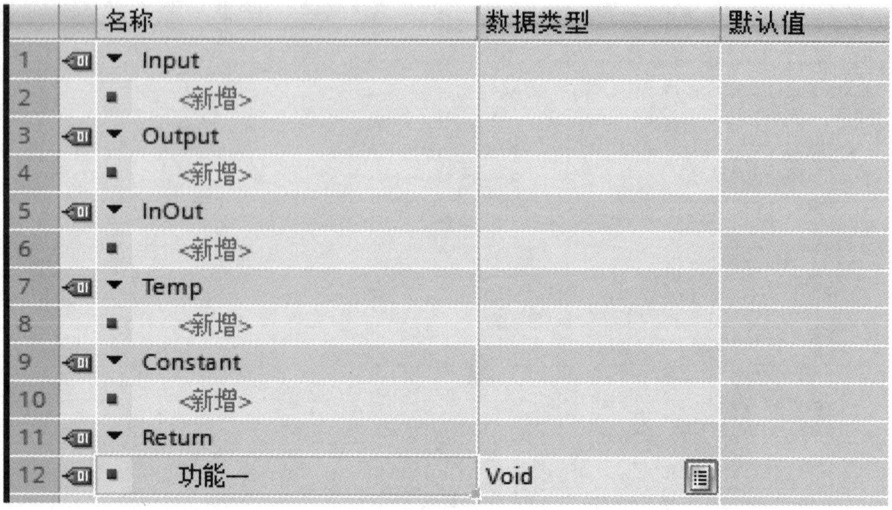

图 6-5　FC 块 I/O 引脚定义窗口

表 6-2　FC 块引脚参数说明

引脚名称	说　明
Input(输入)	调用块提供，该端口只能读、不能写
Output(输出)	返回给调用块程序执行的结果，该端口只能写、不能读
InOut (输入/输出)	其值由调用它的块提供，块程序执行的结果返回给调用的块。该端口既能读、又能写
Temp (临时数据)	暂时保存在局部数据堆栈中的数据，只有在执行块时使用临时数据，执行完以后不保存，可能被覆盖。该端口先赋值，后使用
Constant(常数)	在声明时指定值，程序中不能修改其值
Return(返回值)	属于输出参数

在使用 FC 块时，需要定义 I/O 引脚。本例以电机启-保-停电路为例介绍 FC 块的使用方法。

【应用举例 6.1】 启-保-停电路引脚定义如图 6-6 所示，程序如图 6-7 所示。在图中，启动用常开触点，停止用常闭触点，不论是常开触点还是常闭触点，触点都需要动作才能够接通电路，即启动按钮闭合电路才能接通，常开触点检测到启动按钮闭合从而接通电路，那么此时的常开触点为读取值状态，即读取启动按钮的状态。同理，常闭触点是读取停止按钮的状态。在自保持部分，回路接通后线圈得电，此时才能输出，得电后把状态写入到输出寄存器中，此过程为写入值；自保持的常开触点需要检测“电机运行”的状态以后才可以接通，形成自保持回路，因此“电机运行”在启-保-停过程中需要进行写入值和读取值。所以在定义引脚时，“启动”和“停止”定义在 Input 中，“RUN”(电机运行)定义在 InOut 中。

启-保-停电路

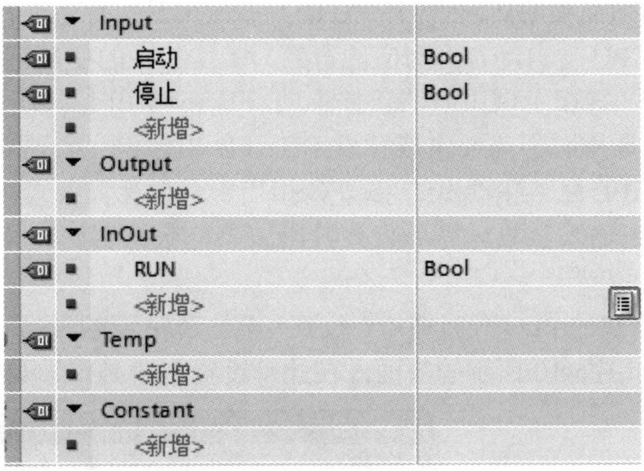

图 6-6　引脚定义

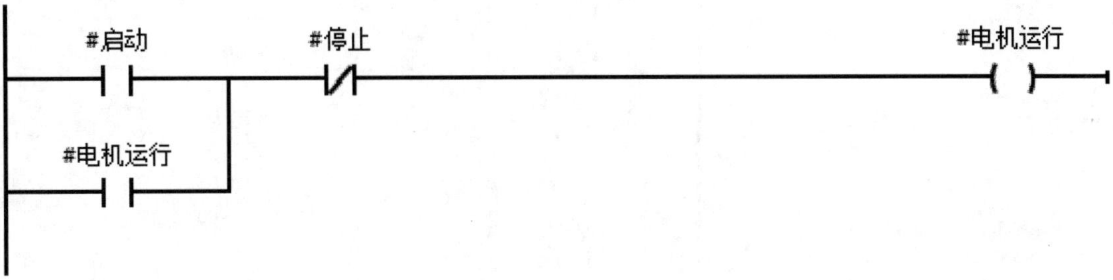

图 6-7　启-保-停电路

在主程序中调用 FC 块，如图 6-8 所示。

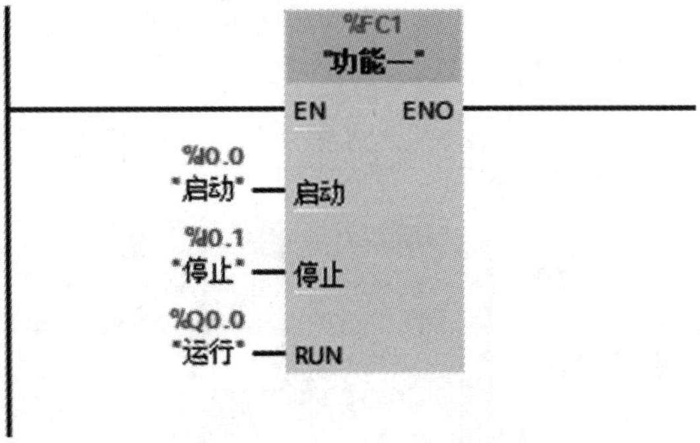

图 6-8　主程序调用 FC 块

6.4　功　能　块

功能块(Function Block，FB)是用户编写的子程序。调用 FB 时，需要指定背景 DB，它是 FB 专用的存储区。CPU 执行 FB 中的程序，将块的 I/O 参数和局部静态变量保存在背景

DB 中，以便在后面的扫描周期访问它们。FB 的典型应用是执行不能在一个扫描周期完成的操作。在调用 FB 时，CPU 会自动打开对应的背景 DB，DB 中的变量可以供其他代码块使用。

FB 和 FC 最大的区别在于调用时的条件不同，FB 在调用时必须生成一个背景 DB 用于存放运算数据，FC 在调用时不需要生成背景 DB。FB 相当于一个独立的单元，只用给出启动命令就可以执行块中的程序并输出结果；FC 相当于一个计算公式，即每一个数据都需要外部输入或输出，给定输入参数运算后直接输出结果，数据存储在外部接口变量中。新建 FB 的步骤如下：

(1) 新建 FB。在新建的 PLC 项目树中，找到“添加新块”选项，如图 6-9 所示。双击“添加新块”选项，弹出如图 6-10 所示的界面，在此可设置新建 FB 的名称、编程语言和编号。

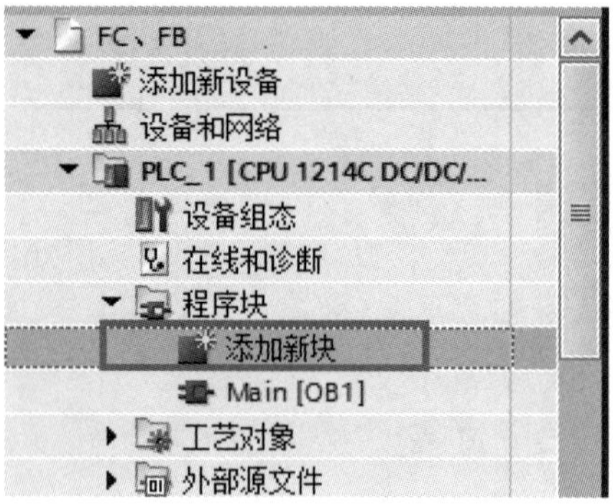

图 6-9　添加新块

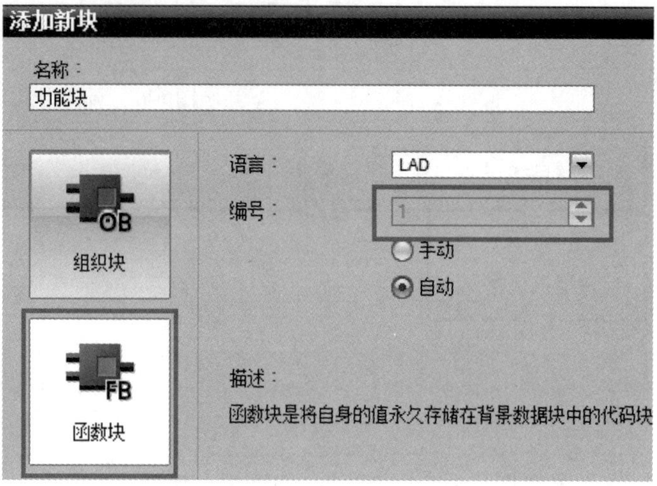

图 6-10　新建 FB

(2) FB 新建完成后，如图 6-11 所示。

(3) FB 的 I/O 引脚定义如图 6-12 所示，FB 窗口中的引脚共有 6 大类，分别为 Input、Output、InOut、Static、Temp、Constant。

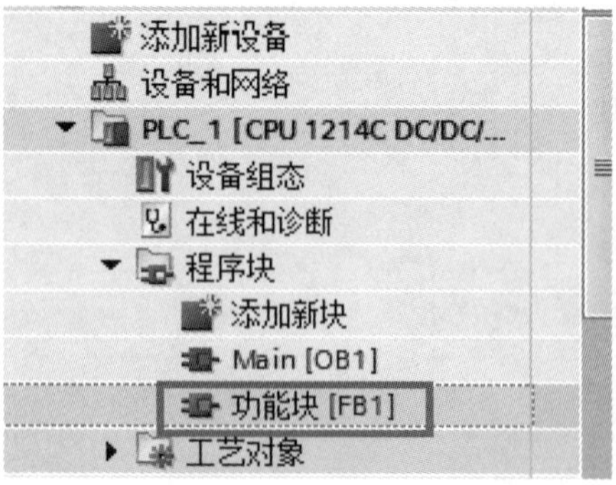

图 6-11　FB 建成

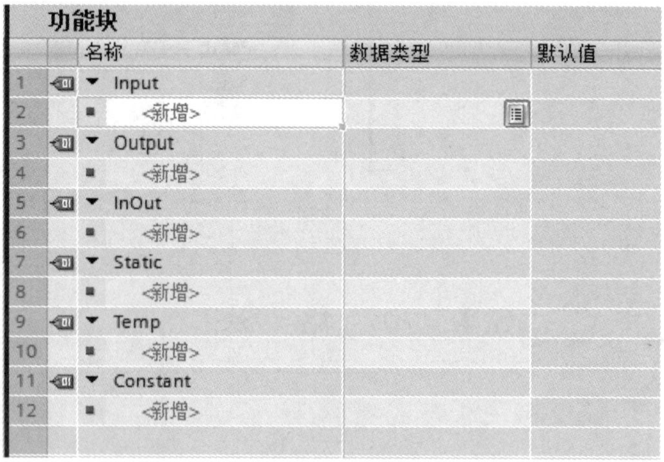

图 6-12　FB I/O 引脚定义窗口

FB 的引脚和 FC 的引脚相比多了 Static(静态变量)，而没有 Return。静态变量可读可写，没有先后之分。Temp 临时变量需要先写，然后再读取变量中的值，Temp 在使用时必须一直赋值，当能流断开时才能自动恢复到初始状态。

【应用举例 6.2】 本例以电机防抖启-保-停电路为例，介绍 FB 的使用方法。在使用 FB 时，需要定义 I/O 引脚，如图 6-13 所示。

在定义引脚时，把启动按钮和停止按钮定义在 Input 中，RUN 定义在 Output 中，定时器定义在 Static 中，保持定义在 Static 中。

防抖启-保-停电路

定时器定义在静态变量中，FB 使用静态变量在背景 DB 中存储静态中间结果。块会一直保留静态数据，直到多个周期后被覆盖。块的名称(此块将其作为多重背景调用)也存储在静态局部数据中。保持定义在静态变量中，按下启动按钮后保持线圈会一直接收到能流信号，此时 RUN 就可以直接定义在输出中。

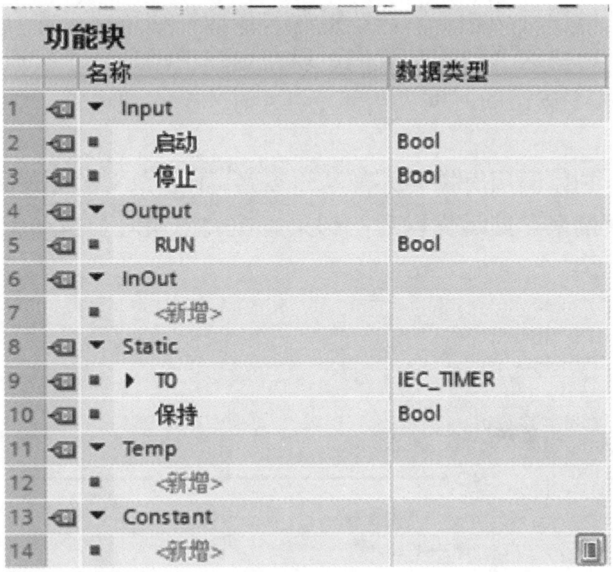

图 6-13　定义引脚

引脚定义完成后就可以编辑程序了，在块中编写程序和在主程序中编写程序有一定的区别。在块中使用变量时有两种方式：第一种方式是直接选中地址右侧的目录选择变量，如图 6-14 所示；第二种方式是通过输入地址的方式给定变量，在手动输入变量时首先需要输入“#”，之后再输入变量名称。编写完成后的程序如图 6-15 所示。

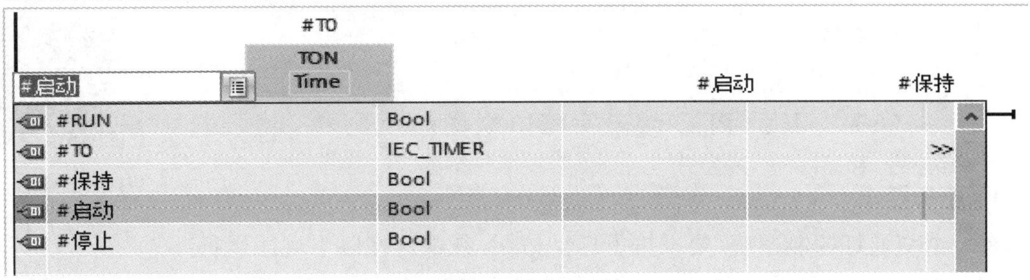

图 6-14　选择变量

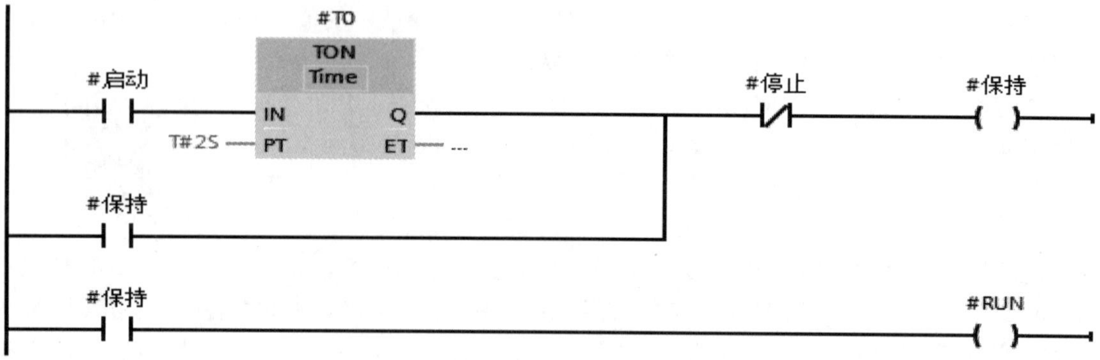

图 6-15　防抖启-保-停程序

在实际应用中，机械抖动和某些偶然情况会接通启动按钮，此时会发生不可控的情况甚至安全事故。为了解决这个问题，我们可以在电路中添加一个接通延时定时器，定时器时间设置为 1 s，即按下按钮的时间大于等于 1 s 时才会接通电路，如果只是轻微抖动并不会接通电路。

在主程序中调用 FB，调用时需要外部给定变量，上述定义的变量只是我们定义的引脚，最终还是需要外部变量来存储运算以后的结果。在调用块时会自动生成 DB。主程序调用 FB 程序如图 6-16 所示。

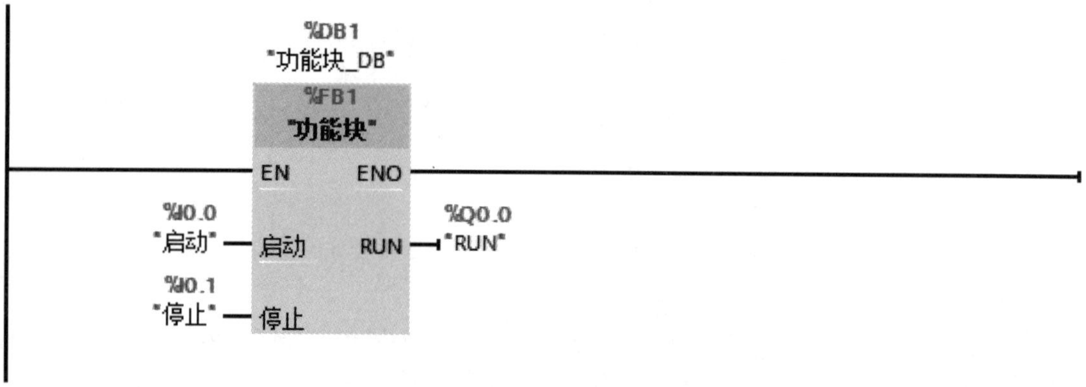

图 6-16　主程序调用 FB 程序

工作任务

任务　基于 PLC 的十字路口交通灯控制

基于 PLC 的十字路口交通灯控制

1. 任务要求

有一个交通灯控制系统，要求按下启动按钮，红绿灯按以下规律运行：南北方向红灯亮 20 s，同时东西方向绿灯亮 15 s，15 s 后东西方向黄灯常亮 3 s，3 s 后以 2 Hz 频率闪烁 2 s；东西方向黄灯闪烁结束后，东西方向红灯亮 20 s，同时南北方向绿灯亮 15 s，15 s 后南北方向黄灯常亮 3 s，3 s 后以 2 Hz 频率闪烁 2 s，如此循环。按下停止按钮，交通灯控制系统停止运行。

2. 任务分析

(1) 按下启动按钮，东西方向 3 个灯和南北方向 3 个灯按照逻辑关系运行；按下停止按钮，系统停止运行。因此，本系统有启动和停止 2 个输入信号，东西、南北共 6 个灯，即 6 个输出信号，而 CPU 1214 DC/DC/DC 的 PLC 有 14 个输入点，10 个晶体管输出点，满足任务要求，故可选用。

(2) 南北方向红灯亮 20 s，同时东西方向绿灯亮 15 s，15 s 后东西方向黄灯常亮 3 s，3 s 后东西方向黄灯以 2 Hz 频率闪烁 2 s；东西方向黄灯闪烁结束后，东西方向红灯亮 20 s，同时南北方向绿灯亮 15 s，15 s 后南北方向黄灯常亮 3 s，3 s 后南北方向黄灯以 2 Hz 频率闪烁 2 s，时间共计 40 s。在不考虑输出的情况下，南北、东西方向需要实现的逻辑功能是一样的，因此使用子程序编程更加方便，逻辑结构也更加清晰。

(3) 循环执行程序，此时仅需要使定时器自动复位即可实现。

3. 任务实施

1) 控制系统设计

控制系统流程图如 6-17 所示。

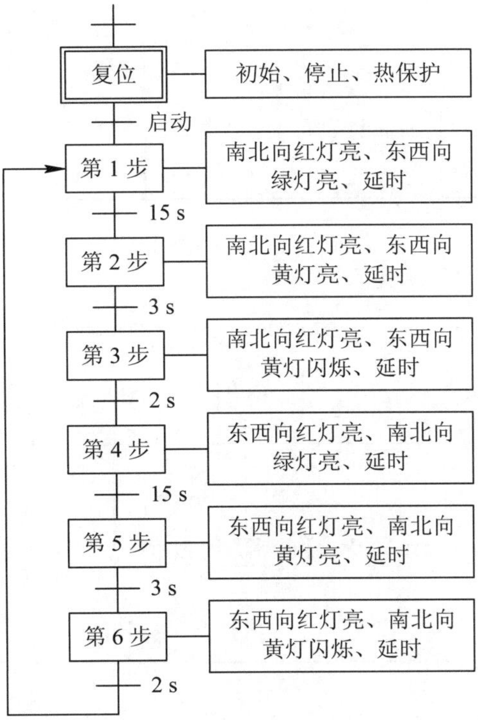

图 6-17 控制系统流程图

2) I/O 地址分配

交通灯控制系统 I/O 分配表如表 6-3 所示。

表 6-3　交通灯控制系统 I/O 分配表

输 入 信 号			输 出 信 号		
输入元件	作 用	输入继电器	输出元件	作 用	输出继电器
SB0	启动	I0.0	LED 1	南北向红灯	Q0.0
SB1	停止	I0.1	LED 2	南北向绿灯	Q0.1
			LED 3	南北向黄灯	Q0.2
			LED 4	东西向红灯	Q0.3
			LED 5	东西向绿灯	Q0.4
			LED 6	东西向黄灯	Q0.5

3) 系统接线图

交通灯控制系统接线图如图 6-18 所示。

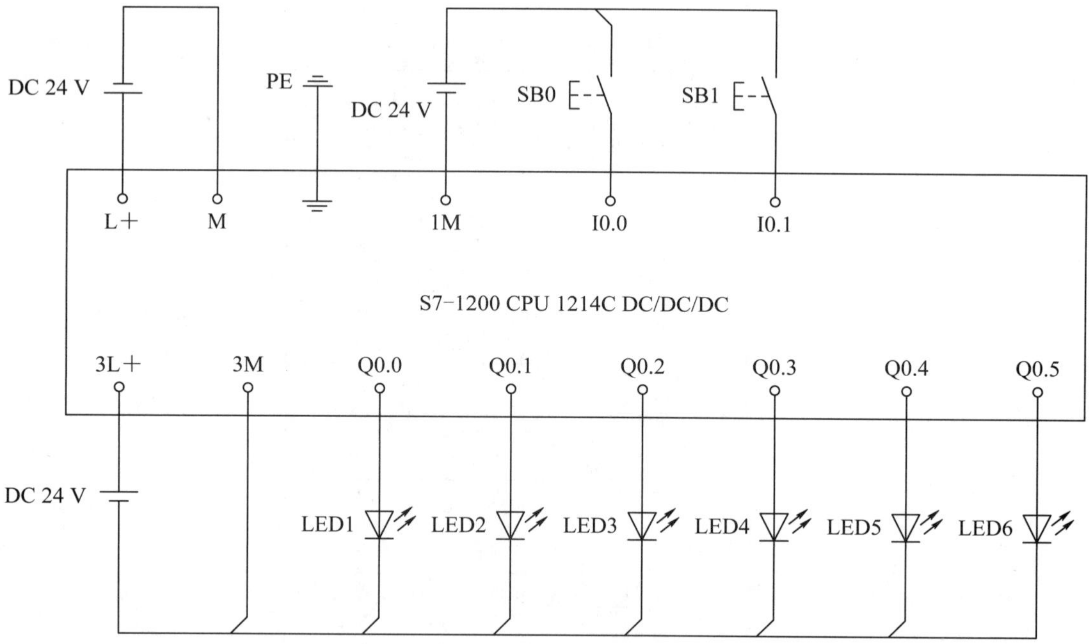

图 6-18　控制系统接线图

4) PLC 程序设计

(1) 变量定义。系统变量表如图 6-19 所示。

		名称	变量表	数据类型	地址	保持	可从 ...	从 H...	在 H...
1		Clock_Byte	默认变量表	Byte	%MB0	☐	☑	☑	☑
2		Clock_10Hz	默认变量表	Bool	%M0.0	☐	☑	☑	☑
3		Clock_5Hz	默认变量表	Bool	%M0.1	☐	☑	☑	☑
4		Clock_2.5Hz	默认变量表	Bool	%M0.2	☐	☑	☑	☑
5		Clock_2Hz	默认变量表	Bool	%M0.3	☐	☑	☑	☑
6		Clock_1.25Hz	默认变量表	Bool	%M0.4	☐	☑	☑	☑
7		Clock_1Hz	默认变量表	Bool	%M0.5	☐	☑	☑	☑
8		Clock_0.625Hz	默认变量表	Bool	%M0.6	☐	☑	☑	☑
9		Clock_0.5Hz	默认变量表	Bool	%M0.7	☐	☑	☑	☑
10		启动	默认变量表	Bool	%I0.0	☐	☑	☑	☑
11		保持	默认变量表	Bool	%M10.0	☐	☑	☑	☑
12		停止	默认变量表	Bool	%I0.1	☐	☑	☑	☑
13		南北红	默认变量表	Bool	%Q0.0	☐	☑	☑	☑
14		南北绿	默认变量表	Bool	%Q0.1	☐	☑	☑	☑
15		南北黄	默认变量表	Bool	%Q0.2	☐	☑	☑	☑
16		东西红	默认变量表	Bool	%Q0.3	☐	☑	☑	☑
17		东西绿	默认变量表	Bool	%Q0.4	☐	☑	☑	☑
18		东西黄	默认变量表	Bool	%Q0.5	☐	☑	☑	☑
19		定时器自复位	默认变量表	Bool	%M10.4	☐	☑	☑	☑

图 6-19　系统变量表

(2) 子程序编写。在项目树程序块选项中添加新块，即添加 FC 块，命名为“红绿灯子程序[FC1]”，如图 6-20 所示。

① 绿灯子程序 FC1：双击 FC1，块接口定义如图 6-21 所示。

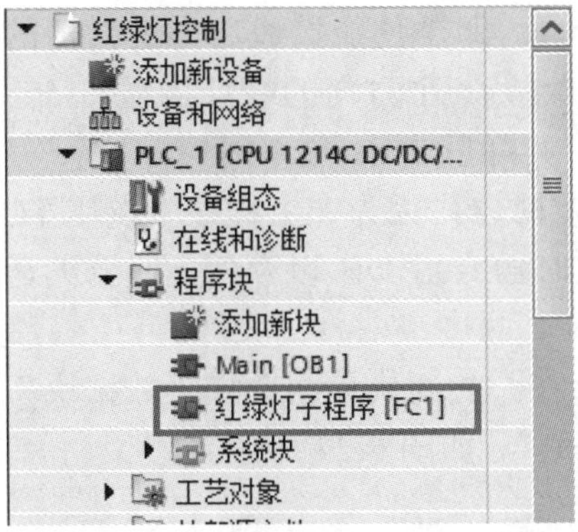

图 6-20　新建子程序(FC 块)

		名称	数据类型
1		▼ Input	
2		■ ST	Bool
3		■ 2HZ时钟	Bool
4		▼ Output	
5		■ 红灯	Bool
6		■ 绿灯	Bool
7		■ 黄灯	Bool
8		▼ InOut	
9		■ ▸ 定时器	IEC_TIMER

图 6-21　定义接口

② FC1 块程序：程序如图 6-22 所示。

程序段 1：启动块后开始计时。

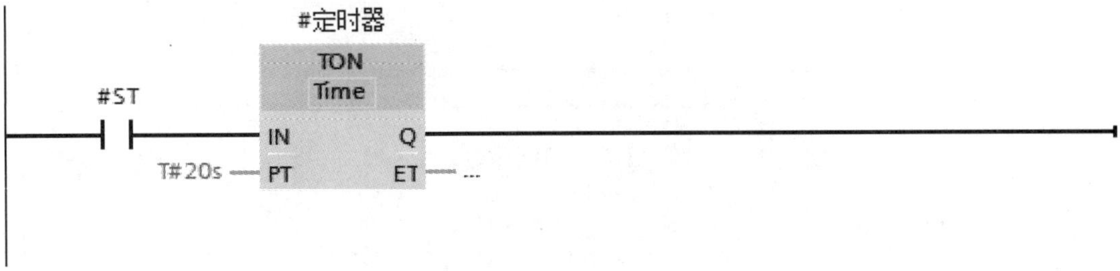

程序段 2：运算程序及输出。

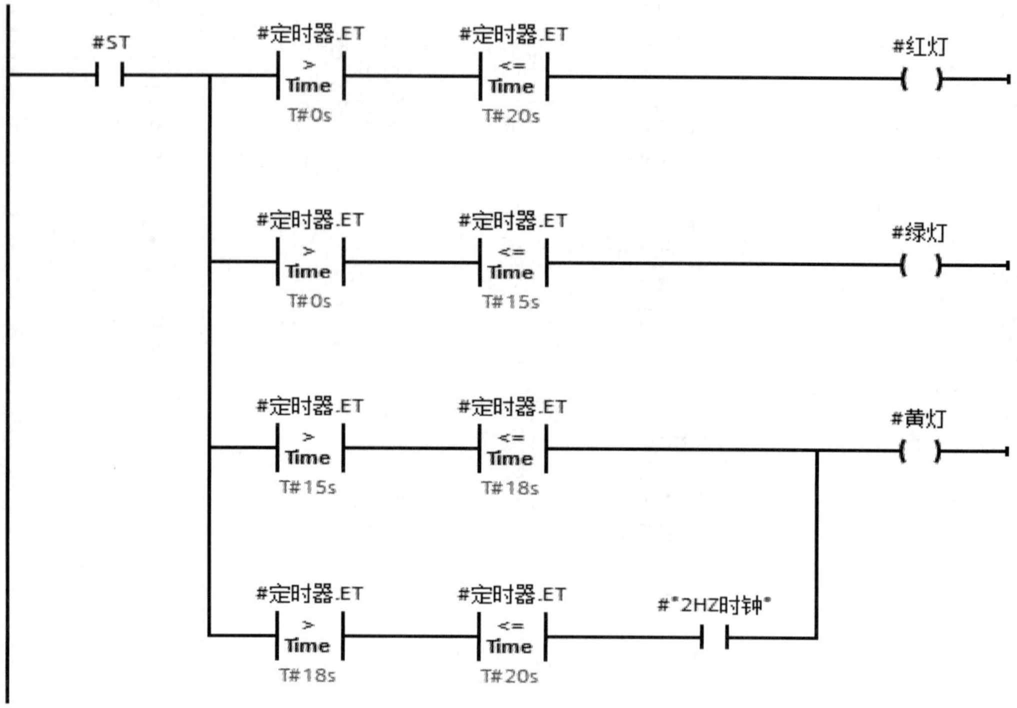

图 6-22　梯形图程序

“#定时器.ET”是程序段 1 中定时器的当前定时时间，即当使能接通后，定时器的定时时间在 0～20 s 内当前方向红灯接通。同时，0～15 s 内另一个方向的绿灯接通；15～18 s 内另一个方向的黄灯接通；18～20 s 内另一个方向的黄灯以 2 Hz 频率闪烁。

(3) 主程序设计。编写子程序时，在 InOut 中定义了定时器，因为在主程序中调用 FC 块时需要外部给定变量，保存运算数据，所以需要新建定时器专用 DB 以存储定时器的运算数据。

首先在项目树中单击“添加新块”，如图 6-23 所示。在添加新块界面选择“数据块”选项，设置“数据块”名称为“T2”，类型为“IEC_TIMER”，如图 6-24 所示。

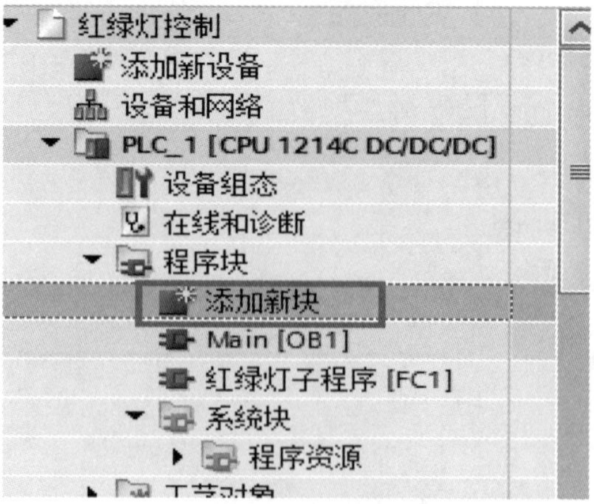

图 6-23　添加新块

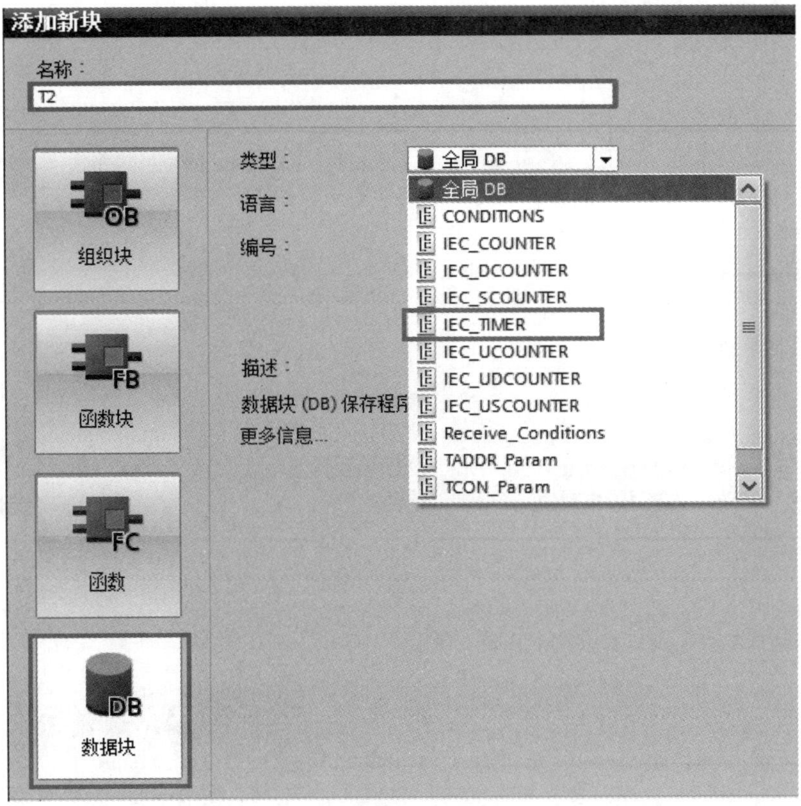

图 6-24　新建定时器专用 DB

用同样的方法再新建一个定时器专用 DB，因为在程序中需要调用两次子程序，所以需要再新建一个专用 DB，命名为“T3”，如图 6-25 所示。梯形图程序如图 6-26 所示。

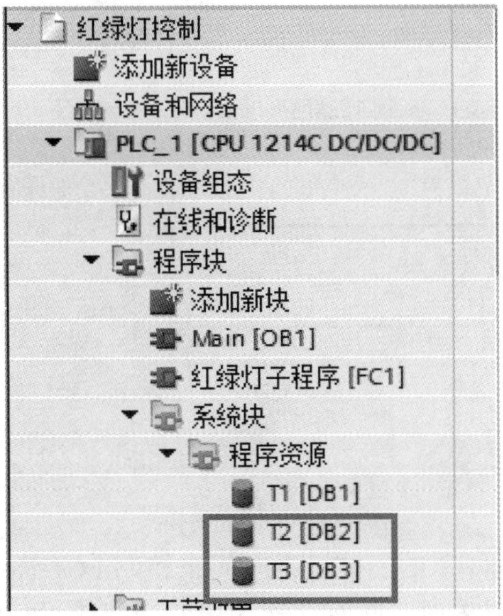

图 6-25　新建两个定时器专用 DB

程序段 1：启-保-停。

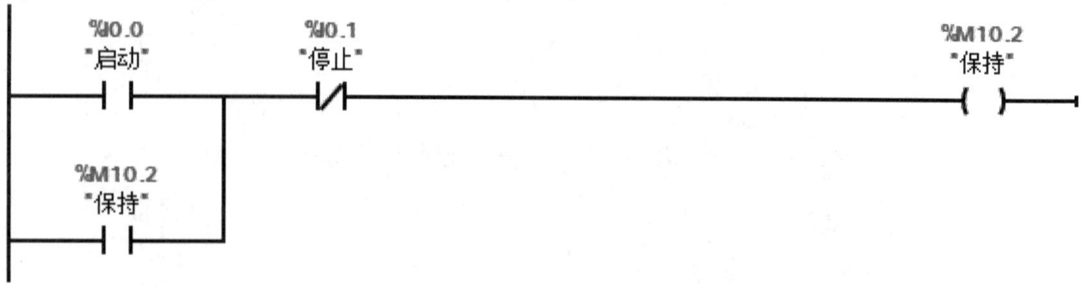

程序段 2：定时器循环计时。

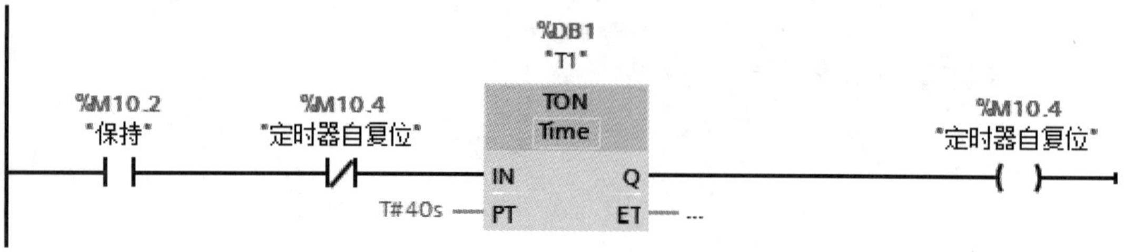

程序段 3：东西向绿灯、黄灯亮，南北向红灯亮。

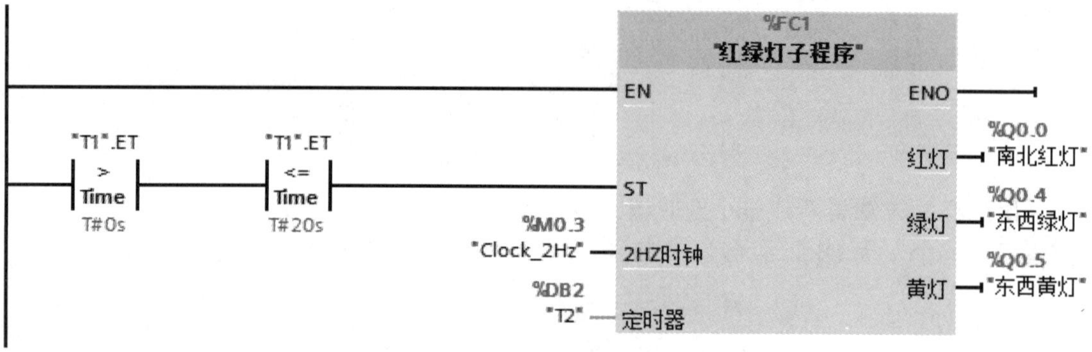

程序段 4：南北向绿灯、黄灯亮，东西向红灯亮。

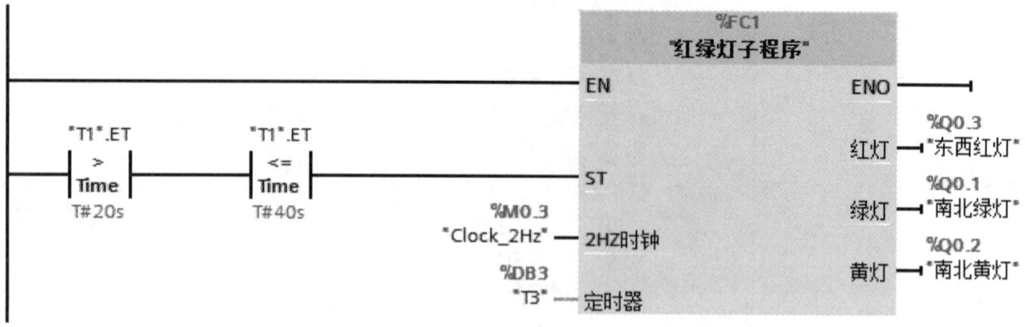

图 6-26　梯形图程序

程序段 3 中，用定时器 T1 的当前运行时间来控制 FC1 块中的程序是否运行。当 T1 当前计时时间在 0～20 s 以内时，执行此次调用。当使能 EN 接通时，块中的定时器开始计时。在块中定时器计时期间，南北方向红灯亮 20 s，同时东西方向绿灯亮 15 s，15 s

后东西方向黄灯常亮 3 s，3 s 后东西方向黄灯以 2 Hz 频率闪烁 2 s，2 Hz 频率由系统时钟存储器提供。

同理，程序段 4 中，当 T1 当前计时时间在 20～40 s 以内时执行此次调用。东西方向红灯亮 20 s，同时南北方向绿灯亮 15 s，15 s 后南北方向黄灯常亮 3 s，3 s 后以 2 Hz 频率闪烁 2 s，2 Hz 频率也由系统时钟存储器提供。

项目拓展

基于 PLC 的十字路口交通灯控制(使用 FB)

1. 任务要求

任务要求同本项目任务中的要求，但要使用 FB 编写实现该功能。

2. 任务分析

系统的控制流程图和接线图不变。由于 FB 在使用时会自动生成一个专用背景 DB，利用该 DB 就可以把定时器放在 FB 中，从而不需要在主程序中建立定时器。

3. 程序设计

(1) 变量定义。系统变量表如图 6-27 所示。

	名称	变量表	数据类型	地址	保持	可从 ...	从 H...	在 H...
1	Clock_Byte	默认变量表	Byte	%MB0	☐	☑	☑	☑
2	Clock_10Hz	默认变量表	Bool	%M0.0	☐	☑	☑	☑
3	Clock_5Hz	默认变量表	Bool	%M0.1	☐	☑	☑	☑
4	Clock_2.5Hz	默认变量表	Bool	%M0.2	☐	☑	☑	☑
5	Clock_2Hz	默认变量表	Bool	%M0.3	☐	☑	☑	☑
6	Clock_1.25Hz	默认变量表	Bool	%M0.4	☐	☑	☑	☑
7	Clock_1Hz	默认变量表	Bool	%M0.5	☐	☑	☑	☑
8	Clock_0.625Hz	默认变量表	Bool	%M0.6	☐	☑	☑	☑
9	Clock_0.5Hz	默认变量表	Bool	%M0.7	☐	☑	☑	☑
10	启动	默认变量表	Bool	%I0.0	☐	☑	☑	☑
11	保持	默认变量表	Bool	%M10.0	☐	☑	☑	☑
12	停止	默认变量表	Bool	%I0.1	☐	☑	☑	☑
13	南北红	默认变量表	Bool	%Q0.0	☐	☑	☑	☑
14	南北绿	默认变量表	Bool	%Q0.1	☐	☑	☑	☑
15	南北黄	默认变量表	Bool	%Q0.2	☐	☑	☑	☑
16	东西红	默认变量表	Bool	%Q0.3	☐	☑	☑	☑
17	东西绿	默认变量表	Bool	%Q0.4	☐	☑	☑	☑
18	东西黄	默认变量表	Bool	%Q0.5	☐	☑	☑	☑

图 6-27　系统变量表

(2) FB 子程序编写。在如图 6-28 所示的项目树中选择“程序块”中“添加新块”选项，添加 FB 函数块，并命名为“红绿灯子程序块[FB1]”。FB 的接口定义如图 6-29 所示。

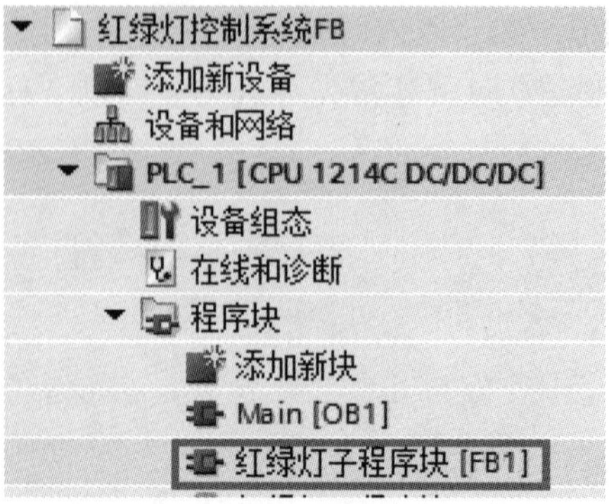

图 6-28　新建 FB 子程序块

红绿灯子程序块

	名称	数据类型
1	Input	
2	ST	Bool
3	2HZ	Bool
4	Output	
5	红灯	Bool
6	绿灯	Bool
7	黄灯	Bool
8	InOut	
9	<新增>	
10	Static	
11	定时器	IEC_TIMER
12	Temp	
13	<新增>	
14	Constant	
15	<新增>	

图 6-29　FB 的接口定义

FB 程序如图 6-30 所示。

程序段 1：启动块后开始计时。

程序段 2：运算程序及输出。

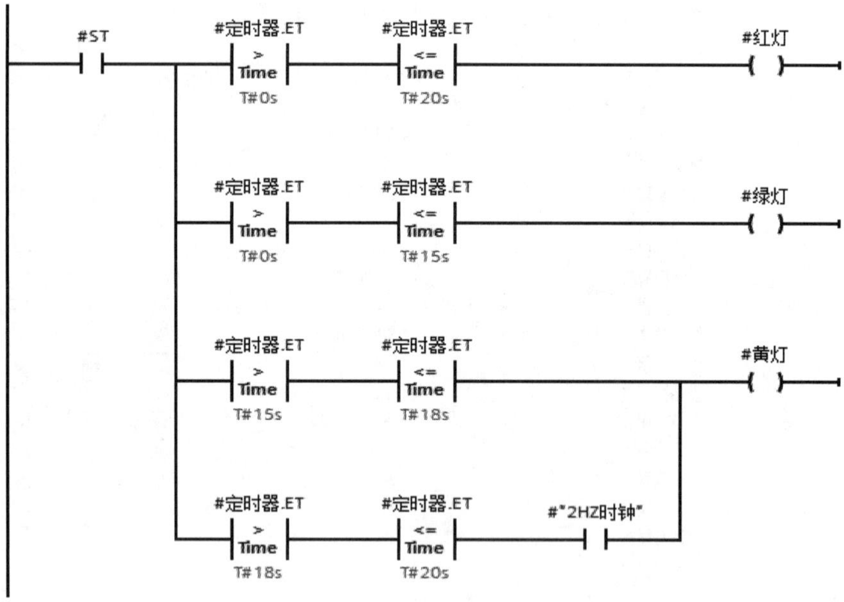

图 6-30　梯形图程序

(3) 主程序设计。在主程序中调用函数块时会自动生成两个背景 DB，这两个背景 DB 用来存储在运行过程中的运算数据，Static(静态变量)在使用时就使用了背景 DB 中的存储资源，因此在使用 FB 块时不需要新建定时器的专用 DB。在主程序中调用两次 FB1 函数块，自动生成两个背景 DB，如图 6-31 所示。梯形图程序如图 6-32 所示。

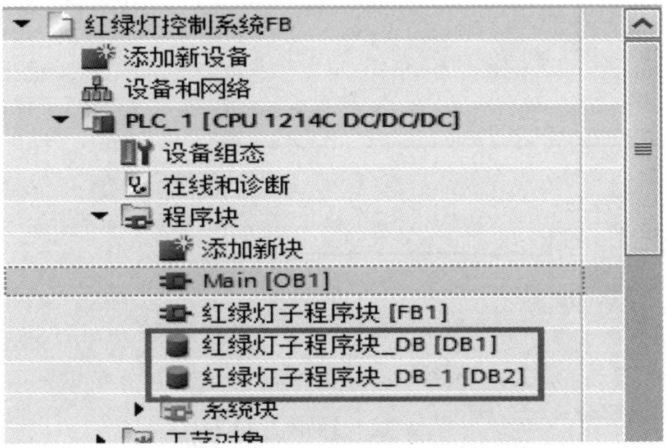

图 6-31 FB 函数块背景 DB

程序段 1：启-保-停。

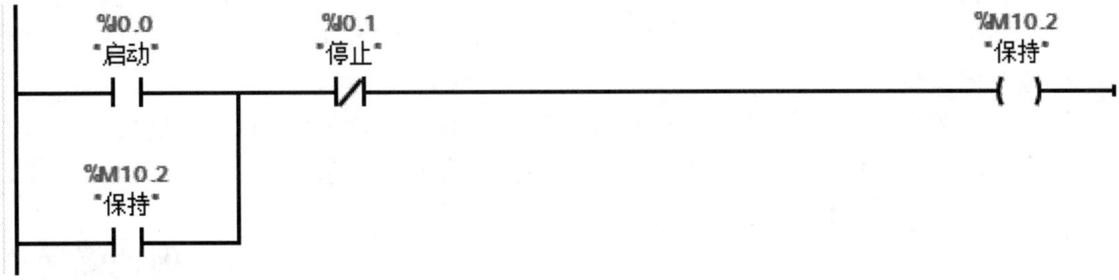

程序段 2：定时器循环计时。

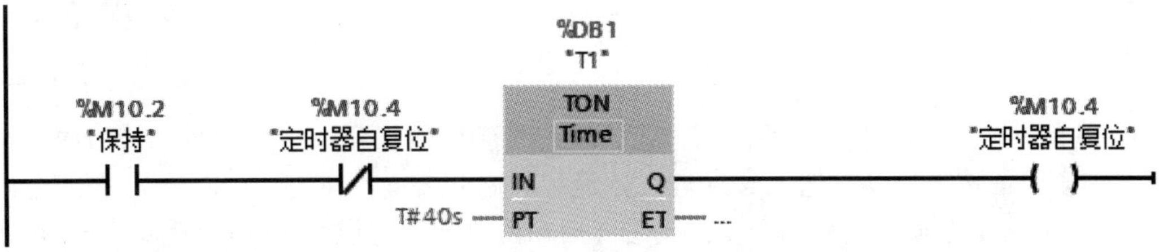

程序段 3：东西向绿灯、黄灯亮，南北向红灯亮。

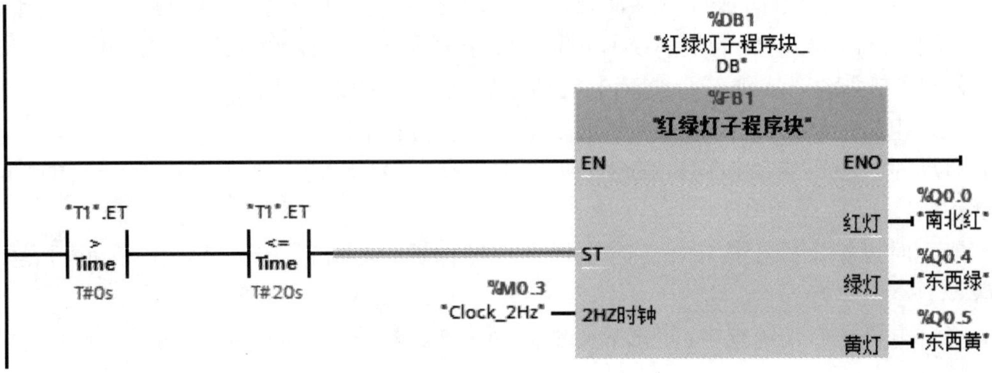

程序段 4：南北向绿灯、黄灯亮，东西向红灯亮。

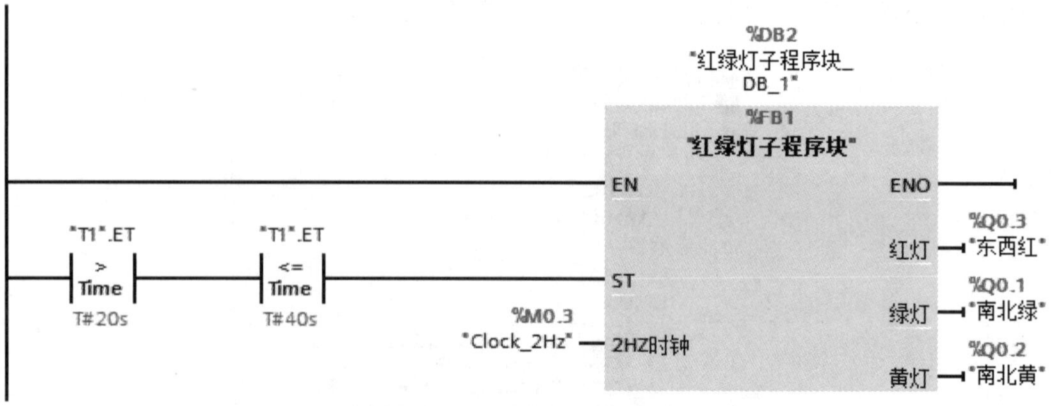

图 6-32　梯形图程序

定时器 T1 的当前运行时间控制 FC1 块中的程序是否运行，当 T1 当前计时时间在 0～20 s 以内时执行此次调用。当使能接通后，块中的定时器开始计时，定时器的定时数据调用的是当前背景 DB 中的数据。在块中定时器计时期间，南北方向红灯亮 20 s，同时东西方向绿灯亮 15 s，15 s 后东西方向黄灯常亮 3 s，3 s 后以 2 Hz 频率闪烁 2 s，2 Hz 频率由系统时钟存储器提供。

同样的，程序段 4 中，当 T1 当前计时时间在 20～40 s 以内执行此次调用。东西方向红灯亮 20 s，同时南北方向绿灯亮 15 s，15 s 后南北方向黄灯常亮 3 s，3 s 后南北方向黄灯以 2 Hz 频率闪烁 2 s，2 Hz 频率也由系统时钟存储器提供。

能力测试

项目六 能力测试题解

1. 现有一东西、南北方向各由红、黄、绿三种颜色的灯和数字显示数码管组成的红绿灯。控制要求：按下启动按钮，红绿灯开始运行。南北方向红灯亮 20 s，同时东西方向绿灯亮 15 s，15 s 后东西方向黄灯常亮 3 s，3 s 后东西方向黄灯以 2 Hz 频率闪烁 2 s；东西方向黄灯闪烁结束后，东西方向红灯亮 20 s，同时南北方向绿灯亮 15 s，15 s 后南北方向黄灯常亮 3 s，3 s 后南北方向黄灯以 2 Hz 频率闪烁 2 s，循环执行程序。数码管显示倒计时，即每种不同的灯输出相对应的显示倒计时时间。按下停止按钮，红绿灯停止运行。

2. 设计控制系统，实现三台交流电机顺序启动，控制要求如下：

(1) 三台电机启动，每台电机都要求星形-三角形降压启动；

(2) 启动时，按下启动按钮，三台电机顺序启动，M1 启动，5 s 后 M2 启动，再 5 s 后 M3 启动；

(3) 停止时，按下停止按钮，三台电机顺序停止运行，M3 停止，2 s 后 M2 停止运行，再 2 s 后 M1 停止运行；

(4) 每台电机在启动过程中，星形启动的时间为 5 s，星形启动向三角形的过渡时间为 1 s。

项目七

三相异步电动机的变频器控制

学习目标

1. 掌握变频器的工作原理。
2. 掌握 G120 变频器的面板操作方法。
3. 掌握 G120 变频器与 S7-1200 PLC 的 PROFINET 通信。
4. 掌握 S7-1200 PLC 通过端子控制方式控制 G120 变频器。

知识讲座

7.1 变频器的工作原理与 G120 变频器介绍

变频器(Variable-frequency Drive，VFD)是应用变频技术与微电子技术的原理，通过改变电机电源频率的方式来控制交流电动机工作的电力控制设备。通常，把电压和频率固定不变的工频交流电变换为电压或频率可变的交流电的装置称作“变频器”。

变频器主要由整流(交流变直流)、滤波、逆变(直流变交流)、制动、驱动、检测、微处理等单元组成。变频器靠内部 IGBT(Insulated Gate Bipolar Transistor，绝缘栅双极型晶体管)的开断来调整输出电源的电压和频率，根据电机的实际需要来提供其所需要的电源电压，进而达到节能、调速的目的。

SINAMICS G120 变频器是西门子新一代变频驱动平台，包括三个系列的产品：V 系列、G 系列和 S 系列。V 系列提供用于运动/伺服控制的产品；G 系列属于通用型变频器，可用于一般的调速控制场合；S 系列属于高端型变频器，既可用于速度控制，也可用于运动/伺服控制。

SINAMICS G120 变频器由控制单元(Control Unit)和功率模块(Power Module)组成。控制单元用来控制并监测与其连接的电动机，可以通过不同的现场总线(如 MODBUS-RTU、PROFIBUS-DP、PROFINET、DEVICENET 等)与上层控制器(PLC)进行通信。功率模块用来为电机和控制模块提供电能，实现电能的整流与逆变功能。变频器的铭牌上有额定电压、额定电流等参数。G120 变频器的功率模块和控制单元的外观如图 7-1 所示。

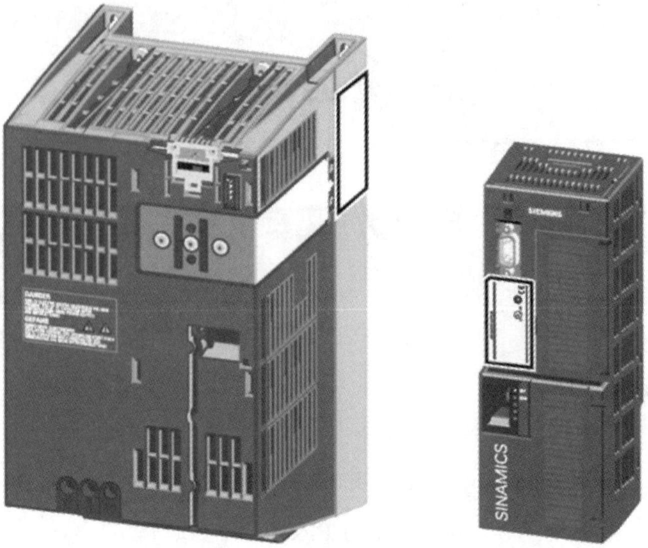

(a) 功率模块　　　　(b) 控制单元

图 7-1　G120 变频器的功率模块和控制单元的外观

G120 变频器的控制单元包括 CU230 系列、CU240 系列和 CU250 系列。本项目选用的型号为 CU250S-2 PN。下面以 CU250S-2 PN 为例，介绍控制单元的命名规则。

- CU： Control Unit 的缩写，表示“控制单元”。
- 250：系列号。
- E：经济型；B：基本型；S：高级型；T：工艺型；P：风机水泵型。
- 2：SINAMICS 开发平台；若名称中没有“2”则表示 MicroMaster 开发平台；
- PN：支持 PROFINET 总线。其他通信类型包括：HVAC(USS、MODBUS-RTU)、DP(PROFIBUS-DP 总线)、IP(ETHERNET-IP 协议)、DEV(DEVICENET 总线)、CAN(CANopen 协议)。

如果控制单元集成了故障安全功能，则会在名称后面加上字母“F”，如 CU250S-2PN-F。

7.2　G120 变频器的基本操作(面板操作)

变频器控制方法讲解

G120 变频器的控制单元上可以安装两种不同的操作面板：BOP(Basic Operator Panel，基本操作面板)和 IOP(Intelligent Operator Panel，智能操作面板)。BOP 上有一块小液晶显示屏，用来显示参数、诊断数据等信息；下方有“自动/手动”“确认/退出”等按键，可用来设置变频器参数，并进行简单的功能测试。BOP-2 操作面板的外观如图 7-2(a)所示。

IOP 的液晶显示屏比 BOP 的大，其采用文本和图形显示，界面提供参数设置、调试向导、诊断及上传/下载等功能，有利于直观操作和诊断变频器。IOP 可以直接卡紧在变频器上，或者作为手持单元通过电缆与变频器连接，通过面板上的手动/自动按钮及菜单导航按钮进行功能选择，操作起来更加直观、简单方便。IOP-2 的外观如图 7-2(b)所示。

(a) BOP-2　　(b) IOP-2

图 7-2　BOP-2 和 IOP-2 的外观

本项目中采用的是 BOP-2，下面简单介绍一下该面板的操作方法。

将 BOP-2 安装在控制单元上，给变频器通电后，面板液晶屏点亮，上面会显示变频器的一些关于状态、参数等信息，如图 7-3 所示。

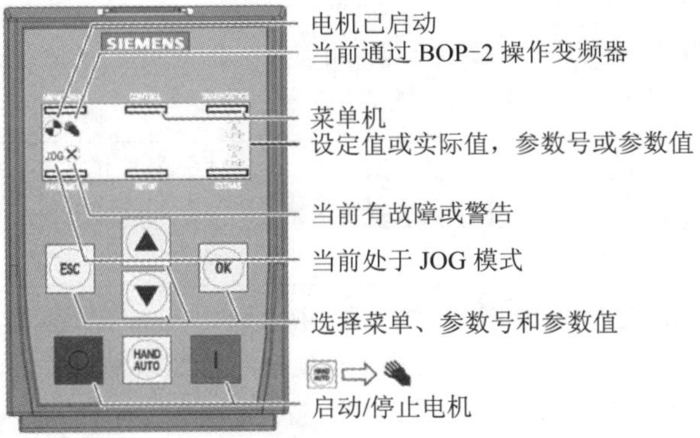

图 7-3　BOP-2 功能说明

其中，BOP-2 各图标的含义如表 7-1 所示。

表 7-1　BOP-2 图标描述

图标	功　能	状　态	描　　述
	控制源	手动模式	“HAND”模式不会显示，“AUTO”模式下都不显示
	变频器状态	运行状态	表示变频器处于运行状态
JOG	“JOG”功能	点动功能	
⊗	故障和报警	静止表示报警	故障状态下灯闪烁，变频器会自动停止；静止表示变频器处于报警状态
		闪烁表示故障	

BOP-2 上各按钮的功能描述如表 7-2 所示。

表 7-2　BOP-2 的按键功能描述

按　键	功 能 描 述
ESC	若按该按钮 2 s 以内，表示返回上一级菜单，或表示不保存所修改的参数值； 若按该按钮 3 s 以上，将返回监控画面。 注意：在参数修改模式下，此按钮表示不保存所修改的参数值
△	在菜单选择时，表示返回上一级的画面；当参数修改时，表示改变参数号或参数值。 在“HAND”模式以及点动运行方式下，长时间同时按 △ 和 ▽ 可以实现以下功能： (1) 若在正向运行状态下，则将切换到反向运行状态； (2) 若在反向运行状态下，则将切换到正向运行状态
▽	在菜单选择时，表示进入下一级的画面；当参数修改时，表示改变参数号或参数值
OK	在菜单选择时，表示确认所选的菜单项； 当参数选择时，表示确认所选的参数和对其值的设置，并返回上一级画面； 在故障诊断画面，使用该按钮可以清除故障信息
|	在“AUTO”模式下，该按钮不起作用； 在“HAND”模式下，表示启动/点动命令
○	在“AUTO”模式下，该按钮不起作用；在“HAND”模式下，若连续按两次，将显示“OFF2”自由停车；在“HAND”模式下若按一次，将显示“OFF1”，即按 P1121 的下降时间停车
HAND AUTO	BOP (HAND)与总线或端子(AUTO)的切换按钮。 在“HAND”模式下，按下该按钮，切换到“AUTO”模式。若自动模式的启动命令在，则变频器自动切换到“AUTO”模式下的速度给定值。 在“AUTO”模式下，按下该按钮，切换到“HAND”模式。此时速度设定值保持不变，在电机运行期间可以实现“HAND”和“AUTO”模式的切换

7.3　G120 变频器的 PROFINET 通信

G120 的 PROFINET IO 通信控制

G120 变频器的控制单元 CU250S-2 PN 支持基于 PROFINET 的周期过程数据交换和变频器参数访问。PROFINET IO 控制器可以将控制字和主给定值等过程数据周期性地发送至变频器，并从变频器周期性地读取状态字和实际转速等过程数据。

G120 变频器控制单元提供了 PROFINET IO 控制器访问变频器参数的接口，有以下两种方式可以访问变频器的参数：

(1) 周期性通信的 PKW (参数通道，用于读写参数值)：通过 PKW PROFINET IO 控制器可以读写变频器参数，每次只能读或写一个参数。PKW 通道的长度固定为 4 个字。

(2) 非周期通信：PROFINET IO 控制器通过非周期通信访问变频器数据记录区，每次可以读或写多个参数。本项目的任务二通过示例介绍 S7-1200 PLC 与 G120 CU250S-2 PN 的 PROFINET PZD(过程数据通道)通信，以组态标准报文 1 为例介绍通过 S7-1200 如何控制变频器的启停、调速以及读取变频器状态字和电机实际转速。

7.4　G120 变频器端子控制

G120 变频器端子和现场总线接口的功能可以设置用端子控制的方式控制变频器。为了避免逐一修改端子，可通过参数 P0015(驱动设备宏指令)同时对多个端子进行设置。

方式 1：通过 S7-1200 PLC 数字输出端子控制实现 G120 变频器宏程序 1——正反方向两线制控制两个固定转速。宏程序 1 的端子定义如图 7-4 所示。

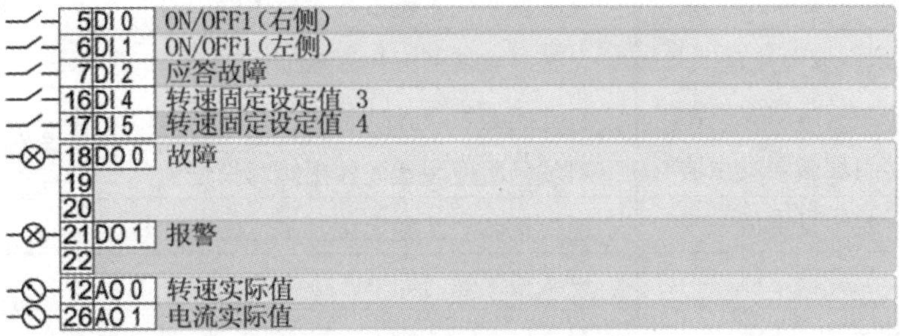

图 7-4　宏程序 1 的端子定义表

其中，转速固定设定值 3：P1003；转速固定设定值 4：P1004；转速固定设定值生效：R1024；转速设定值(主设定值)：P1070[0] = 1024，当 DI 4 和 DI 5 为高电平时，变频器将两个转速固定设定值相加(具体可查询 G120 参数手册)。

方式 2：通过 S7-1200 PLC 数字输出端子控制实现 G120 变频器宏程序 12——端子启动模拟量调速。宏程序 12 的端子定义如图 7-5 所示。

图 7-5　宏程序 12 的端子定义表

下面简单讲解一下这些控制字。

打开 G120 变频器主要参数表，找到参数 P0054(控制字)，可以看到该控制字有 16 位，每一位的定义如表 7-3 所示。

表 7-3 控制字的说明

位	含义		说明
	报文 20	其他报文	
0	0 = OFF1		电机按斜坡函数发生器的减速时间 P1121 制动。达到静态后变频器会关闭电机
	0→1 = ON		变频器进入“运行就绪”状态。另外，位 3 = 1 时，变频器接通电机
1	0 = OFF2		电机立即关闭，惯性停车
	1 = OFF2 不生效		可以接通电机(ON 指令)
2	0 = 快速停机(OFF3)		快速停机：电机按 OFF3 减速时间 P1135 制动，直到达到静态
	1 = 快速停机无效(OFF3)		可以接通电机(ON 指令)
3	0 = 禁止运行		立即关闭电机(脉冲封锁)
	1= 使能运行		接通电机(脉冲使能)
4	0=封锁斜坡函数发生器		变频器将斜坡函数发生器的输出设为 0
	1 = 不封锁斜坡函数发生器		允许斜坡函数发生器使能
5	0 = 停止斜坡函数发生器		斜坡函数发生器的输出保持在当前值
	1 = 使能斜坡函数发生器		斜坡函数发生器的输出跟踪设定值
6	0 = 封锁设定值		电机按斜坡函数发生器减速时间 P1121 制动
	1 = 使能设定值		电机按加速时间 P1120 升高到速度设定值
7	0→1 = 应答故障		应答故障。如果仍存在 ON 指令，变频器进入“接通禁止”状态
8,9	预留		
10	0 = 不由 PLC 控制		变频器忽略来自现场总线的过程数据
	1 = 由 PLC 控制		由现场总线控制，变频器会采用来自现场总线的过程数据
11	1 = 换向		取反变频器内的设定值
12	未使用		
13	1)*	1 = 电动电位器升高	提高保存在电动电位器中的设定值
14	1)	1 = 电动电位器降低	降低保存在电动电位器中的设定值
15	CDS 位默认为 0	预留	在不同的操作接口设置(指令数据组)之间切换

注：* 表示从其他报文切换到报文 20 时，前一个报文的定义保持不变。

根据控制字的位定义可知，如果要启动电机，第 15 位至第 00 位的状态字如图 7-6 所示。

位 15 14 13 12 11 10 09 08 07 06 05 04 03 02 01 00

值 0 0 0 0 0 1 0 0 0 1 1 1 1 1 1 1

↓ 0 ↓ 4 ↓ 7 ↓ F

图 7-6 变频器启动信号 047F

因此，在标准报文 1 下，电机启动的控制字为“047F”(其他的控制字以此类推)，且 PLC 发送给变频器的过程数据分别为“控制字 1”“转速设定值”；变频器发送至 PLC 的过程数据分别为“状态字 1”“转速实际值”。

7.5　变频器参数设置

本项目涉及的变频器参数说明及参数设定值如表 7-4 所示。

表 7-4　变频器参数设置

参数号	功　能	出厂值	备 注 说 明
P0100	电机标准 IEC/NEMA	0	0：欧洲[KW]； 1：北美[hp]； 2：北美[kW]
P0300	选择电机类型	1	0：没有电机 1：异步电动机 2：同步电动机
P0304	电机额定电压	380 V	设定范围为 0 V～20 kV。参考电动机铭牌上的参数值进行设定
P0305	电机额定电流	参考电机铭牌	设定范围为 0.01 A～10 kA。对于同步电动机，电动机电流的最大设定值为变频器最大电流的 2 倍；对于异步电动机，电动机电流的最大设定值为变频器最大电流
P0307	电机额定功率	参考电机铭牌	设定范围为 0.00 kW～100000.00 kW。本参数的缺省值取决于变频器的型号和额定数据
P0310	电机额定频率	50.00 Hz	设定范围为 0 Hz～650.00 Hz，出厂值为 0.00 Hz。
P0311	电机额定转速	参考电机铭牌	设定范围为 0.0～210000.0 r/m，出厂值为 0.0 r/m(r/m 表示转速，即转/分)
P1080	最小转速	0.000 r/m	设定范围为 0～19500.000 rpm，出厂值为 0.0 rpm
P1082	最大转速	1300.000 r/m	设定范围为 0～210000.000 rpm，出厂值为 1500.0 rpm
P1120	斜坡函数发生器 斜坡上升时间	10.000 s	设定范围为 0～999999.000 s，出厂设置为 10.000 s
P1121	斜坡函数发生器 斜坡下降时间	10.000 s	设定范围为 0～999999.000 s，出厂设置为 10.000 s

续表

参数号	功　能	出厂值	备 注 说 明
P1900	电机数据检测及旋转检测	0	设定范围为 0～3，11～12 0：禁用； 1：电机数据检测和转速控制优化； 2：电机数据检测(静止状态)； 3：转速控制优化(旋转运行)； 11：　电机数据检测和转速控制优化，切换到运行； 12：电机数据检测(静止状态)，切换到运行

工作任务

任务一　用 BOP-2 控制面板控制电机正反转及调速

BOP 控制面板控制电机正反转及调速

1. 任务要求

使用操作面板控制电机正反转及调速。

2. 任务分析

变频器的功率模块和控制单元安装好后，将 BOP-2 控制面板插入控制单元，然后给变频器接入三相电源，通过操作面板设置相关参数，即可实现用操作面板控制电机正反转及调速。

3. 任务实施

1) 控制系统设计

将变频器的功率模块安装在电气柜中，然后将控制单元安装在功率模块上，并将 BOP-2 控制面板插入控制单元的卡槽，听到“咔嚓”一声，即表示 BOP-2 控制面板已经安装好。最后给变频器的输入端子接入三相电 L1、L2、L3，PE 端接地；变频器输出端子接入电机的 U、V、W 端子，PE 接地。接下来通过 BOP-2 面板对 G120 变频器进行参数设置，并通过操作面板手动控制电机变频启动、停止、反向启动、快速停止。根据以上分析，可以选用控制单元为 CU250S-2 PN，功率模块为 PM-240 的 G120 变频器。其主要设备清单如表 7-5 所示。

表 7-5　主要设备清单

序号	名　称	型号与规格	单位	数量	备　注
1	三相交流异步电机	YS8012 60W	台	1	可根据实际情况选择电机
2	交流接触器	CJX2-1210	个	1	
3	G120 变频器	控制单元 CU250S-2 PN 功率模块 PM-240	台	1	

2) 系统接线图

面板控制的系统接线图如图 7-7 所示。

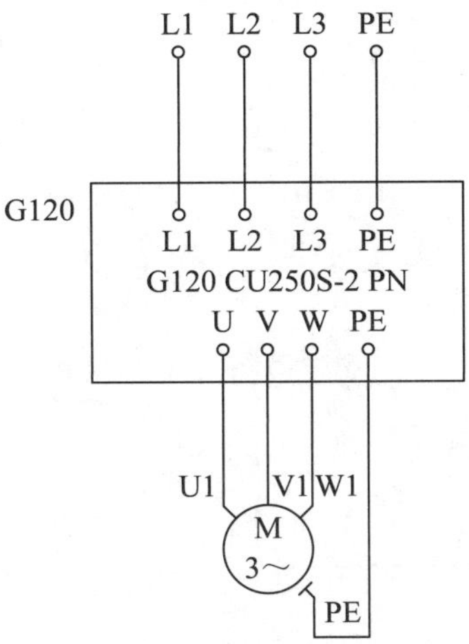

图 7-7 系统接线图(面板控制)

3) 系统调试

BOP-2 面板安装完成后，开始进行系统调试。步骤如下：

(1) 变频器恢复出厂设置。将选择光标调整至“EXTRAS”选项，如图 7-8(a)所示，然后按“OK”按钮，如图 7-8(b)所示，即可将变频器恢复到出厂设置。

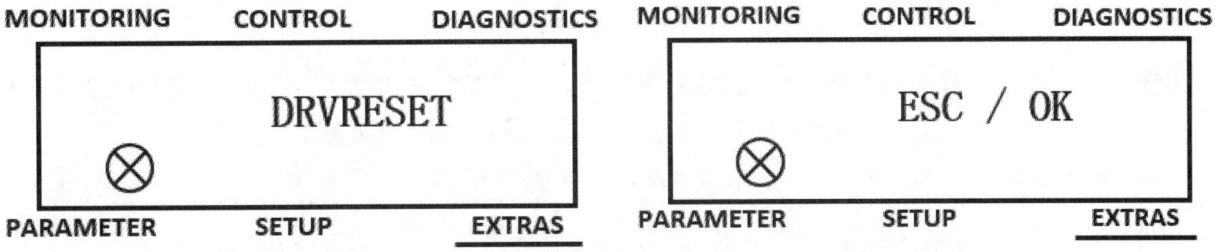

(a) 恢复出厂设置选项 (b) 确认恢复出厂设置选项

图 7-8 恢复出厂设置

(2) 在参数设置菜单下，设置变频器参数显示为“EXPERT”级别，如图 7-9(a)所示。同时，将 P1300 设置为“0”(V/F 控制方式)，如图 7-9(b)所示。

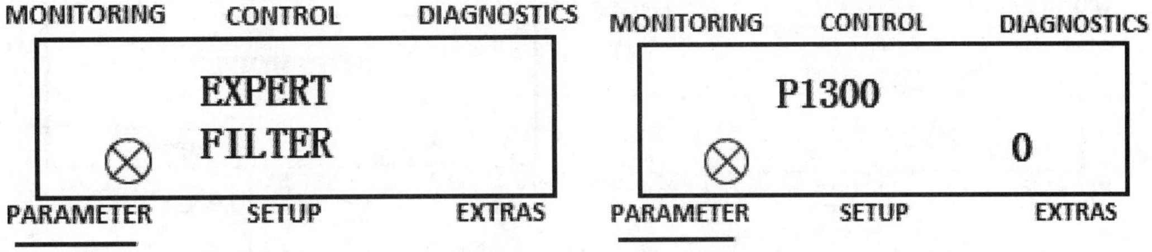

(a) 设置参数显示级别 (b) 设置 V/F 控制方式

图 7-9 参数设置菜单

(3) 设置相关参数。进入“SETUP”菜单，选择重置所有参数，如图 7-10 所示。

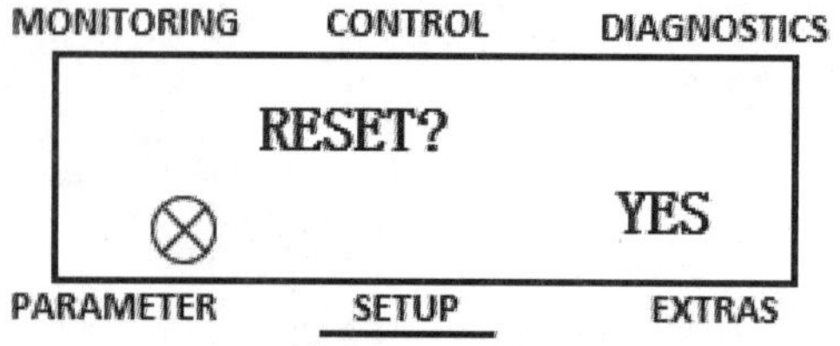

图 7-10　重置参数设置

(4) 进入 P100 参数，选择 EUR 标准，频率为 50 Hz，如图 7-11 所示。同时，设置输入电压为 380 V，如图 7-12 所示。

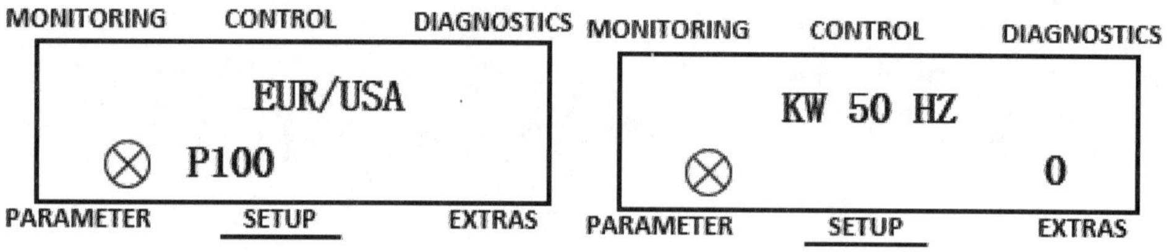

图 7-11　设置工作频率

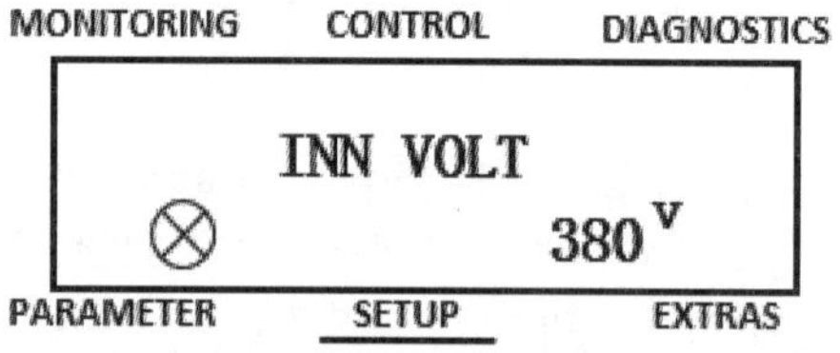

图 7-12　设置输入电压

(5) 设置电机相关参数。本项目采用的电机为三相异步交流电动机，额定功率为 60W，三角形接法，额定电流为 0.66A。首先设置参数 P300，选择电机类型为感应电机，如图 7-13(a)所示；设置参数 P304，电机额定电压为 380 V，如图 7-13(b)所示。

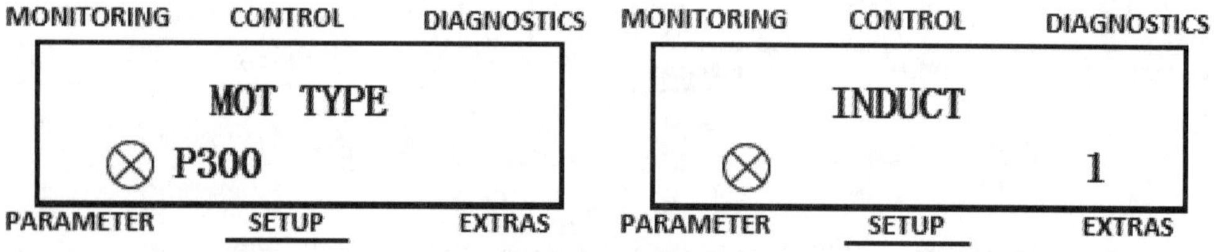

(a) 设置电机类型

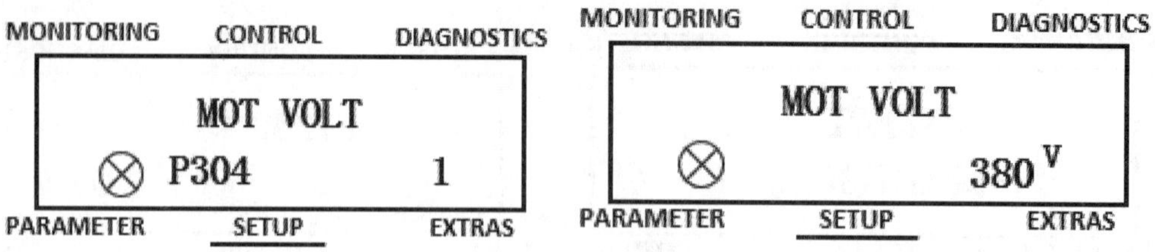

(b) 设置电机额定电压

图 7-13　设置电机相关参数

(6) 设置参数 P305 的额定电流和参数 P307 的额定功率，如图 7-14(a)、图 7-14(b)所示。

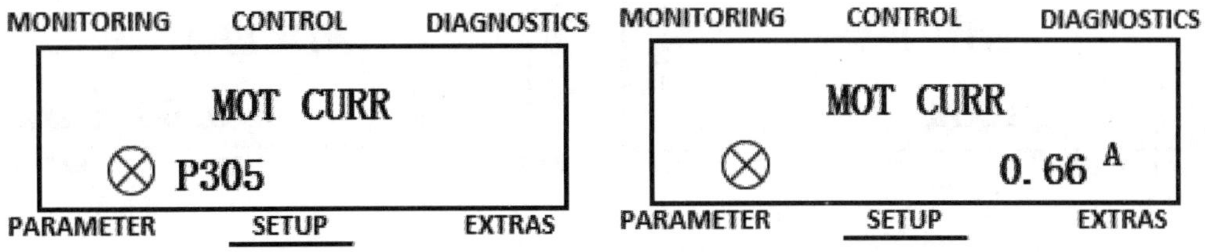

(a) 设置电机额定电流

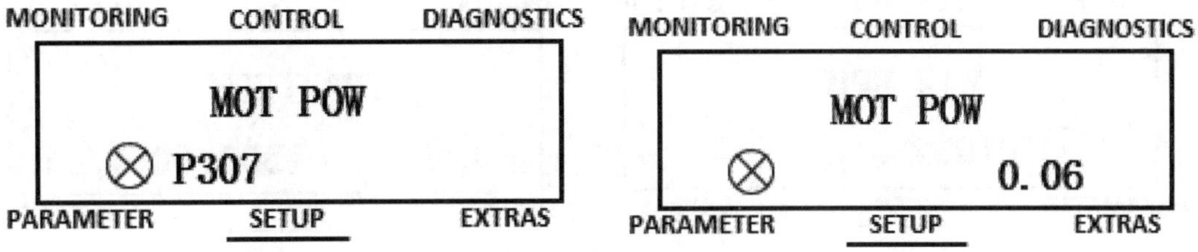

(b) 设置电机额定功率

图 7-14 设置电机额定电流和额定功率

(7) 设置参数 P310 的电机频率和参数 P311 的额定转速，如图 7-15(a)、图 7-15(b)所示。

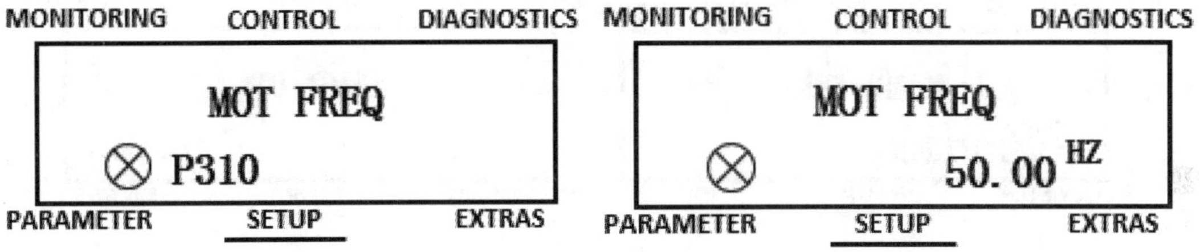

(a) 设置电机频率

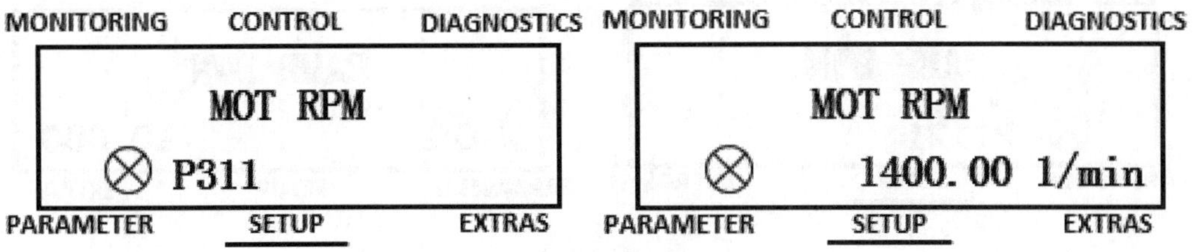

(b) 设置额定转速

图 7-15 设置电机频率和额定转速

(8) 设置最小转速(P1080)为 0，最大转速(P1082)为 1300 r/m，如图 7-16(a)、图 7-16(b)所示。

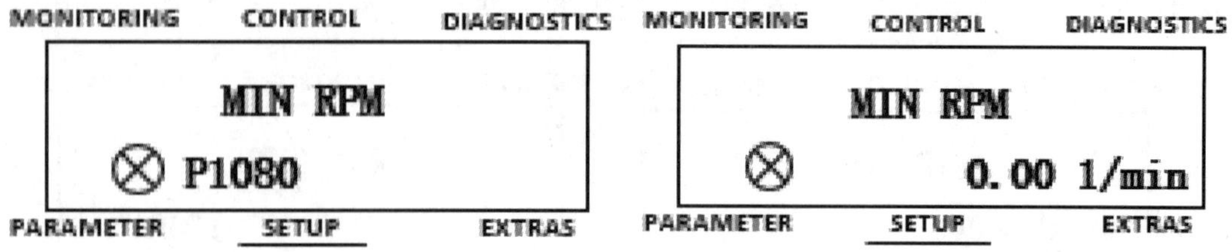

(a) 设置最小转速

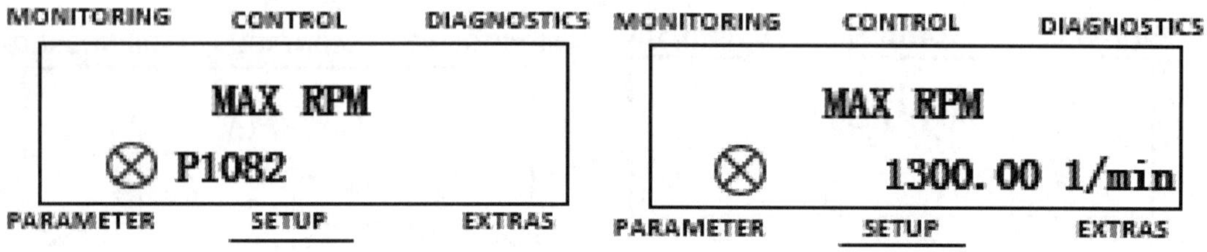

(b) 设置最大转速

图 7-16　设置电机最小转速和最大转速

(9) 设置加速时间(P1120)和减速时间(P1121)均为 10 s，如图 7-17(a)、图 7-17(b)所示。

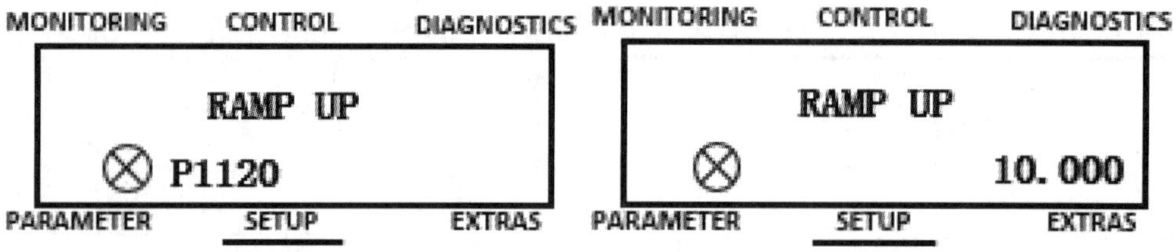

(a) 设置加速时间

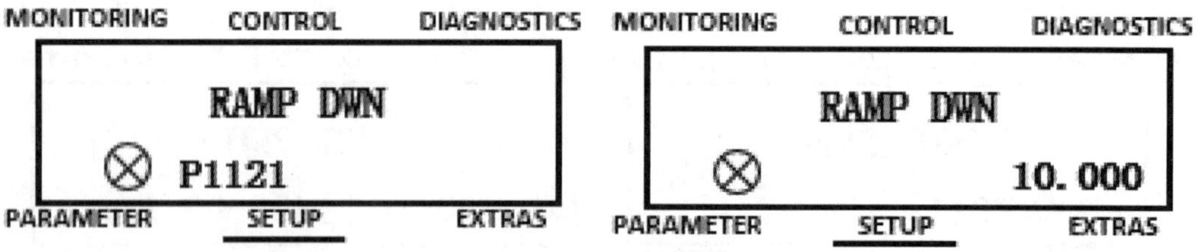

(b) 设置减速时间

图 7-17　设置加速时间和减速时间

(10) 设置 MOT ID(P1900)为 OFF(0)，关闭电机数据检测功能，如图 7-18 所示(如果此处打开电机静态或动态数据检测，变频器可能会报错，报错后需要手动清除报警记录)。

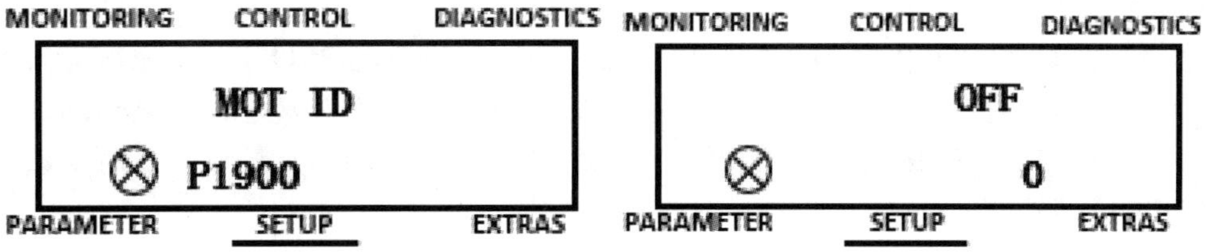

图 7-18　关闭电机数据检测

(11) 保存设置的参数。设置后的参数必须保存，在 SETUP 选项里，将前面的参数全部设置完成后，会自动跳到“FINISH”选项，选择“YES”选项，再按下确定键，参数设置保存成功，如图 7-19 所示。

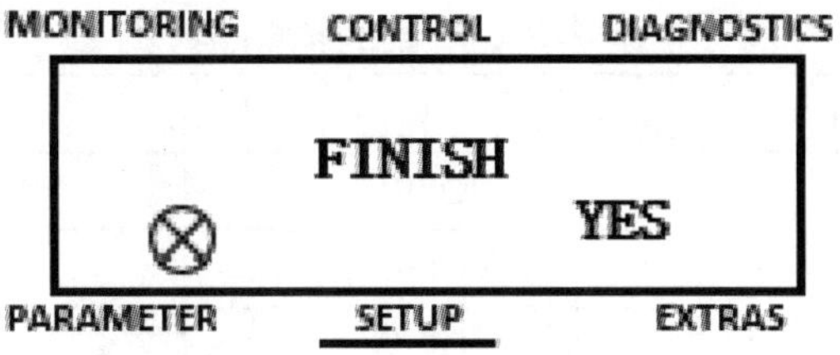

图 7-19　保存参数设置

(12) 参数设置保存后，即可手动操作启动变频器。按下控制面板上的 按钮，屏幕上会出现一个手型图标，切换到“CONTROL”菜单，然后按下 按钮，启动电机，听到变频器发出小蜂鸣声后，按住 按钮，增加电机转速。此时观察电机，即可发现电机已经在设置的转速下转动起来，如图 7-20 所示。

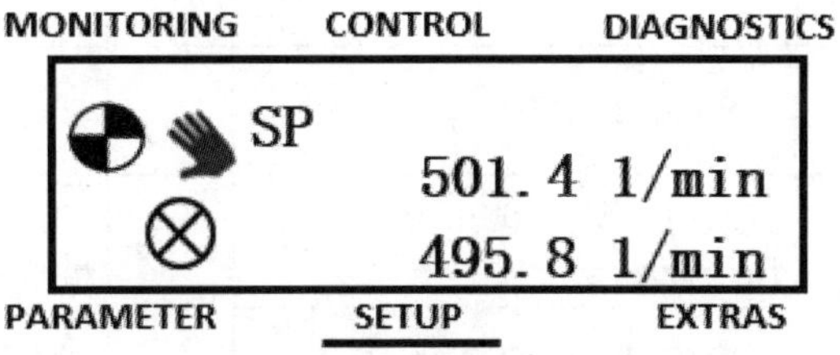

图 7-20　手动控制变频器启动

(13) 手动增加转速至设定的额定转速(1400 r/min)，然后减少转速到负的额定转速(−1400 r/min)，即可完成电机的正反转变频启动。按下停止按钮，电机按照设定的减速斜坡时间停止。再次启动电机，然后快速按两下停止按钮，可以完成电机快速停止。

任务二　G120 变频器 PROFINET 通信控制电机正反转及调速

G120 变频器 PROFINET 控制电机正反转及调速

1. 任务要求

使用 PROFINET 通信方式，使变频器控制电机正反转及调速，并通过 PZD 过程通道读取 G120 变频器的状态及转速。

2. 任务分析

将变频器和 S7-1200 PLC 接入同一以太网；用变频器通过 PROFINET 通信方式控制电机正反转及调速；通过 PZD 过程通道读取 G120 变频器的状态及转速，变频器选择“标准报文 1，PZD-2/2”的通信协议；根据标准报文 1 中变频器的常见控制字，对变频器进行 PROFINET 通信控制。

3. 任务实施

1) 控制系统设计

将 G120 变频器、S7-1200 PLC 和编程计算机用集线器接入同一网段，变频器的输出端接到任务一所用的电机上，为变频器选择“标准报文 1，PZD-2/2”的通信协议。在标准报文 1 下，变频器的常见控制字如表 7-6 所示。

表 7-6 常见的控制字

启 动		047F
停止	OFF1	047E
	OFF2	047C
	OFF3	047A
反转		OC7F

根据以上分析，我们可以选用西门子 S7-1200 系列中 CPU 1214C DC/DC/Rly 和控制单元为 CU250S-PN、功率模块为 PM-240 的 G120 变频器。其主要设备清单如表 7-7 所示。

表 7-7 主要设备清单

序号	名 称	型号与规格	单位	数量	备 注
1	三相交流异步电机	YS8012 60W	台	1	可根据实际情况选择电机
2	PLC	西门子 S7-1200 1214C DC/DC/RLY	台	1	可根据实际情况选择继电器输出型 PLC
3	G120 变频器	控制单元 CU250S-2 PN 功率模块 PM-240	台	1	变频器与 PLC 通过 PROFINET 总线通信

2) 数据分配表

数据分配表如表 7-8 所示。

表 7-8 数据分配表

输 入		输 出		中 间 变 量	
地址	作用	地址	作用	地址	作用
IW68	变频器状态字	QW64	变频器控制字	MW100	设置变频器控制字
IW70	实际转速	QW66	设定转速	MW102	设置电机转速
				MW104	读取变频器状态字
				MW106	读取电机转速

3) 系统接线图

系统接线图如图 7-21 所示。

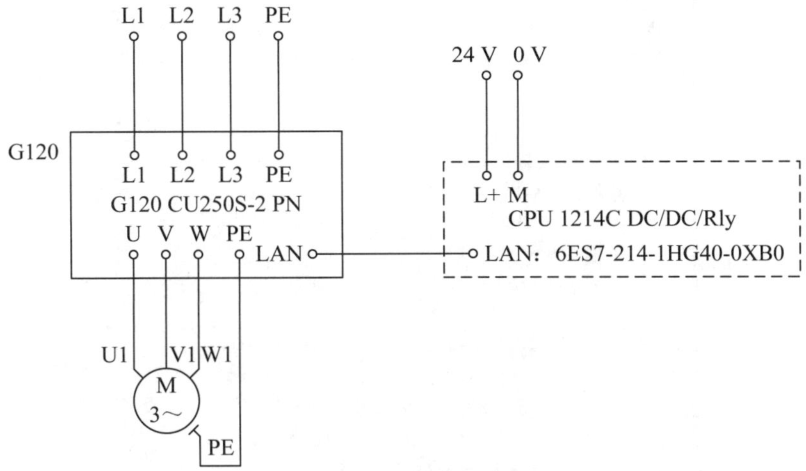

图 7-21　系统接线图(PROFINET 总线)

4) PLC 程序设计

(1) 设备组态。

① 打开 TIA PORTAL V16 软件，新建项目。添加型号为 1214C DC/DC/Rly 的 CPU。CPU 固件版本根据硬件实际情况选择，这里使用的是 V4.2，如图 7-22 所示。

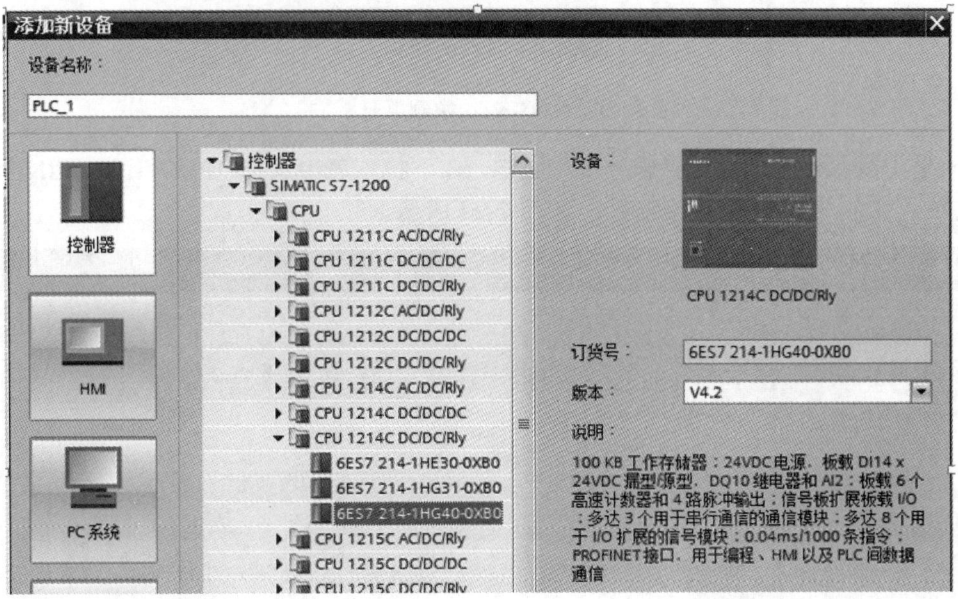

图 7-22　新建项目

② 切换到网络视图，在“PROFINET IO”→“Drivers”→“SIEMENS AG”→“SINAMICS”目录下找到“SINAMICS G120 CU250S-2 PN VECTOR V4.7”选项并双击，将变频器控制单元添加至设备组态，如图 7-23 所示。

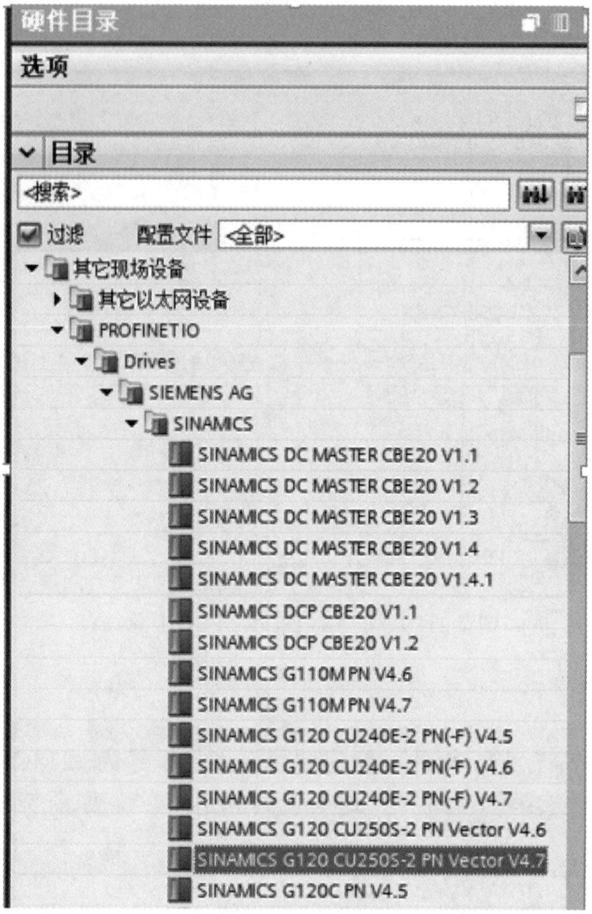

图 7-23　添加控制单元

③ 单击变频器上的蓝色“未分配”字样，在下拉列表中选择“PLC_1.PROFINET 接口_1”选项，完成与 PLC 的网络连接，如图 7-24 所示。

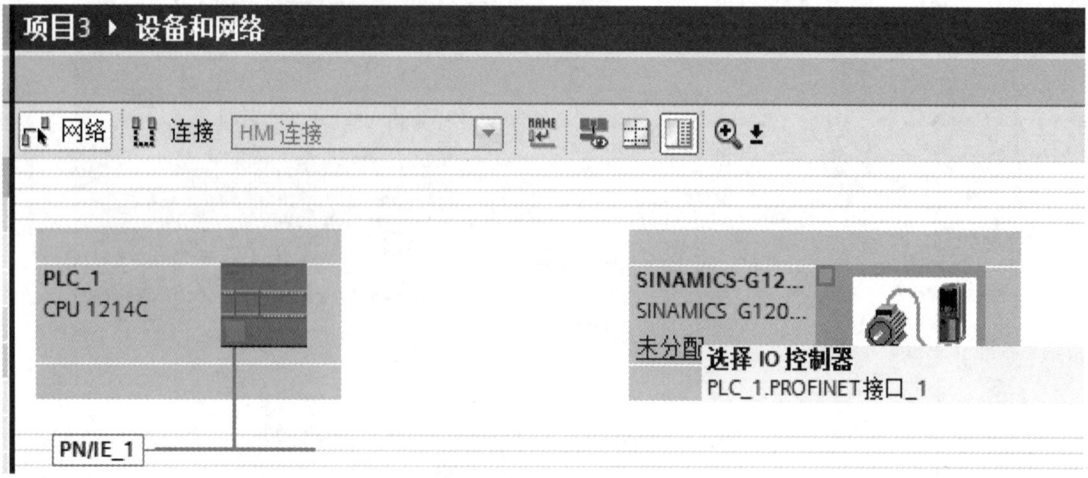

(a) 变频器与 PLC 未连接

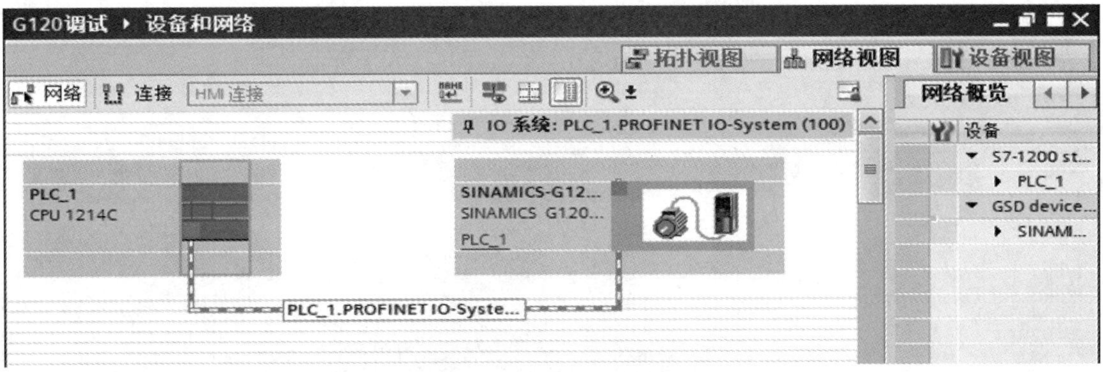

(b) 变频器与 PLC 已连接

图 7-24　变频器与 PLC 的网络连接

④ 双击变频器模块，在硬件目录中选择“子模块”→“标准报文 1，PZD-2/2”选项，如图 7-25(a)所示。双击将报文添加至设备组态中，然后在“设备概览”页面中查看报文对应的 I/O 地址。这里可以看到输入地址 I 为“68_71”，输出地址 Q 为“64_67”，如图 7-25(b)所示。

(a) 选择报文

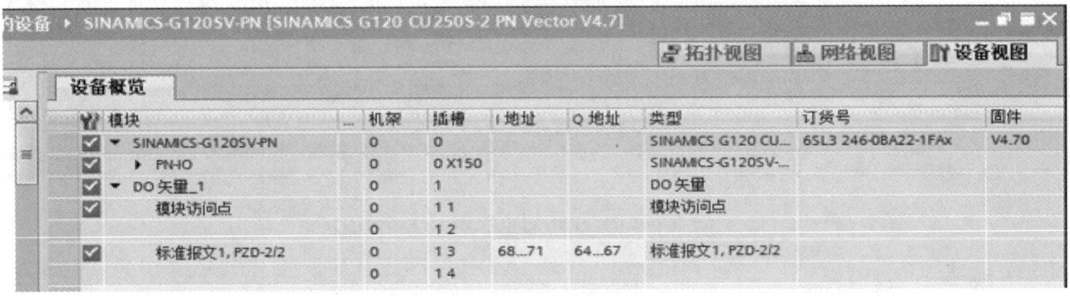

(b) 查看 I/O 地址

图 7-25　选择报文并查看 I/O 地址

⑤ 更改 PLC 的 IP 地址。单击 S7-1200 PLC 上的网络端口，将“PROFINET 设备名称”改为“plc 1200”，IP 地址分配为“192.168.0.1”，如图 7-26 所示。

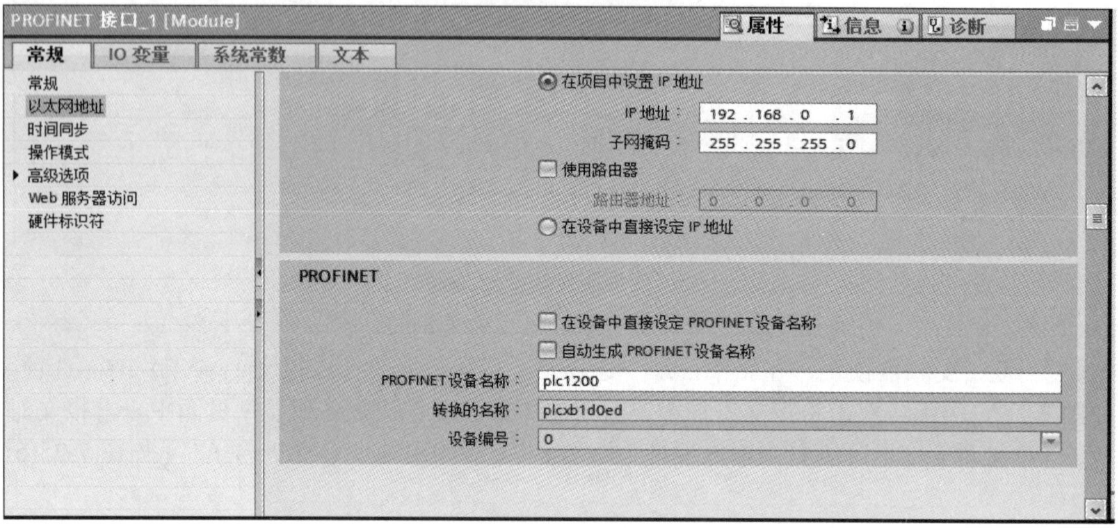

图 7-26　分配 PLC 的 IP 地址

双击变频器的图标，选中变频器的网络接口图标，将变频器的“PROFINET 设备名称”改为“G120”，“IP 地址”设置为“192.168.0.2”(与 PLC 在同一个网段)，如图 7-27 所示。

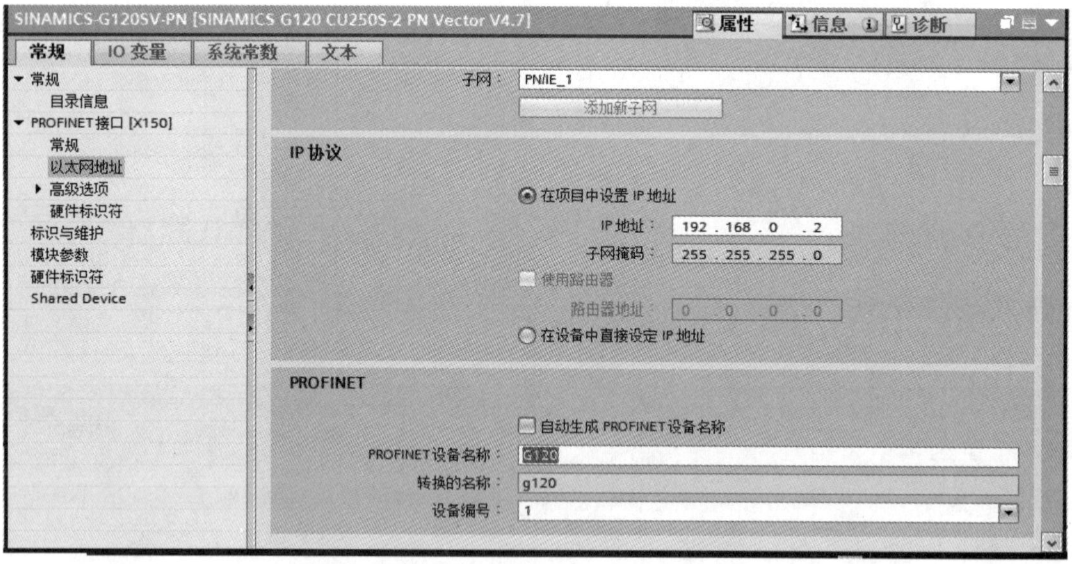

图 7-27　分配变频器的设备名称和 IP 地址

⑥ 编译下载程序。

⑦ 选择“在线访问”选项找到 G120 变频器，然后单击“在线并诊断”选项，在“功

能”→“命名”菜单下，将 PROFINET 设备名称改为“g120”并单击“分配名称”。在“分配 IP 地址”菜单下，设置 IP 地址为“192.168.0.2”并单击“分配 IP 地址”按钮，如图 7-28 所示。

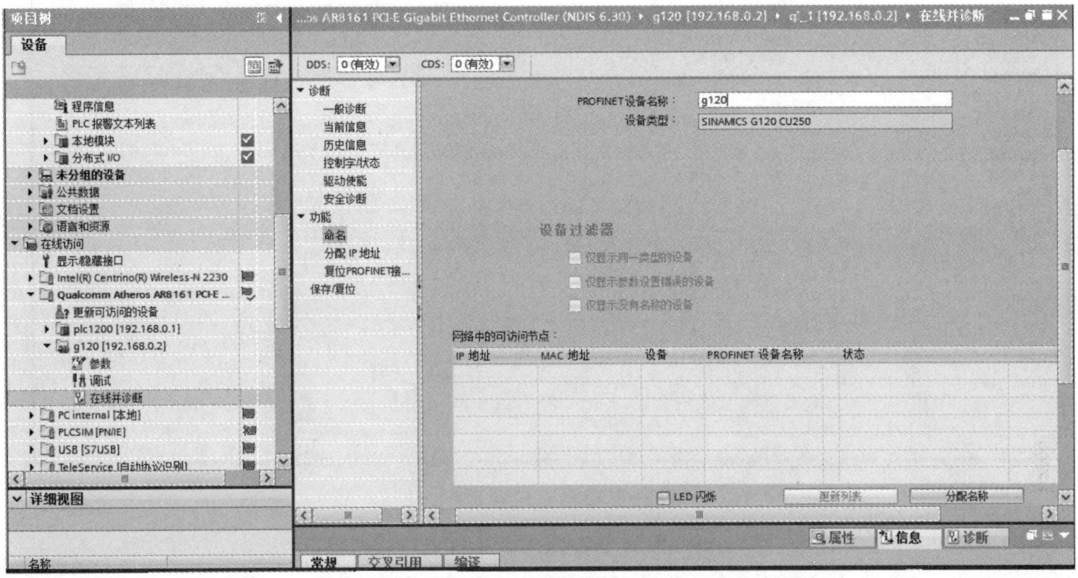

图 7-28　分配 IP 地址和设备名称

⑧ 在线访问菜单下，找到 G120 变频器，选择“所有参数”选项。切换到参数视图，打开左边列表的“通讯”→“配置”选项。更改右侧参数值，如图 7-29 所示。

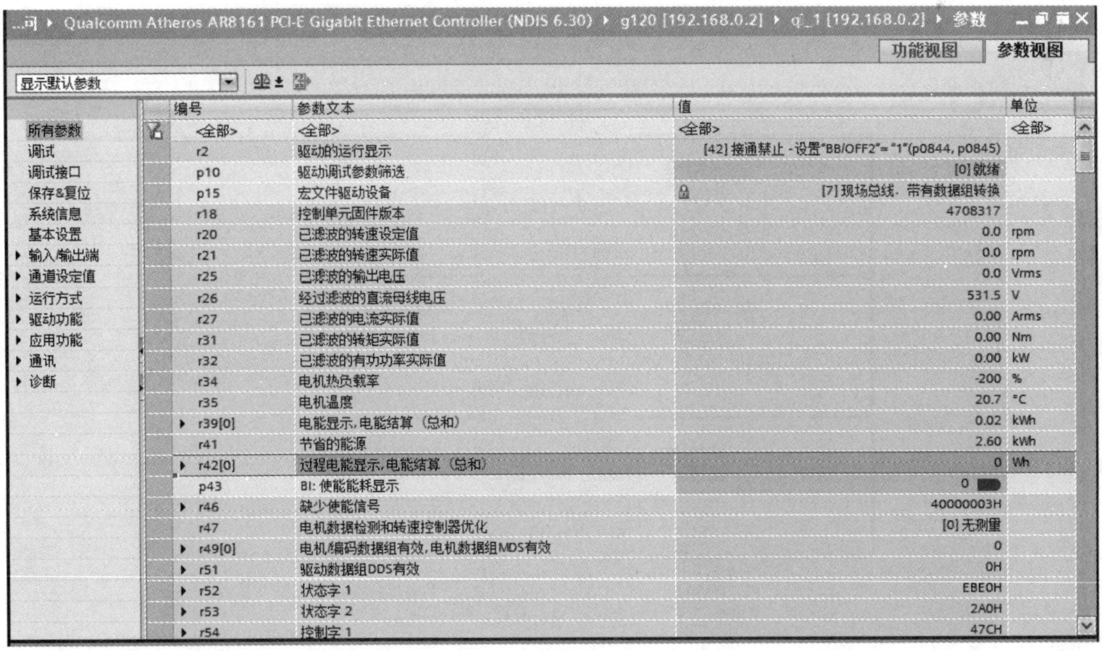

(a) 变频器参数列表

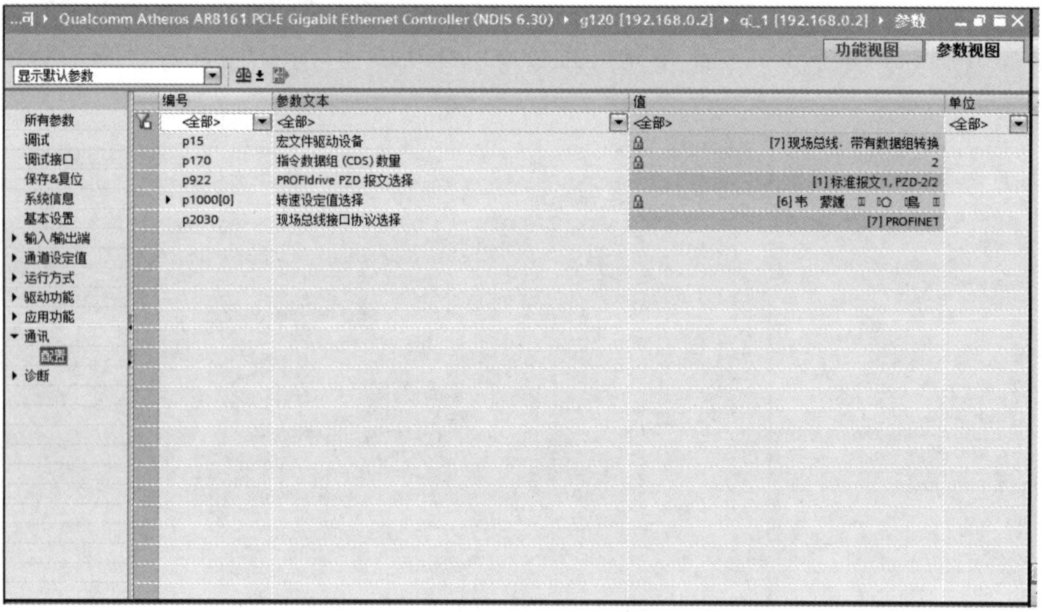

(b) 变频器通讯参数列表

图 7-29 变频器参数列表和通讯参数列表

(2) 变量定义。在主程序中，将中间变量“MW100”和“MW102”分别传送至变频器输出地址“QW64”和“QW66”中，将变频器的输入地址“IW68”和“IW70”分别传送至中间变量“MW104”和“MW106”中。然后在程序的监控与强制表中，对变频器的输出值“MW100”和“MW102”进行数据赋值以控制电机的启停、方向和转速，并观察变频器的输入值“MW104”和“MW106”的变化情况。

(3) 程序设计。在主程序中，添加如图 7-30 所示主程序。

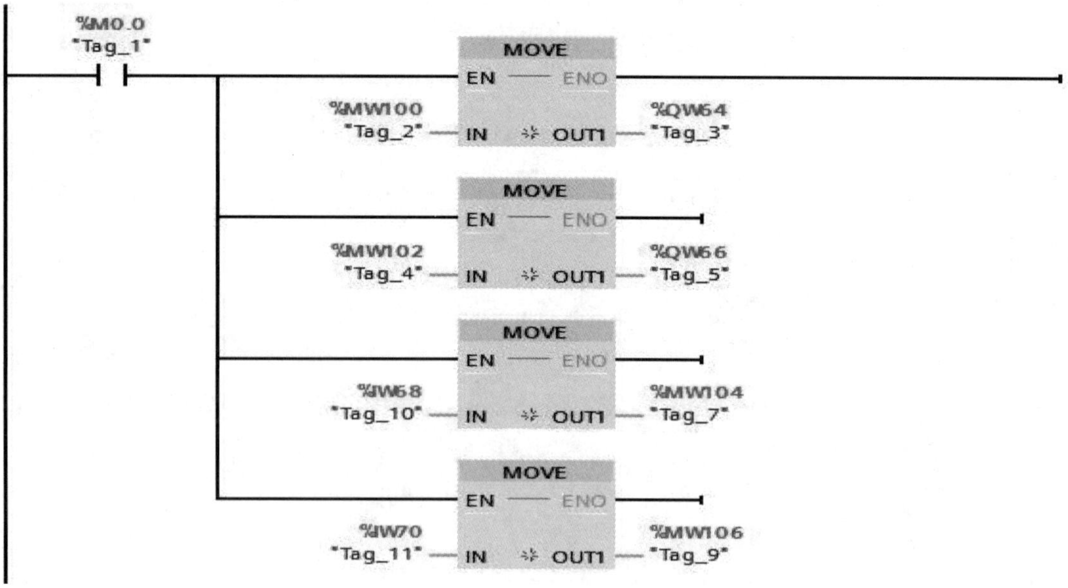

图 7-30 主程序

5) 系统调试

参照项目二的操作，添加一个“监控表”，添加中间变量 M0.0、MW100(十六进制)、MW102(十进制)、MW104(十六进制)，MW106(十进制)。如果是通电后第一次启动变频器，先将 MW100 赋值为“16#047E”，复位变频器；然后再给 MW100 输入“16#047F”(电机启动控制字)，MW102 输入“8192”，电机正转启动。观察 MW104(变频器的状态参数)和 MW106 的值(电机实际转速值)，如图 7-31 所示。

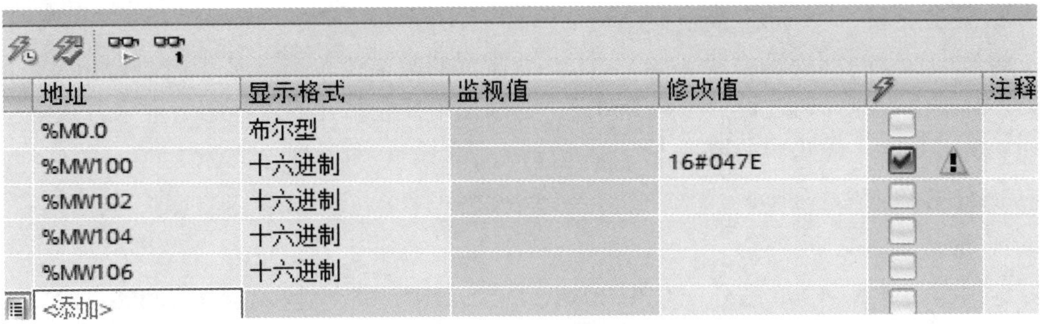

地址	显示格式	监视值	修改值		注释
%M0.0	布尔型				
%MW100	十六进制		16#047E		
%MW102	十六进制				
%MW104	十六进制				
%MW106	十六进制				
<添加>					

(a) 复位变频器

项目1 ▸ PLC_1 [CPU 1214C DC/DC/Rly] ▸ 监控与强制表 ▸ 监控表_1

	i	名称	地址	显示格式	监视值	修改值		注释
1		"Tag_1"	%M0.0	布尔型	TRUE	TRUE		
2		"Tag_2"	%MW100	十六进制	16#047F	16#047F		
3		"Tag_4"	%MW102	无符号十进制	8192	8192		
4		"Tag_7"	%MW104	十六进制	16#EFB7			
5		"Tag_9"	%MW106	无符号十进制	8192			
6			<添加>					

(b) 控制变频器启动

图 7-31　通过监控表控制变频器启动

设定值(显示值)M 与实际值 N 的关系为：N = P200X × M/16384(十进制)。其中，P200X 为参考变量(参考 G120 变频器参数手册中的 P2000，设置参考转速和参考频率，16384 对应的十六进制数为 4000H，是转速的最大设定值)。

例如，P2000 中的参考转速为 1400 r/m，如果希望达到的实际转速为 350 r/m，那么需要输入的设定值为 M = 350 × 16 384/1400 = 4096。

任务三 G120 变频器端子控制电机正反转及调速(数字方式)

G120 变频器端子控制电机正反转及调速

1. 任务要求

使用 PLC 的输出端子(数字量输出和模拟量输出)连接变频器，实现电机的正反转及调速。

2. 任务分析

将 S7-1200 PLC 的输出端子接入 G120 变频器的数字输入端，通过 PLC 输出高低电平模拟实际端子控制。通过设置参数 P0015，分别使用控制单元的宏程序 1(数字方式)来控制三相电机的启动、停止和调速。

3. 任务实施

1) 控制系统设计

选用西门子 S7-1200 系列中 CPU 1214C DC/DC/Rly 和控制单元为 CU250S-2 PN、功率模块为 PM-240 的 G120 变频器。其主要设备清单如表 7-9 所示。

表 7-9 主要设备清单

序号	名 称	型号与规格	单位	数量	备 注
1	三相交流异步电机	YS8012 60W	台	1	可根据实际情况选择电机
2	PLC	西门子 S7-1200 1214C DC/DC/Rly	台	1	可根据实际情况选择继电器输出型 PLC
3	G120 变频器	控制单元 CU250S-2 PN 功率模块 PM-240	台	1	变频器与 PLC 通过 PROFINET 总线通信
4	10 kΩ 电位器	手动旋钮电位器	个	1	

2) I/O 地址分配

I/O 地址分配表如表 7-10 所示。

表 7-10 I/O 分配表

S7-1200 PLC				G120 变频器			
输 入		输 出		输 入		输 出	
地址	作用	地址	作用	地址	作用	地址	作用
		Q0.0	控制正向启动	DI0	正转启动	DO 0 COM	DO 0 公共端
		Q0.1	控制反向启动	DI1+	反转启动	DO 0 NO	故障灯
		Q0.2	故障复位	DI2	故障复位	DO 1 COM	DO 1 公共端
		Q0.3	控制固定转速 1	DI4	固定转速 1	DO 1 NO	报警灯
		Q0.4	控制固定转速 2	DI5+	固定转速 2		
				DI1–	DI1+ 的参考电位端		
				DI 5–	DI5+ 的参考电位端		

3) 系统接线图

系统接线图如图 7-32 所示。

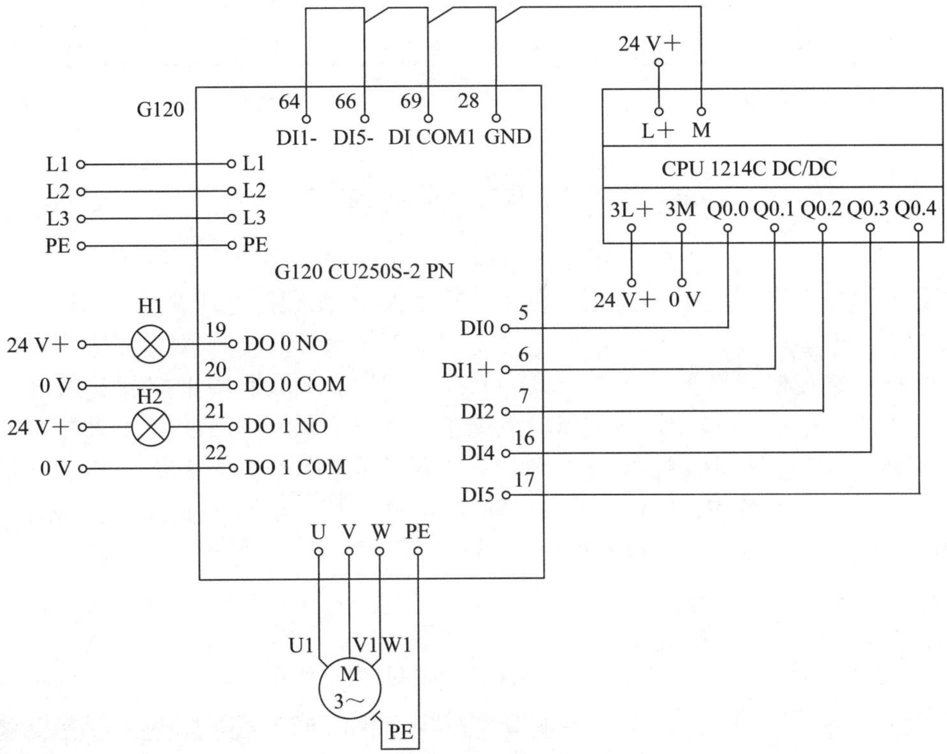

图 7-32　系统接线图(数字方式)

4) PLC 程序设计

(1) 设备组态。首先通过 BOP-2 面板进行参数设置。

① 在“PARAMETER”菜单下，将参数 P10 设置成 1。打开快速调试，然后将参数 P15 设置成 1，将端子设置成宏程序 1 模式，再将 P10 设置为 0，进入准备就绪状态，如图 7-33 所示。

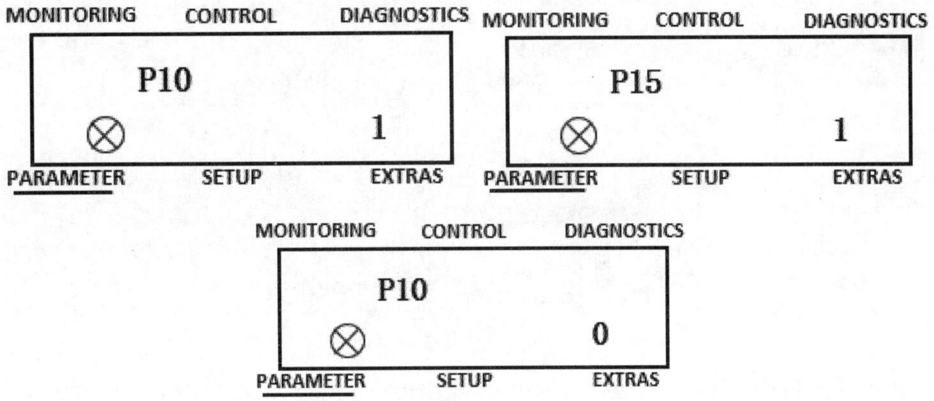

图 7-33　设置宏程序

② 在“PARAMETER”菜单下，将参数 P1003 设置成 500，将 P1004 设置成 300(P1003 用来设定固定转速 1，P1004 用来设定固定转速 2，此处也可以设置成其他数值，只要在电机的额定转速范围内即可)，如图 7-34 所示。

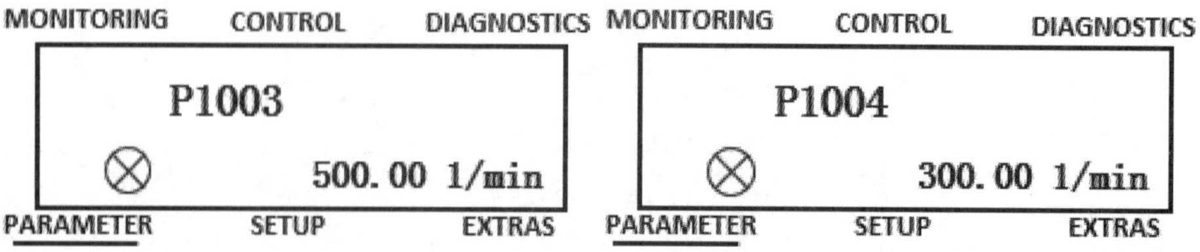

图 7-34　设置两个固定转速

参数设置完成后，即可通过 PLC 输出端子对 G120 变频器进行端子控制。

(2) 变量定义。S7-1200 PLC 的输出端子 Q0.0 用来控制变频器输入端子 DI0(正向启动)，Q0.1 用来控制变频器输入端子 DI1+(反向启动)，Q0.2 用来控制变频器输入端子 DI2(故障复位)，Q0.3 用来控制变频器输入端子 DI4(固定转速 1)，Q0.4 用来控制变频器输入端子 DI5+(固定转速 2)。通过 PLC 程序控制输出点的高低电平状态，从而控制变频器的输入端子高低电平状态。变频器的输出端子 DO0 的常开点 NO 接 24 V 故障灯，输出端子 DO1 的常开点 NO 接 24 V 报警灯。

(3) 程序设计。

① 新建一个项目。

② 添加型号为 1214 DC/DC/Rly 的 CPU，如图 7-35 所示。

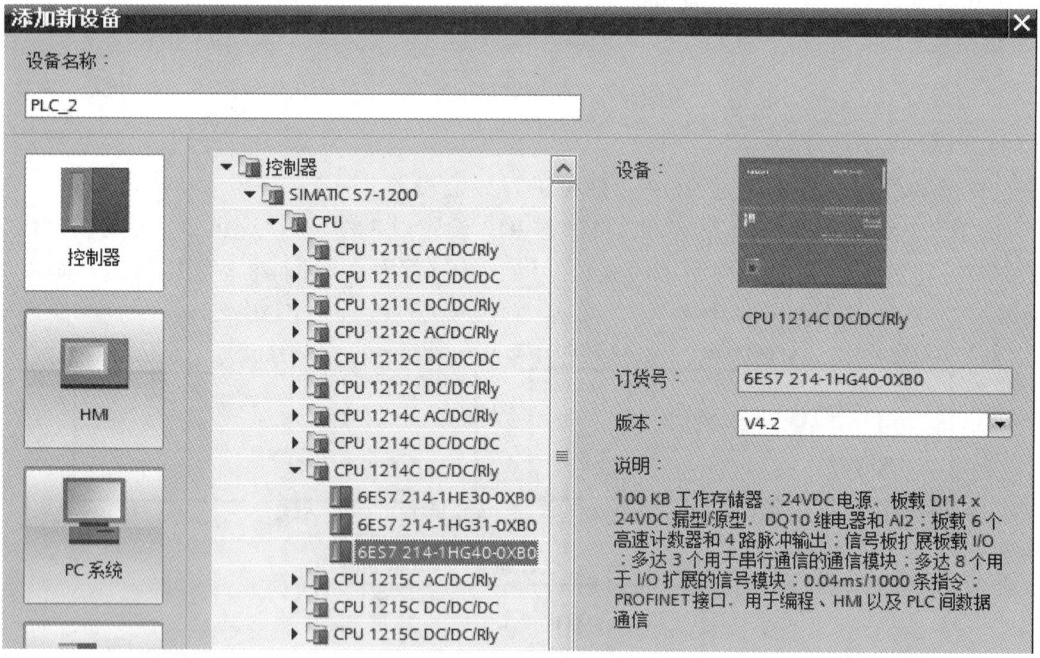

图 7-35　添加 CPU

③ 在“监控与强制表”菜单下新建一个监控表，并输入 Q0.0、Q0.1、Q0.2、Q0.3、Q0.4，如图 7-36 所示。

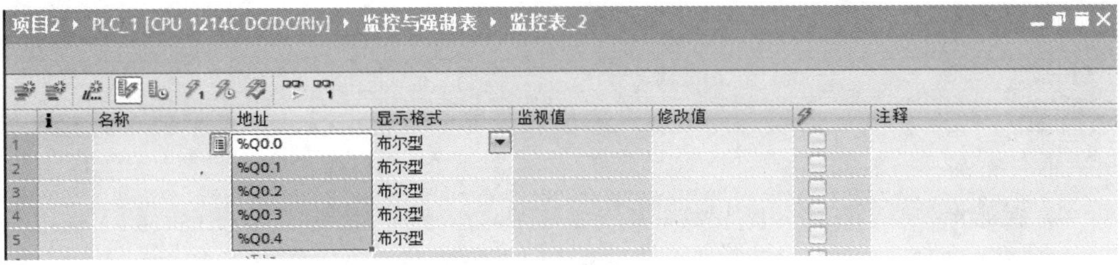

图 7-36　添加新的监控表

④ 将正向启动信号“Q0.0”和固定转速 1 信号“Q0.3”强制为“1”，然后打开监视，修改选定值。可以看到，电机已经在固定转速 1 下正向转动。此时可以通过 BOP-2 操作面板上的“MONITOR”菜单观察变频器的运行状态，查看实际转速是否为参数“P1003”设置的值 500 r/min，如图 7-37 所示。

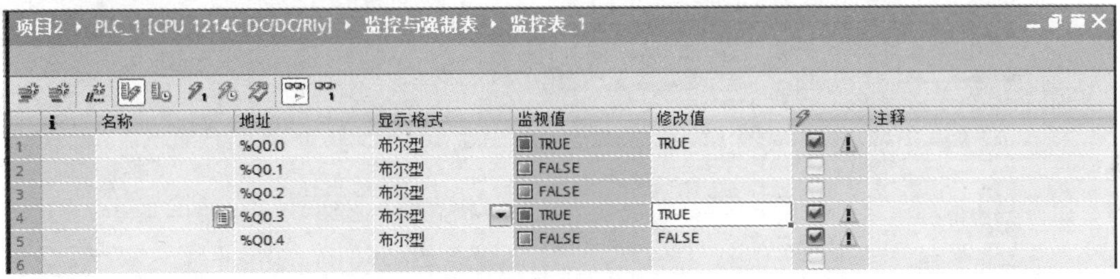

图 7-37　通过监控表控制电机正向启动

⑤ 将反向启动信号“Q0.1”和固定转速 2 信号“Q0.4”强制为“1”，然后打开监视，修改选定值。可以看到，电机已经在固定转速 2 下反向转动，此时可以通过 BOP-2 操作面板上的“MONITORING”菜单观察变频器的运行状态，查看实际转速是否为参数“P1004”设置的 300 r/min，如图 7-38 所示。

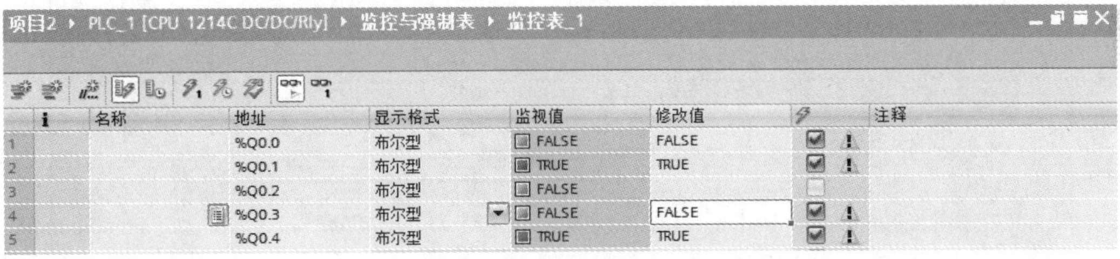

图 7-38　通过监控表控制电机反向转动

项目拓展

拓展一　触摸屏控制变频器启动、停止

1. 任务要求及分析

在本项目任务二的基础上，加入型号为 KTP700 的西门子触摸屏，并在触摸屏上设置 4 个按钮，分别是启停、反转、加速、减速，用来控制变频器。

2. 任务实施

1) 硬件组态

(1) 在对 PLC 和变频器组态完成后，添加触摸屏至设备组态，并选择 PLC 连接，如图 7-39 所示。

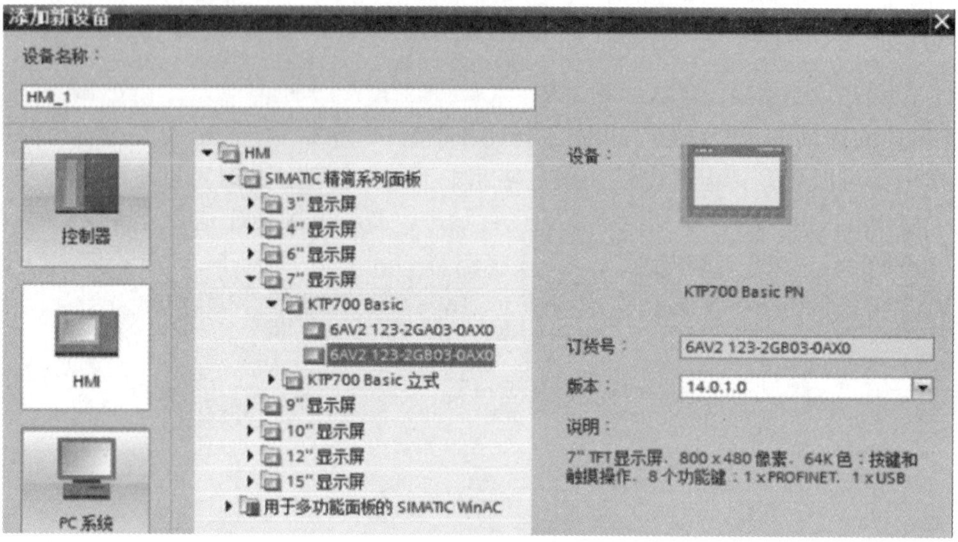

(a) 触摸屏组态

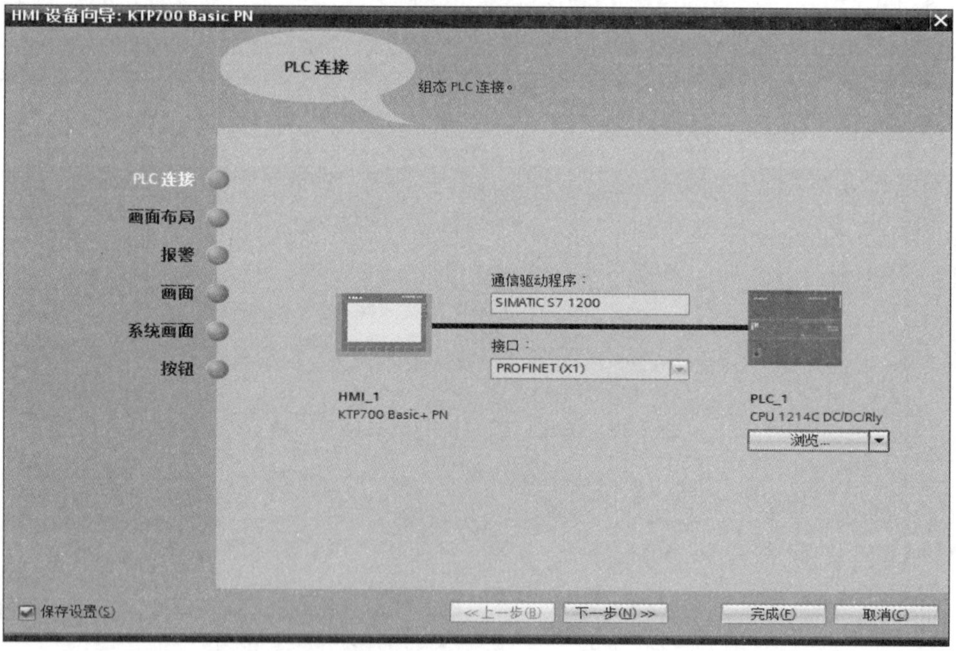

(b) 触摸屏组态

图 7-39　硬件组态

(2) 设置触摸屏的“IP 地址”为“192.168.0.3”，“PROFINET 设备名称”为“hmi_1”，如图 7-40 所示。

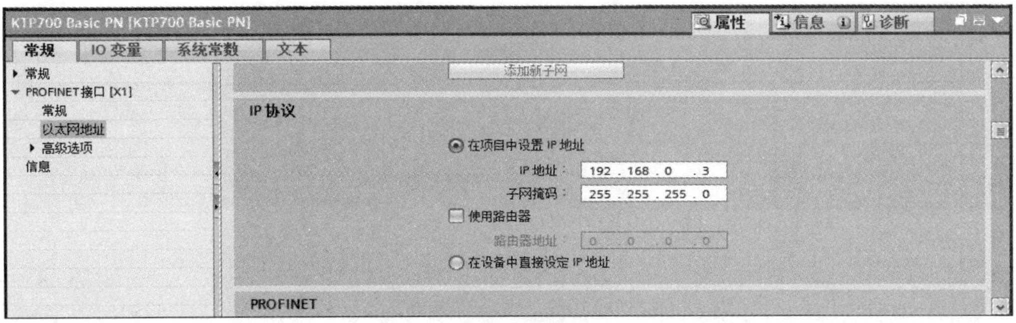

(a) 设置 IP 地址

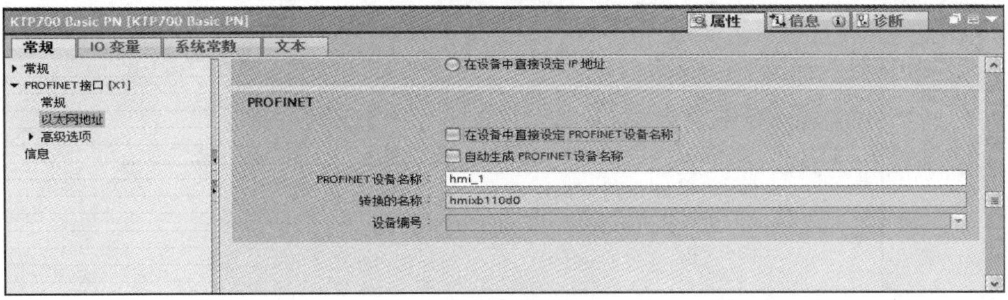

(b) 设置设备名称

图 7-40　设置触摸屏 IP 地址和设备名称

2) 程序设计

(1) 程序段 1 为 PLC 和 G120 变频器之间的数据交互，如图 7-41 所示。

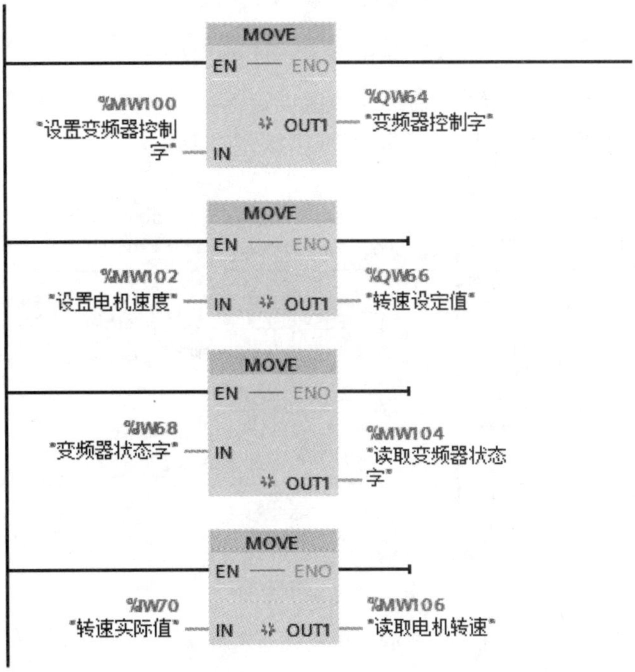

图 7-41　数据传输

(2) 程序段 2 为变频器的复位，“FirstScan”为上电后接通一次，用于在 PLC 启动后将变频器复位，按下停止按钮 M0.0 也将变频器复位，如图 7-42 所示。

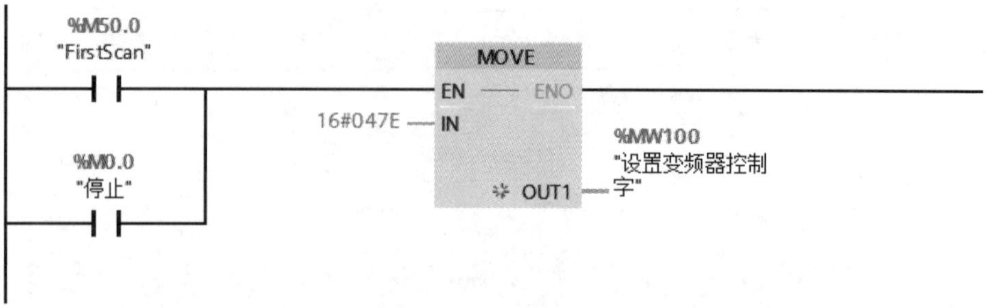

图 7-42　变频器复位

(3) 程序段 3 为控制变频器正反转，当按下正转启停按钮 M0.1 时，向变频器发送“16#047F”(正转启动命令)，电机正转启动；按下停止按钮，电机停止运行；当按下反转启动按钮 M0.2 时，向变频器发送“16#0C7F”(反向启动命令)，如图 7-43 所示。

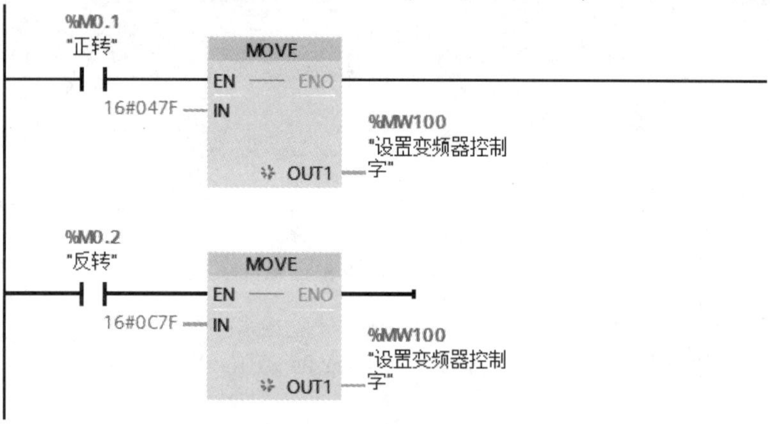

图 7-43　程序段 3　电机正反转控制

(4) 程序段 4 为变频器的速度控制。若转速设定值小于 16 384，当按下加速按钮时，每按一次转速加 10；若转速设定值大于 0，当按下减速按钮时，每按一次转速减 10，如图 7-44 所示。

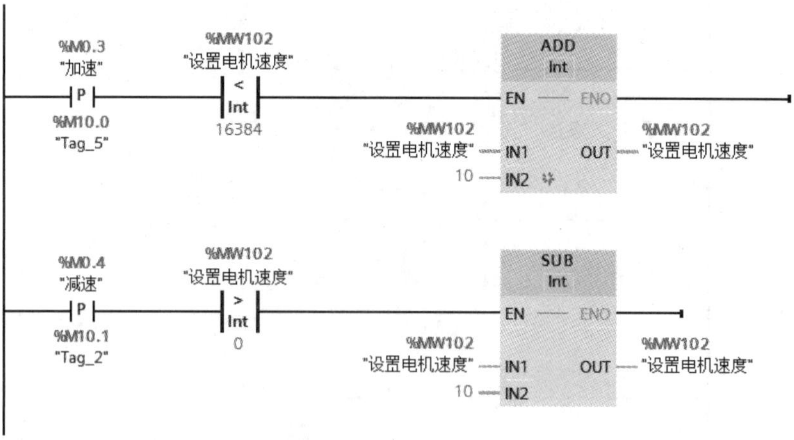

图 7-44　电机加速和减速

(5) 编辑 HMI 画面。添加按钮后双击按键，修改显示文本，并连接变量，以控制 PLC 变量，进而对 G120 变频器进行控制。画面中所有按钮都是按下为“1”，松开为“0”。如图 7-45 所示。

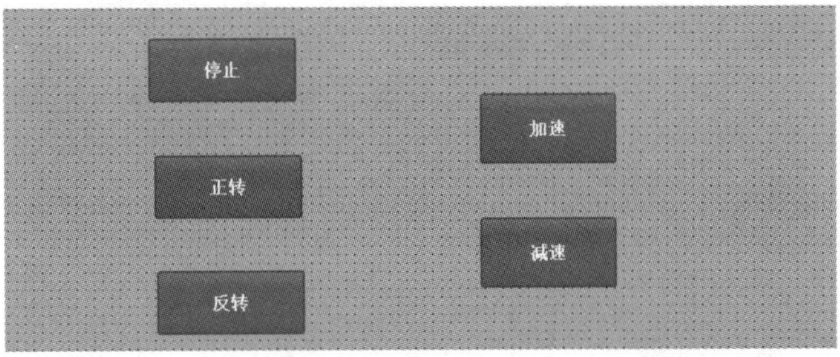

图 7-45　触摸屏画面

(6) 右键点击按钮后在下方弹出的“属性”窗口中选中“事件”模块，可修改按钮的事件。以“停止”按钮为例，在“事件”中选中“按下”，即可对“停止”按钮进行修改，如图 7-46 所示。

图 7-46　添加“事件”

(7) 为“停止”按钮添加事件(按下为 1，即置位位；松开为 0，即复位位)，如图 7-47 所示。

(a) 添加“停止”按钮的按下事件

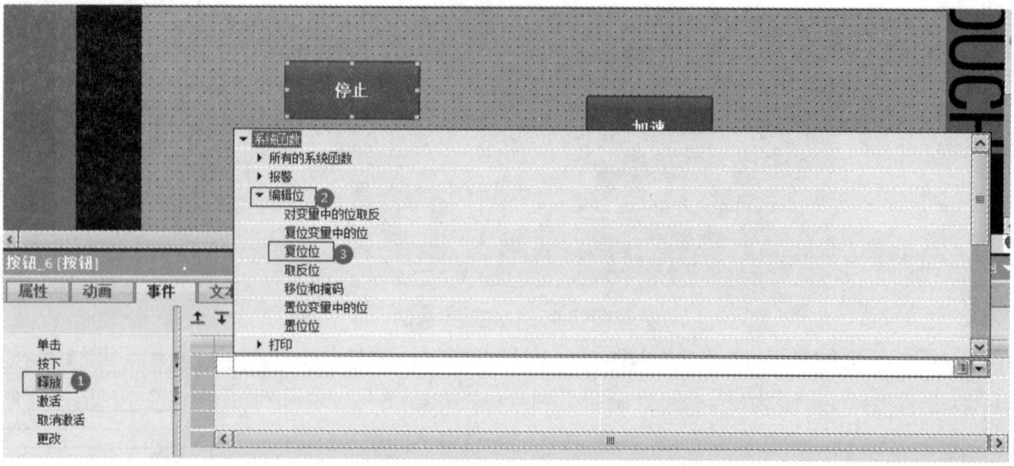

(b) 添加“停止”按钮的松开事件

图 7-47　添加“停止”按钮

(8) 为“正转”按钮添加事件，如图 7-48 所示。

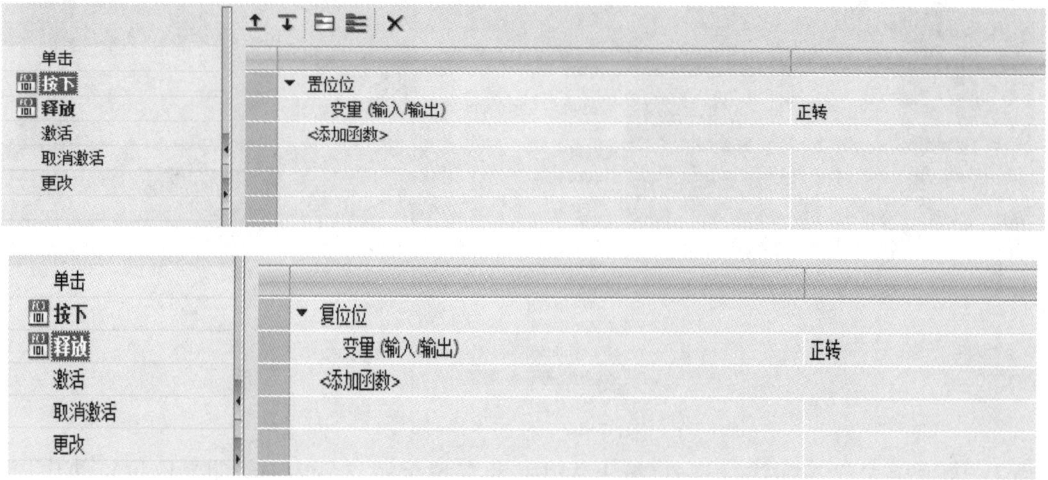

图 7-48　添加“正转”按钮的事件

(9) 为“反转”按钮添加事件，如图 7-49 所示。

图 7-49　添加“反转”按钮的事件

(10) 为“加速”按钮添加事件(按下“加速”按钮时，对应变量置位，开始加速；松开“加速”按钮后，对应变量复位，加速停止)，如图 7-50 所示。

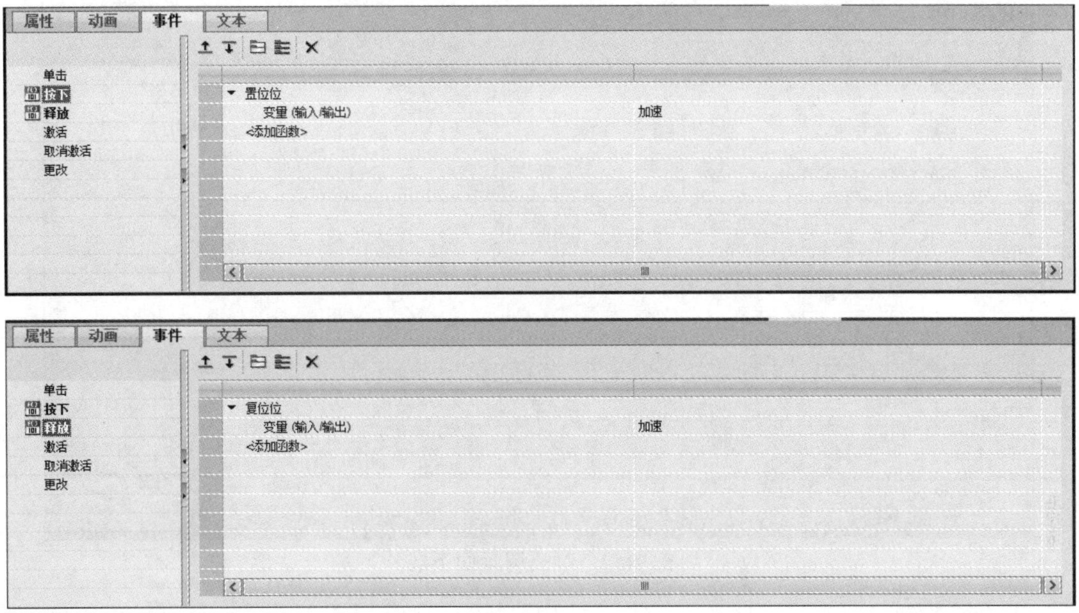

图 7-50　添加“加速”按钮的事件

(11) 为“减速”按钮添加事件(按下“减速”按钮时，对应变量置位，开始减速；松开“减速”按钮后，对应变量复位，减速停止)，如图 7-51 所示。

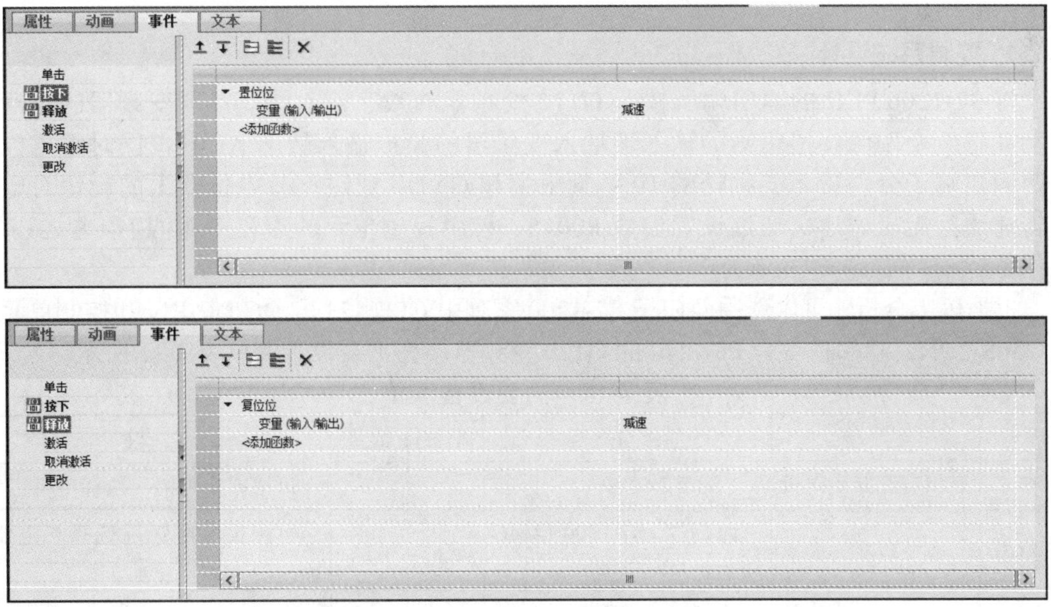

图 7-51　添加“减速”按钮的事件

(12) 将画面编译并下载至触摸屏，如图 7-52 所示。

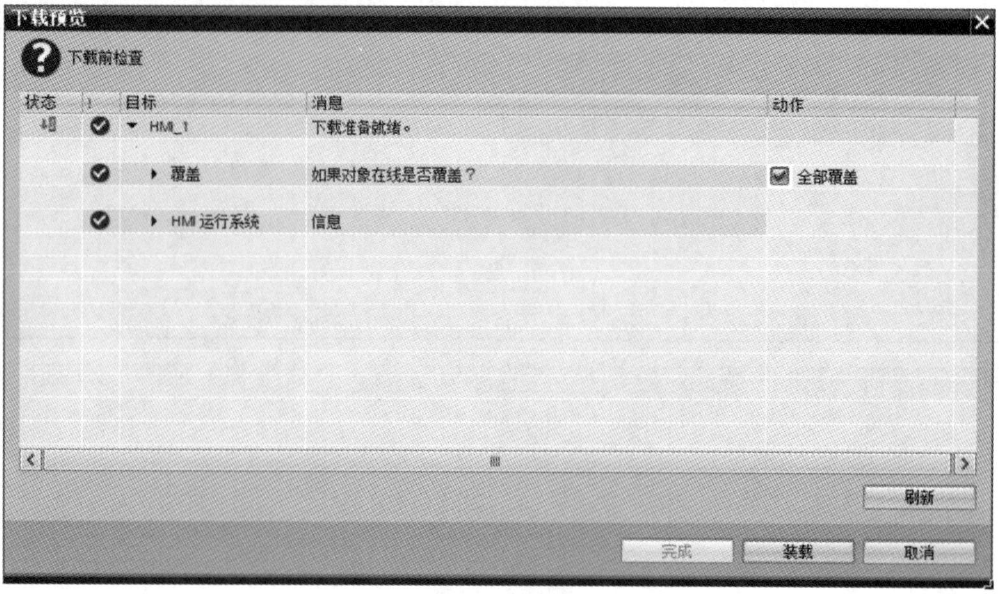

图 7-52　触摸屏画面下载

3) 系统调试

程序和触摸屏界面下载完成后，即可用触摸屏控制电机启动、停止、正转、反转、加速和减速。

拓展二　G120 变频器端子控制电机正反转及调速(模拟方式)

1. 控制系统设计

将 S7-1200 PLC 的输出端子接入 G120 变频器的数字输入端，控制变频器的正反向启动；将一个 10 kΩ 电位器的输入端接入变频器的模拟输入端子 AI 0+，同时将电位器的两固定端子分别接入变频器的 10 V 输出端和 GND，通过调节电位器上的旋钮对电机的转速进行无极调速。通过设置参数 P0015，使用控制单元的宏程序 12(模拟方式)来完成任务。

根据以上分析，可以选用西门子 S7-1200 系列中 CPU 1214C DC/DC/Rly 和控制单元为 CU250S-2 PN、功率模块为 PM-240 的 G120 变频器。其主要设备清单表 7-11 所示。

表 7-11　主要设备清单

序号	名　称	型号与规格	单位	数量	备　注
1	三相交流异步电机	YS8012 60W	台	1	可根据实际情况选择电机
2	PLC	西门子 S7-1200 1214C DC/DC/Rly	台	1	可根据实际情况选择继电器输出型 PLC
3	G120 变频器	控制单元 CU250S-2 PN 和功率模块 PM-240	台	1	变频器与 PLC 通过 PROFINET 总线通信
4	10 kΩ 电位器	手动旋钮电位器	个	1	

2. I/O 地址分配

I/O 地址分配如表 7-12 所示。

表 7-12　I/O 分配表

S7-1200 PLC				G120 变频器			
输　入		输　出		输　入		输　出	
地址	作用	地址	作用	地址	作用	地址	作用
		Q0.0	控制正向启动	DI0	正转启动	DO 0 COM	DO 0 公共端
		Q0.1	控制反向启动	DI1+	反转启动	DO 0 NO	故障灯
		Q0.2	故障复位	DI2	故障复位	DO 1 COM	DO 1 公共端
				AI0+	电位器输入端	DO 1 NO	报警灯
				DI COM1	输入端公共点		
				+10 V OUT	变频器 10 V 输出端		

3. 系统接线图

系统接线图如图 7-53 所示。

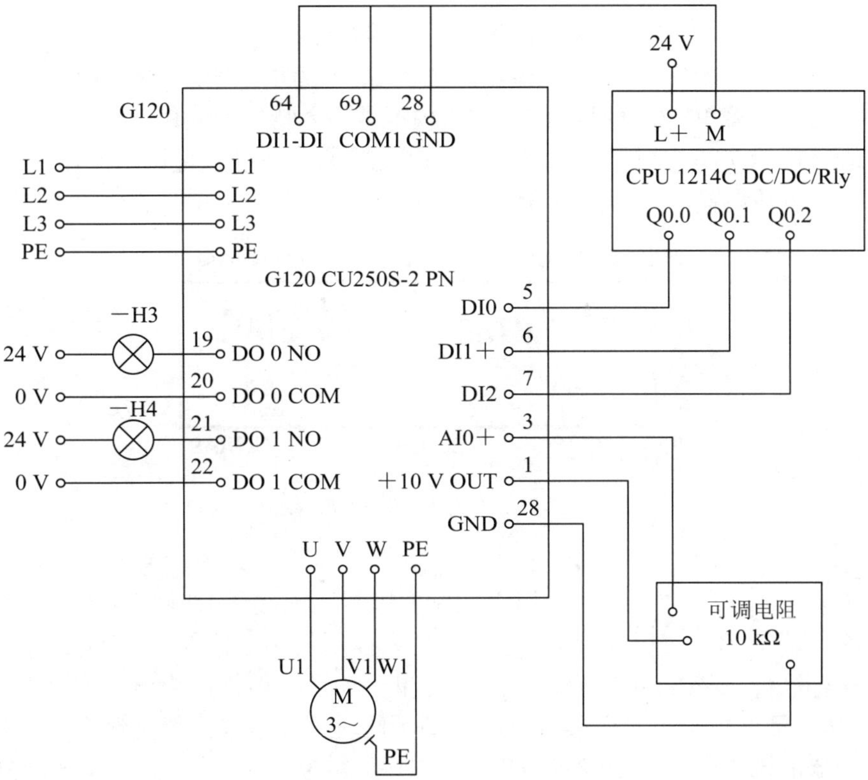

图 7-53　系统接线图(模拟方式)

4. PLC 程序设计

1) 设备组态

首先通过 BOP-2 面板进行参数设置。

① 在“PARAMETER”菜单下，将参数 P10 设置成 1，打开快速调试；然后将参数 P15 设置成 12，将端子设置成宏程序 12 模式；再将 P10 设置为 0，进入准备就绪状态，如图 7-54 所示。

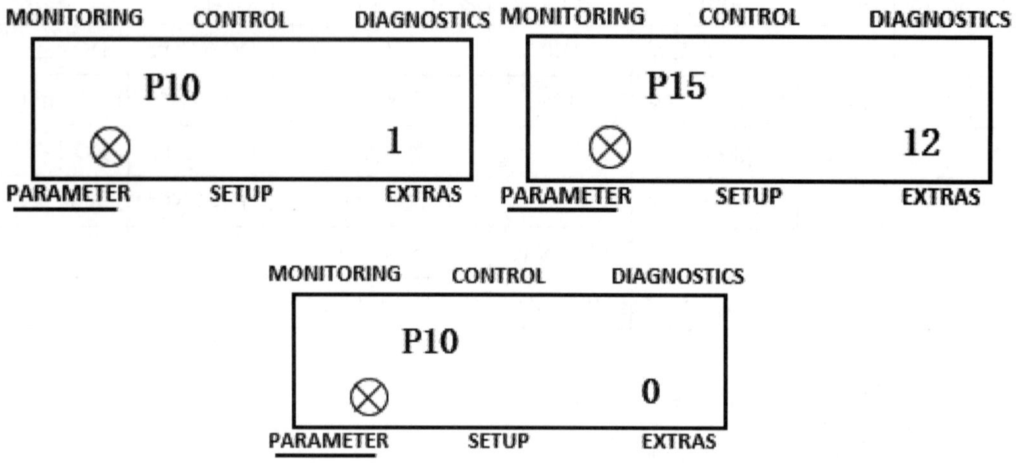

图 7-54　设置宏程序

② 设置参数 P756 为 4，选择模拟量的输入类型为电压输入，范围为 −10 V～10 V，如图 7-55 所示。参数 P756 设置好后，P757(模拟量输入特性曲线值 x1)、P758(模拟量输入特性曲线值 y1)、P759(模拟量输入特性曲线值 x2)、P760(模拟量输入特性曲线值 y2)这 4 个参数就会被自动设置，如图 7-55 所示。

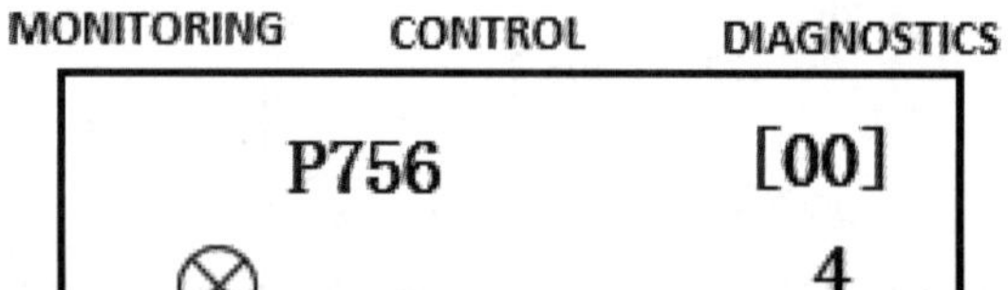

图 7-55　查看 P756～P760 参数

2) 变量定义

S7-1200 PLC 的输出端子 Q0.0 用来控制变频器输入端子 DI0(正向启动)，Q0.1 用来控制变频器输入端子 DI1+(反向启动)，Q0.2 用来控制变频器输入端子 DI2(故障复位)。将 Q0.0 置高电平后，变频器正向启动，此时可以手动调节电位器旋钮，控制电机的正向转速。再将 Q0.1 置高电平后，变频器反向启动，此时再调节电位器旋钮，控制电机的反向转速。变频器的输出端子 DO0 的常开触点 NO 接 24 V 故障灯，输出端子 DO1 的常开触点 NO 接 24 V 报警灯。

3) 程序设计

① 新建一个项目。

② 添加型号为 1214 DC/DC/Rly 的 CPU，如图 7-56 所示。

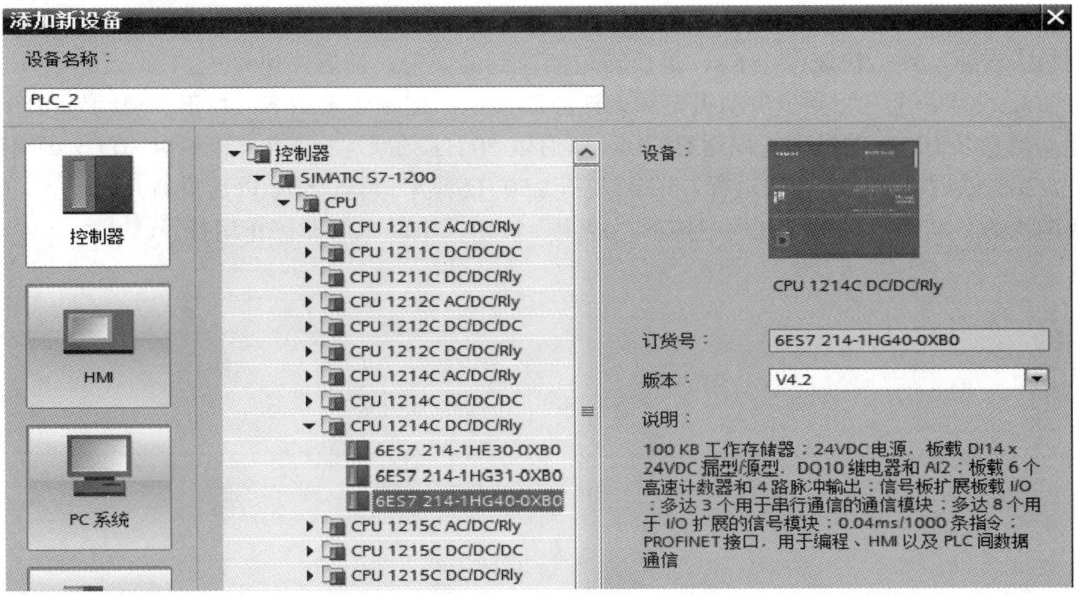

图 7-56　新建项目

③ 在“监控与强制表”菜单下新建一个监控表，并添加 Q0.0、Q0.1、Q0.2 三个监控量，将 Q0.0 置高电平，电机正向启动。此时调节电位器的旋钮，观察 BOP-2 操作面板上“MONITORING”菜单下电机的实际转速是否随着旋钮的调节而变化，如图 7-57 所示。

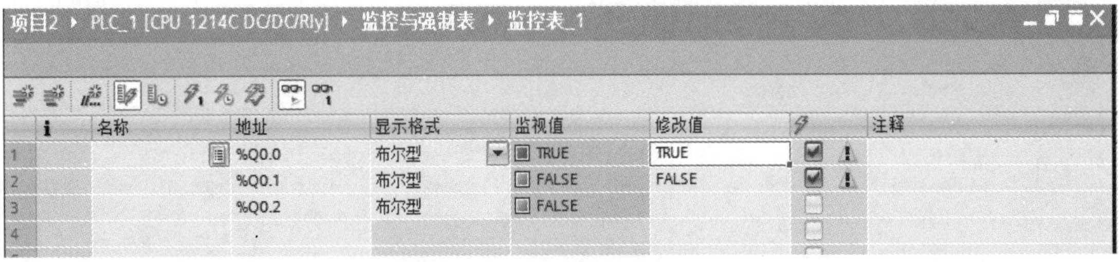

图 7-57　添加新的监控表

④ 再将 Q0.1 置高电平，电机反向启动。此时调节电位器的旋钮，观察 BOP-2 操作面板上“MONITORING”菜单下电机的实际转速是否随着旋钮的调节而变化。

能力测试

项目七 能力测试题解

1. 设计一个三相异步电动机控制系统，用实物按钮通过端子方式控制变频器，实现电机正转、停止、反转，画出接线图并进行程序设计。

2. 设计一个触摸屏控制的变频器三相异步电动机控制系统，触摸屏上有下列功能：

(1) 有正转、反转、停止、加速按钮。

(2) 能够显示电机的实时转速，单位为 r/m。

(3) 能够在电机启动前对目标转速进行手动设置。

3. 设计一个三相异步电动机控制程序，按下启动按钮后，运行时，电机正转后匀加速到最大转速，然后快速停止 5 s，再反转匀加速到最大值，最后快速停止。

4. 设计一个三相异步电动机变频调速控制系统，控制要求如下：按下“启动”按钮，电动机先以 10 Hz 的频率正向运行，10 s 以后以 20 Hz 频率运行，20 s 以后以 30 Hz 频率运行，30 s 以后以 40 Hz 频率运行，40 s 以后以 50 Hz 频率运行，50 s 以后重新开始运行，循环两次后自动停止。运行过程中按下“停止”按钮，电动机立即停止运行。

项目八

运料小车往返运动控制

学习目标

1. 掌握 S7-1200 PLC 运动控制指令及其应用。
2. 掌握 S7-1200 PLC 运控控制基本设计方法。

知识讲座

S7-1200 PLC 的运动控制功能可以实现通过脉冲接口控制步进电机和伺服电机。在 TIA 博图软件中，CPU 可以通过使用组态“轴”和“命令表”等工艺对象来控制驱动器的脉冲和方向输出；在程序中，系统通过调用运动控制指令来控制轴，从而启动驱动器来实现驱动任务。S7-1200 PLC 中 DC 输出类型的 CPU 提供了直接控制驱动器的板载输出，Rly 输出类型的 CPU 需要增加信号板来控制驱动器。

8.1 运动控制方式

运动控制功能讲解

根据连接驱动方式的不同，S7-1200 CPU V4.1 版运动控制有 PROFIdrive、PTO、模拟量三种控制方式，如图 8-1 所示。

(1) PROFIdrive：S7-1200 PLC 通过基于 PROFIBUS/PROFINET 的 PROFIdrive 方式与支持 PROFIdrive 的驱动器连接，进行运动控制；

(2) PTO：S7-1200 PLC 通过发送 PTO(Pulse Train Output，脉冲输出)脉冲的方式控制驱动器，可以是“脉冲 + 方向”、A/B 正交、也可以是正/反脉冲的方式；

(3) 模拟量：S7-1200 PLC 通过输出模拟量来控制驱动器。

如果 S7-1200 CPU 的版本是 V4.0 及以下版本，则就只有 PTO 这一种运动控制方式。到目前为止，一个 S7-1200 PLC 最多可以控制 4 个轴，并且不能扩展。

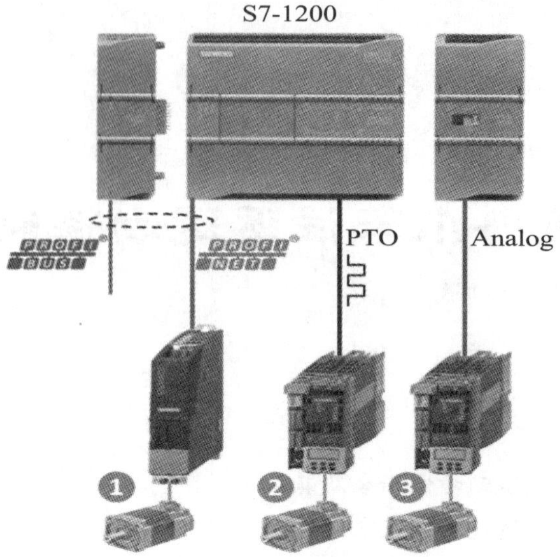

图 8-1　S7-1200 PLC 运动控制驱动方式

8.2 硬件组态

本项目均以 CPU 1214C DC/DC/DC，订货号为 6ES7 214-1AG40-0XB0 的 PLC 进行讲解。下面介绍 PTO 配置。

(1) 如图 8-2 所示，在左侧项目树中依次选择“设备组态”→“常规”→“脉冲发生器(PTO/PWM)”。

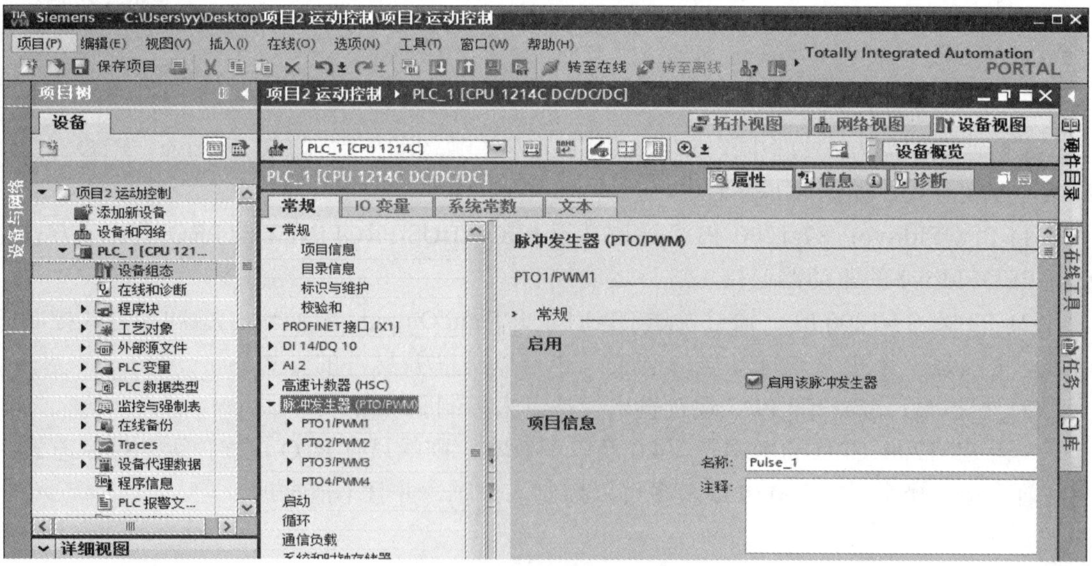

图 8-2　PTO 配置

(2) 启动脉冲发生器，如图 8-3 所示。

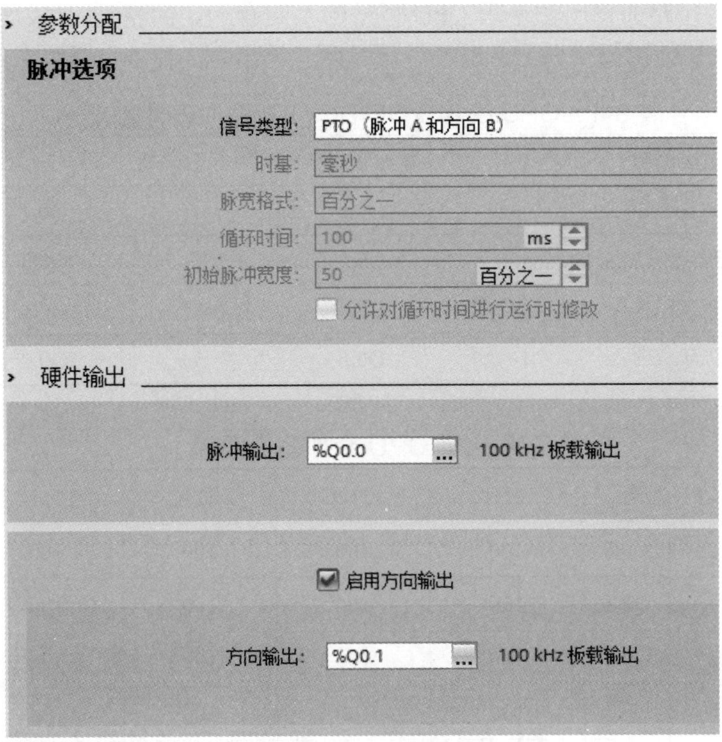

图 8-3　参数分配

PTO 有 4 种方式，如图 8-4(a)所示。其中，PTO(脉冲 A 和方向 B)这种方式是比较常见的“脉冲+方向”方式，其中 A 点用来产生高速脉冲串，B 点用来控制轴运动的方向，其波形图如图 8-4(b)所示。

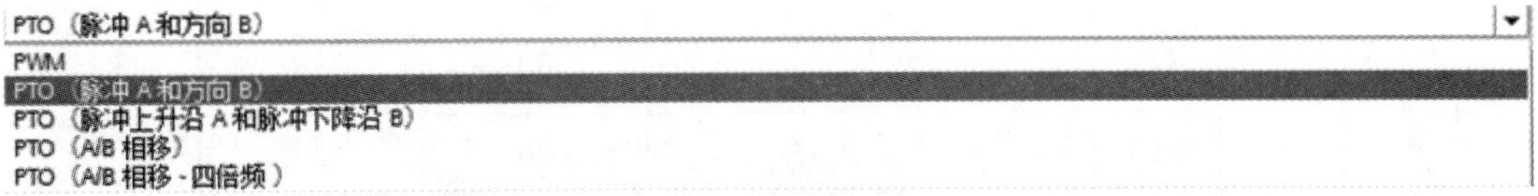

(a) PTO 方式

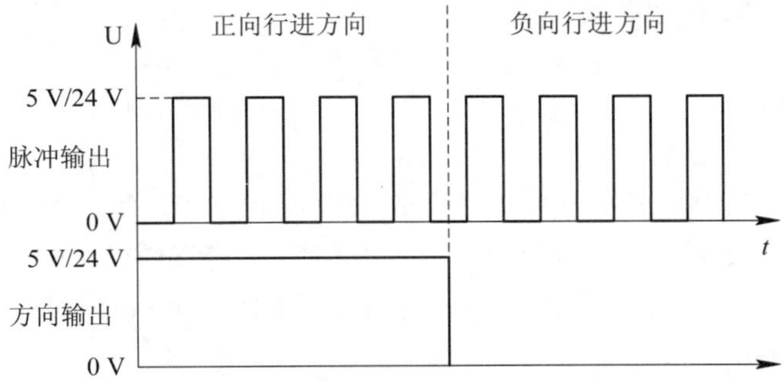

(b) PTO “脉冲+方向” 波形图

图 8-4　脉冲输出方式及波形图

CPU1214C DC/DC/DC 脉冲的硬件输出有 4 路，如表 8-1 所示，可以根据需要进行选择不同的路，但是每路的输出频率因 CPU 型号的不同有一定的差别，如表 8-2 所示。S7-1200 PLC 的 CPU 不论是使用板载 I/O 或 SB I/O 还是两者的组合，最多可以组态 4 个脉冲发生器。

表 8-1　CPU1214C DC/DC/DC 脉冲硬件输出表

输出路号	脉冲输出口	方向输出口
PULSE1	Q0.0	Q0.1
PULSE2	Q0.2	Q0.3
PULSE3	Q0.4	Q0.5
PULSE4	Q0.6	Q0.7

表 8-2　CPU 脉冲输出频率

CPU 型号		1211C	1212C	1214C	1215C
输出频率/kHz	Q0.0	100	100	100	100
	Q0.1	100	100	100	100
	Q0.2	100	100	100	100
	Q0.3	100	100	100	100
	Q0.4		20	20	20
	Q0.5		20	20	20
	Q0.6			20	20
	Q0.7			20	20
	Q1.0			20	20
	Q1.1			20	20

8.3　工艺对象轴

在运动控制中，无论是采用开环控制还是闭环控制方式，每一个轴都需要添加一个轴“工艺对象”。如图 8-5 所示，在项目树中依次选择“工艺对象”→“新增对象”，并定义轴名称。轴工艺对象有 TO_PositioningAxis(定位轴)和 TO_CommandTable(命令表)两个。本项目仅介绍定位轴部分。

工艺对象定位轴用于映射控制器中的物理驱动装置，这样就可以通过脉冲接口控制步进电机和伺服电机。通过工艺对象命令表，可以使用 PLCopen 以表格形式创建运动控制命令和运动曲线。所创建的曲线适用于带有工艺对象“轴”的实际驱动装置。

图 8-5　添加新轴

1. 基本参数组态

每个轴至少需要插入一个工艺对象，每个轴添加了工艺对象之后，都会有三个选项，即组态、调试和诊断。其中，“组态”用来设置轴的参数，包括“基本参数”和“扩展参数”，基本参数如图 8-6 所示。

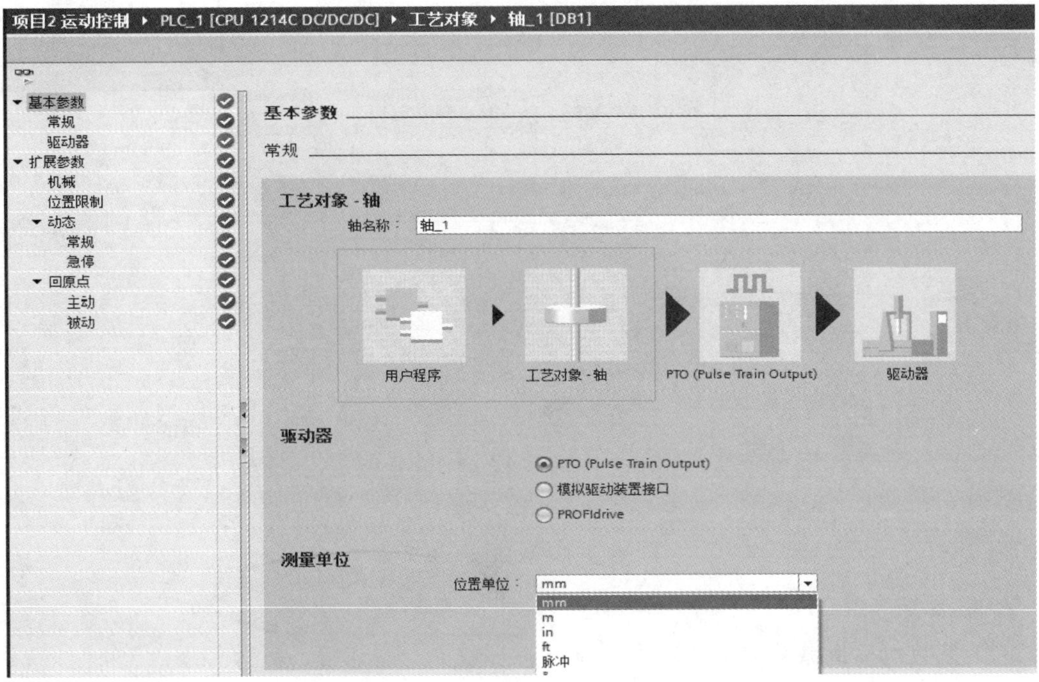

图 8-6　轴的基本参数

轴的基本参数包含轴名称、驱动器、测量单位等，具体如下：

(1) 轴名称：定义该工艺轴的名称，用户可以采用系统默认值，也可以自行定义。

(2) 驱动器：选择通过 PTO(CPU 输出高速脉冲)的方式控制驱动器。驱动器参数如图 8-7 所示。

(3) 测量单位：TIA Portal 软件提供了几种轴的测量单位，包括脉冲、距离和角度。距离测量单位有 mm(毫米)、m(米)、in(英寸 inch)、ft(英尺 foot)；角度测量单位是(°)360°。如果是线性工作台，一般都选择线性距离 mm、m、in、ft 为单位；旋转工作台可以选择(°)；用户也可以直接选择脉冲为单位。测量单位是一个很重要的参数，后面轴的参数和指令中的参数都是基于该单位进行设定的。

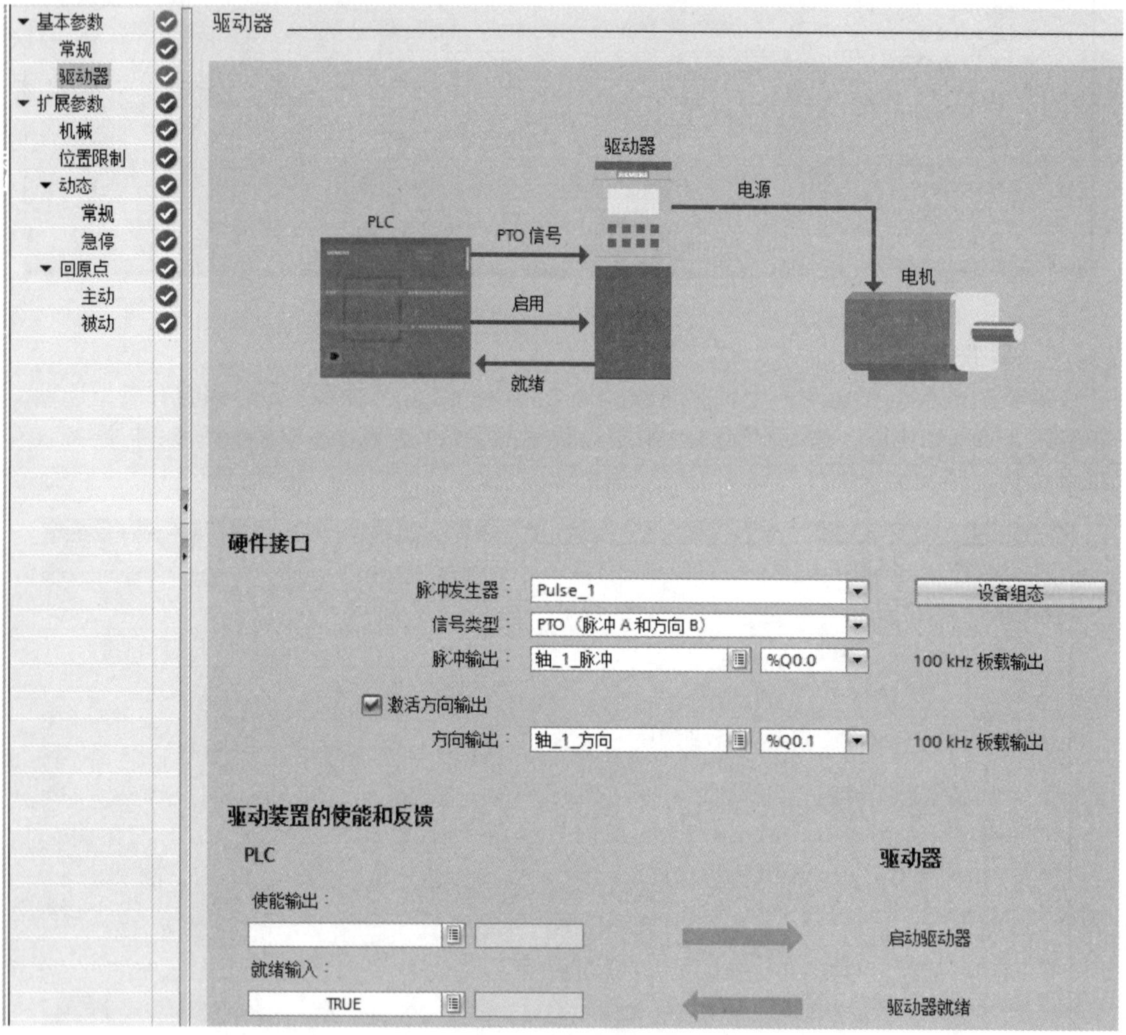

图 8-7 驱动器参数

2. 扩展参数组态

扩展参数包括机械参数、位置限制、动态参数、回原点等，具体如下：

(1) 机械参数：设置电机每旋转一周的脉冲数及电机每旋转一周产生的机械距离，如

图 8-8 所示。

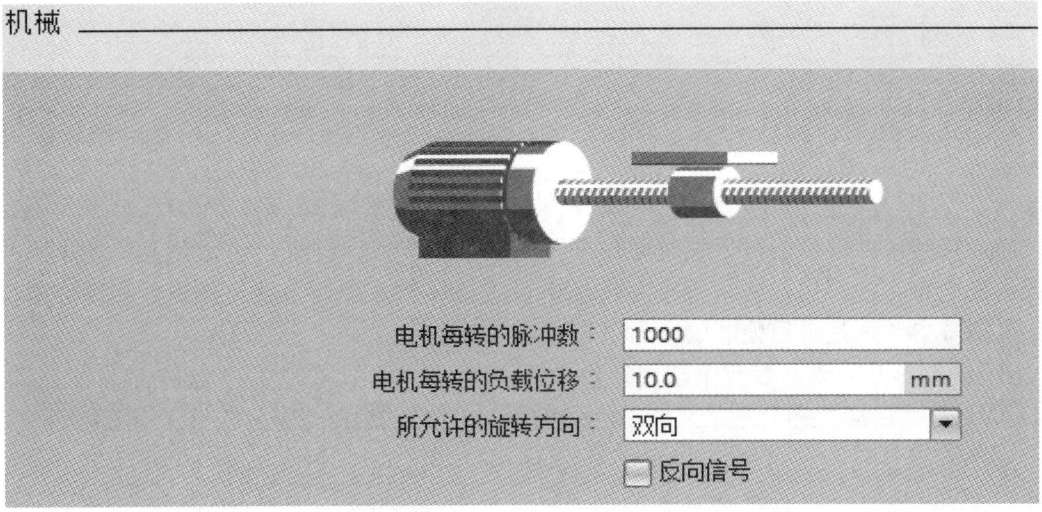

图 8-8　机械参数设置

(2) 位置限制：这部分参数是用来设置软件/硬件限位开关的，如图 8-9 所示。软件/硬件限位开关是用来保证轴能够在工作台的有效范围内运行的，当轴由于故障原因超过限位开关时，不管轴碰到的是软限位开关还是硬限位开关，轴都要停止运行并报错。限位开关一般按照如图 8-10 所示的方式设置，软限位的范围小于硬件限位的，硬件限位的位置要在工作台机械范围内。

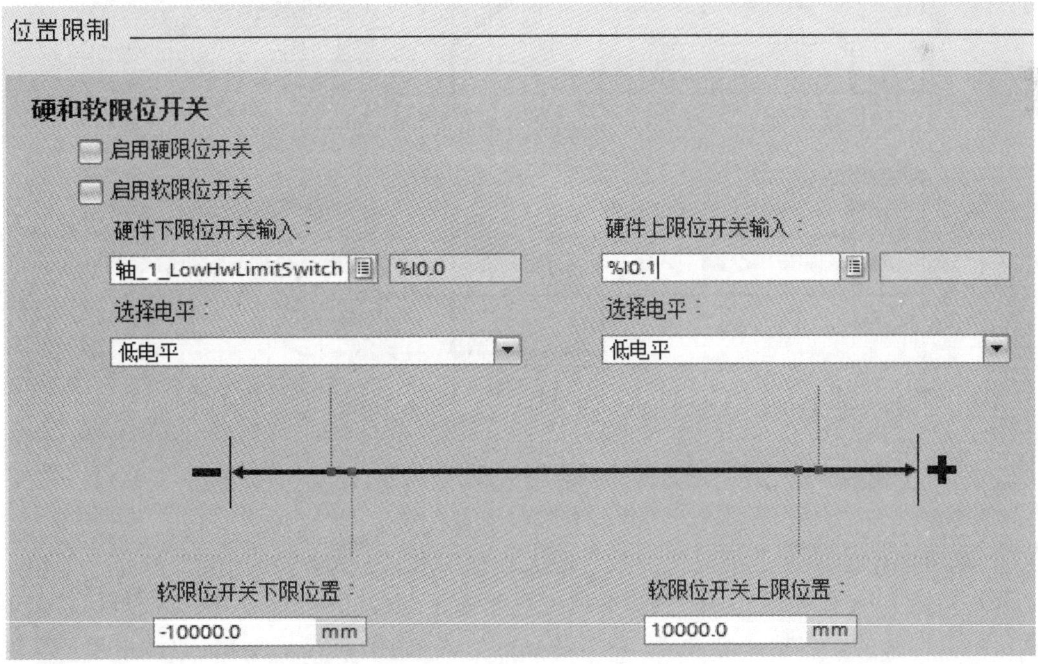

图 8-9　位置限制参数设置

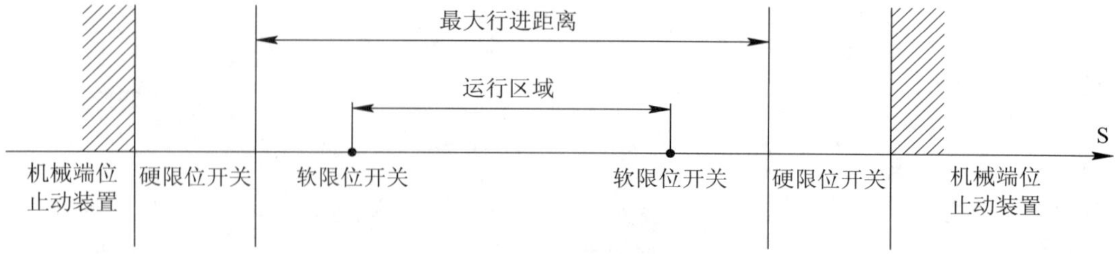

图 8-10　位置限制设置示意图

通过激活硬件限位就可以设置限位开关的上限和下限，硬件上/下限位开关的电平一般设置成低电平有效。用户应根据实际情况来设置该参数，不要盲目使能软件和硬件限位开关，这部分参数不是必须使能的。

(3) 动态参数。动态参数中常规参数设置如图 8-11 所示。

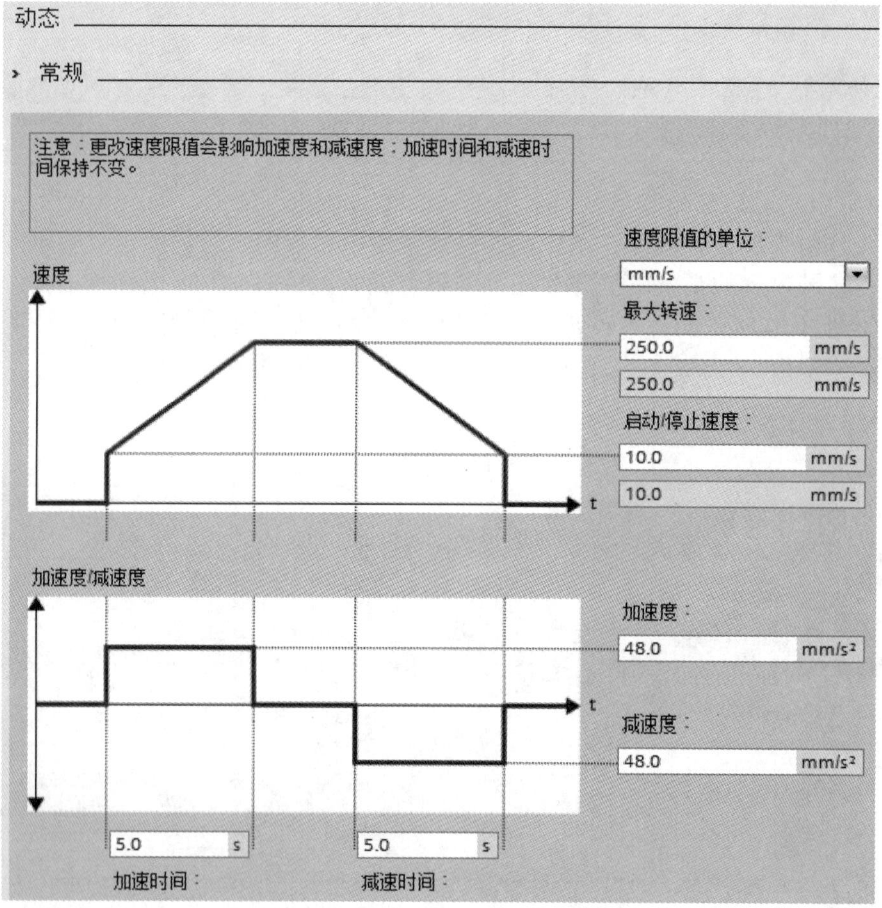

图 8-11　动态参数设置

① 速度限值的单位是指设置参数“最大转速”和“启动/停止速度”的显示单位。无论“基本参数”→“常规”中的“测量单位”组态了怎样的单位，在这里有两种显示单位是默认可以选择的，包括“脉冲/s”和“转/min”。根据图 8-6 所选择的“测量单位”的不同，这里可以选择的选项也不同。本例中在“基本参数”→“常规”中的“测量单位”组态了“mm”，这样除包括“脉冲/s”和“转/min”之外又多了一个“mm/s”。

② 最大转速是指用来设定电机的最大转速。最大转速由 PTO 输出最大频率和电机允许的最大速度共同限定。以 mm 为例：

在“扩展参数”→“机械”中，用户定义了参数“电机每转的脉冲数”以及“电机每转的负载位移”，则最大转速为

$$\frac{\text{PTO 最大输出频率}\times\text{电机每转的负载位移}}{\text{电机每转的脉冲数}}=\frac{100\ 000(\text{脉冲/s})\times 10.0\ \text{mm}}{1000\ \text{脉冲}}=1000\ \text{mm/s}$$

③ 启动/停止速度：根据电机的启动/停止速度来设定该值。

④ 加速度：根据电机和实际控制要求设置加速度。

⑤ 减速度：根据电机和实际控制要求设置减速度。

⑥ 加速时间：如果用户已经设定了加速度，则加速时间由软件自动计算生成。用户也可以先设定加速时间，则加速度会由系统自行计算。

⑦ 减速时间：如果用户已经设定了减速度，则减速时间由软件自动计算生成。用户也可以先设定减速时间，则减速度会由系统自行计算。

其中：

$$\text{加速时间}=\frac{\text{最大转速}-\text{启动/停止速度}}{\text{加速度}}，\quad\text{减速时间}=\frac{\text{最大转速}-\text{启动/停止速度}}{\text{减速度}}$$

动态参数中急停参数的设置如图 8-12 所示。当轴出现错误时或使用 MC_Power 指令禁用轴时(StopMode = 0 或是 StopMode = 2)，轴使用急停减速度这个参数。

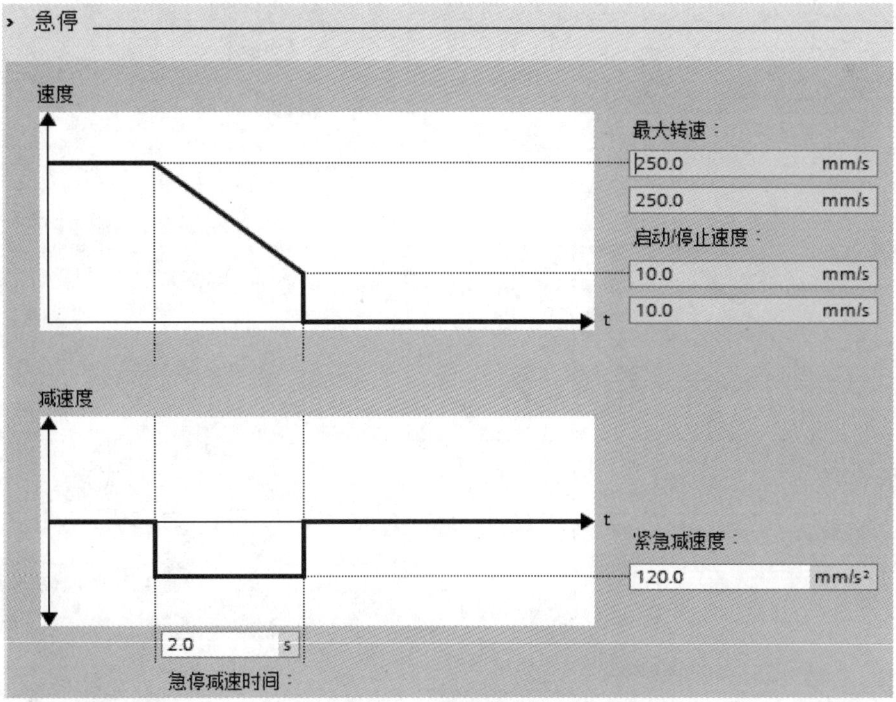

图 8-12　急停参数设置

① 最大转速和启动/停止速度：与动态参数“常规”中的“最大转速”和“启动/停止速度”单位一致。

② 急停减速时间：如果用户已经设定了紧急减速度，则急停减速时间由软件自动计算生成。用户也可以先设定急停减速时间，则紧急减速度会由系统自行计算。

其中：

$$急停减速时间=\frac{最大转速-启动/停止速度}{急停减速度}$$

(4) 回原点。“原点”也叫作“参考点”，“回原点”或“寻找参考点”的作用是把轴实际的机械位置和 S7-1200 PLC 程序中轴的位置坐标统一，以进行绝对位置定位。一般情况下，西门子 PLC 的运动控制在使能绝对位置定位之前必须执行“回原点”或是“寻找参考点”。

主动回原点就是传统意义上的回原点或是寻找参考点。当轴触发了主动回参考点操作时，轴就会按照组态的速度去寻找原点开关信号，并完成回原点命令，如图 8-13 所示。

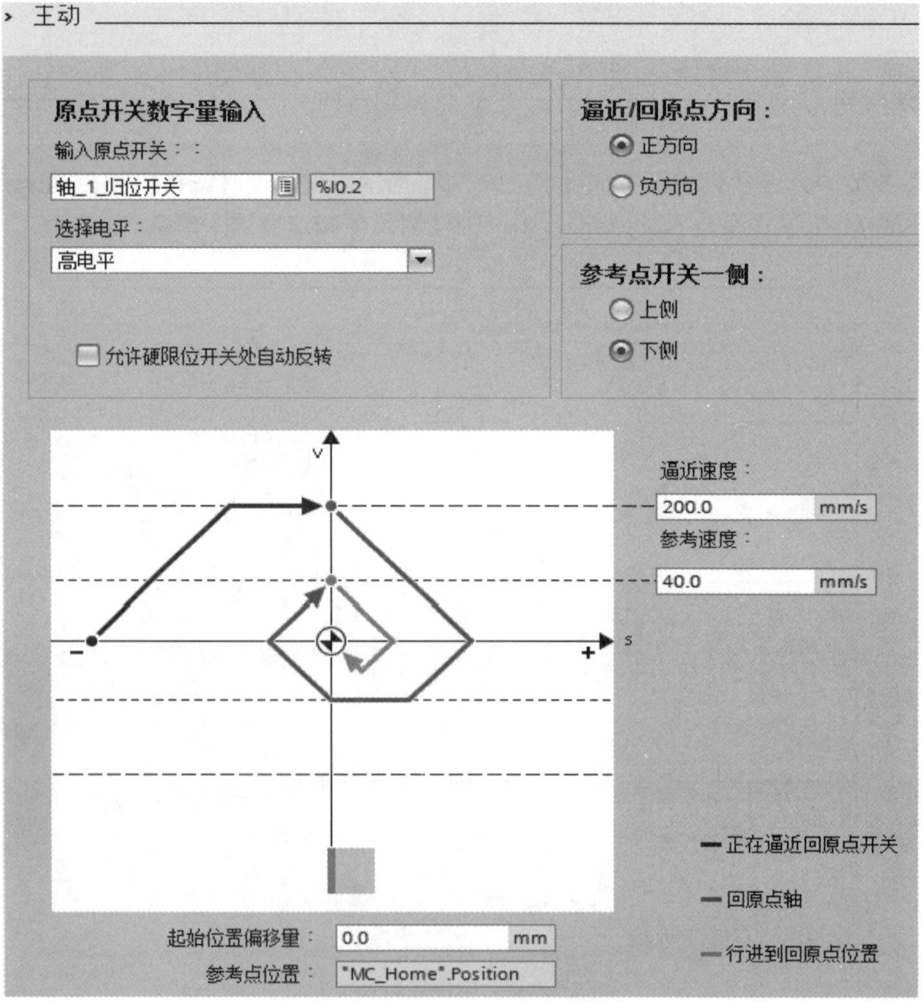

图 8-13　主动回原点参数设置

① 输入原点开关：设置原点开关的 DI 输入点。

② 选择电平：选择原点开关的有效电平，也就是当轴碰到原点开关时，该原点开关对应的 DI 点是高电平还是低电平。

③ 允许硬件限位开关处自动反转：如果轴在回原点的一个方向上没有碰到原点，则需要使能该选项，这样轴可以自动调头，向反方向寻找原点。

④ 逼近/回原点方向：寻找原点的起始方向。也就是说，触发了寻找原点功能后，轴是向“正方向”还是向“负方向”开始寻找原点，如图 8-14 所示。如果知道轴和参考点的相对位置，就可以合理设置“逼近/回原点方向”来缩短回原点的路径。图 8-14 中的负方向回原点，触发回原点命令后，轴首先运行到左边的限位开关，然后掉头继续向正方向寻找原点开关。

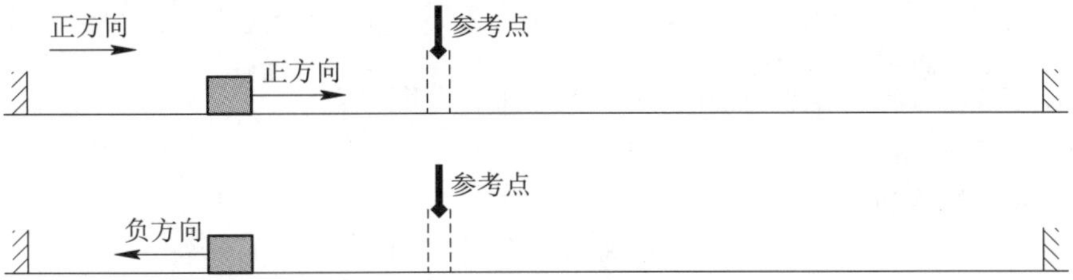

图 8-14　回原点示意图

⑤ 逼近速度：寻找原点的起始速度。当程序中触发了 MC_Home 指令后，轴立即以“逼近速度”运行来寻找原点。

⑥ 参考速度：最终接近原点的速度。当轴第一次碰到原点开关有效边沿后运行的速度，也就是触发了 MC_Home 指令后，轴立即以“逼近速度”运行来寻找原点。当轴碰到原点开关的有效边沿后，轴从“逼近速度”切换到“参考速度”来最终完成原点定位。“参考速度”要小于“逼近速度”，“参考速度”和“逼近速度”都不宜设置得过快，应在可接受的范围内设置较慢的速值。

⑦ 起始位置偏移量：该值不为零时，轴会在距离原点开关一段距离(该距离值就是偏移量)停下来，并把该位置标记为原点位置值。该值为零时，轴会停在原点开关边沿处。

8.4　S7-1200 PLC 的 CPU 运动控制指令

运动控制指令介绍如下。

1. MC_Power：启动/禁用轴

MC_Power 指令用于使能轴或禁用轴，其指令符号如图 8-15 所示。该指令在程序里一直调用，并且在其他运动控制指令之前调用并使能。MC_Power 指令需要生成对应的背景 DB，各指令不能使用相同的背景 DB。

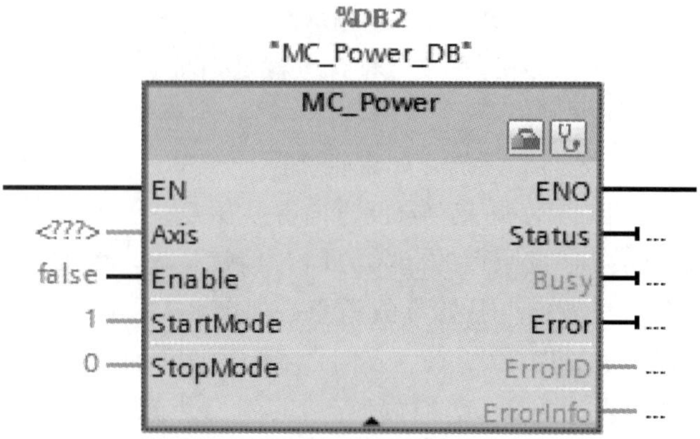

图 8-15　MC_Power 指令符号

1) 输入端

① EN：MC_Power 指令的使能端，不是轴的使能端。

② Axis：轴名称。

③ Enable：轴使能端。

- Enable = 0：　根据 StopMode 设置的模式来停止当前轴的运行；
- Enable = 1：如果组态了轴的驱动信号，则 Enable = 1 时将接通驱动器的电源。

④ StopMode：轴停止模式。

- StopMode = 0：紧急停止，按照轴工艺对象参数中的“急停”速度或时间来停止轴；
- StopMode = 1：立即停止，PLC 立即停止发脉冲；
- StopMode = 2：带有加速度变化率控制的紧急停止。如果用户组态了加速度变化率，则轴在减速时会把加速度变化率考虑在内，使减速曲线变得平滑。

2) 输出端

① ENO：使能输出。

② Status：轴的使能状态。

③ Busy：标记 MC_Power 指令是否处于活动状态。

④ Error：标记 MC_Power 指令是否产生错误。

⑤ ErrorID：当 MC_Power 指令产生错误时，用 ErrorID 表示错误号。

⑥ ErrorInfo：当 MC_Power 指令产生错误时，用 ErrorInfo 表示错误信息。

2. MC_Reset：确认故障

MC_Reset 指令用来确认“伴随轴停止出现的运行错误”和“组态错误”，如图 8-16 所示。

1) 输入端

① EN：MC_Reset 指令的使能端。

② Axis：轴名称。

③ Execute：MC_Reset 指令的启动位，用上升沿触发。

④ Restart：

• Restart = 0：用来确认错误；

• Restart = 1：将轴的组态从装载存储器下载到工作存储器(只有在禁用轴时才能执行该命令)。

2) 输出端

除了 Done 指令，其他输出引脚同 MC_Power 指令。

Done：表示轴的错误已确认。

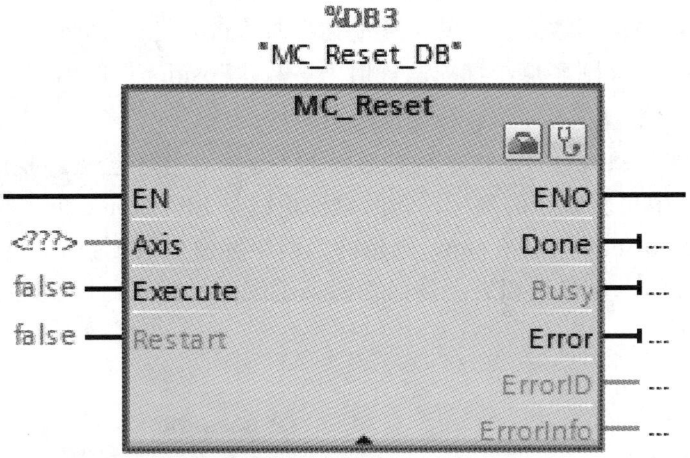

图 8-16　MC_Reset 指令符号

3. MC_Home：回原点指令

MC_Home 指令使轴归位，设置参考点，用来将轴坐标与实际的物理驱动器位置进行匹配。轴做绝对位置定位前一定要触发 MC_Home 指令。指令符号如图 8-17 所示。

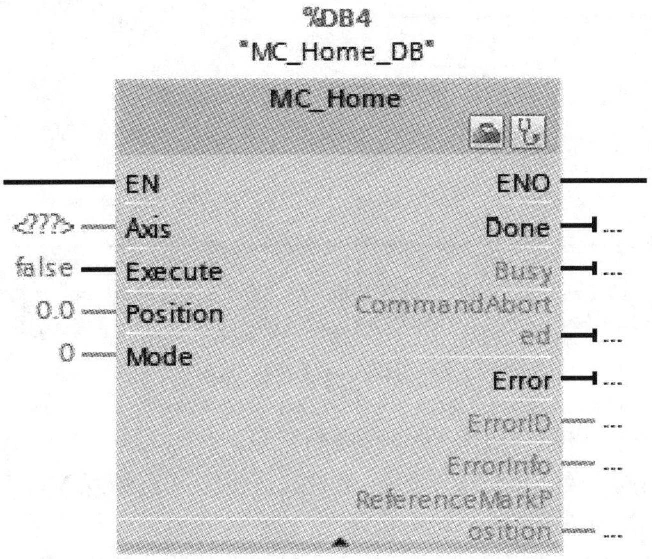

图 8-17　MC_Home 指令符号

(1) Position：位置值。

- Mode = 1：对当前轴位置的修正值；
- Mode = 0，2，3：轴的绝对位置值。

(2) Mode：回原点模式值。

- Mode = 0：绝对式直接回零点，轴的位置值为参数“Position”的值；
- Mode = 1：相对式直接回零点，轴的位置值等于当前轴位置 + 参数“Position”的值；
- Mode = 2：被动回零点，轴的位置值为参数“Position”的值；
- Mode = 3：主动回零点，轴的位置值为参数“Position”的值。

【应用举例 8.1】 Mode = 0 绝对式直接回原点。

当 Mode = 0 时，MC_Home 指令触发后轴并不运行，也不会去寻找原点开关。该指令执行后，轴的坐标值更新成新的坐标，新的坐标值就是 MC_Home 指令的“Position”管脚的数值。程序中“Position” = 0.0 mm，则轴的当前坐标值也就更新成了 0.0 mm。该坐标值属于“绝对”坐标值，也就是相当于轴已经建立了绝对坐标系，可以进行绝对运动，如图 8-18 所示。

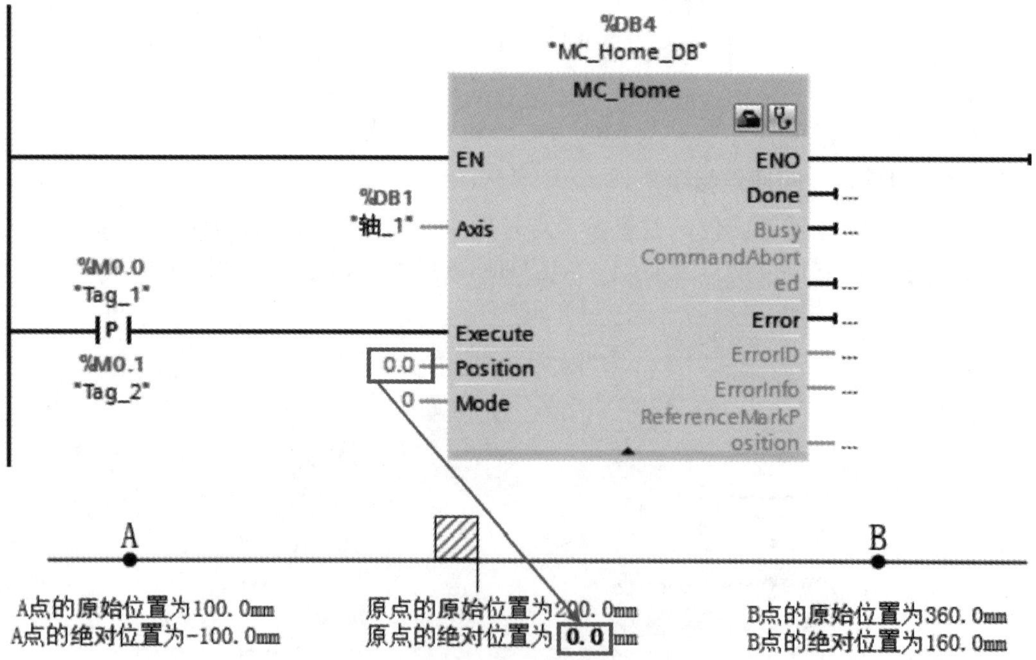

图 8-18　绝对式直接回原点

【应用举例 8.2】 Mode = 1 相对式直接回原点。

与 Mode = 0 相同，当 Mode = 1 时，相对式直接回原点触发 MC_Home 指令后轴并不运行，只是更新轴的当前位置值。其更新的方式与 Mode = 0 不同，是在轴原来坐标值的基础上加上“Position”数值后将得到的坐标值作为轴当前位置的新值。执行 MC_Home 指令后，轴的位置值变成了 220 mm，A 点和 B 点的坐标位置值也相应更新成新值，如图 8-19 所示。

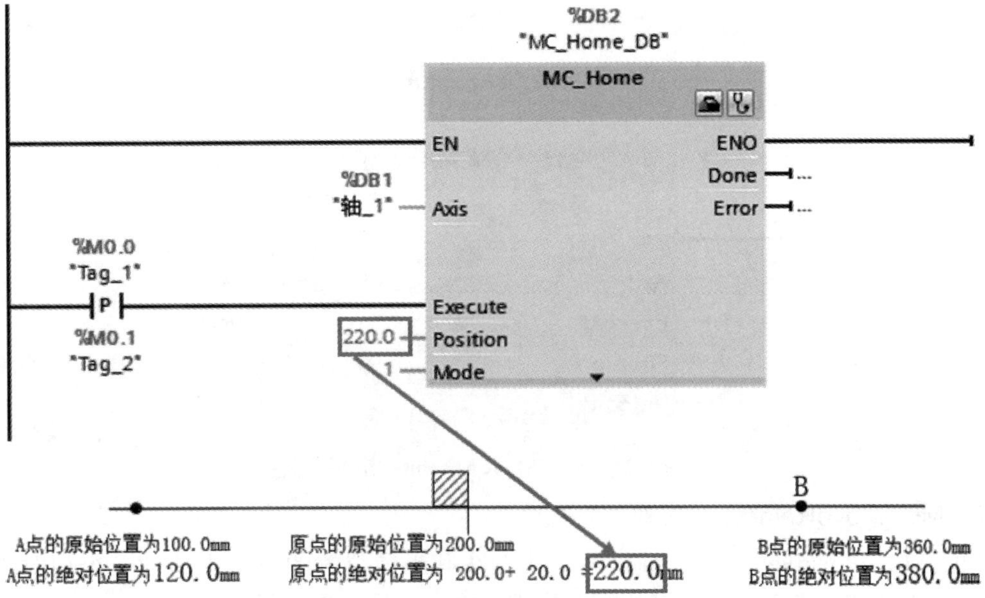

图 8-19　相对式直接回原点

4. MC_Halt：停止轴运行指令

MC_Halt 指令是停止所有运动并以组态的减速度停止轴。通常用 MC_Halt 指令来停止通过 MC_MoveVelocity 指令触发的轴的运行，如图 8-20 所示。

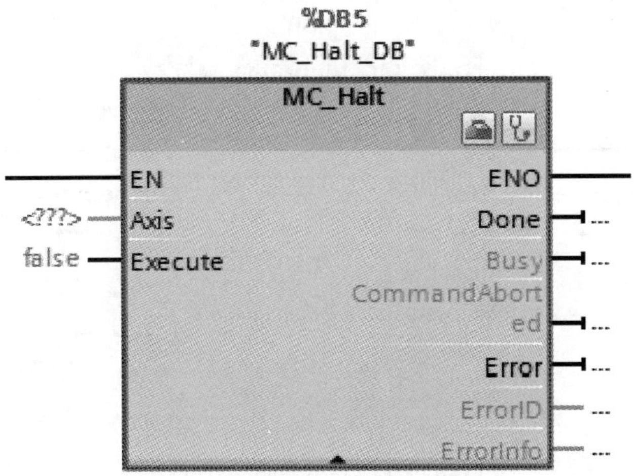

图 8-20　MC_Halt 指令符号

5. MC_MoveAbsolute：绝对位置指令

MC_MoveAbsolute 指令使轴以某一速度进行绝对位置定位。在使能绝对位置指令之前，必须先启用轴，同时轴必须回原点。因此 MC_MoveAbsolute 指令之前必须有 MC_Home 指令，如图 8-21 所示。

(1) Position：绝对目标位置值，默认值为 0.0。

(2) Velocity：绝对运动的速度，默认值为 10.0。

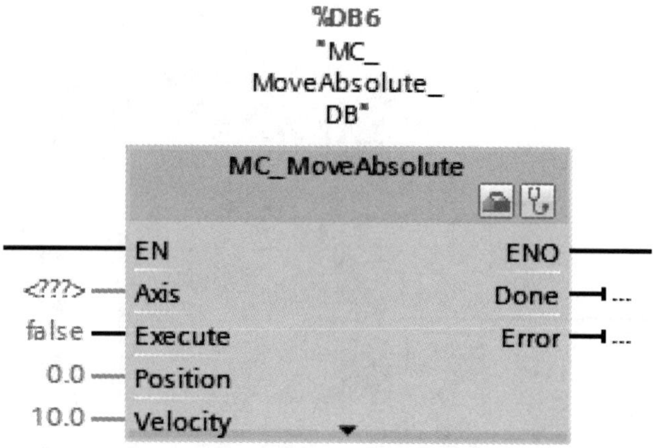

图 8-21 MC_MoveAbsolute 指令符号

6. MC_MoveRelative：相对位置指令

MC_MoveRelative 指令使轴以某一速度在其当前位置的基础上移动一个相对距离。MC_MoveRelative 指令不需要轴执行回原点命令，如图 8-22 所示。

(1) Distance：相对轴当前位置移动的距离，该值通过正/负数值来表示距离和方向。

(2) Velocity：相对运动的速度。

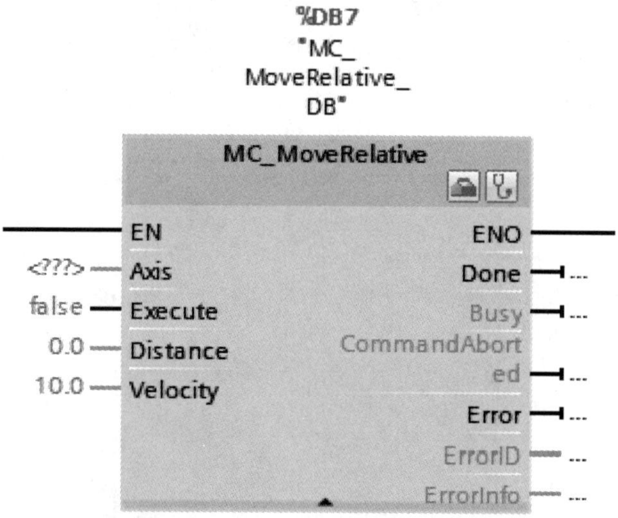

图 8-22 MC_MoveRelative 指令符号

7. MC_MoveVelocity：速度运行指令

MC_MoveVelocity 指令可以使轴按预先设定的速度运行，如图 8-23 所示。

(1) Velocity：轴的速度。

(2) Direction：方向数值。

- Direction = 0：旋转方向取决于参数“Velocity”值的符号；
- Direction = 1：正方向旋转，忽略参数“Velocity”值的符号；
- Direction = 2：负方向旋转，忽略参数“Velocity”值的符号。

(3) Current：保持当前速度

• Current = 0：“保持当前速度”已禁用，轴按照参数“Velocity”和“Direction”值运行；

• Current = 1：“保持当前速度”已启用，轴忽略参数“Velocity”和“Direction”值，以当前速度运行。

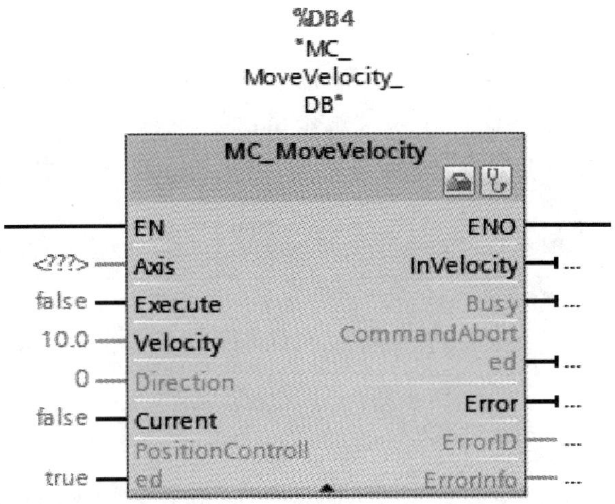

图 8-23 MC_MoveVelocity 指令符号

8. MC_MoveJog：点动指令

MC_MoveJog 指令在点动模式下以指定的速度连续移动轴，在点动模式下正向点动和反向点动不能同时触发，如图 8-24 所示。

① JogForward：正向点动，JogForward 为 1 时，轴运行；JogForward 为 0 时，轴停止移动。

② JogBackward：反向点动，使用方法参考 JogForward。在执行点动指令时，应保证 JogForward 和 JogBackward 不同时触发，可以用逻辑进行互锁。

③ Velocity：点动速度。Velocity 数值可以实时修改，实时生效。

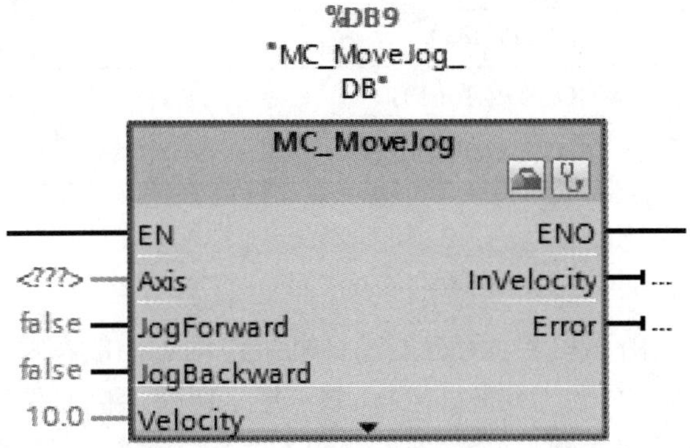

图 8-24 MC_MoveJog 指令符号

工作任务

基于PLC的运料小车往返运动控制

任务　基于 PLC 的运料小车往返运动控制

1. 任务要求

现有一辆运动小车，其动力装置为步进电机，小车需要在 A、B 两点之间进行往返运动。遇到紧急情况时，按下停止按钮，小车能立即停下，在小车回到原点后按下启动按钮才能进行新一轮的循环。在非循环状态下小车可以手动控制左行、右行、自动回原点。手动左行、手动右行、回原点均由 MCGS 触摸屏控制，如图 8-25 所示。

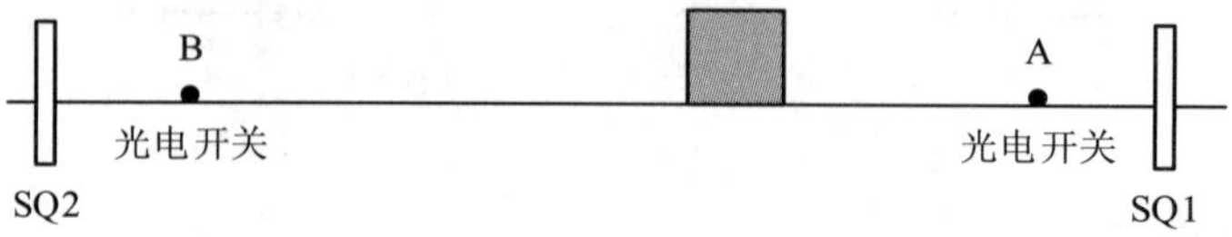

图 8-25　小车往返示意图

2. 任务分析

(1) 小车运行机构由滑台、丝杠、步进电机、限位开关和光电传感器 5 部分组成。图 8-25 中的 A 点定义为原点。

(2) 在该任务中，小车的执行机构有两个传感器(NPN 型)、两个限位开关，共 4 个输入点；有 1 个步进电机、1 个脉冲和方向，共 2 个输出点。步进电机的控制驱动器需要 PLC 发出脉冲信号，所以选用晶体管(DC)输出类型的 PLC。西门子 CPU 1214C DC/DC/DC 型 PLC 有 14 个输入、10 个输出，其输出为晶体管控制类型，满足本任务要求，因此这里选用 CPU 1214C DC/DC/DC 型 PLC，其主要设备清单如表 8-3 所示。

(3) 计算机、PLC 和触摸屏之间通过路由器采用以太网通信。

表 8-3　主要设备清单

序号	名　称	型号与规格	单位	数量	备　注
1	PLC	西门子 S7-1200 1214C DC/DC/DC	台	1	可根据实际情况选择晶体管输出型 PLC
2	驱动器	雷塞 DM442	个	1	
3	触摸屏	MCGS TPC1061Ti	台	1	
4	路由器	TP-LINK TL-SF1008D	个	1	

3. 任务实施

1) 控制系统设计

本任务中，控制系统由人机界面(MCGS)、机械传动、控制程序三部分组成。人机界面不仅能控制小车的启动、停止，还能对运行过程进行监控；机械传动限位保护整个装置不超程，光电传感器为小车往返提供触发条件；PLC 程序控制小车按照任务要求的逻辑关系输出相应的数字信号给步进驱动器。小车两点往返的流程图如图 8-26 所示。

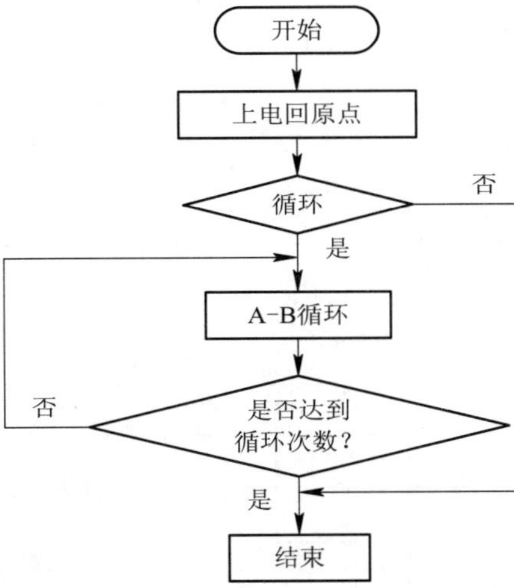

图 8-26　小车往返运动流程图

2) I/O 地址分配

小车往返控制系统 I/O 分配表如表 8-4 所示。

表 8-4　小车往返控制系统 I/O 分配表

输 入 信 号			输 出 信 号		
输入元件	作　用	输入继电器	输出元件	作　用	输出继电器
SQ1	机械限位 1	I0.0	步进驱动器 PUL+	脉冲输出	Q0.0
SQ2	机械限位 2	I0.1	步进驱动器 DIR+	方向输出	Q0.1
B1	光电开关 A 点(原点)	I0.2			
B2	光电开关 B 点	I0.3			

3) 系统接线图

图 8-27 为 PLC 接线图，图 8-28 为步进驱动器接线图，触摸屏只需接入 24 V 电源即可。

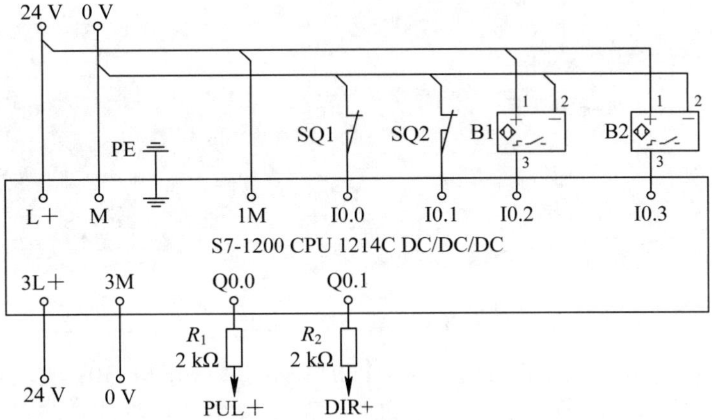

图 8-27　PLC 接线图

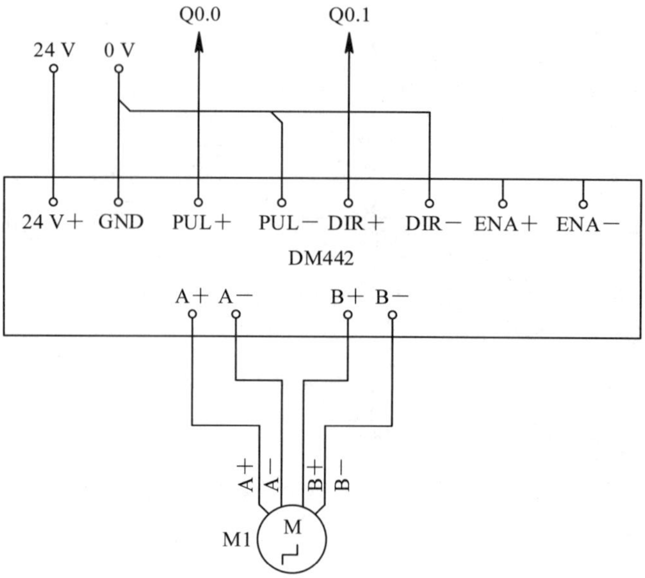

图 8-28　步进驱动器接线图

4) PLC 程序设计

(1) 设备组态及工艺对象组态。

① 选择 PTO 模式，如图 8-29 所示。

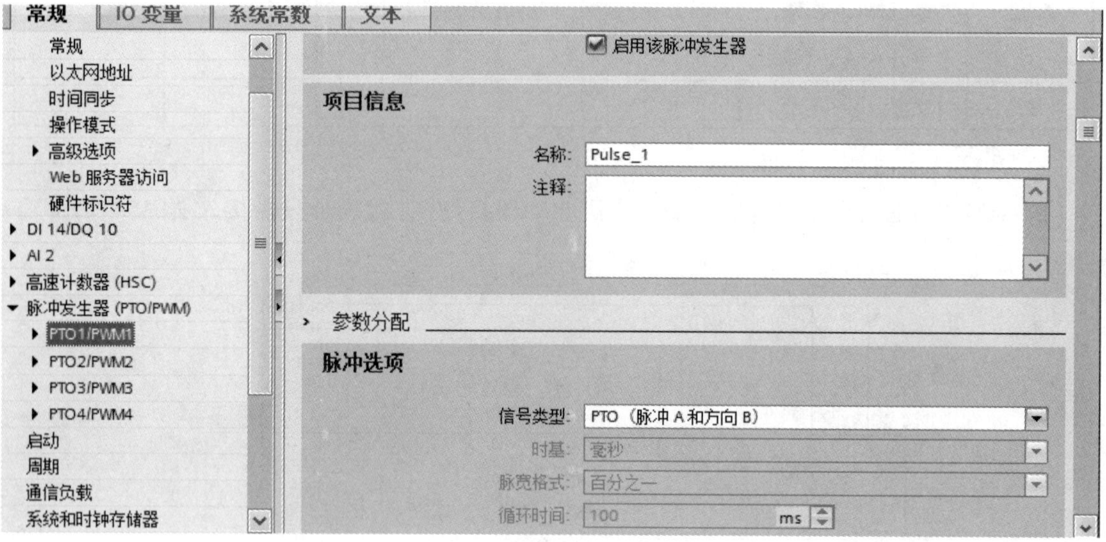

图 8-29　组态脉冲输出

② 工艺对象组态。组态工艺对象，其中轴的基本参数如图 8-30；驱动器参数如图 8-31 所示。机械特性如图 8-32(a)所示，其中电机每转的负载位移根据所选择的丝杠导程填写，本例选择的丝杠导程为 4.0mm；位置限制如图 8-32(b)所示；动态常规参数如图 8-33 所示；急停参数如图 8-34 所示；回原点设置如图 8-35 所示。

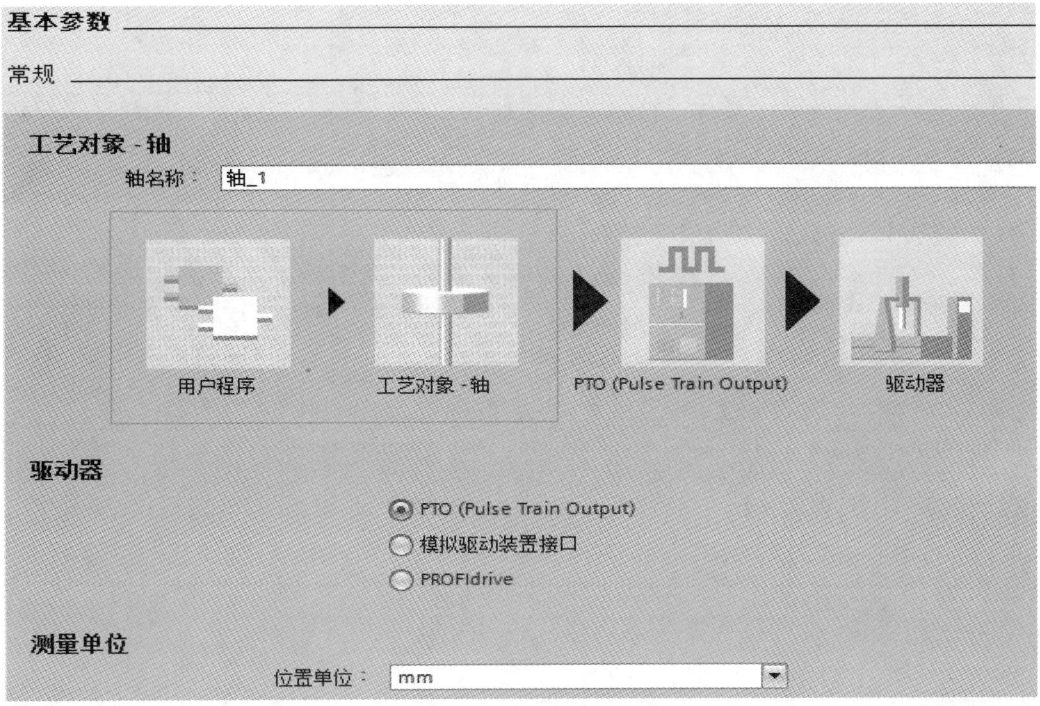

图 8-30 轴的基本参数

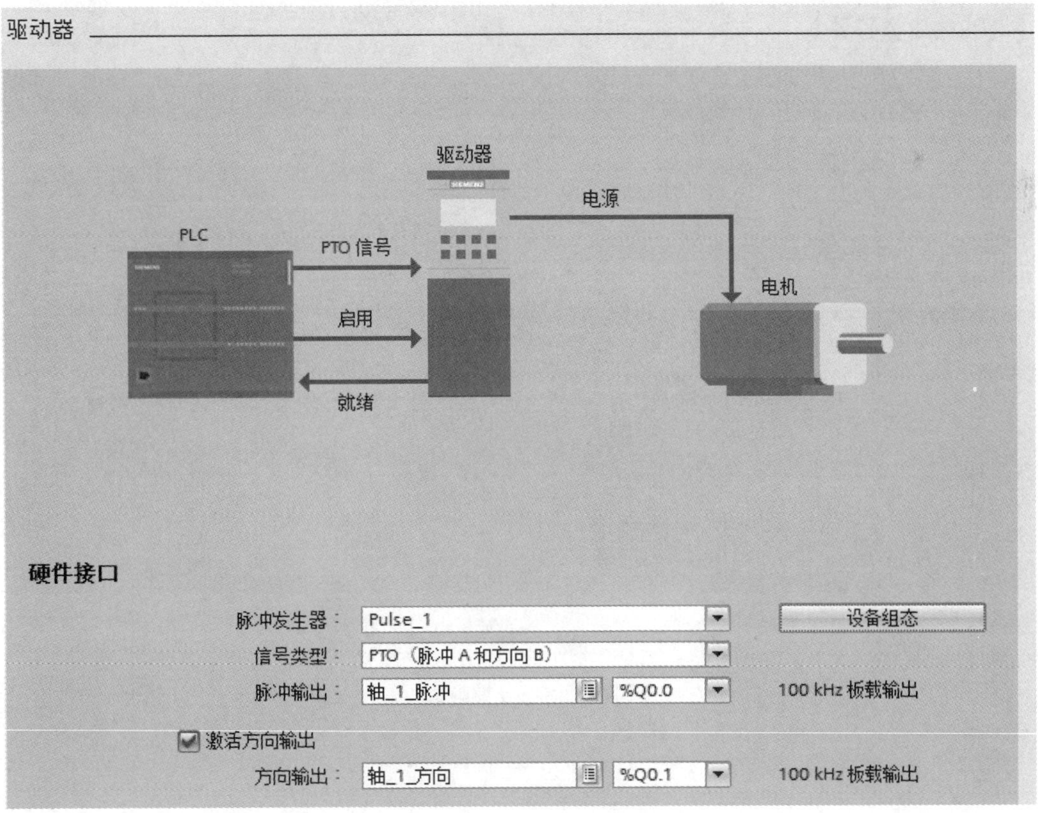

图 8-31 驱动器参数

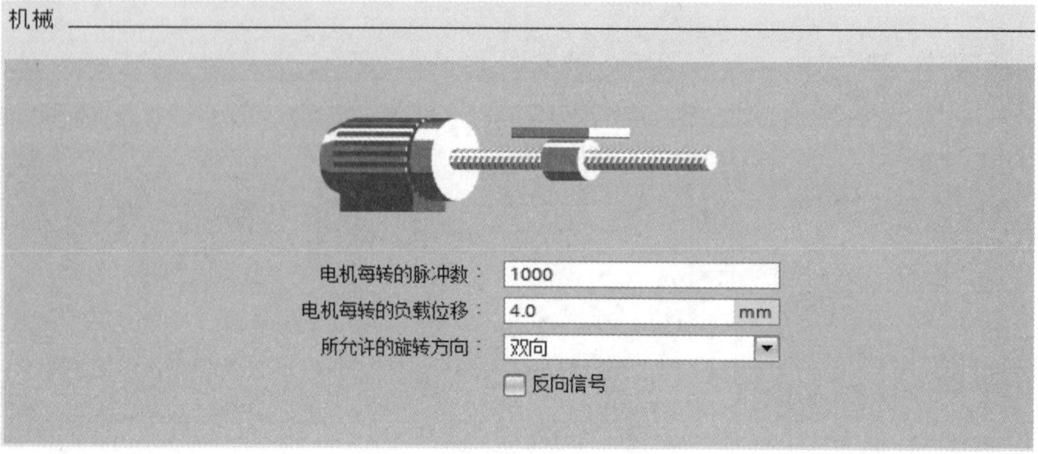

(a) 机械特性

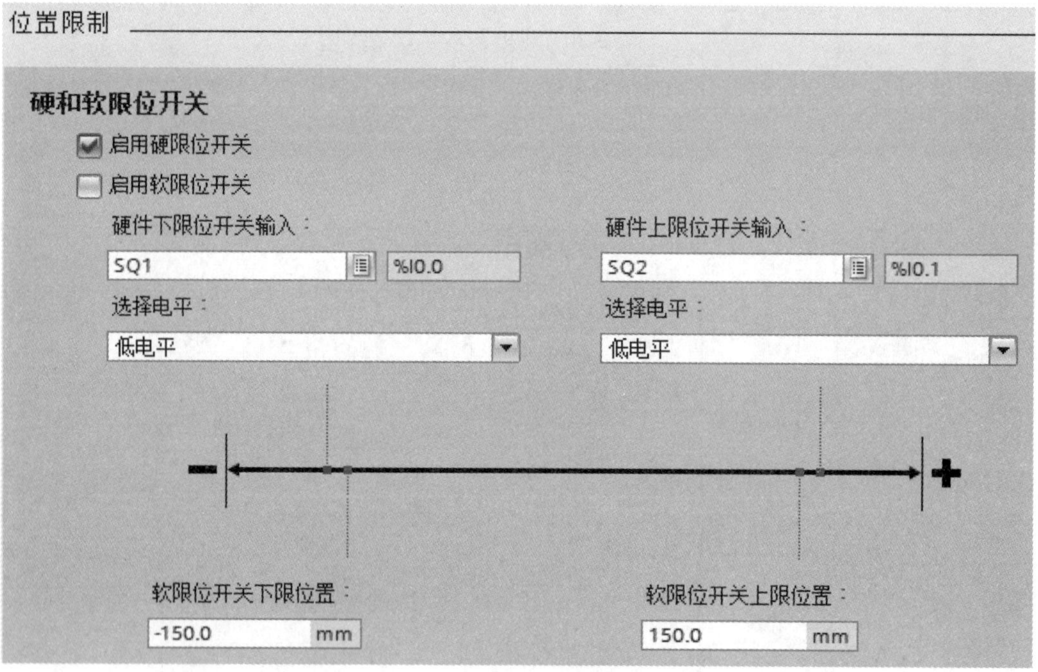

(b) 位置限制

图 8-32　位置限制

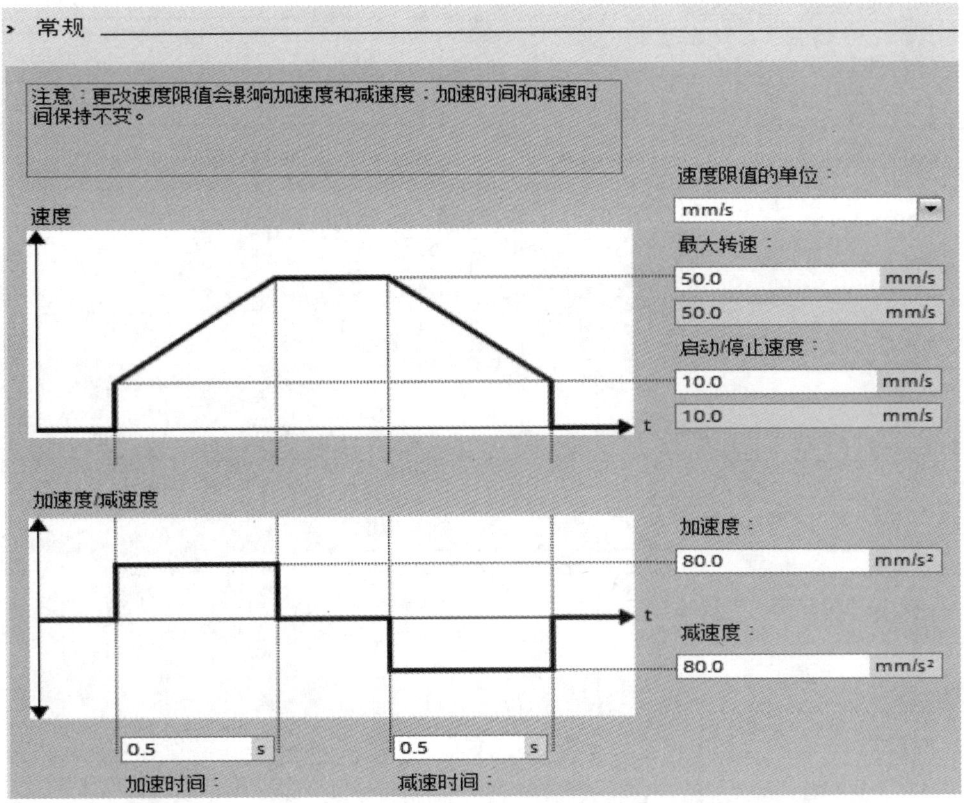

图 8-33　动态常规参数

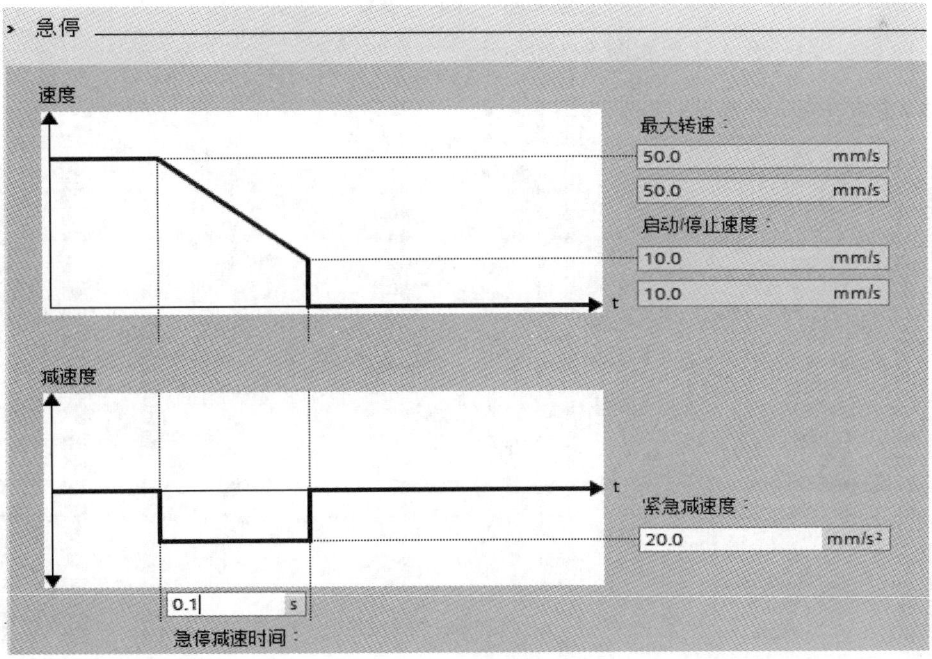

图 8-34　急停参数

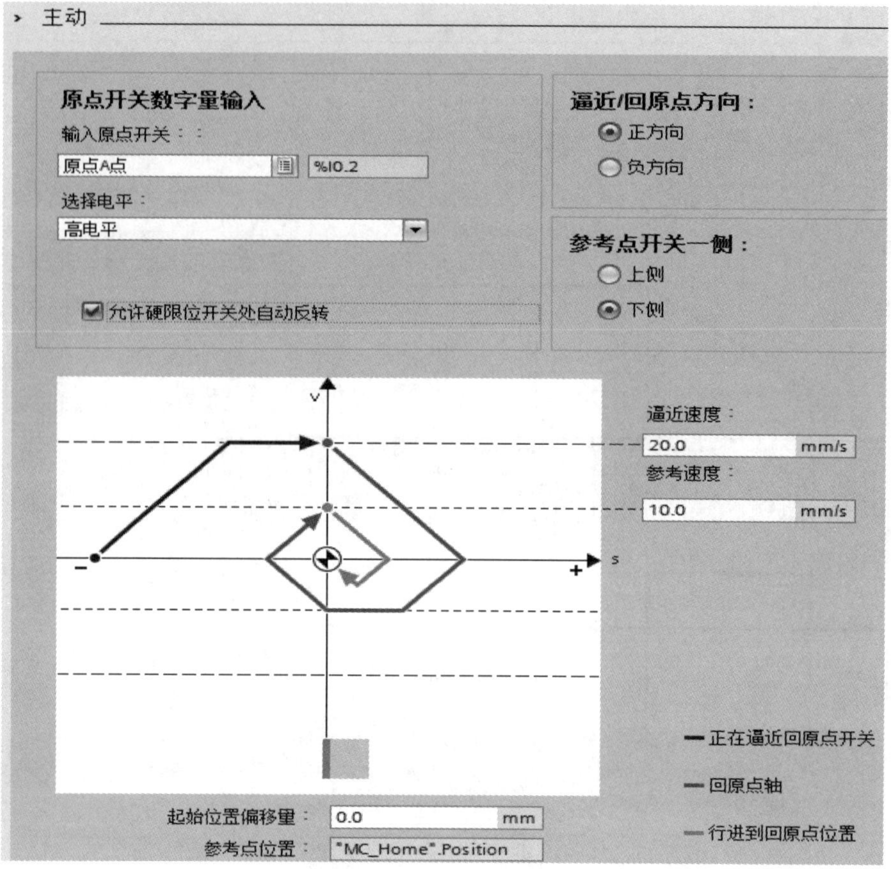

图 8-35　回原点设置

(2) 变量定义。变量定义如图 8-36 所示。

默认变量表

	名称	数据类型	地址	保持	可从 ...	从 H...	在 H...
1	轴_1_脉冲	Bool	%Q0.0	☐	☑	☑	☑
2	轴_1_方向	Bool	%Q0.1	☐	☑	☑	☑
3	SQ1	Bool	%I0.0	☐	☑	☑	☑
4	SQ2	Bool	%I0.1	☐	☑	☑	☑
5	原点A点	Bool	%I0.2	☐	☑	☑	☑
6	光电开关B点	Bool	%I0.3	☐	☑	☑	☑
7	右行点动	Bool	%M2.0	☐	☑	☑	☑
8	左行点动	Bool	%M2.1	☐	☑	☑	☑
9	手动回原点	Bool	%M2.2	☐	☑	☑	☑
10	右行循环	Bool	%M2.3	☐	☑	☑	☑
11	左行循环	Bool	%M2.4	☐	☑	☑	☑
12	循环启动	Bool	%M2.5	☐	☑	☑	☑
13	停止	Bool	%M2.6	☐	☑	☑	☑
14	回原点辅助指令	Bool	%M2.7	☐	☑	☑	☑
15	循环辅助继电器	Bool	%M3.0	☐	☑	☑	☑
16	System_Byte	Byte	%MB1	☐	☑	☑	☑
17	FirstScan	Bool	%M1.0	☐	☑	☑	☑
18	DiagStatusUpdate	Bool	%M1.1	☐	☑	☑	☑
19	AlwaysTRUE	Bool	%M1.2	☐	☑	☑	☑
20	AlwaysFALSE	Bool	%M1.3	☐	☑	☑	☑

图 8-36　小车往返变量表

(3) 程序设计。梯形图如图 8-37 所示。

程序段 1：实现小车回原点。系统上电或者按下手动回原点按钮后，激活 MC_Home 指令，执行回原点命令。

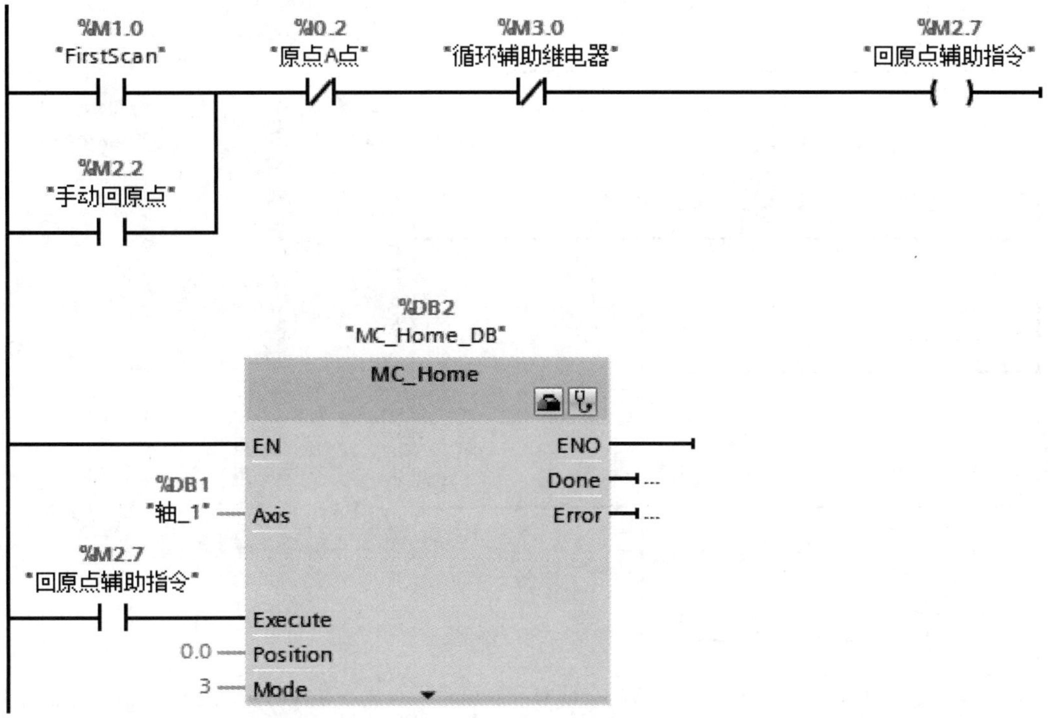

程序段 2：启动轴。在系统接线图中，限位开关 SQ1 和 SQ2 采用的是常闭接法，当小车超程压下限位开关而断开时，轴 1 失电，小车立即停止运行。由于轴组态位置限制(如图 8-32 所示)选中了“启用硬限位开关”复选按钮，因此当发生超程压下限位开关时，小车会立即停止，但是小车复位需要先给步进电机断电再进行手动复位。

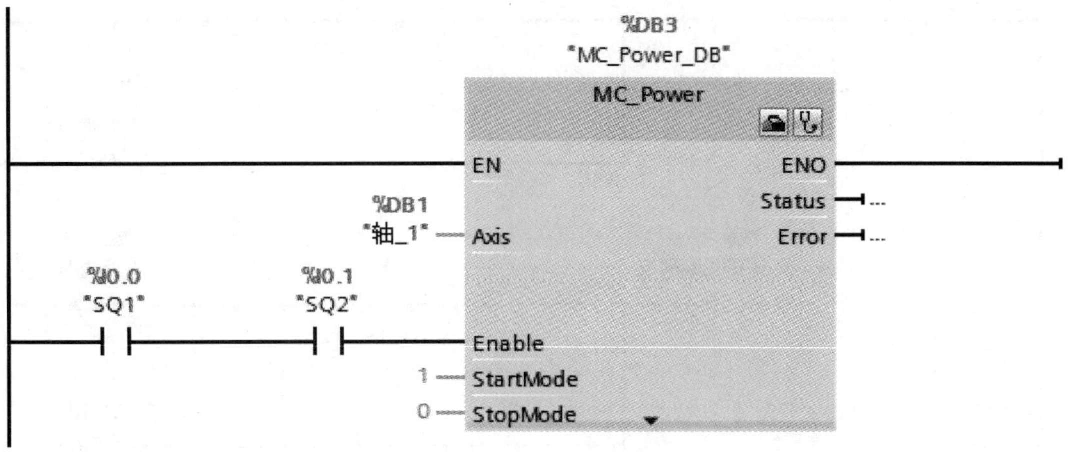

程序段3：通过MC_MoveJog指令实现小车左行/右行。

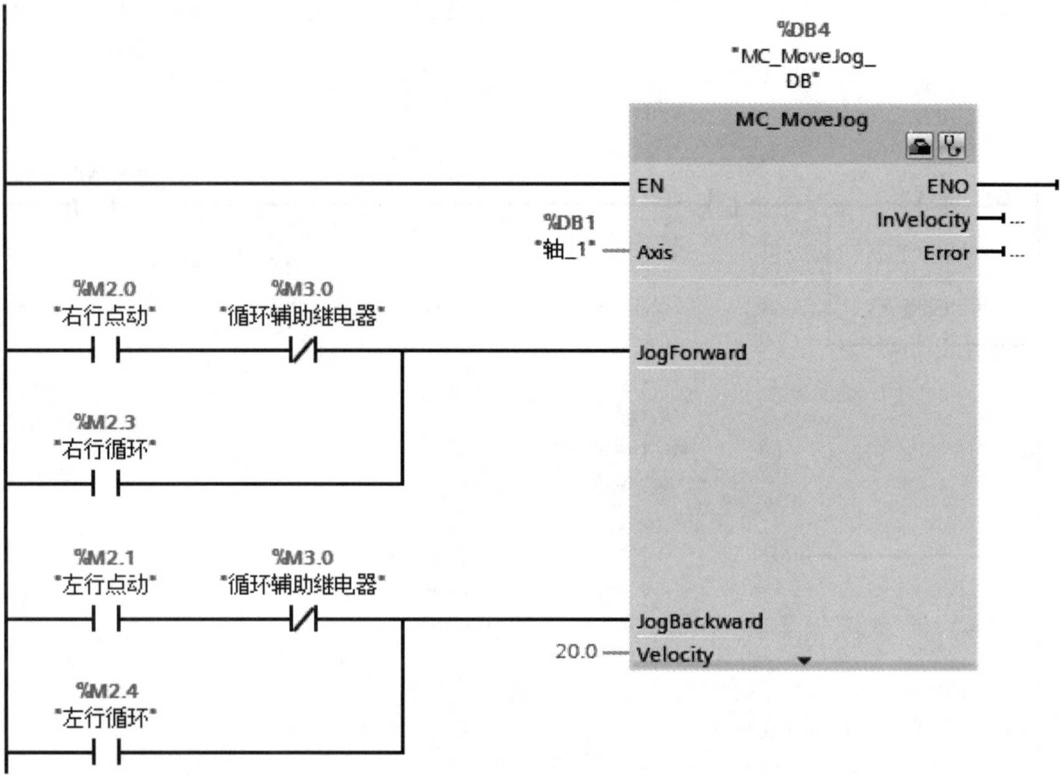

程序段4：A、B两点循环。小车循环启动之前必须回原点，首先小车左行，左行至B点，光电开关B检测到小车而闭合，复位左行，置位右行，然后周而复始的循环。

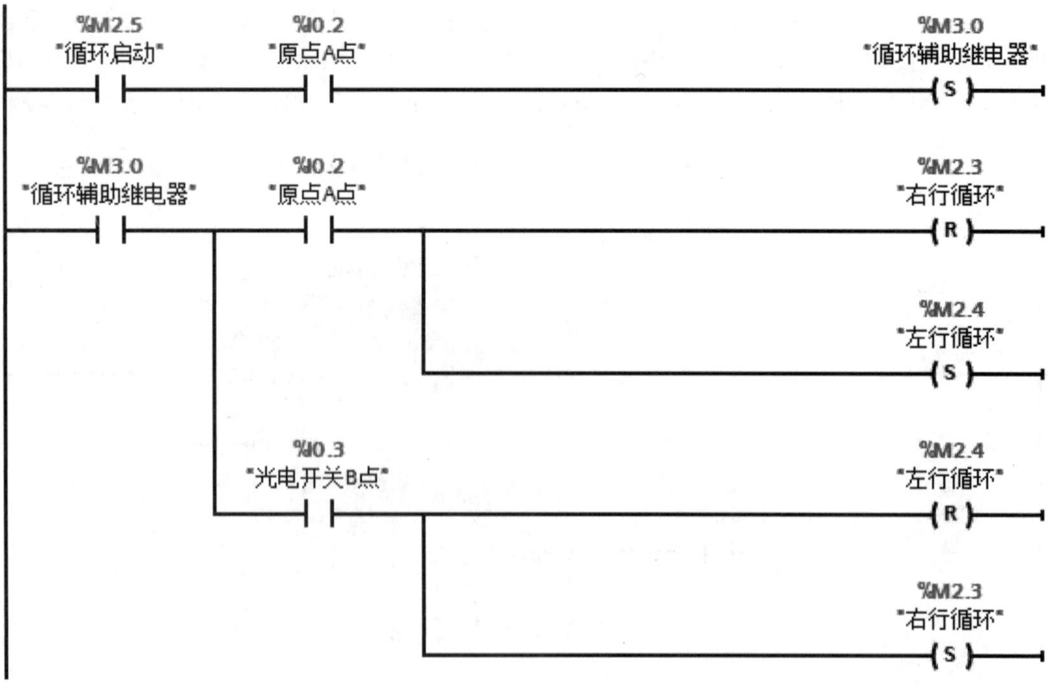

程序段 5：停止循环。按下停止按钮，小车停在当前位置。

图 8-37　梯形图

4. 触摸屏界面设计

触摸屏变量定义如图 8-38 所示，人机界面设计如图 8-39 所示。

索引	连接变量	通道名称	通道处:
0000		通讯状态	
0001	右行点动	读写M002.0	
0002	左行点动	读写M002.1	
0003	手动回原点	读写M002.2	
0004	右行循环	读写M002.3	
0005	左行循环	读写M002.4	
0006	循环启动	读写M002.5	
0007	停止	读写M002.6	

图 8-38　触摸屏变量定义

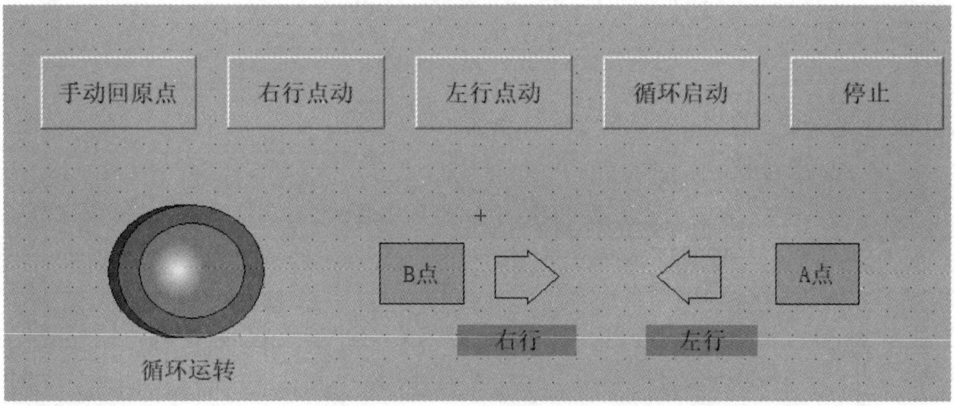

图 8-39　人机界面设计

项目拓展

基于 PLC 的运料小车往返运动控制(绝对指令)

1. 任务要求及分析

在前述小车两点往返的任务中，A 点和 B 点的定位是通过光电开关实现的，也可以通过 MC_MoveAbsolute 绝对指令来实现 A、B 两点往返运动控制。本例中，A、B 两点相距 320 mm。MC_Home 指令中，Mode = 1，相对式直接回零点，轴的位 Position = 0.0 设为原点。

2. 系统接线图

PLC 接线图如图 8-40 所示，步进驱动器接线图如图 8-28 所示。

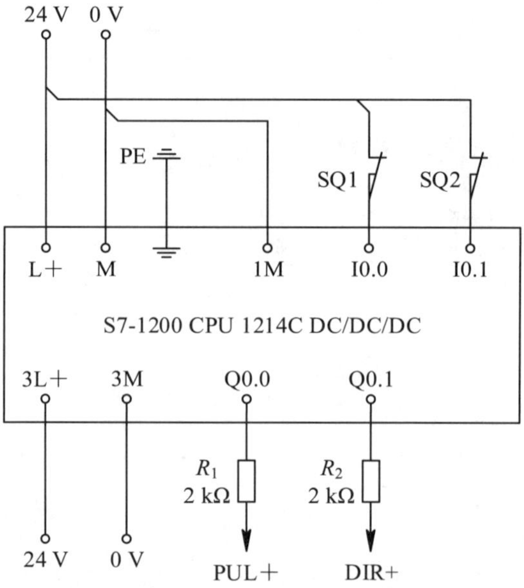

图 8-40　PLC 接线图

3. I/O 地址分配

I/O 地址分配如表 8-5 所示。

表 8-5　I/O 地址分配

输入信号			输出信号		
输入元件	作用	输入继电器	输出元件	作用	输出继电器
SQ1	机械限位 1	I0.0	步进驱动器 PUL+	脉冲输出	Q0.0
SQ2	机械限位 2	I0.1	步进驱动器 DIR+	方向输出	Q0.1

4. 程序设计

(1) 工艺组态同本项目任务中的工艺组态。

(2) 变量表定义如图 8-41 所示。

	名称	数据类型	地址	保持	可从 ...	从 H...	在 H...
1	轴_1_脉冲	Bool	%Q0.0	☐	☑	☑	☑
2	轴_1_方向	Bool	%Q0.1	☐	☑	☑	☑
3	SQ1	Bool	%I0.0	☐	☑	☑	☑
4	SQ2	Bool	%I0.1	☐	☑	☑	☑
5	右行点动	Bool	%M2.0	☐	☑	☑	☑
6	左行点动	Bool	%M2.1	☐	☑	☑	☑
7	手动回原点	Bool	%M2.2	☐	☑	☑	☑
8	右行循环	Bool	%M2.3	☐	☑	☑	☑
9	左行循环	Bool	%M2.4	☐	☑	☑	☑
10	循环启动	Bool	%M2.5	☐	☑	☑	☑
11	停止	Bool	%M2.6	☐	☑	☑	☑
12	回原点指令	Bool	%M2.7	☐	☑	☑	☑
13	System_Byte	Byte	%MB1	☐	☑	☑	☑
14	FirstScan	Bool	%M1.0	☐	☑	☑	☑
15	DiagStatusUpdate	Bool	%M1.1	☐	☑	☑	☑
16	AlwaysTRUE	Bool	%M1.2	☐	☑	☑	☑
17	AlwaysFALSE	Bool	%M1.3	☐	☑	☑	☑

图 8-41　变量表定义

(3) 程序设计，如图 8-42 所示。

程序段 1：系统开机时，执行回原点指令。MC_Home 指令中，Mode = 1，Position = 0.0，将 Position 的当前位置设置为原点。如果小车的当前位置不适合作为原点，可以通过左、右行点动把小车移动至合适位置后，再手动回原点，设置当前位置为原点。

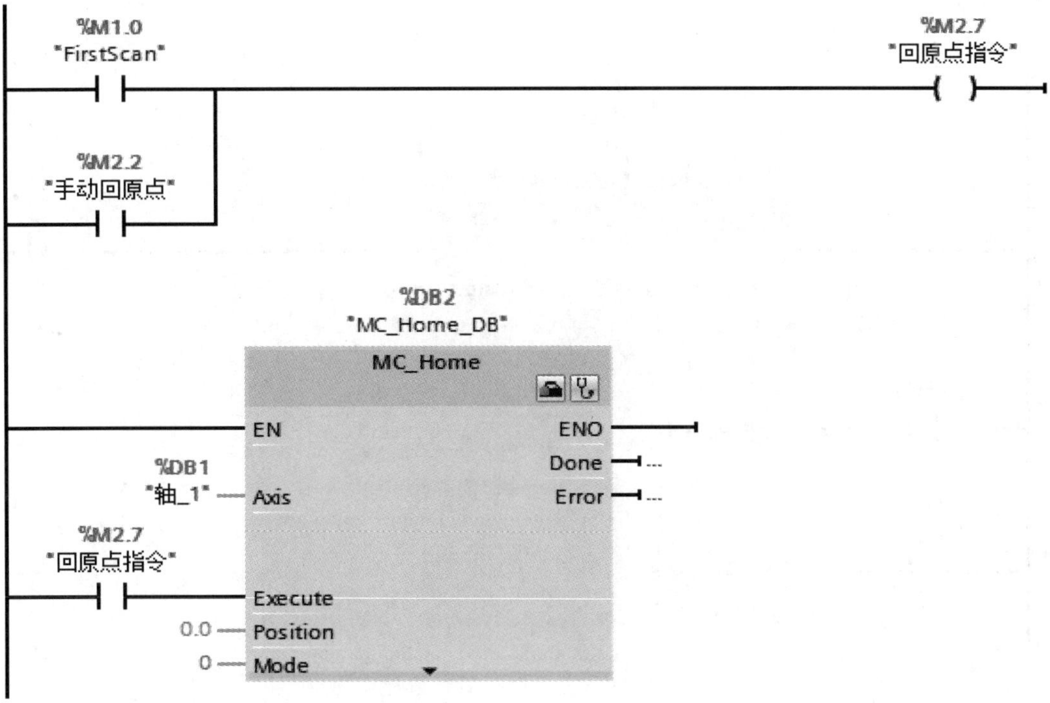

程序段 2：启动轴。程序中右行点动与 I0.1 的串联和左行点动与 I0.0 的串联的作用为：当小车在某个方向超程压下限位开关后，如果让小车回原点，则不需要通过给步进系统断电手动回位，只要用左、右行点动就可以回位。

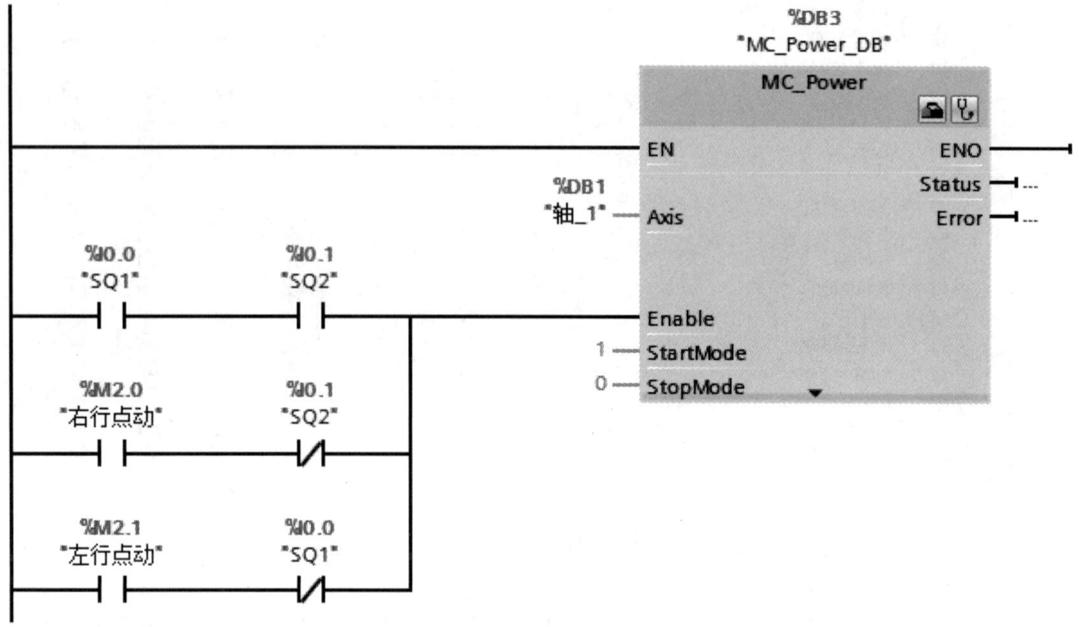

程序段 3：左、右行点动。

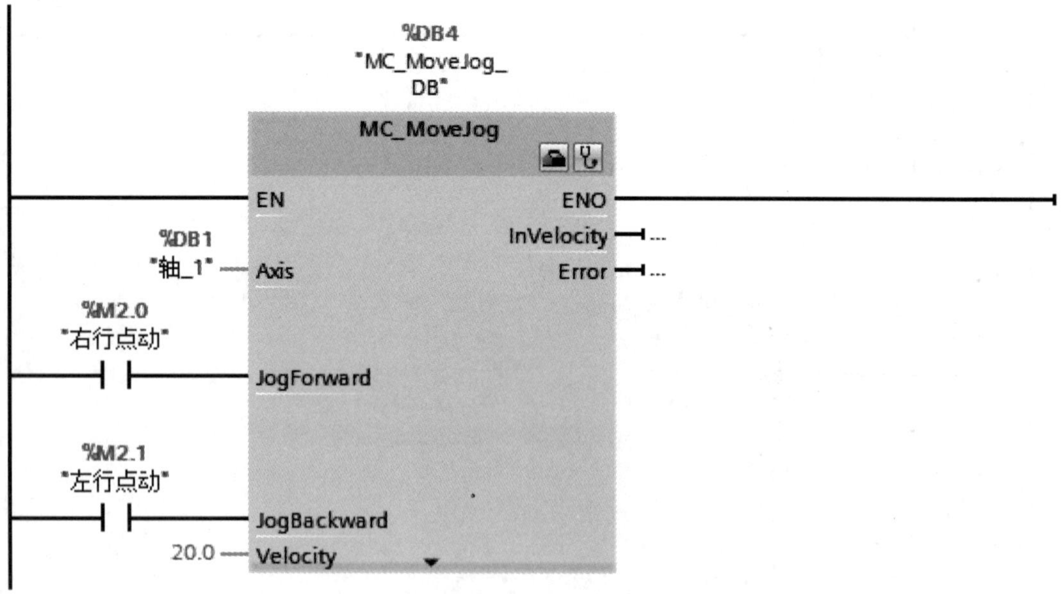

程序段 4：通过绝对运动方式，实现两点循环。按下循环启动按钮，小车右行 320 mm 后，右行循环被置位。

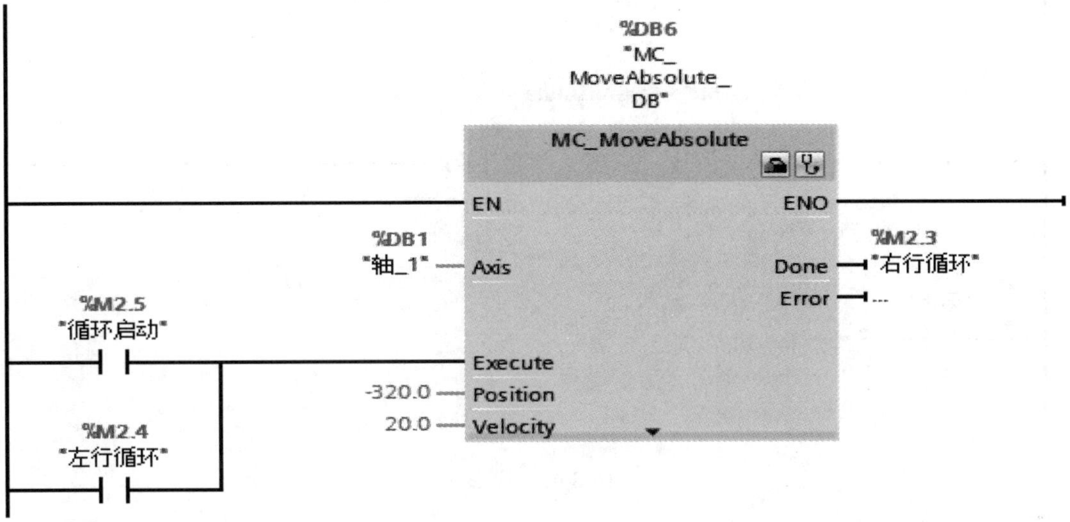

程序段 5：当小车右行至 B 点后，右行循环被置位，小车向左行 320 mm 后达到 A 点，左行循环被置位，开始下一次的循环。

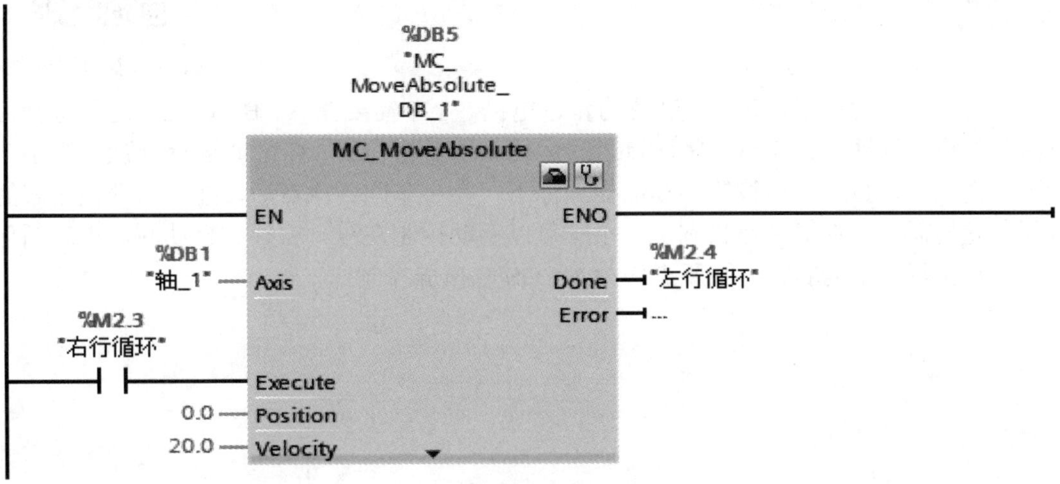

程序段 6：停止轴。

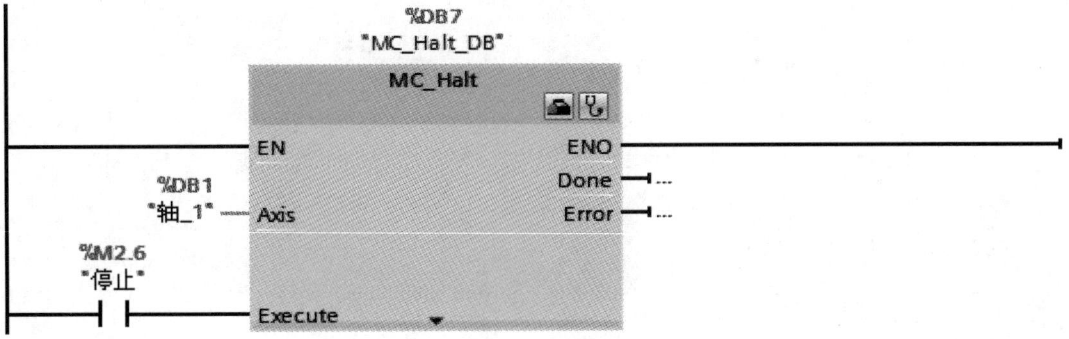

程序段 7：当按下停止按钮时，小车回到原点后停止运行。

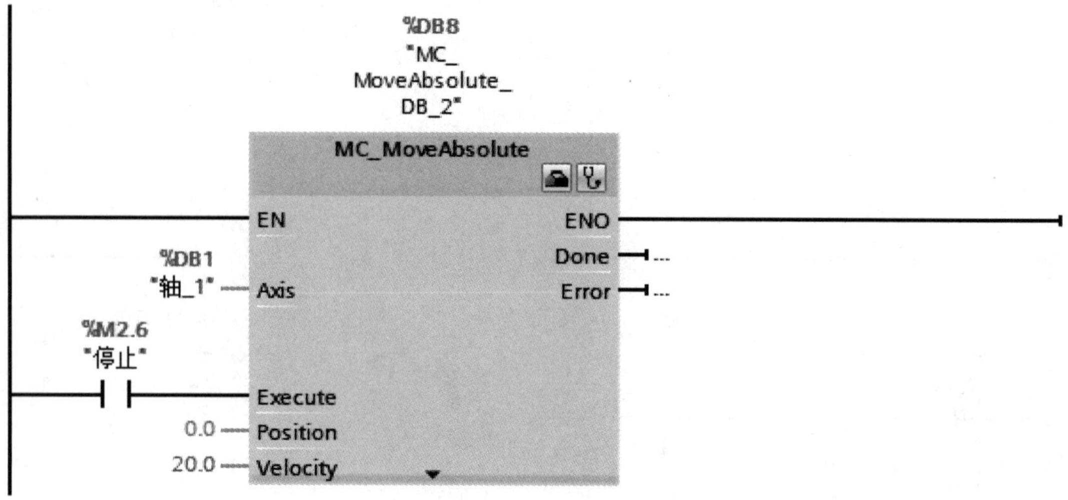

图 8-42　梯形图

能力测试

项目八 能力测试题解

现有一辆运动小车，其动力装置为步进电机，小车需要在 A、B、C 三点之间进行可设置次数的往返运动，先在 A、B 两点之间运行 *n* 次后再在 B、C 之间运行 *n* 次。当小车遇到紧急情况时，按下急停按钮小车能立即停下；在小车回到原点后，按下启动按钮才能进行新一轮的循环。在非循环状态下，小车可以手动控制左行、右行、自动回原点。循环次数、手动左行、手动右行、回原点均由 MCGS 触摸屏控制。

高级篇

项目九

液位控制系统

学习目标

1. 掌握数学运算指令及其应用。
2. 掌握模拟信号采集与处理的方法。

知识讲座

9.1 数学运算指令

数学函数指令讲解

数学运算指令用于实现基本的加、减、乘、除、指数、三角函数等功能。数学运算指令汇总如表 9-1 所示。

表 9-1 数学运算指令汇总

名 称	指 令	说 明
计算	CALCULATE	用于自定义数学表达式
加	ADD	计算两个整数、浮点数数据类型的变量或者常量的加、减、乘、除
减	SUB	
乘	MUL	
除	DIV	
返回除法的余数	MOD	计算两个整数数据类型的变量或者常数做除法后的余数
取反	NEG	更改有符号整数、浮点数数据类型的输入数据的运算符号
递增	INC	将参数 IN/OUT 的值加 1
递减	DEC	将参数 IN/OUT 的值减 1
计算绝对值	ABS	计算有符号整数、浮点数的绝对值
获取最小值	MIN	计算相同数据类型的变量或者常量的最小值、最大值
获取最大值	MAX	
设置限制	LIMIT	将输入值限定在设定的范围内

续表

名　称	指　令	说　　明
计算平方	SQR	计算浮点数数据类型的平方、平方根
计算平方根	SQRT	
计算自然对数	LN	计算浮点数数据类型的变量或者常量的自然对数
计算指数值	EXP	计算浮点数数据类型的变量或者常量以自然常数 e 为底的指数
计算正弦值	SIN	计算浮点数数据类型的变量或者常量的正弦值、余弦值、正切值
计算余弦值	COS	
计算正切值	TAN	
计算反正弦值	ASIN	计算浮点数数据类型的变量或者常量的反正弦值、反余弦值、反正切值，输出角度为弧度制
计算反余弦值	ACOS	
计算反正切值	ATAN	
取幂	EXPT	计算浮点数数据类型的变量或者常数为底，以整数、浮点数数据类型的变量或者常数为指数的值
返回小数	FTAC	计算浮点数数据类型的变量或者常数的小数部分的值

【应用举例 9.1】 某电暖器分为 1000 W、2000 W 和 3000 W 三个工作挡位，有 1000 W 和 2000 W 两种加热丝。要求用一个按钮能任意选择三种不同的挡位，按第一次时，为一挡 1000 W；按第二次时，为二挡 2000 W；按第三次时，为三挡 3000 W，两种加热丝同时工作；按第四次按钮时，停止加热。图 9-1 为加指令示例程序。

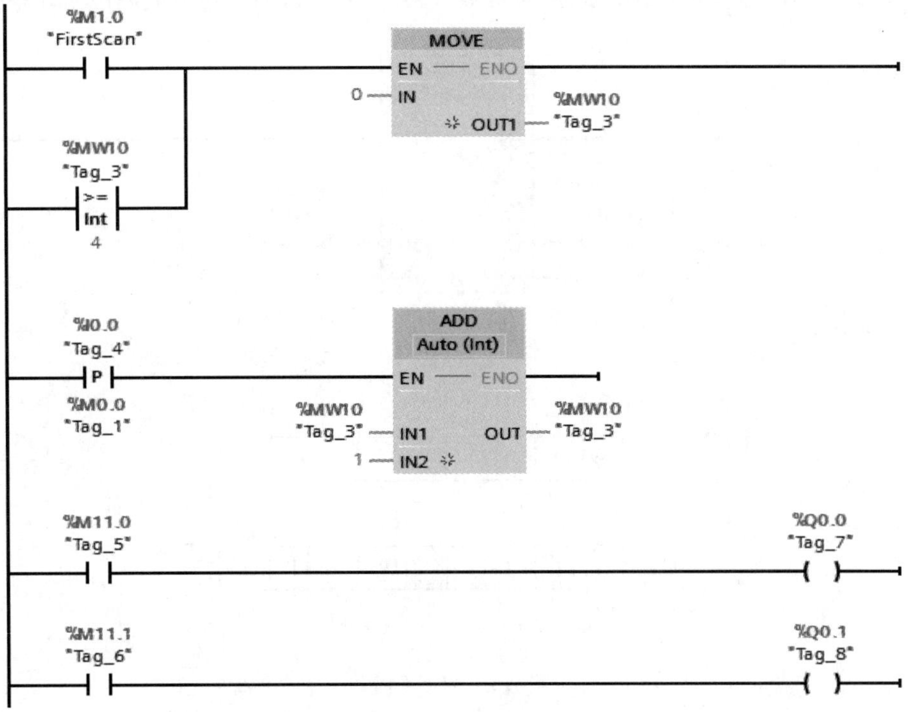

图 9-1　加指令示例程序

图 9-1 中，MW10 用于记录按按钮的次数，按一次，MW10 加 1。M11.0 为 MW10 低 8 位中的第一位，控制 1000 W 电热丝的通断；M11.1 位 MW10 低 8 位中的第二位，控制 2000 W 电热丝的通断。当按第一次时，MW10 = 16#0001，此时 M11.0 为 1，1000 W 电热丝接通；按第二次时，MW10 = 16#0002，此时 M11.1 为 1， 2000 W 的电热丝接通；按第三次时，MW10 = 16#0003，此时 M11.0 和 M11.1 均为 1，1000 W 和 2000 W 的电热丝同时接通；按第四次时，MW10 = 16#0000，M11.0 和 M11.1 均为 0，电暖器停止工作。

9.2 移位指令和循环移位指令

移位指令和循环移位指令主要用于实现位序列的左右移动或者循环移动等功能。

1. 移位指令

移位指令包括右移指令 SHR 和左移指令 SHL，用于将位序列、整数等数据右移或左移指定位数。如果是左移，空出来的位补 0；有符号数右移后空出的位用符号位填充，正数的符号位为 0，负数的符号位为 1。

右移 n 位相当于除以 $2n$。图 9-2 为右移指令，MW10 的值为 –100，对应的二进制数为 2#1111_1111_1001_1100。当 M0.1 检测到上升沿信号后，触发右移指令 SHR，将 –100 右移 2 位，相当于除以 4，右移后的数为 –25，对应二进制数为 2#1111_1111_1110_0111。执行右移指令之后最左边两位空出，由于此数为负数，因此最左边两位补符号位 1，如图 9-3 所示。

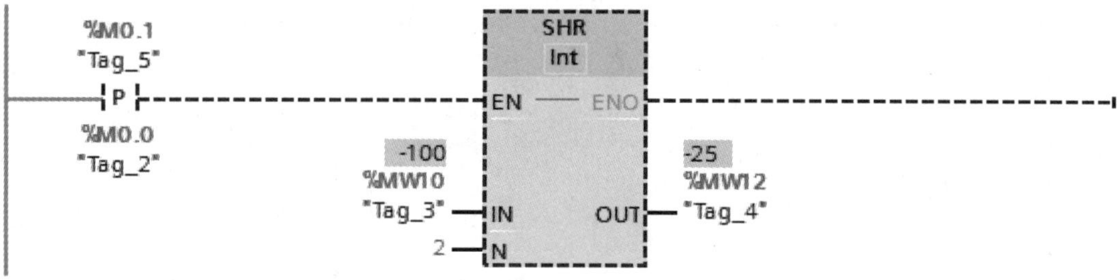

图 9-2 右移指令示例

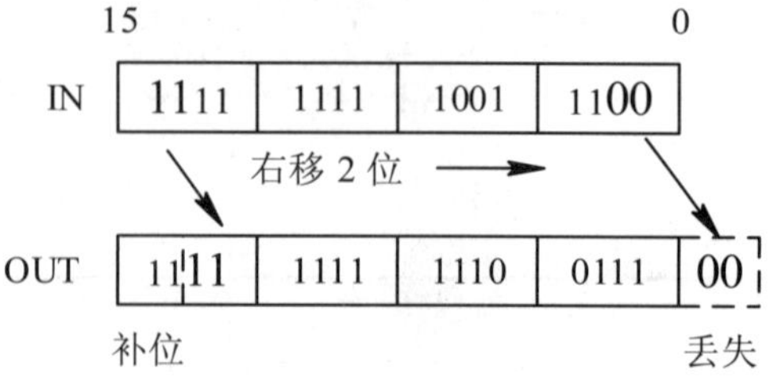

图 9-3 数据右移

左移 n 位相当于乘 2n。图 9-4 中，将 MW20 中的数据左移 2 位，其十进制数为 200，对应的二进制数为 2#0000_0000_1100_1000。当 M0.1 检测到上升沿信号后，触发左移指令 SHL，将 200 左移 2 位，相当于乘 4，左移后的数为 800，对应二进制数为 2#0000_0011_0010_0000。执行左移指令之后最右边空出两位填 0，如图 9-5 所示。

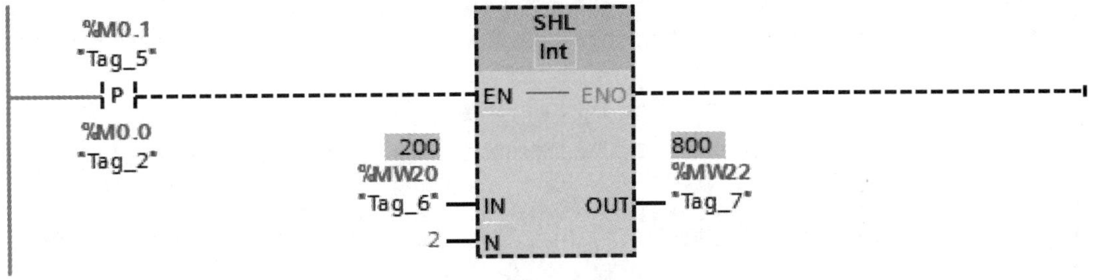

图 9-4　左移指令示例

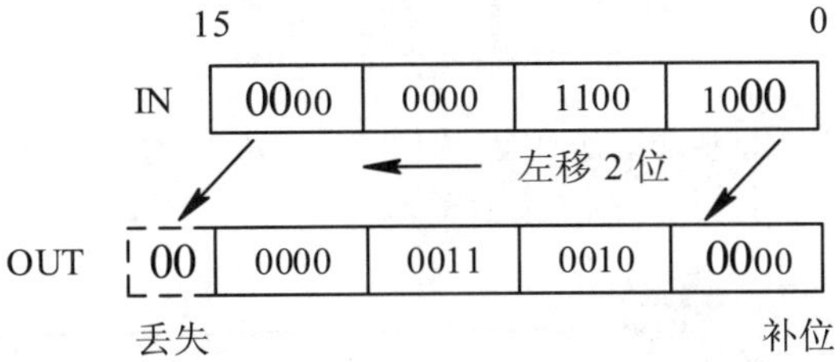

图 9-5　数据左移

2. 循环移位指令

循环移位指令包括循环右移指令 ROR 和循环左移指令 ROL。循环移位指令用于将序列、整数循环右移或者循环左移若干位。

【应用举例 9.2】 设计一个彩灯循环控制系统，要求通过转换开关实现 8 盏彩灯的左移或者右移，每次亮一盏灯，时间为 1 s。

程序如图 9-6 所示。

程序段 1：系统初始扫描。M1.0 为 1，分别将左移数据 16#01 和右移数数据 16#80 传送到储存器 MB10 和 MB11 中，作为循环移动的初始值。其中左移初始数据 16#01 对应的二进制数为 2#0000_0001，分别对应 8 盏灯，最右边的灯首先亮；右移数据 16#80 对应的二进制数为 2#1000_0000，分别对应 8 盏灯，最左边的灯首先亮。

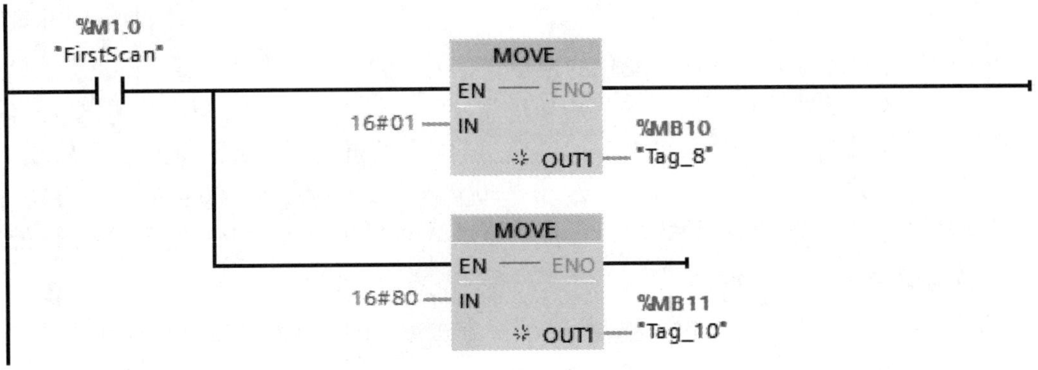

程序段 2：M0.7 为系统时钟脉冲，周期为 2 s，每 1 s 会检测到上升沿信号，执行一次左移或右移指令，I0.0 为选择开关 SA。

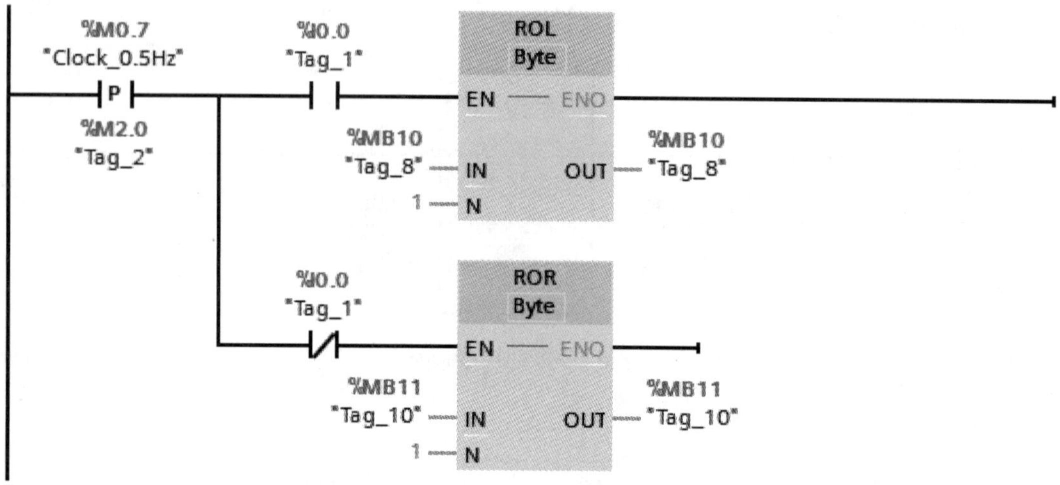

程序段 3：系统将移位后的数据传送给输出端，QB0 对应 Q0.0～Q0.7，分别控制 8 盏灯的亮灭。

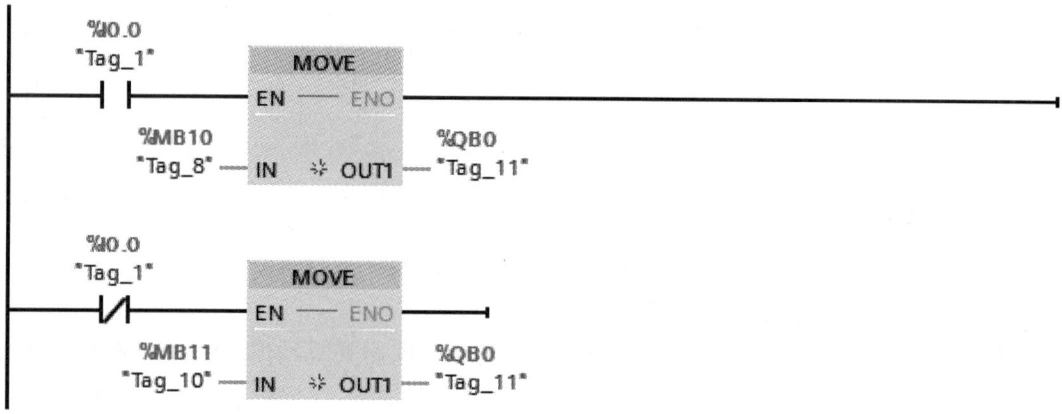

图 9-6　梯形图

9.3　模拟量控制

模拟量应用讲解

在工业生产过程中有很多连续变化的模拟量信号，例如水塔水位、泵出口压力、温度、流量、位移、速度等物理量。所有这些物理量需要利用传感器进行检测，检测出来的信号为连续的电压信号或者电流信号，然后通过变送器将这些电压信号或者电流信号转换为标准的模拟信号，如 ±10 V、±5 V、±2.5 V、0～10 V、0～20 mA、4～20 mA 等，并将这些标准模拟量信号送到模拟量模块，模拟量模块通过 A/D 转换器转换成数字量给 CPU 处理。

1. 模拟量模块

西门子 S7-1200 PLC 模拟 I/O 是以标准模块方式实现的，其 CPU 模块自带两路模拟量输入(Analogy Input，AI)，输入为电压信号，输入电压范围为 0～10 V，满量程范围为 0～27 468，默认地址为 IW64 和 IW66。

1) 模拟量输入模块

AI 模块可是将模拟量信号转换为数字信号，其主要部分为 A/D 转换器。西门子提供的 AI 模块 SM1231 和 AI 信号板 SB1231 可以将标准的电压信号或电流信号转换为数字信号，其具体型号、通道数和 A/D 转换器的位数如图 9-7 所示，技术参数如图 9-8 所示。

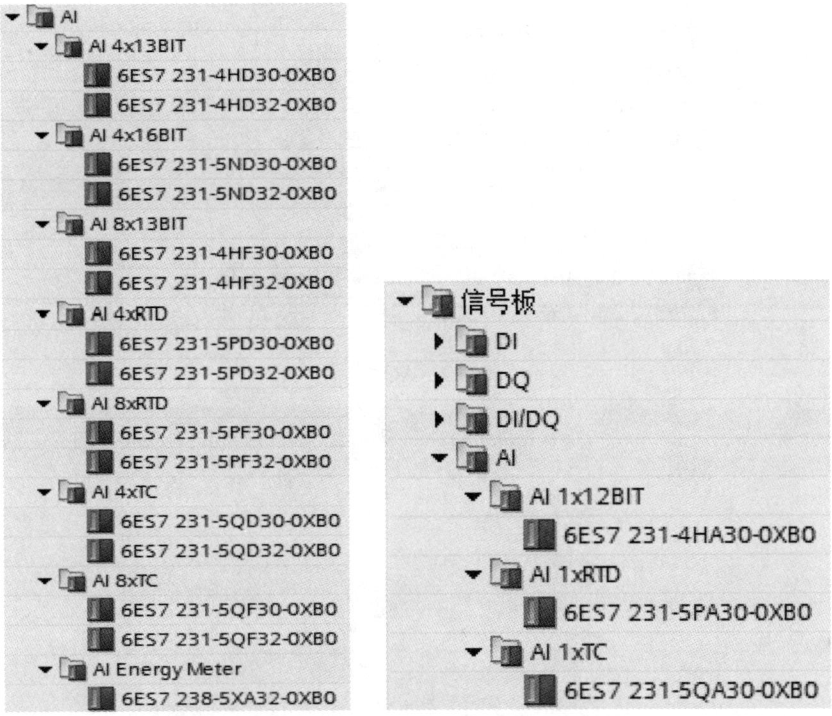

图 9-7　AI 模块

型号	SM 1231 AI 4x13 位	SM 1231 AI 8x13 位	SM 1231 AI 4 x 16 位
订货号（MLFB）	6ES7 231-4HD32-0XB0	6ES7 231-4HF32-0XB0	6ES7 231-5ND32-0XB0
常规			
尺寸 W x H x D（mm）	45 x 100 x 75	45 x 100 x 75	45 x 100 x 75
重量	180 g	180 g	180 g
功耗	2.2 W	2.3 W	2.0 W
电流消耗（SM 总线）	80 mA	90 mA	80 mA
电流消耗（24 V DC）	45 mA	45 mA	65 mA
模拟输入			
输入路数	4	8	4
类型	电压或电流（差动）：可 2 个选为一组		电压或电流（差动）
范围	±10 V、± 5 V、± 2.5 V 或 0 – 20 mA		±10 V、±5 V、±2.5 V、±1.25 V、 0 – 20 mA 或 4 mA – 20 mA
满量程范围（数据字）	-27,648 – 27,648		
过冲 / 下冲范围（数据字）	电压：32,511 – 27,649/-27,649 – -32,512 电流：32,511 – 27,649/0 – -4864		电压：32,511 – 27,649/-27,649 – -32,512 电流：(0-20 mA)：32,511 – 27,649/0 – -4,864； 4 – 20 mA：32511 – 27,649/-1 – -4,864
上溢 / 下溢（数据字）	电压：32,767 – 32,512/-32,513 – -32,768 电流：32,767 – 32,512/-4865 – -32,768		电压：32,767 – 32,512/-32,513 – -32,768 电流：0 – 20 mA：32,767 – 32,512/-4,865 – -32,768 4 – 20 mA：32,767 – 32,512/-4,865 – -32,768

图 9-8　AI 模块技术参数

2) 模拟量输出模块

AQ(模拟量输出)模块可将 CPU 处理过的数字量信号转换成成比例的电压信号或电流信号，从而对执行机构进行调节或控制。西门子提供了 AQ 模块 SM1232 和 AQ 信号板 SB1232 模拟量输出信号板，其具体型号、通道数和 A/D 转换器的位数如图 9-9 所示，技术参数如图 9-10 所示。

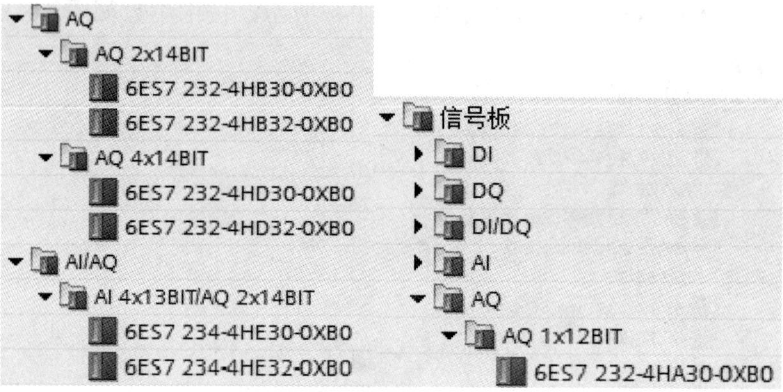

图 9-9　AQ 模块

型号	SM 1232 AQ 2x14 位	SM 1232 AQ 4x14 位
订货号（MLFB）	6ES7 232-4HB32-0XB0	6ES7 232-4HD32-0XB0
常规		
尺寸 W x H x D（mm）	45 x 100 x 75	45 x 100 x 75
重量	180 g	180 g
功耗	1.5 W	1.5 W
电流消耗（SM 总线）	80 mA	80 mA
电流消耗（24 V DC）	45 mA（无负载）	45 mA（无负载）
模拟输出		
输出路数	2	4
类型	电压或电流	
范围	±10 V 或 0 – 20 mA	
精度	电压：14 位；电流：13 位	
满量程范围（数据字）	电压：-27,648 – 27,648；电流：0 – 27,648	
精度（25 °C/0 – 55 °C）	满量程的 ±0.3 %/±0.6 %	
稳定时间（新值的 95 %）	电压：300 μS（R）、750 μS（1 uF）；电流：600 μS（1 mH）、2 ms（10 mH）	
负载阻抗	电压：≥ 1000 Ω，电流：≤ 600 Ω	

图 9-10　AQ 模块技术参数

3)　模拟量输入/输出模块

AI/AQ(模拟量输入/输出模块)能同时把模拟量转化成数字量，也能把数字量转化成模拟量。西门子提供了 AI/AQ 模块 SM1234，其具体型号、通道数和转换器的位数如图 9-11 所示。

图 9-11　模拟量输入/输出模块

2. AI 信号处理

信号的处理可以采用转换操作指令的标准化指令(NORM_X)和缩放指令(SCALE_X)来实现。

1) NORM_X

NORM_X 通过将输入 VALUE 中的值映射到线性标尺，并对其进行标准化。NORM_X 可以使用参数 MIN 和 MAX 定义(应用于该标尺的)值范围的限值。输出 OUT 中的结果经过计算并存储为浮点数，这取决于要标准化的值在该值范围中的位置。如果要标准化的值等于输入 MIN 中的值，则输出 OUT 将返回值“0.0”；如果要标准化的值等于输入 MAX 的值，则输出 OUT 将返回值“1.0”。NORM_X 的原理示意图如图 9-12(a)所示。

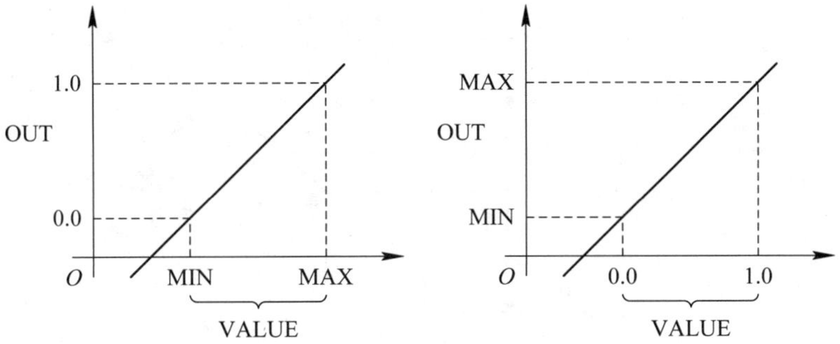

(a) NORM_X　　(b) SCALE_X

图 9-12　NORM_X 和 SCALE_X

“标准化”指令将按以下公式进行计算：

$$OUT=\frac{VALUE-MIN}{MAX-MIN}$$

如果满足下列条件之一，则使能输出 ENO 的信号状态为“0”：

(1) 使能输入 EN 的信号状态为“0”；

(2) 输入 MIN 的值大于或等于输入 MAX 的值；

(3) 根据 IEEE 754 标准，指定浮点数的值超出了标准的数值范围；

(4) 输入 VALUE 的值为 NaN(无效算术运算的结果)。

2) SCALE_X

SCALE_X 通过将输入 VALUE 的值映射到指定的值范围内以缩放该值。当执行“缩放”指令时，输入 VALUE 的浮点值会缩放到由参数 MIN 和 MAX 定义的值范围。缩放结果为整数，存储在输出 OUT 中。SCALE_X 的原理示意图如图 9-12(b)所示。

“缩放”指令将按以下公式进行计算：

$$OUT=[VALUE\times(MAX-MIN)]+MIN$$

如果满足下列条件之一，则使能输出 ENO 的信号状态为“0”：

(1) 使能输入 EN 的信号状态为“0”；

(2) 输入 MIN 的值大于或等于输入 MAX 的值；

(3) 根据 IEEE 754 标准，指定浮点数的值超出了标准的数值范围；

(4) 发生溢出；

(5) 输入 VALUE 的值为 NaN(非数字 = 无效算术运算的结果)。

水温控制系统

【应用举例 9.3】 某温度传感器的量程为 −100～650 ℃，输出信号为 4～20 mA，模拟量模块将 0～20 mA 的电流信号转换为 0～27 648，设

转换后的数字量为 N，求对应的温度值。

转换原理图如图 9-13 所示。图中 5330 点为温度传感器在 4 mA 时对应的值，其计算过程为 $\frac{4}{20}\times 27\ 648 = 5529.6$，转换的计算公式如下式所示：

$$\frac{T-(-100)}{N-5530}=\frac{650-(-100)}{27\ 648-5530}$$

$$T=\frac{750-(N-5530)}{22118}-100$$

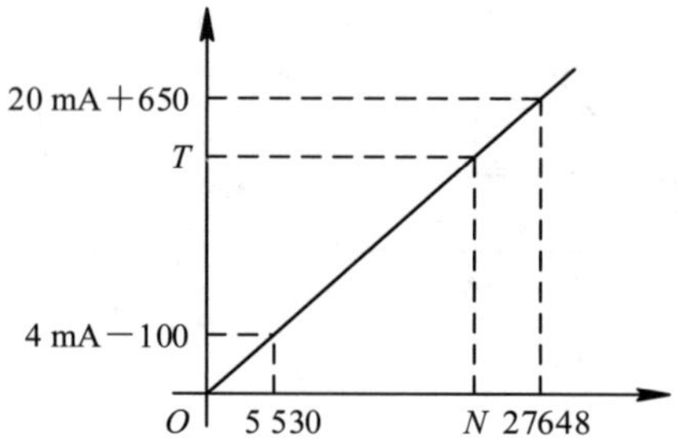

图 9-13 转换原理图

工作任务

任务 水箱控制系统设计

S7-1200 模拟量接线

1. 水箱示意图

水箱示意图如图 9-14 所示。

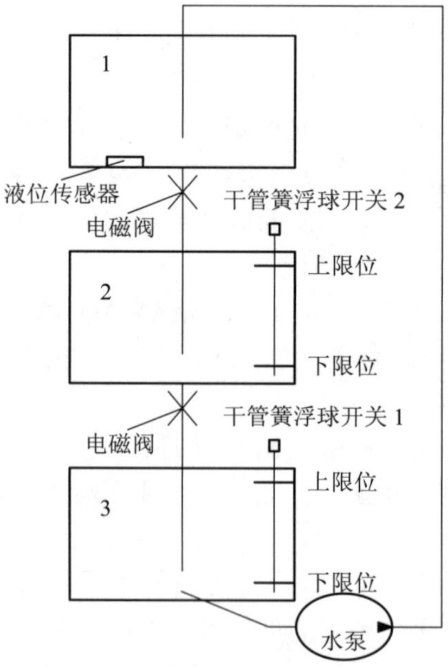

图 9-14 水箱示意图

2. 设备介绍

(1) 电磁阀：通电后打开，水流可以通过；断电后关闭，水流不能通过。

(2) 干管簧浮球开关：浮球跟着水位浮动，水泵限位浮球到达下挡片位置时，两根红线接通；当上限位浮球到达上挡片位置时，两根黑线接通。

(3) 液位传感器：一种测量液位压力的传感器。静压投入式液位变送器基于所测液体静压与该液体高度成比例的原理，采用国外先进的隔离扩散硅敏感元件或陶瓷电容压力敏感传感器，将静压转换为电信号，再经过温度补偿和线性修正转换为标准的电信号。本任务采用的液位传感器型号为 SIN-P260，量程为 0～1 m，输出信号为 4～20 mA，供电电压为 DC 24 V。

(4) 水泵：功率为 80 W，电压为直流 24 V。

3. 任务要求

本任务模拟水塔供水系统，1 号水箱为高位水塔，2 号水箱为用户供水，3 号水箱为底部蓄水池。

(1) 1 号水箱水位达到设定下限值时泵开始抽水，同时 1 号水箱底部电磁阀关闭；1 号水箱水位达到设定上限值时泵停止抽水；若 1 号水箱水位达到下限值同时 3 号水箱也在下限值，则水泵不工作；1 号水箱水位用液位传感器检测。

(2) 2 号水箱水位达到下限位时，2 号水箱电磁阀关闭，同时 1 号水箱电磁阀打开；若此时 1 号水箱在下限值，则 1 号水箱电磁阀仍关闭；2 号水箱水位达到上限位时，1 号水箱电磁阀关闭。

(3) 3 号水箱为蓄水水箱，人工向 3 号水箱加水，水位达到 3 号水箱上限位时，2 号水箱电磁阀关闭；水位低于 3 号水箱下限位时，2 号水箱电磁阀打开，水泵停止抽水。

(4) 正常工作情况下，每个水箱水位都不能低于下限位，同时也不能高于上限位。

4. 任务分析

输入信号：系统启动、停止按钮；1 号水箱水位检测信号(该信号为 4～20mA 电流信号)；2 号水箱和 3 号水箱高、低水位检测信号(检测元件为干管簧浮球开关)。

输出信号：1 号水箱电磁阀、2 号水箱电磁阀、水泵。

5. 任务实施

1) 控制系统设计

根据任务分析可知，本控制系统有启动、停止、2 号水箱上限位、2 号水箱下限位、3 号水箱上限位、3 号水箱下限位共 6 个数字量输入；1 个 4～20 mA 电流输入信号；3 个数字量输出信号。因此，选择输入数字量点数大于 6 和输出点数大于 3 的 PLC，本任务选择 PLC 类型为 CPU 1214 DC/DC/DC，订货号为 6ES9-214-1AG40-0XB0。由于 S7-1200 PLC 的 CPU 模块自带的 AI 为电压信号，因此另外选择 AI 模块 SM1231 AI 4 × 13 位，订货号为 6ES7 231-4HD32-0XB0。

2) I/O 地址分配

I/O 地址分配如表 9-2 所示。

表 9-2　水箱控制系统 I/O 地址分配表

输入信号			输出信号		
输入元件	作　用	输入继电器	输出元件	作　用	输出继电器
SB0	启动按钮	I0.0	1 号水箱电磁阀	1 号水箱放水	Q0.0
SB1	停止按钮	I0.1	2 号水箱电磁阀	2 号水箱放水	Q0.1
浮球开关 1	3 号水箱下限位	I0.2	水泵	抽水	Q0.2
浮球开关 1	3 号水箱上限位	I0.3			
浮球开关 2	2 号水箱下限位	I0.4			
浮球开关 2	2 号水箱上限位	I0.5			
液位变送器	1 号水箱液位	IW96			

3) 系统接线图

水箱控制系统的接线图如图 9-15 所示，AI 模块接线图如图 9-16 所示。

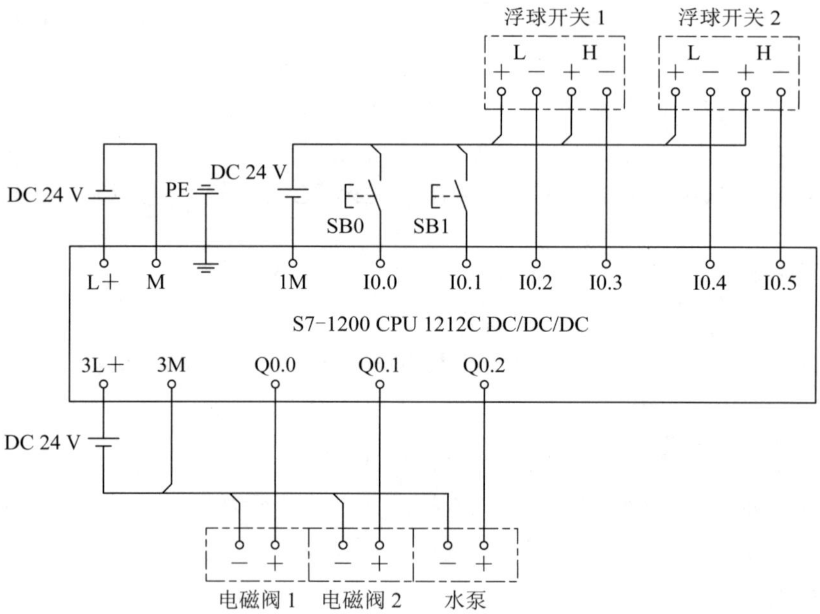

图 9-15　水箱控制系统接线图

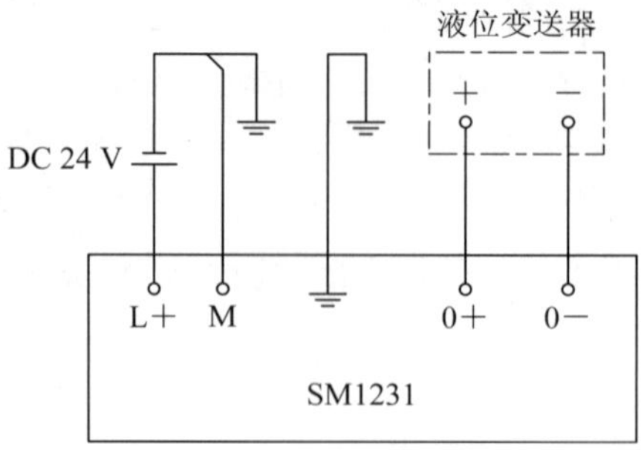

图 9-16　AI 模块接线图

4) PLC 程序设计

(1) 变量定义。变量表如图 9-17 所示。

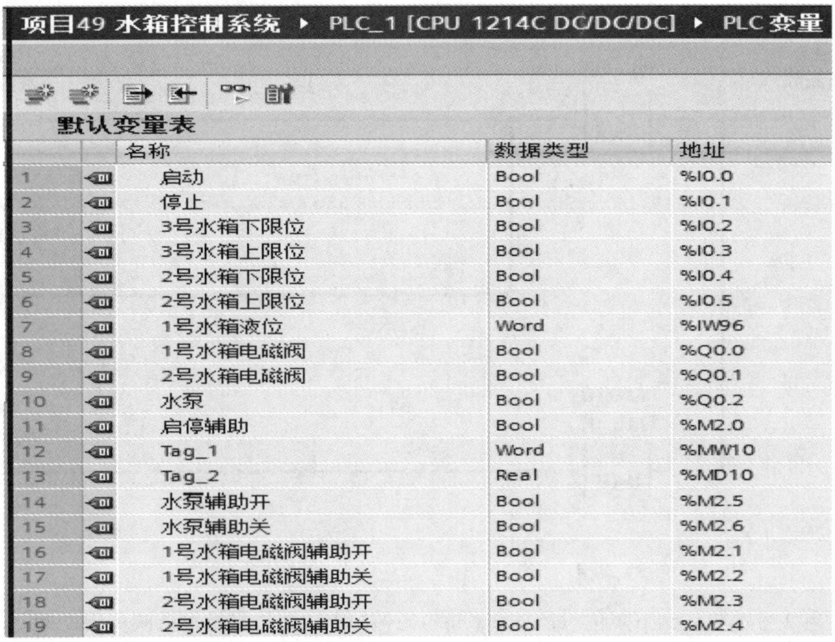

项目49 水箱控制系统 ▸ PLC_1 [CPU 1214C DC/DC/DC] ▸ PLC 变量

默认变量表

	名称	数据类型	地址
1	启动	Bool	%I0.0
2	停止	Bool	%I0.1
3	3号水箱下限位	Bool	%I0.2
4	3号水箱上限位	Bool	%I0.3
5	2号水箱下限位	Bool	%I0.4
6	2号水箱上限位	Bool	%I0.5
7	1号水箱液位	Word	%IW96
8	1号水箱电磁阀	Bool	%Q0.0
9	2号水箱电磁阀	Bool	%Q0.1
10	水泵	Bool	%Q0.2
11	启停辅助	Bool	%M2.0
12	Tag_1	Word	%MW10
13	Tag_2	Real	%MD10
14	水泵辅助开	Bool	%M2.5
15	水泵辅助关	Bool	%M2.6
16	1号水箱电磁阀辅助开	Bool	%M2.1
17	1号水箱电磁阀辅助关	Bool	%M2.2
18	2号水箱电磁阀辅助开	Bool	%M2.3
19	2号水箱电磁阀辅助关	Bool	%M2.4

图 9-17　水箱控制系统变量表

(2) 程序设计。梯形图如图 9-18 所示。

程序段 1：启-保-停

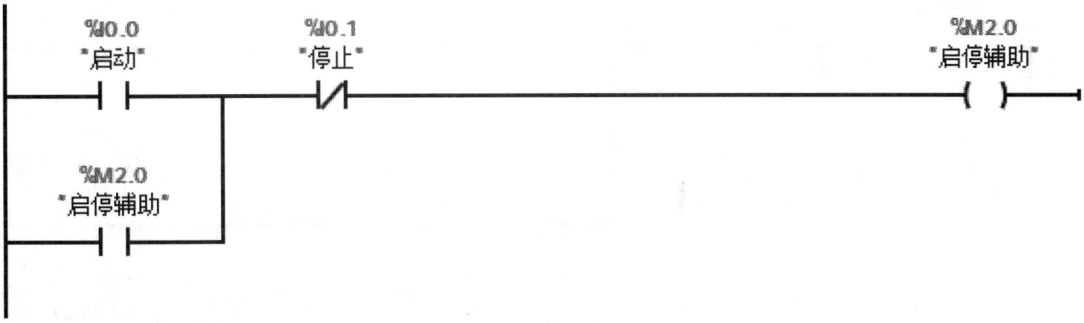

程序段 2：读取液位变送器的值，并转换成实际的水面高度。由于液位变送器的量程为 0～1 m，因此通过标准化后，正好与量程一致，即水位的实际高度。

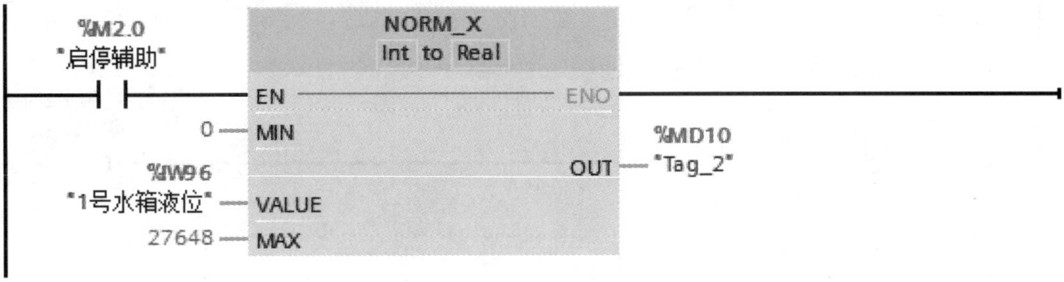

程序段 3：当 1 号水箱的水位低于 0.03 m 时，水泵开始抽水，同时 1 号水箱的电磁阀关闭；当 1 号水箱的水位大于 0.9 m 时，水泵停止抽水；如果 3 号水箱处于低水位，则水泵不能抽水。

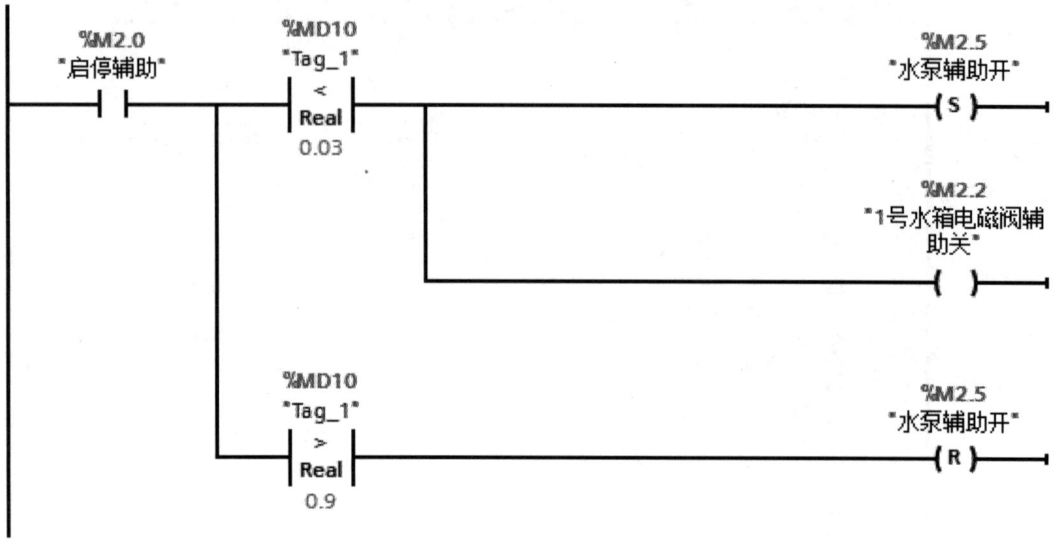

程序段 4：当 2 号水箱达到下限位时，1 号水箱电磁阀打开，2 号水箱电磁阀关闭。此时，如果 1 号水箱的水位小于 0.03 m，则 1 号水箱电磁阀不能打开；当 2 号水箱达到上限位时，1 号水箱电磁阀关闭。

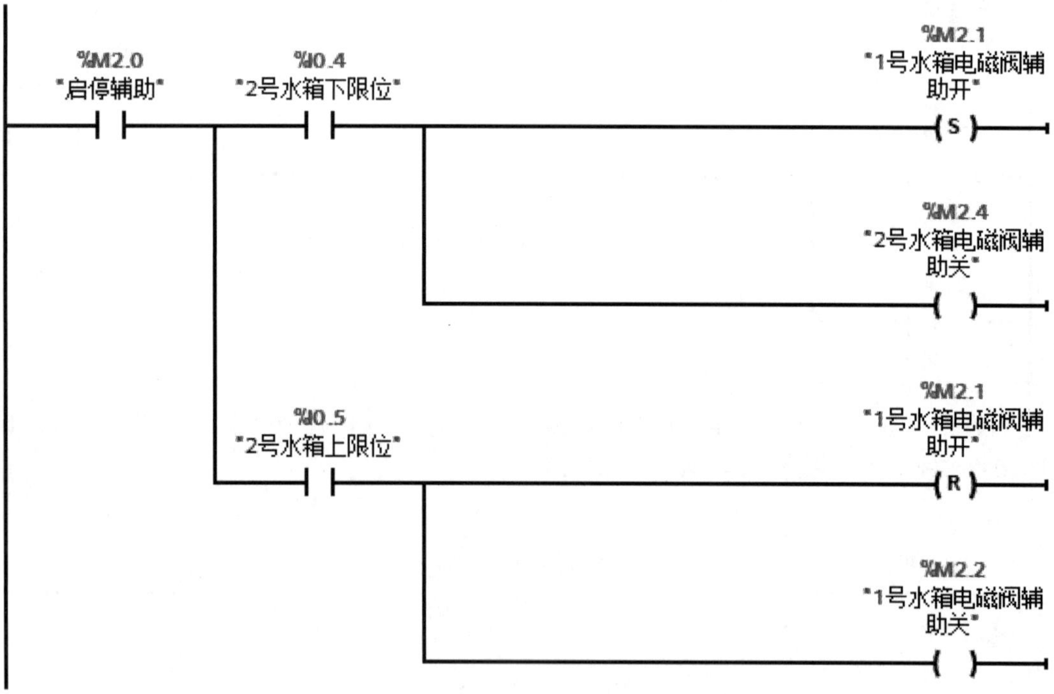

程序段 5：当 3 号水箱达到下限位时，2 号水箱电磁阀打开，同时水泵关闭。如果此时 2 号水箱处于低水位，则 2 号水箱电磁阀不能打开；当 3 号水箱达到高水位时，2 号水箱电磁阀关闭。

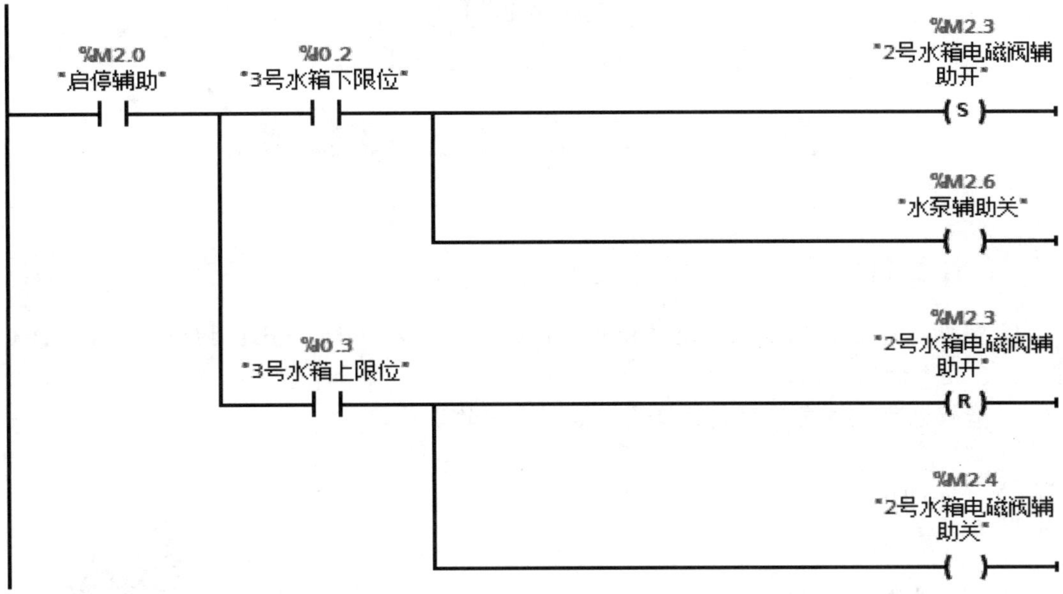

程序段 6：集中输出控制。

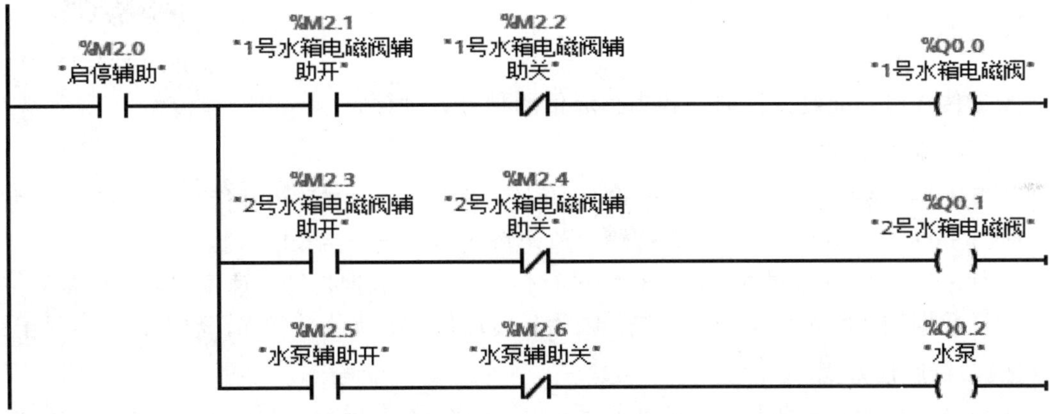

图 9-18　梯形图

能力测试

项目九 能力测试题解

用 PLC 实现温箱控制。温箱有一组 1 kW 的加热器进行加热和一个 200W 的风机进行换气，温箱内还有一个温度传感器用于检测温度，温度要求控制在 45℃～50℃。系统启动后，当温箱温度低于 45℃时，加热器自动启动进行加热；当温箱温度高于 50℃时，加热器停止加热，并且风机转动进行散热。

项目十

多路口交通信号灯控制

学习目标

1. 掌握 S7-1200 PLC S7 通信和开放式通信，学会 PUT、GET 指令和 TSEND_C、TRCV_C 指令的基本应用。

2. 能够独立完成多路口交通信号灯控制系统的设计。

知识讲座

10.1 通信方式

PROFINET 通信讲解

数据传输可以通过并行通信和串行通信两种方式进行。

1. 并行通信方式

一组数据的各数据位在多条线上同时被传输，这种传输方式称为并行通信。它以计算机的字长(通常是 8 位、16 位或 32 位)为传输单位，每次传送一个字长的数据。

并行是指 8 位数据同时通过并行线进行传送，这样数据传送的速度得以大大提高，但并行传送数据的线路长度会受到限制，因为长度增加，干扰就会增加，数据也就容易出错。

2. 串行通信方式

串行通信按照数据流的方向分为单工、半双工、全双工三种传输模式；按照传输数据的格式规定分成同步通信、异步通信两种传输方式。

同步通信广泛应用于位置编码器和控制器之间。控制器产生时钟脉冲串，编码器产生数据脉冲串。同步通信以帧为数据传输单位，字符之间没有间隙，也没有起始位和停止位。为保证接收端能正确区分数据流，收发双方必须建立起同步的时钟，如图 10-1 所示。

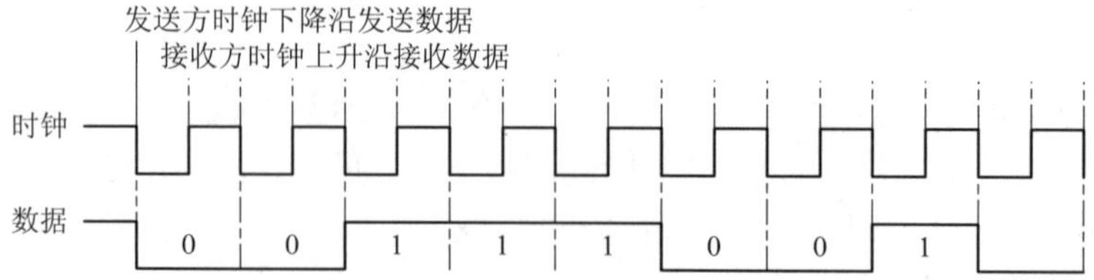

图 10-1　同步通信数据发送与接收

异步通信以字符为传输单位。传输开始时，组成这个字符的各个数据位将连续发送，接收端通过检测字符中的起始位和停止位来判断接收到达的字符，如图 10-2 所示。

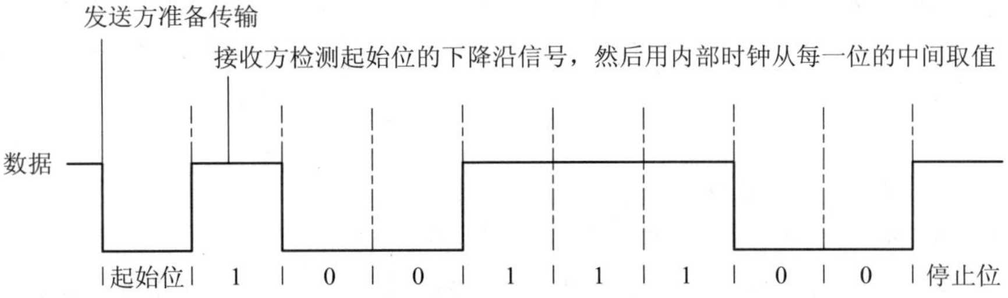

图 10-2　异步通信数据发送和接收

S7-1200 PLC 的串行通信采用异步通信传输方式，每个字符由 1 个起始位、7 个或 8 个数据位、1 个奇偶校验位(或无校验位)、1 个停止位组成，传输时间取决于 S7-1200 PLC 通信模块端口的波特率设置。

10.2　西门子通信网络

S7 通信讲解

1. 以太网通信

西门子工业以太网可以应用于单元级、管理级的网络，其具有通信数据量大、传输距离长的特点。西门子工业以太网可同时运行多种通信服务，例如 PG/OP 通信、S7 通信、开放式用户通信和 PROFINET 通信。S7 通信和开放式用户通信为非实时性通信，它们主要用于站点间的数据通信。基于工业以太网开发的 PROFINET 通信具有很好的实时性，主要用于连接现场分布式站点。

设备与设备之间进行以太网通信需要配合使用 IE FC RJ45 插头。IE FC 2 × 2 电缆的通信距离为 100 m，通信速率可达 100 Mb/s。IE FC 4 × 2 电缆可用于主干网连接，其通信速率最大可达到 1000 Mb/s。

S7-1200 PLC 的 CPU 本体集成了 1 个以太网接口，其中 CPU 1211C、CPU 1212C 和 CPU 1214C 只有一个以太网 RJ45 端口，CPU 1215C 和 CPU 1217C 则内置了一个双 RJ45 端口的以太网交换机。S7-1200 PLC 的 CPU 以太网接口可以通过直接连接或交换机连接的方式与其他设备通信。

2. PROFIBUS

PROFIBUS 具有标准化的设计和开放的结构，是国际现场总线标准 IEC61158(TYPE Ⅲ)和中华人民共和国国家标准 GB/T 20540—2006 的重要组成部分。遵循这些标准的设备即使由不同的公司制造，也能够互相兼容。

PROFIBUS 由三种通信协议组成，即 PROFIBUS DP、PROFIBUS PA 和 PROFIBUS FMS。PROFIBUS DP 在主站和从站之间采用轮循的通信方式，主要应用于自动化系统中单元级和现场级通信，适用于传输中小量的数据。PROFIBUS PA 是为过程控制的特殊要求而设计的，它使用了扩展的 PROFIBUS DP 协议进行数据传输，电源和数据通过总线并行传输，可以用于对安全有要求的场合，主要用于面向过程自动化系统中单元级和现场级通信。PROFIBUS FMS 主要用于车间级主站之间的通信，是面向对象的通信，适用于大数据量的数据传输。对于西门子 PLC 系统，PROFIBUS 还提供了 S7 通信和 S5 兼容通信(PROFIBUS FDL)两种通信方式。

SIMATIC S7-1200 不支持 PROFIBUS FMS 和 PROFIBUS FDL 通信，但可以通过 PROFIBUS DP 或者 PROFIBUS S7 与其他设备通信。

PROFIBUS DP 网络中的设备类型有以下三种：

(1) 1 类 DP 主站：完成总线通信控制和管理以及与从站交换数据等，例如具有 DP 接口的 PLC、插有 PROFUBUS DP 主站板卡的 PC。

(2) 2 类 DP 主站：负责对 DP 系统进行配置、对网络进行诊断等，例如操作员站、编程器。

(3) DP 从站：负责执行主站的输出命令，向主站提供现场传感器采集到的输入信号和输出信号，例如分布式 I/O，具有 DP 接口的驱动器、传感器、执行机构等。

PROFIBUS 允许构成单主站系统或多主站系统，在同一总线上最多可连接 126 个站点。PROFIBUS DP 是一个分布式的具有周期性循环特点的实时系统，系统中的各个站点平行地连在总线上，且具有唯一的逻辑地址。

10.3 S7-1200 PLC 以太网通信

两台 S7-1200 PLC 之间的 S7 通信

1. S7-1200PLC 与 S7-1200PLC 之间的 S7 通信

S7 通信协议是专门为西门子控制产品优化设计的通信协议，具有较高的安全性。S7 是面向连接的协议，在进行数据交换之前，PLC 必须与通信伙伴建立连接。

连接是指两个通信伙伴之间为了执行通信建立的逻辑链路，而不是两个站之间用物理媒体(例如电缆)实现的连接。S7 连接是需要组态的静态连接，静态连接要占用 CPU 的连接资源。进行连接的通信分为单向连接和双向连接，S7-1200 PLC 仅支持 S7 单向连接。

单向连接的客户机是向服务器请求服务的设备，客户机调用 GET/PUT 指令读、写服务器的存储区。服务器在通信中是被动方，用户不用编写服务器的 S7 通信程序，S7 通信是由服务器的操作系统完成的。客户机可以读、写服务器的存储区，它虽是单向连接，实际上却可以双向传输数据。

(1) PUT 指令：向远程 CPU 写入数据，如图 10-3 所示。

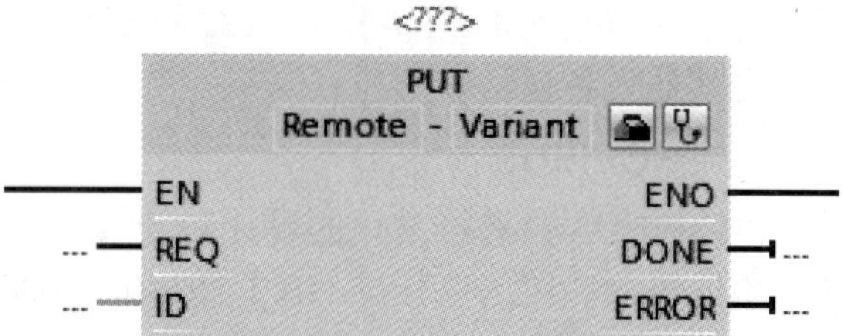

图 10-3 PUT 指令

PUT 指令各引脚含义如表 10-1 所示。

表 10-1　PUT 指令各引脚含义

序号	引脚	含　义
1	REQ	用于触发 PUT 指令的执行，每个上升沿触发一次
2	ID	S7 通信连接 ID，该连接 ID 在组态 S7 连接时生成
3	ADDR_X	指向伙伴 CPU 写入区域的指针
4	SD_X	指向本地 CPU 发送区域的指针
5	DONE	数据被成功写入到伙伴 CPU
6	ERROR	指令执行出错，错误代码参考 STATUS
7	STATUS	通信状态字，当 ERROR 为 TRUE 时，可通过代码查找错误原因

(2) GET 指令：从远程 CPU 读取数据，如图 10-4 所示。

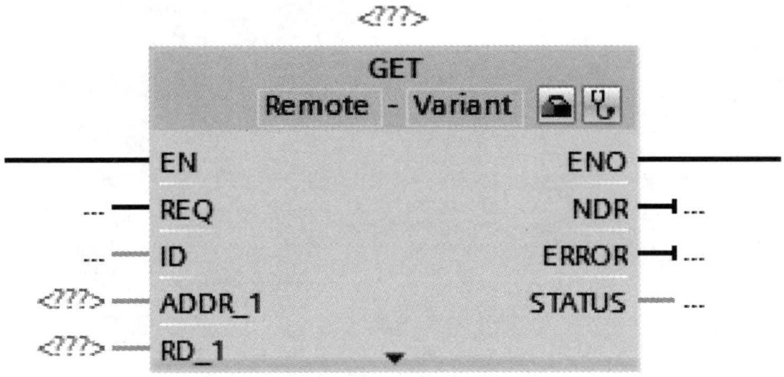

图 10-4　GET 指令

GET 指令各引脚含义如表 10-2 所示。

表 10-2　GET 指令各引脚含义

序号	引脚	含　义
1	REQ	用于触发 GET 指令的执行，每个上升沿触发一次
2	ID	S7 通信连接 ID，该连接 ID 在组态 S7 连接时生成
3	ADDR_X	指向伙伴 CPU 写入区域的指针
4	RD_X	指向本地 CPU 发送区域的指针
5	NDR	数据从伙伴 CPU 读取成功
6	ERROR	指令执行出错，错误代码参考 STATUS
7	STATUS	通信状态字，当 ERROR 为 TRUE 时，可通过代码查找错误原因

【应用举例 10.1】 应用 S7 通信实现 1200 PLC 与 1200 PLC 之间的数据传输。

控制要求：

(1) 准备两台 S7-1200 PLC，一台为服务器，一台为客户端。服务器为 CPU 1214C DC/DC/RLy，订货号为 6ES7 214-1HG40-0XB0；客户端为 CPU 1214C DC/DC/DC,订货号为 6ES7 214-1AG40-0XB0。

(2) 将服务器 PLC_1 数据传输(DB1)数据块中的发送数据区的 10 个整数发送至客户端 PLC_2 数据传输(DB1)数据块中的待接收数据区。

(3) 将客户端 PLC_2 数据传输(DB1)数据块中的待反馈数据区的 10 个整数发送至服务器端 PLC_1 RECV(DB2)数据块中的接收数据区。

任务实施：

(1) 新建项目。在项目中添加 CPU 1214C DC/DC/RLy 和 CPU 1214 DC/DC/DC，如图 10-5、图 10-6 所示(CPU 的订货号和版本号必须与实际设备相匹配)。

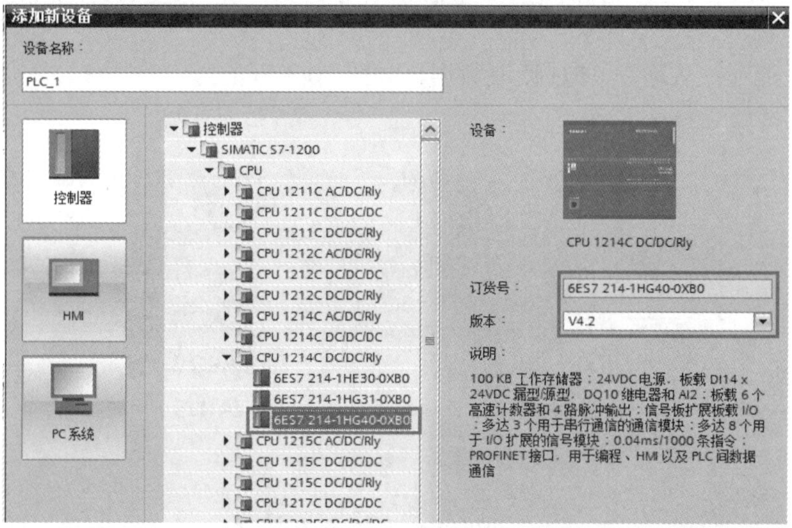

图 10-5　添加 PLC_1

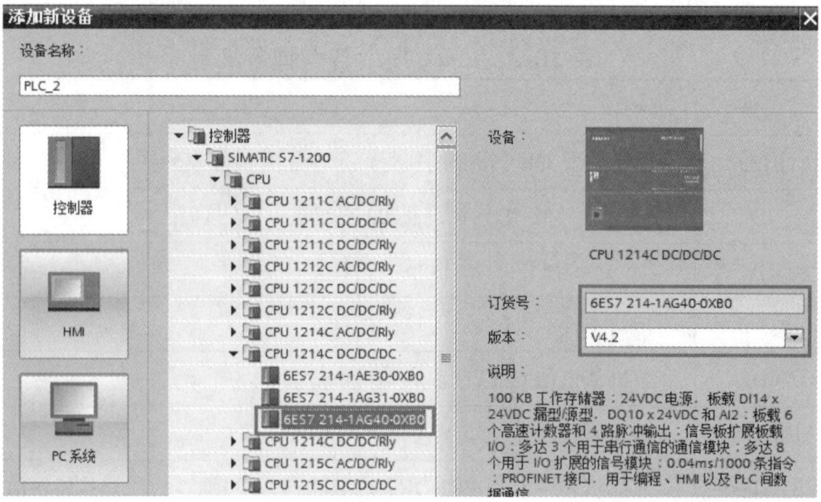

图 10-6　添加 PLC_2

(2) 进行组态 S7 连接。组态 S7 连接前，两个 CPU 的 IP 地址均为系统默认地址 192.168.0.1，处于未联网状态，查看方法分别如图 10-7 和图 10-8 所示。

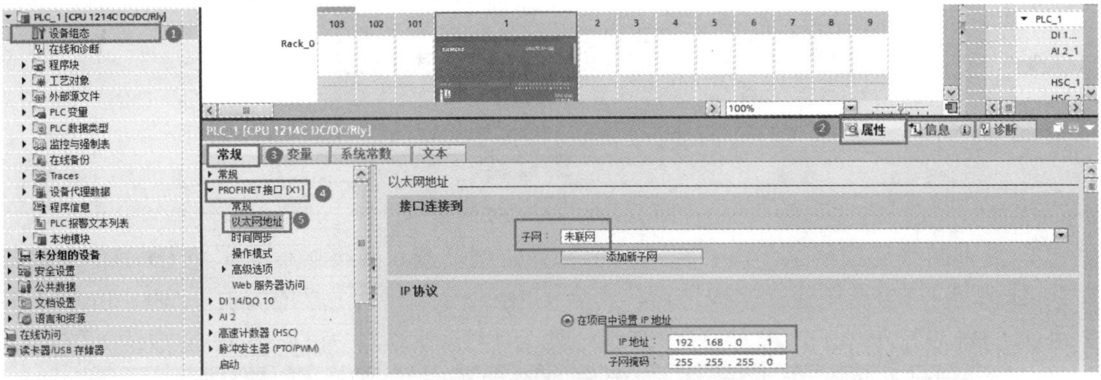

图 10-7　PLC_1 未组态 S7 之前的 IP

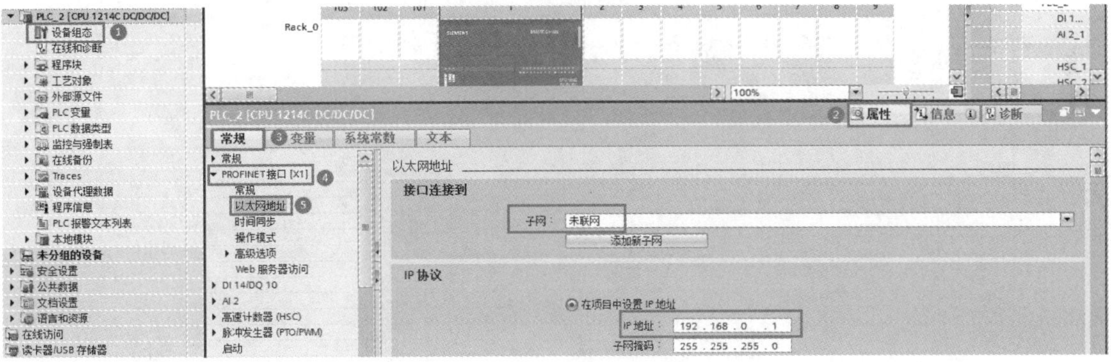

图 10-8　PLC_2 未组态 S7 之前的 IP

① 双击“设备和网络”选项，显示“设备和网络”视图界面，点击“连接”→点击连接右边的选择框→在弹出的下拉框中选择“S7 连接”，如图 10-9 所示。

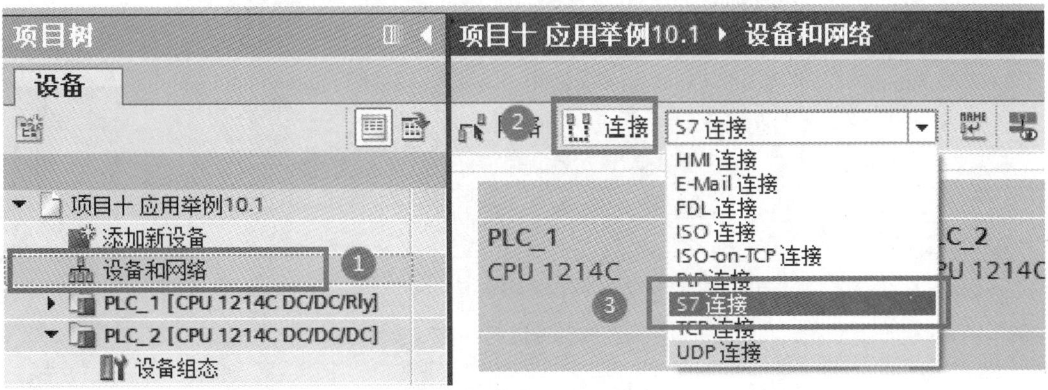

图 10-9　选择 S7 连接

② 进行组态 S7 连接。将鼠标放至 PLC_1 的以太网接口(Ethernet)处后，按住鼠标左键不放移动至 PLC_2 的以太网接口处放开，S7 连接建立完成，如图 10-10 所示。

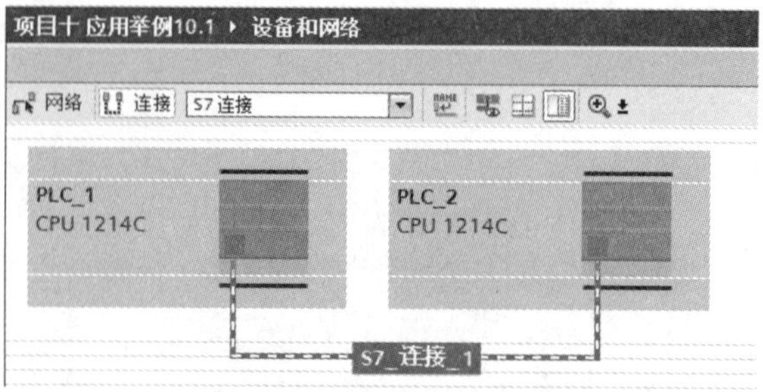

图 10-10　建立 S7 连接

③ 查看网络连接信息。在“网络视图”界面可以查看网络站点、本地 ID 等信息，如图 10-11 所示。S7 连接建立完成之后，两台 CPU 处于同一个子网(PN/IE_1)内，PLC_1 的 IP 地址不变(192.168.0.1)，PLC_2 的 IP 地址变为 192.168.0.2，如图 10-12 所示。

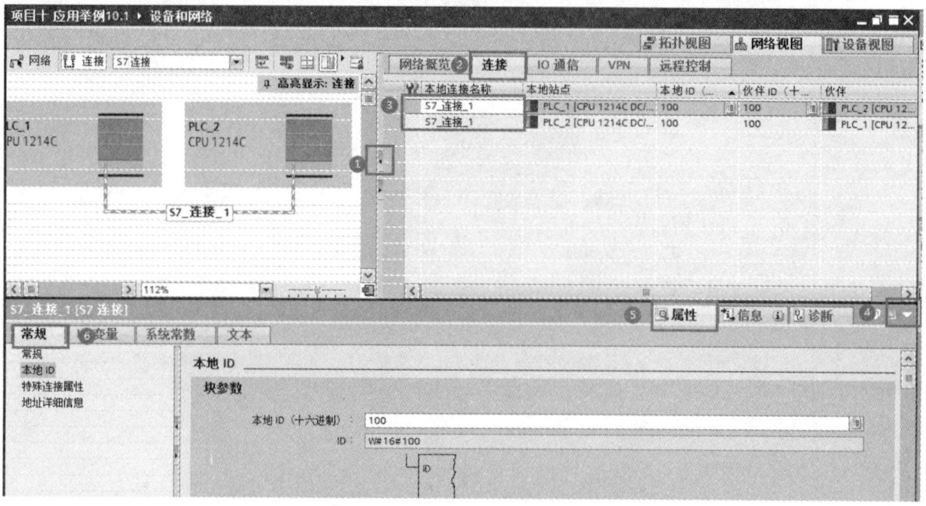

图 10-11　查看 S7 网络信息

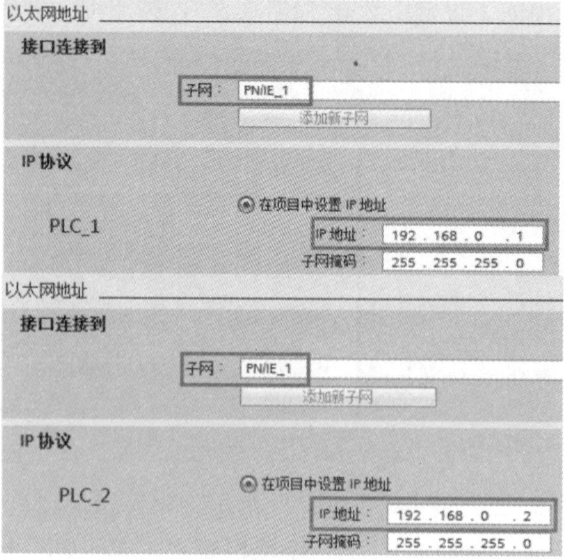

图 10-12　建立 S7 连接后 CPU 的 IP 地址

(3) 设置 PLC_1 设备组态。

① 启用时钟存储器位。在“项目树”窗格中，依次选择 PLC_1(CPU 1214C DC/DC/RLy)→“设备组态”→“属性”→“常规”→“系统和时钟存储器”，勾选“启用时钟存储器字节”，步骤如图 10-13 所示。

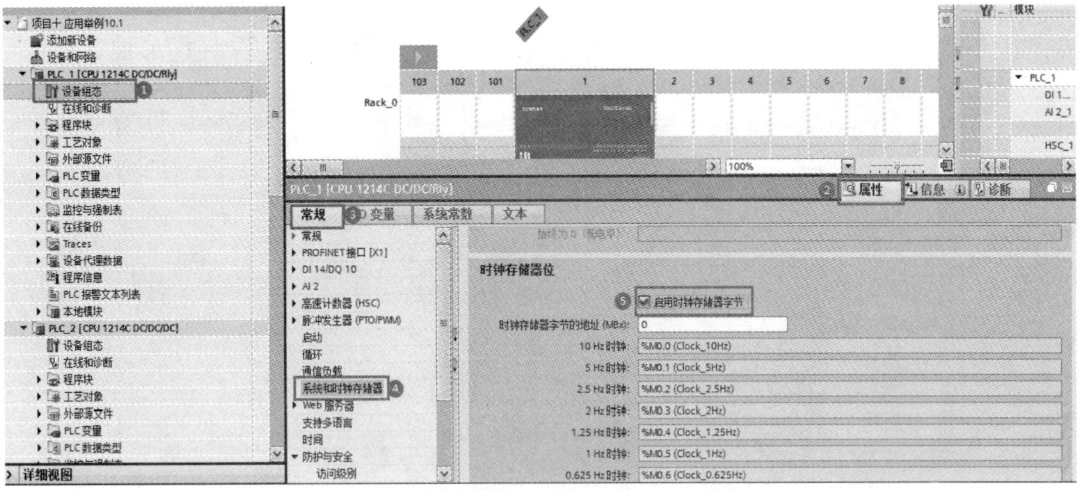

图 10-13　启动时钟存储器字节

② 激活连接机制。在“项目树”窗格中，依次选择 PLC_1(CPU 1214C DC/DC/RLy)→“设备组态”→“属性”→“常规”→“防护与安全”→“连接机制”，勾选“允许来自远程对象的 PUT/GET 通信访问”，如图 10-14 所示。

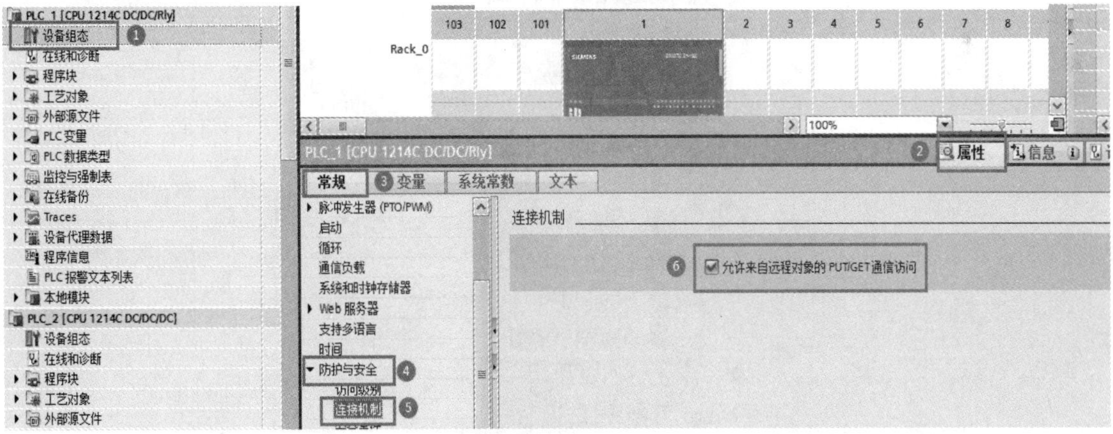

图 10-14　激活连接机制

(4) 设置 PLC_2 设备组态中仅需激活连接机制，其步骤与 PLC_1 相同。

(5) 在服务器端 PLC_1 中建立 SEND 和 RECV 两个数据块。

① PLC_1(CPU 1214C DC/DC/RLy)→“程序块”→“添加新块”，在弹出的对话框中选择“数据块(DB)”选项创建数据块，修改数据块名称为“SEND”，单击“确定”按钮，如图 10-15 所示，建立好的数据块如图 10-16 所示。

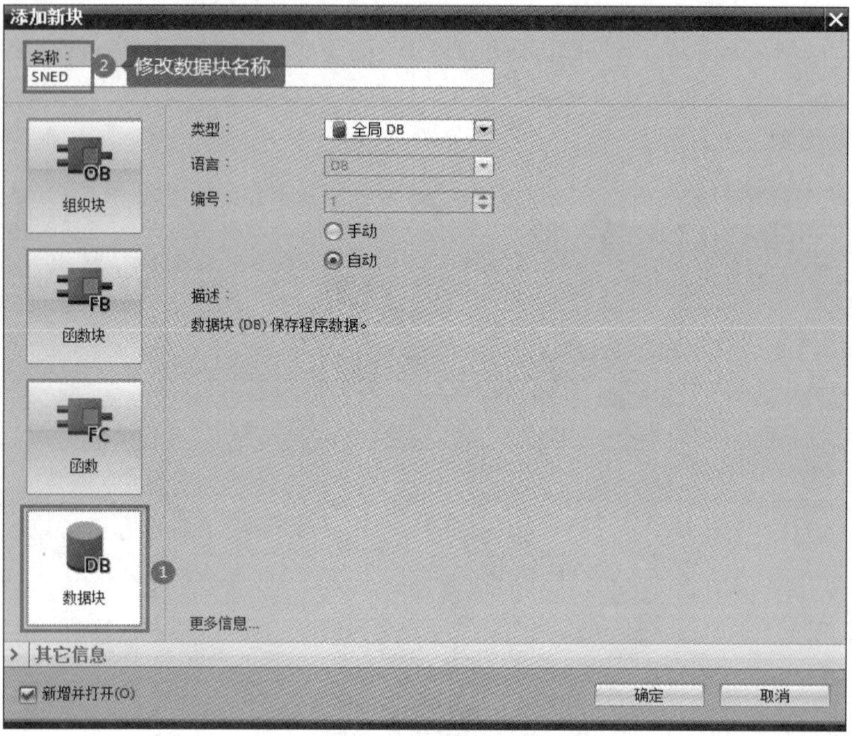

图 10-15　创建数据块

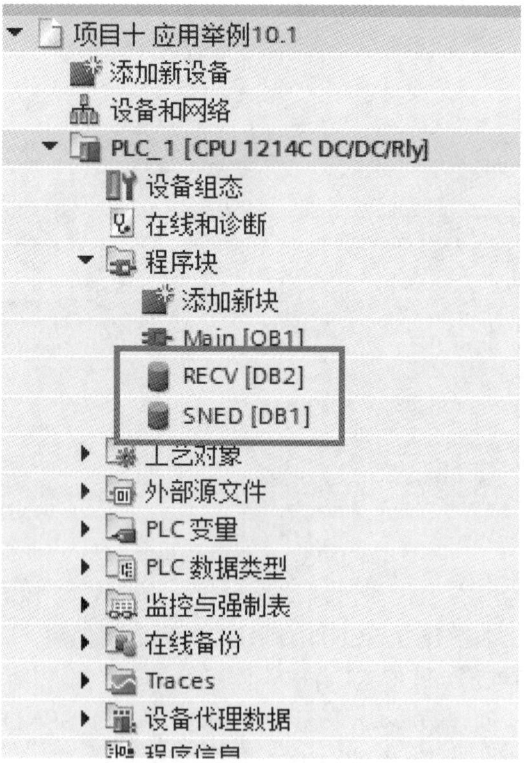

图 10-16　数据块创建完成

② 在 SEND 数据块中创建数组用于存放发送数据，在 RECV 数据块中创建数组用于存放接受数据，两个数据块中数组的长度为 10，数据类型为 Int，如图 10-17 所示。

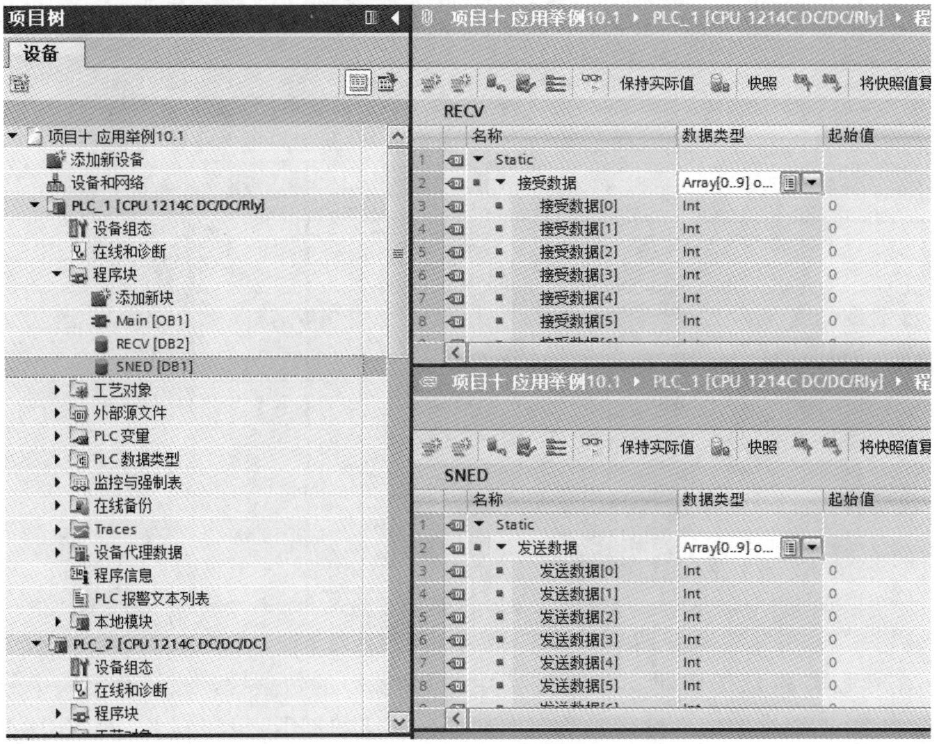

图 10-17　在服务器端创建数据接受与发送区

③ 设置数据块属性。在使用 S7 通信时，指令需要通过绝对寻址读取和写入相应的数据，因此新建的数据块应设置为非优化访问块。选中“SEND(DB1)”，单击鼠标右键，在弹出的菜单中选择“属性”，在弹出的界面中选择“常规”→“属性”，取消勾选“优化的访问块”，单击“确定”按钮，如图 10-18 所示。然后编译该数据块，获取数据的绝对地址，如图 10-19 所示。

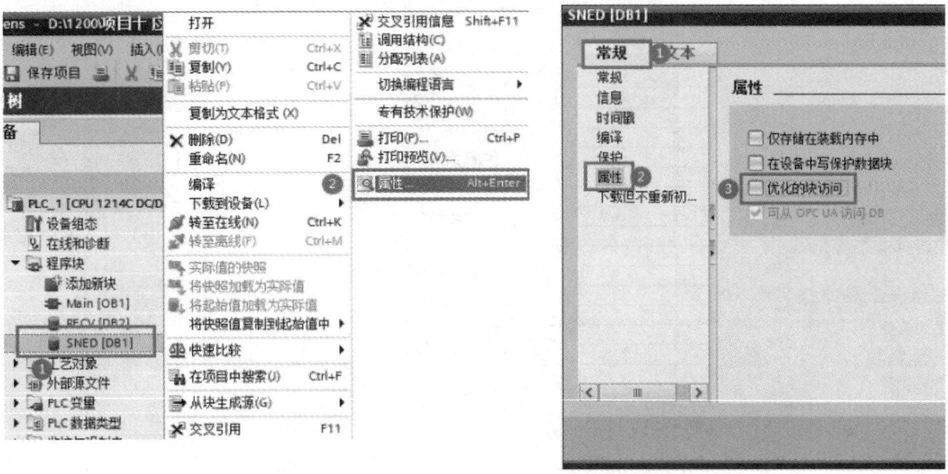

图 10-18　设置为非优化访问块

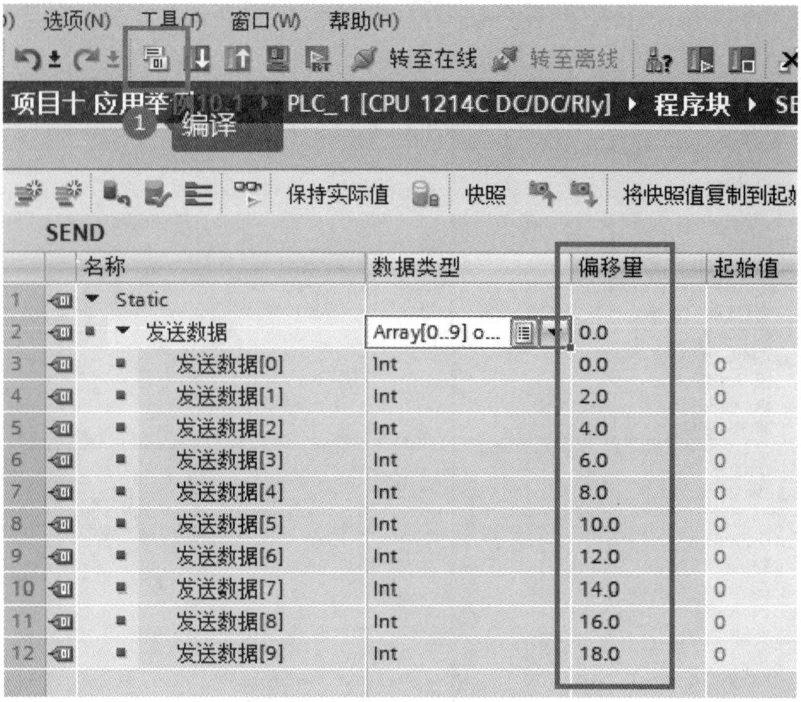

图 10-19 编译数据块获取绝对地址

(6) 在客服端 PLC_2 中建立一个名为“数据传输”的数据块，在该数据块中分别创建两个长度为 10 的整数数组“待接受数据”和“待发送数据”，步骤同上，如图 10-20。

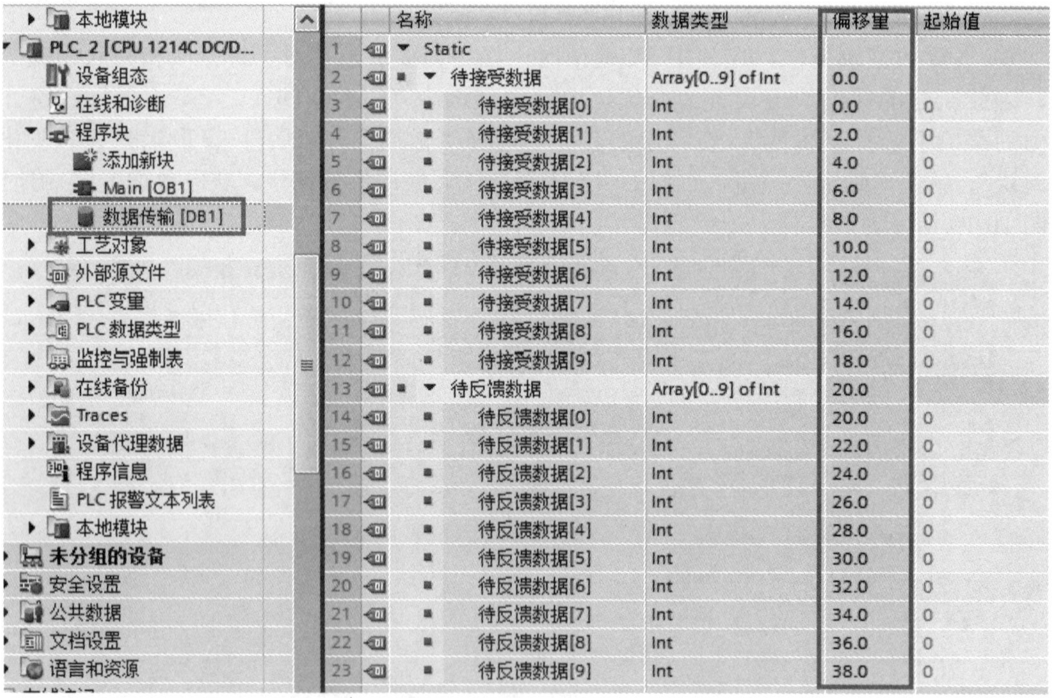

图 10-20 PLC_2 接受与发送数据区的建立

(7) 编写通信程序。S7 通信仅需在服务器端 PLC_1 中编写通信程序。

① 依次选择 PLC_1(CPU 1214C DC/DC/RLY)→“程序块”→“Main(OB1)”→“指令”→“通信”→“S7 通信”，分别将 PUT 指令块和 GET 指令块拖放至程序段 1 中，如图 10-21 所示。

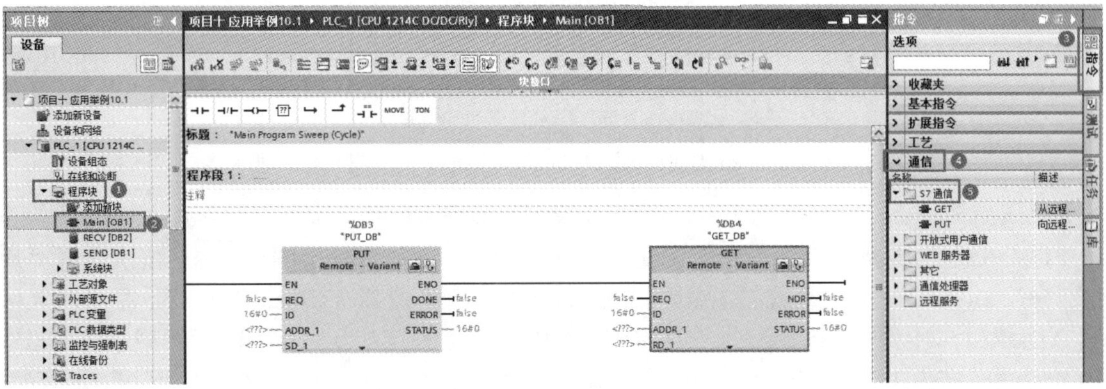

图 10-21　拖放“PUT”与“GET”指令块

② PUT 指令块组态。连接参数。单击“PUT”指令块中的右上角工具箱图标，依次选择“属性”→“组态”→“连接参数”，选择“伙伴”下拉框中的“PLC_2 CPU 1214C DC/DC/DC]”，完成连接参数设置，如图 10-22 所示。此时 PUT 指令块引脚“ID”已经自动完成网络 ID 参数设置，如图 10-23 所示。

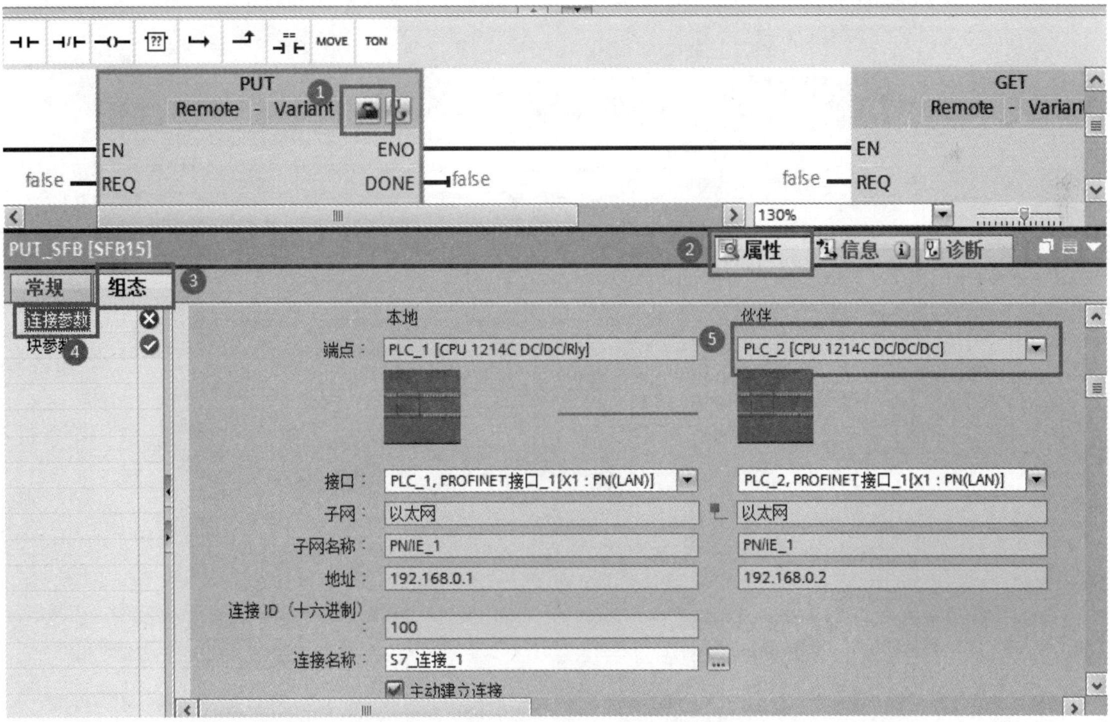

图 10-22　PUT 指令块连接参数设置

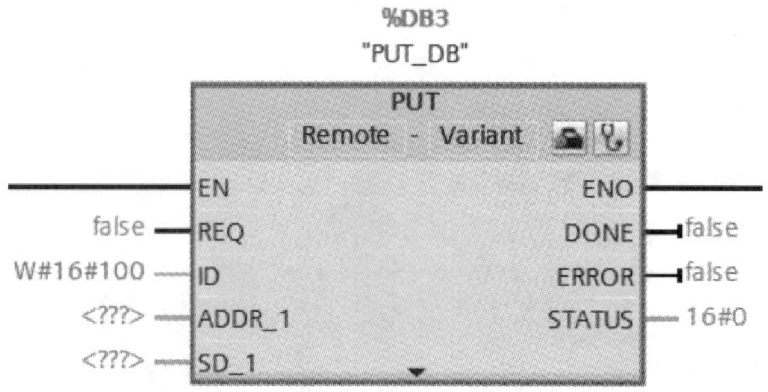

图 10-23　PUT 指令块 ID 参数设置

③ PUT 引脚参数设置。单击 PUT 指令块中的右上角工具箱图标，依次选择“属性”→“组态”→“块参数”，在“启动请求(REQ)”中选择“Clock_10Hz”，在“写入区域(ADDR_1)”中修改“起始地址”为“DB1.DBX0.0”，“长度”为“10”，数据类型选择“Int”，在“发送区域(SD_1)”中修改“起始地址”为“DB1.DBX0.0”，“长度”为“10”，数据类型选择“Int”，步骤如图 10-24 所示，完成后如图 10-25 所示。

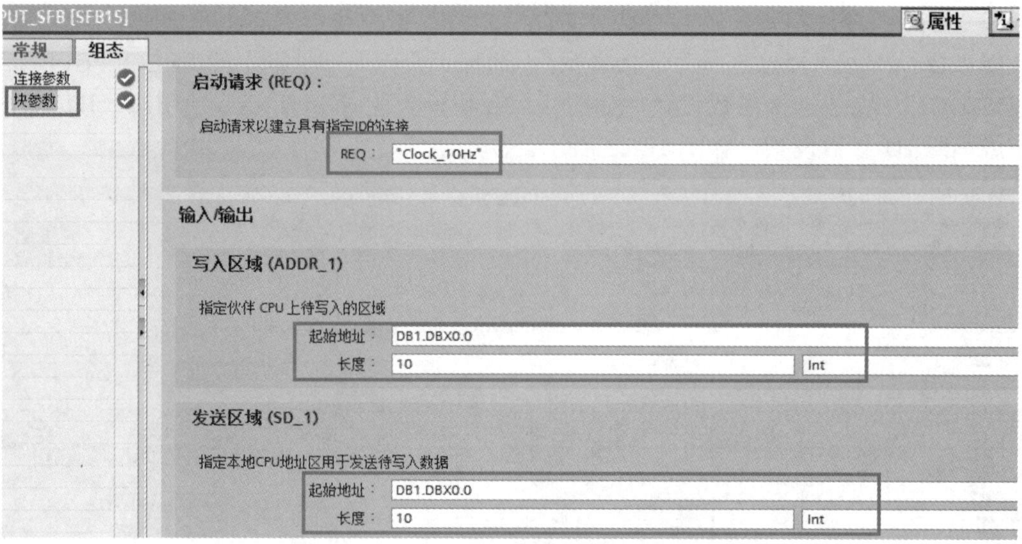

图 10-24　PUT 引脚参数设置

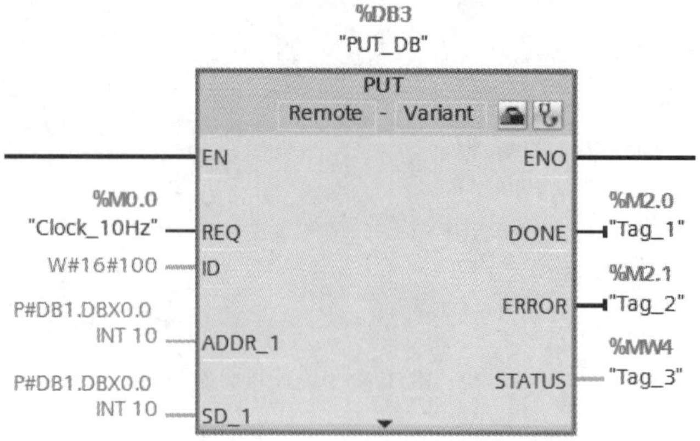

图 10-25　PUT 指令参数设置

④ GET 指令块组态及参数设置。该步骤的操作同 PUT 指令块设置，如图 10-25 所示。请注意，PLC_2“数据传输”数据块中“待反馈数据”区的起始地址为 DB1.DBX20.0，如图 10-26 所示。

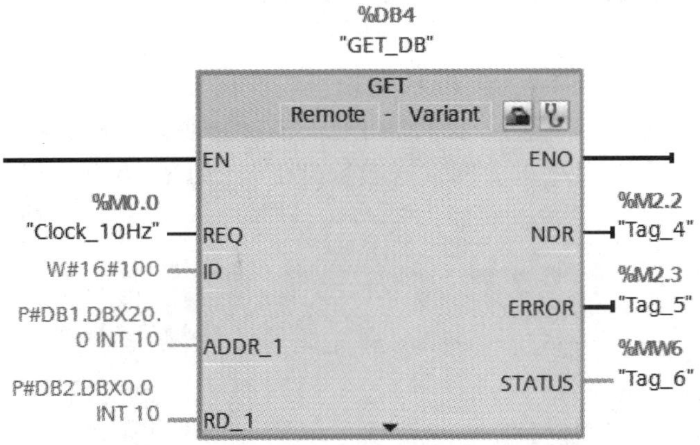

图 10-26　GET 指令参数设置

(8) 程序测试。程序编译后，分别下载到两个 PLC 中，通过在线监视系统可以查看数据的实时变化，如图 10-27 和图 10-28 所示。

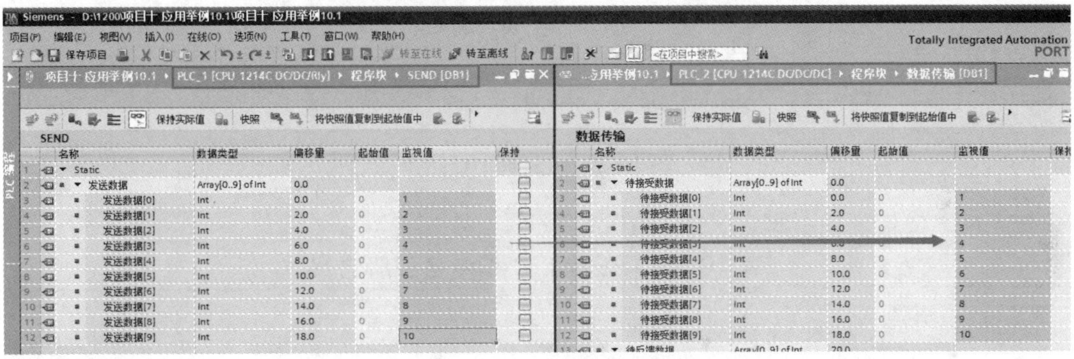

图 10-27　PLC_1 发送数据至 PLC_2

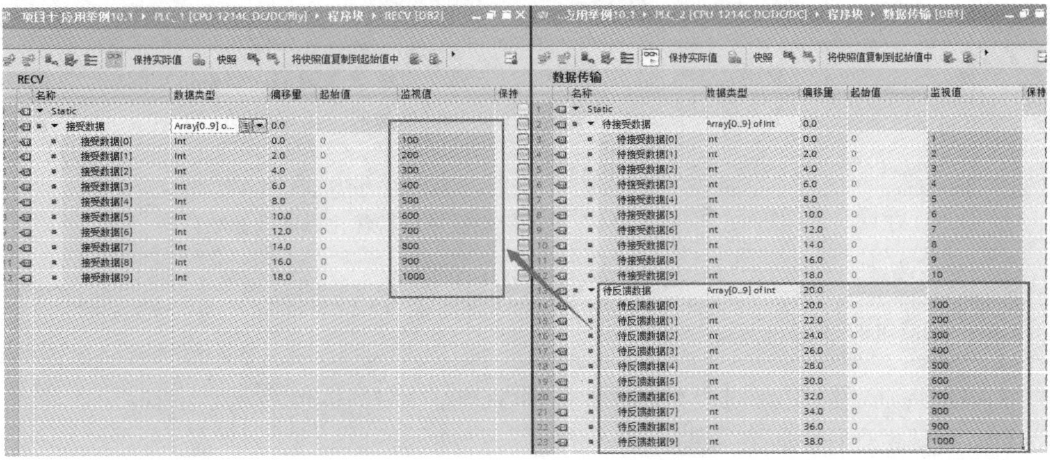

图 10-28　PLC_2 发送数据至 PLC 上

2. S7-1200 PLC 与 S7-1200 PLC 之间的开放式通信

两台 S7-1200 PLC 之间的开放式通信

基于 CPU 集成的 PN 接口的开放式用户通信(Open User Communication)是一种程序控制的通信，这种通信只受用户程序的控制，可以用程序建立和断开事件驱动的通信连接，在运行期间也可以修改连接。

在开放式用户通信中，S7-1200 PLC 可以用功能块建立连接。指令 TSENDC 和 TRCVC 用于通过 TCP 和 ISO-on-TCP 协议发送数据和接收数据。

(1) TSEND_C 指令：通过以太网发送数据(TCP)，如图 10-29 所示。

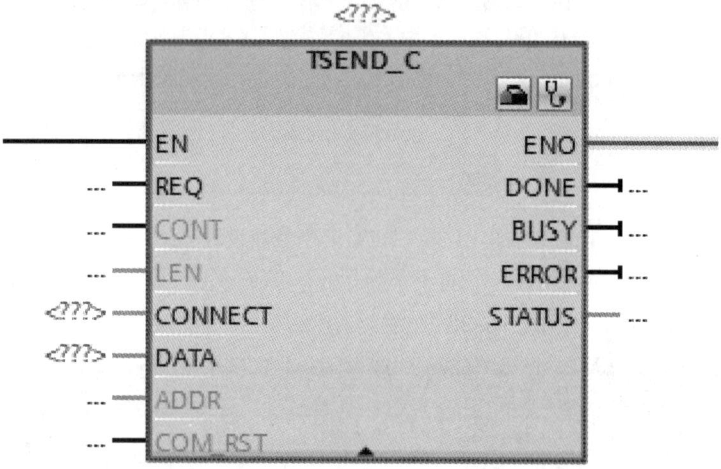

图 10-29 TSEND_C 指令

TSEND_C 指令各引脚含义如表 10-3 所示。

表 10-3 TSEND_C 指令各引脚含义

序号	引脚	含 义
1	REQ	上升沿时触发发送作业
2	CONT	控制连接建立。CONT = 0 时，断开连接；CONT = 1 时，建立连接并保持
3	LEN	发送数据长度。LEN = 0 时，发送长度取决于 DATA 参数指定的数据发送区。当 DATA 参数为优化数据块的结构化变量时，建议设置 LEN=0
4	CONNECT	指向连接描述结构的指针
5	DATA	指向发送区的指针，本地数据区域支持优化访问或标准访问
6	ADDR	改参数为隐藏参数，只用于 UDP 通信以及指定通信伙伴的地址信息
7	COM_RST	用于复位连接

(2) TRCV_C 指令：通过以太网读取数据(TCP)，如图 10-30 所示。

TRCV_C 指令各引脚含义如表 10-4 所示。

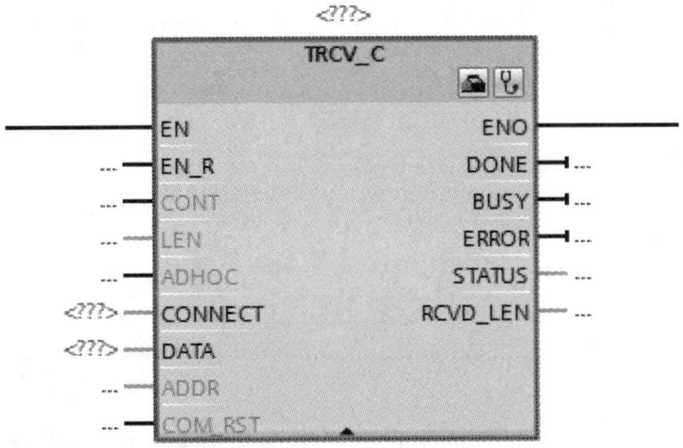

图 10-30　TRCV_C 指令

表 10-4　TRCV_C 指令各引脚含义

序号	引脚	含　义
1	EN_R	启用接收功能
2	CONT	控制连接建立。CONT = 0 时，断开连接；CONT = 1 时，建立连接并保持
3	LEN	发送数据长度。LEN = 0 时，接收长度取决于 DATA 参数指定的数据接收区。当 DATA 参数为优化数据块的结构化变量时，建议设置 LEN = 0
4	CONNECT	指向连接描述的指针
5	DATA	指向接收区的指针，本地数据区域支持优化访问或标准访问
6	RCVD_LEN	实际接收到的字节数

【应用举例 10.2】 应用开放式用户通信实现 S7-1200 PLC 与 S7-1200 PLC 之间的数据传输。

(1) 程序编写步骤如下：

① 新建一个项目文件，在项目中添加 CPU 1214C DC/DC/DC PLC_1 和 CPU 1214C DC/DC/DC PLC_2，并分配好 IP 地址，如图 10-31 所示。

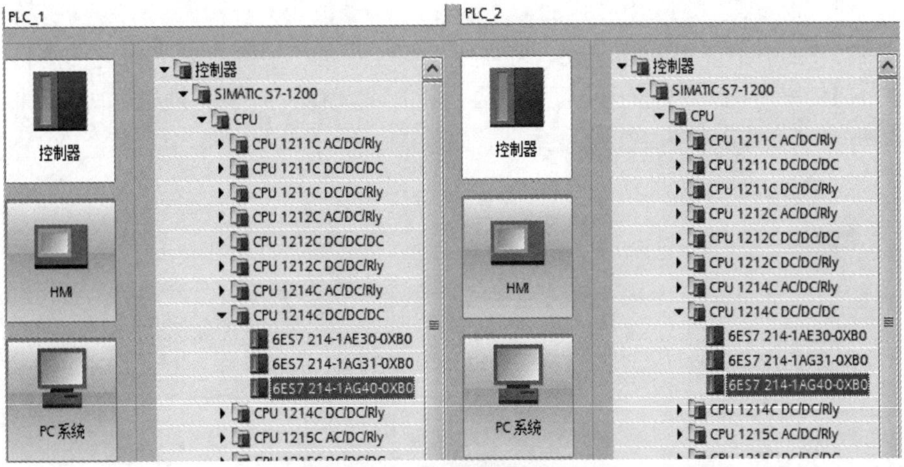

图 10-31　添加设备

② 进入 PLC_1 设备组态界面，双击 PLC_1 后在“常规”中选择“以太网地址”选项，在此选项内修改 IP 和添加新子网，如图 10-32 所示。进入 PLC_2 设备组态界面，选择“PN/IE_1”并配置相应的 IP 地址，如图 10-33 所示。两个 PLC 的地址可以自定义设置，但是一定要在同一网段内。

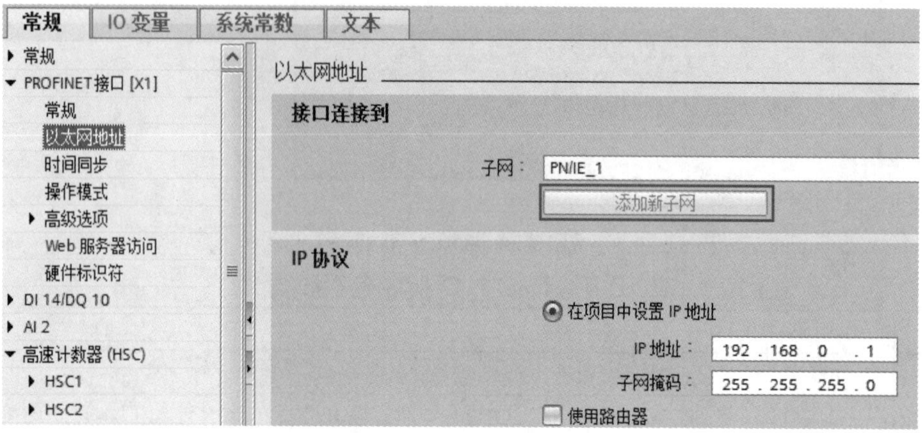

图 10-32　PLC_1 修改 IP 和添加新子网

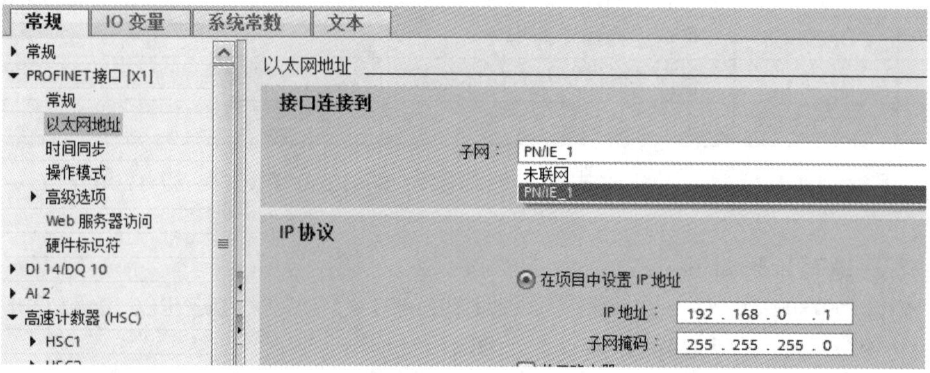

图 10-33　PLC_2 添加子网及修改 IP 地址

③ 在 PLC_2 中不能再新建子网，可在图 10-33 中的“子网”下拉列表直接找到 PLC_1 中新建的 PN/IE_1 子网，选择子网后系统会自动配置 PLC_2 的 IP 地址，如图 10-34 所示。

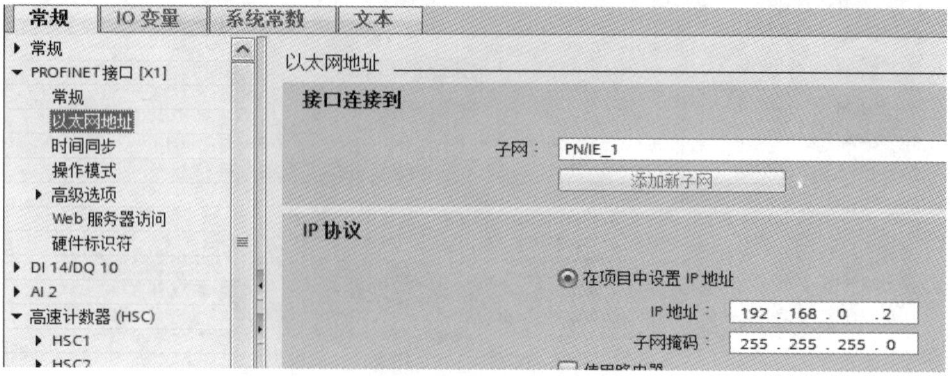

图 10-34　PLC_2 选择子网

④ 此时，可在项目设备和网络中看到 PLC_1 和 PLC_2 已经连接在一起，如图 10-35 所示。

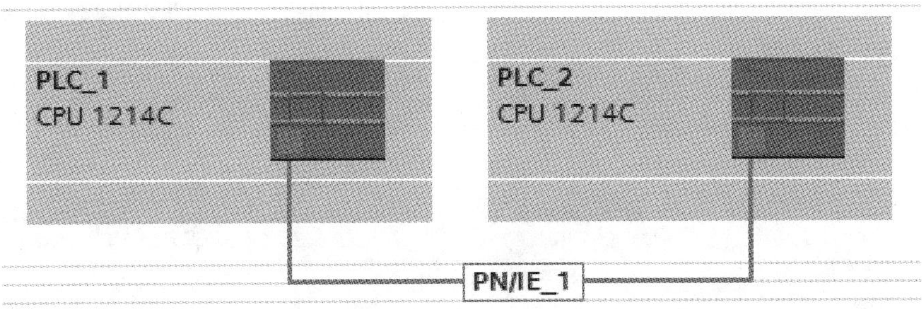

图 10-35　设备与网络

⑤ 由于开放式通信是一种基于程序控制的通信，所以此时组态已经完成，接下来在程序中调用相关指令即可。在 PLC_1 程序中调用 TSEND_C 指令，系统会自动生成指令数据块，如图 10-36 所示。

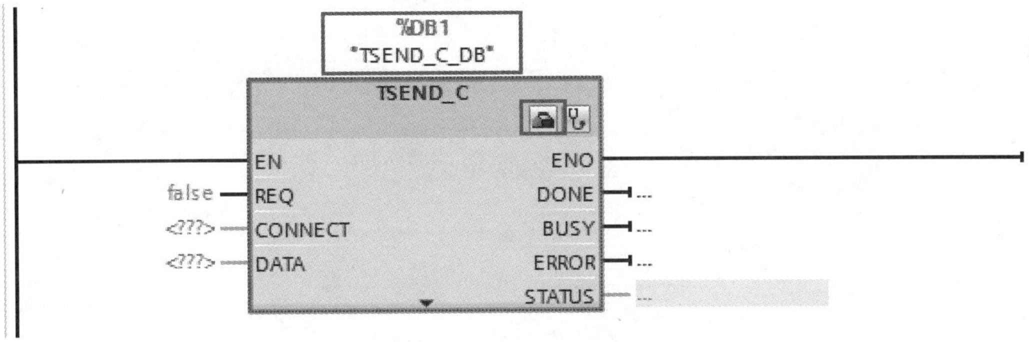

图 10-36　调用 TSEND_C 指令

⑥ 单击图 10-36 中的工具箱图标或选中属性右键进入属性设置，在设置“伙伴”中选择“PLC_2[CPU 1214C DC/DC/DC]”，如图 10-37 所示。

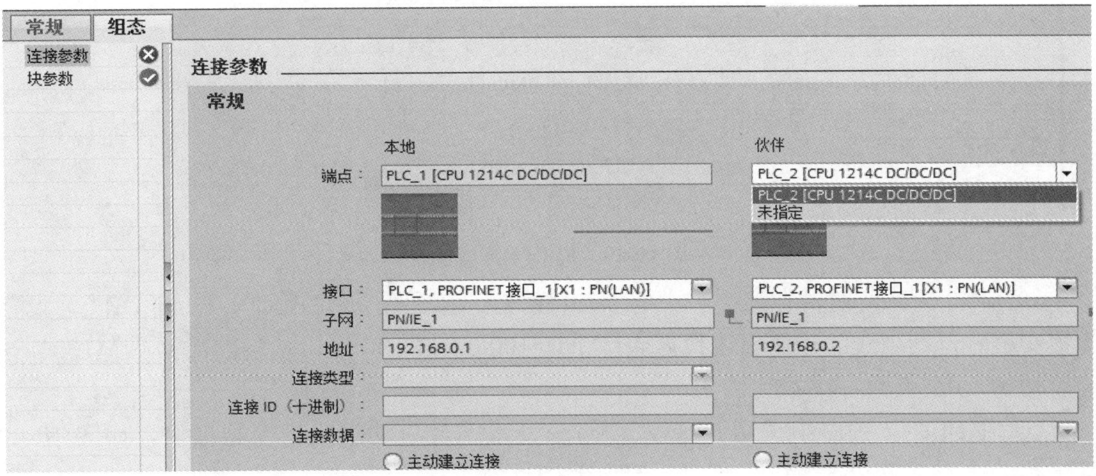

图 10-37　选择通信伙伴

⑦ 在 PLC_1 的“连接数据”处选择“新建”菜单，在伙伴连接数据处选择“新建”菜单，PLC_1 为主动建立连接，选择完成后如图 10-38 所示。

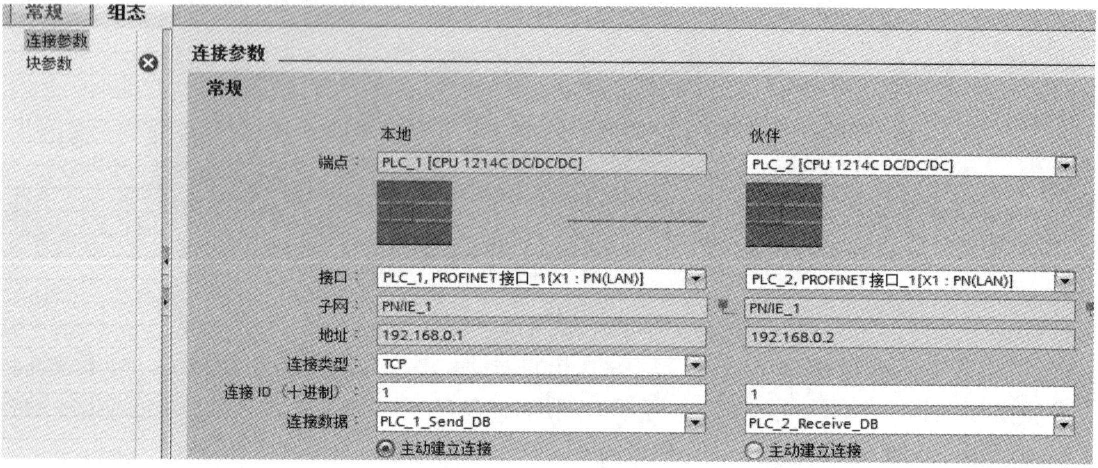

图 10-38　设置连接参数

⑧ PLC_1 连接数据“PLC_1_Send_DB”为系统新建在 PLC_1 中的指向连接描述的指针。PLC_2 连接数据“PLC_2_Receive_DB”为系统新建在 PLC_2 中的指向连接描述的指针，可在 PLC_2 程序块-系统块中找到。

PLC_1 程序段 1：发送数据，如图 10-39 所示。

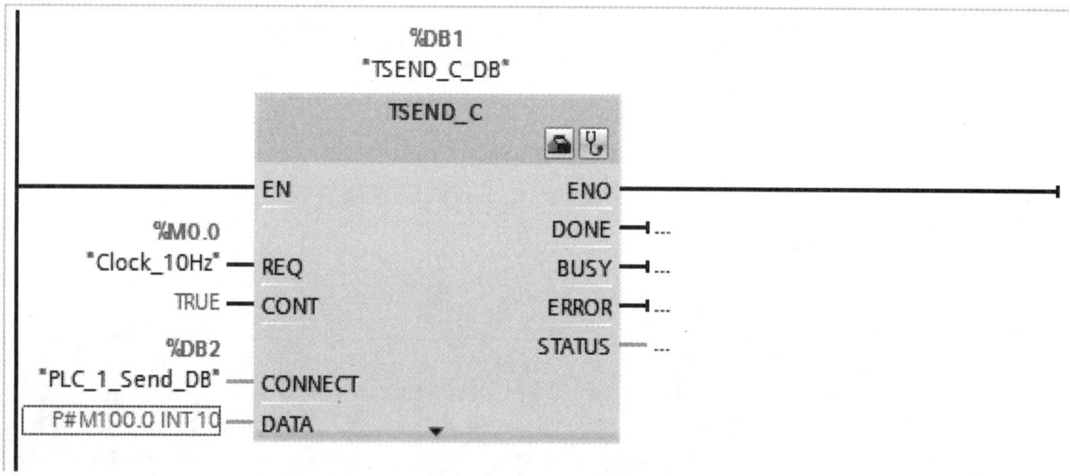

图 10-39　PLC_1 程序段 1

⑨ M0.0 为系统时钟存储字节中的以 10 Hz 频率接通的位；“PLC_1_Send_DB”为设置连接参数时自动生成的连接描述数据块；“P#M100.0 INT 10”表示传输的数据从 M100.0 开始，传输 10 个整数(int)给 PLC_2。

⑩ 在 PLC_2 程序中调用 TRCV_C 指令，系统会自动生成指令数据块，如图 10-40 所示。

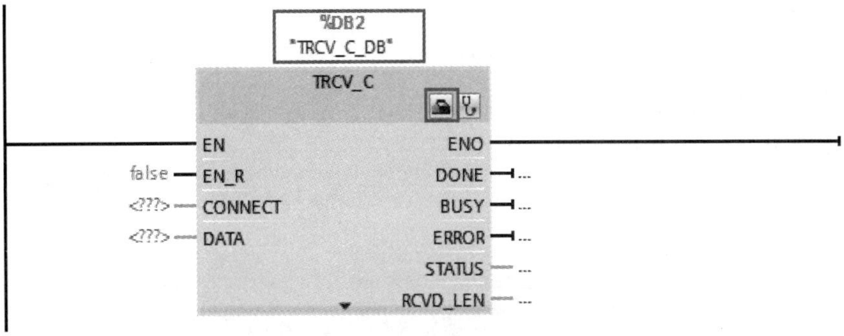

图 10-40　调用 TRCV_C 指令

⑪ 单击图 10-40 中的工具箱图标或选中属性右键进入属性设置，在设置“伙伴”中选择“PLC_1”，如图 10-41 所示。

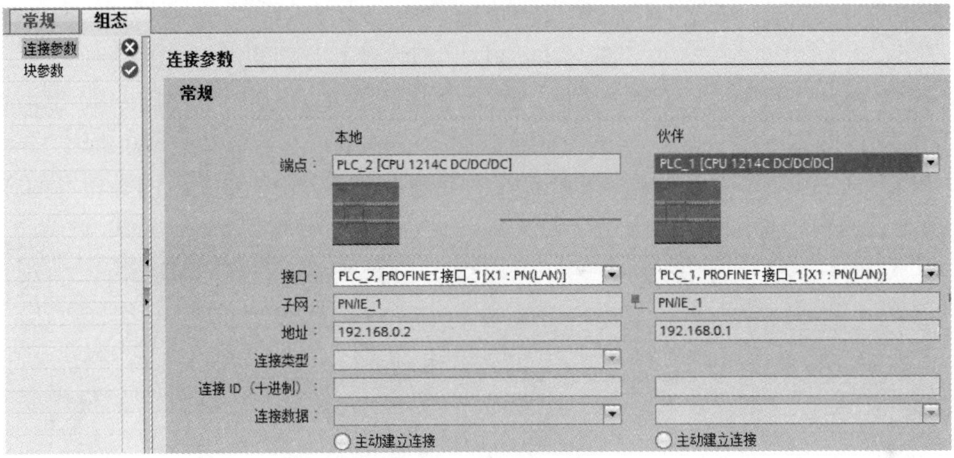

图 10-41　选择通信伙伴

⑫ 在 PLC_1 的“连接数据”处选择“PLC_2_Recieve_DB”，“伙伴”处参数和连接机制均会自动生成，选择完成后如图 10-42 所示。

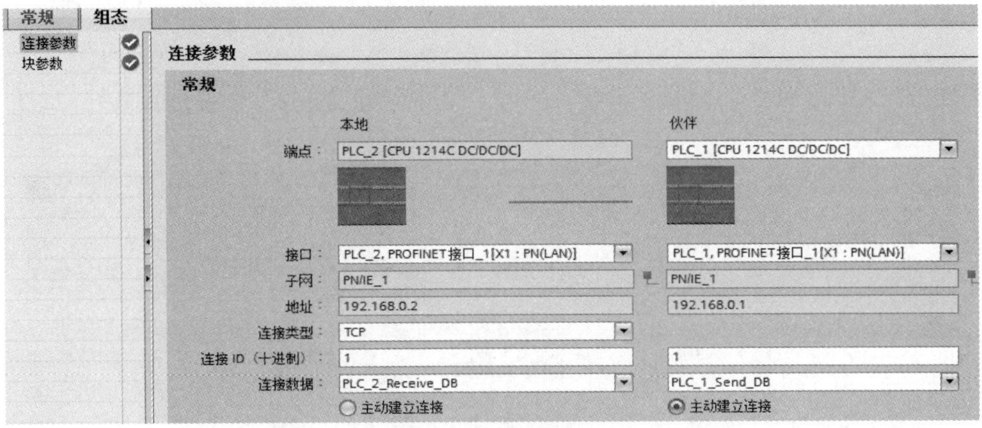

图 10-42　设置连接参数

⑬ PLC_2 连接数据“PLC_2_Receive_DB”为系统新建在 PLC_2 中的指向连接描述的指针。PLC_1 连接数据“PLC_1_Send_DB”为系统新建在 PLC_1 中的指向连接描述的指针，

可在 PLC_1 程序块-系统块中找到。

⑭ EN_R = 1 为 TRCV_C 指令一直接收数据；“PLC_2_Receive_DB”为设置连接参数时自动生成连接描述数据块；“P#M200.O INT 10”表示接收的数据从 M200.0 开始，传输 10 个整数(int)给 PLC_2，如图 10-43 所示。

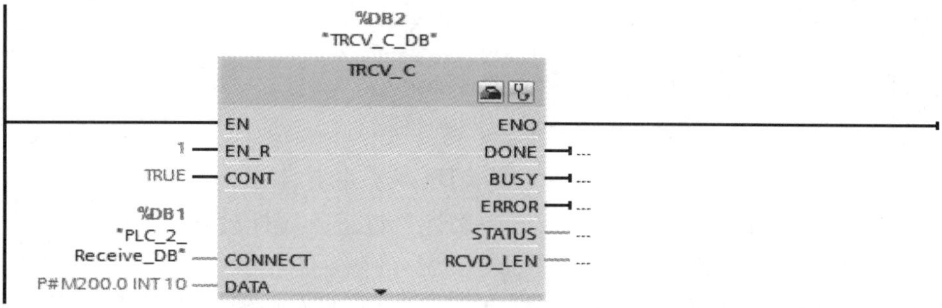

图 10-43 PLC_2 程序段 1

⑮ 此时 PLC_1 向 PLC_2 发送数据，PLC_2 接收 PLC_1 发送数据程序编写完成。

(2) 仿真结果如下：

① PLC_1 向 PLC_2 发送数据：在 PLC_1 中新建监控表，输入要发送的数值并写入 PLC，然后直接进行监视，如图 10-44 所示。

开放式通信 ▸ PLC_1 [CPU 1214C DC/DC/DC] ▸ 监控与强制表 ▸ 监控表_1

	i	名称	地址	显示格式	监视值	修改值
1			%MW100	带符号十进制	10	10
2			%MW102	带符号十进制	20	20
3			%MW104	带符号十进制	30	30
4			%MW106	带符号十进制	40	40
5			%MW108	带符号十进制	50	50
6			%MW110	带符号十进制	-10	-10
7			%MW112	带符号十进制	-20	-20
8			%MW114	带符号十进制	-30	-30
9			%MW116	带符号十进制	-40	-40
10			%MW118	带符号十进制	-50	-50
11			<添加>			

图 10-44 PLC_1 发送数据监控表

② PLC_2 接收 PLC_1 发送的数据：在 PLC_2 中新建监控表，直接进行监视，如图 10-45 所示。

开放式通信 ▸ PLC_2 [CPU 1214C DC/DC/DC] ▸ 监控与强制表 ▸ 监控表_1

	i	名称	地址	显示格式	监视值	修改值
1			%MW200	带符号十进制	10	
2			%MW202	带符号十进制	20	
3			%MW204	带符号十进制	30	
4			%MW206	带符号十进制	40	
5			%MW208	带符号十进制	50	
6			%MW210	带符号十进制	-10	
7			%MW212	带符号十进制	-20	
8			%MW214	带符号十进制	-30	
9			%MW216	带符号十进制	-40	
10			%MW218	带符号十进制	-50	
11			<添加>			

图 10-45 PLC_2 接收数据监控表

上述开放式通信只讲述了 PLC_1 发送数据、PLC_2 接收数据，PLC_2 发送数据、PLC_1 接收数据与上述操作流程相同，只需按照上述操作执行即可。

工作任务

任务　基于 PLC 的多路口交通灯控制系统设计

基于 PLC 的多路口交通灯控制系统设计

1. 任务要求

现为三个交通路口设计绿色通道交通灯系统(绿色通道即汽车以一定速度行驶，从一号交通灯出发后，在即将到达二号交通灯时，二号交通灯变为绿灯，到达三号交通灯时，三号交通灯变为绿灯)。

交通信号灯由红、黄、绿三种颜色的灯组成。要求：按下启动按钮，三组交通灯开始运行，一号灯启动，1 min 后二号交通灯运行，再 1 min 后三号交通灯开始运行。交通灯南北方向红灯亮 20 s，同时东西方向绿灯亮 15 s，15 s 后东西方向黄灯常亮 3 s，3 s 后东西方向黄灯以 2 Hz 频率闪烁 2 s；东西方向黄灯闪烁结束后，东西方向红灯亮 20 s，同时南北方向绿灯亮 15 s，15 s 后南北方向黄灯常亮 3 s，3 s 后南北方向黄灯以 2 Hz 频率闪烁 2 s，如此循环。按下停止按钮，红绿灯停止运行。

2. 任务分析

每个交通灯路口南北方向各设置三种颜色灯，即每个交通路口需要 6 个输出点，且每个路口之间距离较远，通过通信的方式控制更为经济，所以共用 3 个 PLC，每个 PLC 控制一个交通路口。CPU 1214C DC/DC/DC 型 PLC 是 14 个输入点、10 个晶闸管输出点的 PLC，满足任务要求，故选用 CPU 1214 DC/DC/DC PLC。

当按下启动按钮后，PLC_1 通过通信将启动信号发送到 PLC_2、PLC_3，PLC_2 和 PLC_3 接收到启动信号后各自开始延时计时，在延时时间到后开始执行信号灯运转的逻辑程序。

3. 任务实施

1) 控制系统设计

根据题目要求画出流程图，如图 10-46 所示。在编写程序时首先需要新建数据块，确定接收和发送的数据，再编写 PLC 的发送和接收程序，并做好相关组态。通信程序编写完成后再编写工作程序(因为通信是基础，只有 PLC 之间通信没有问题，后续程序才能顺利进行)。

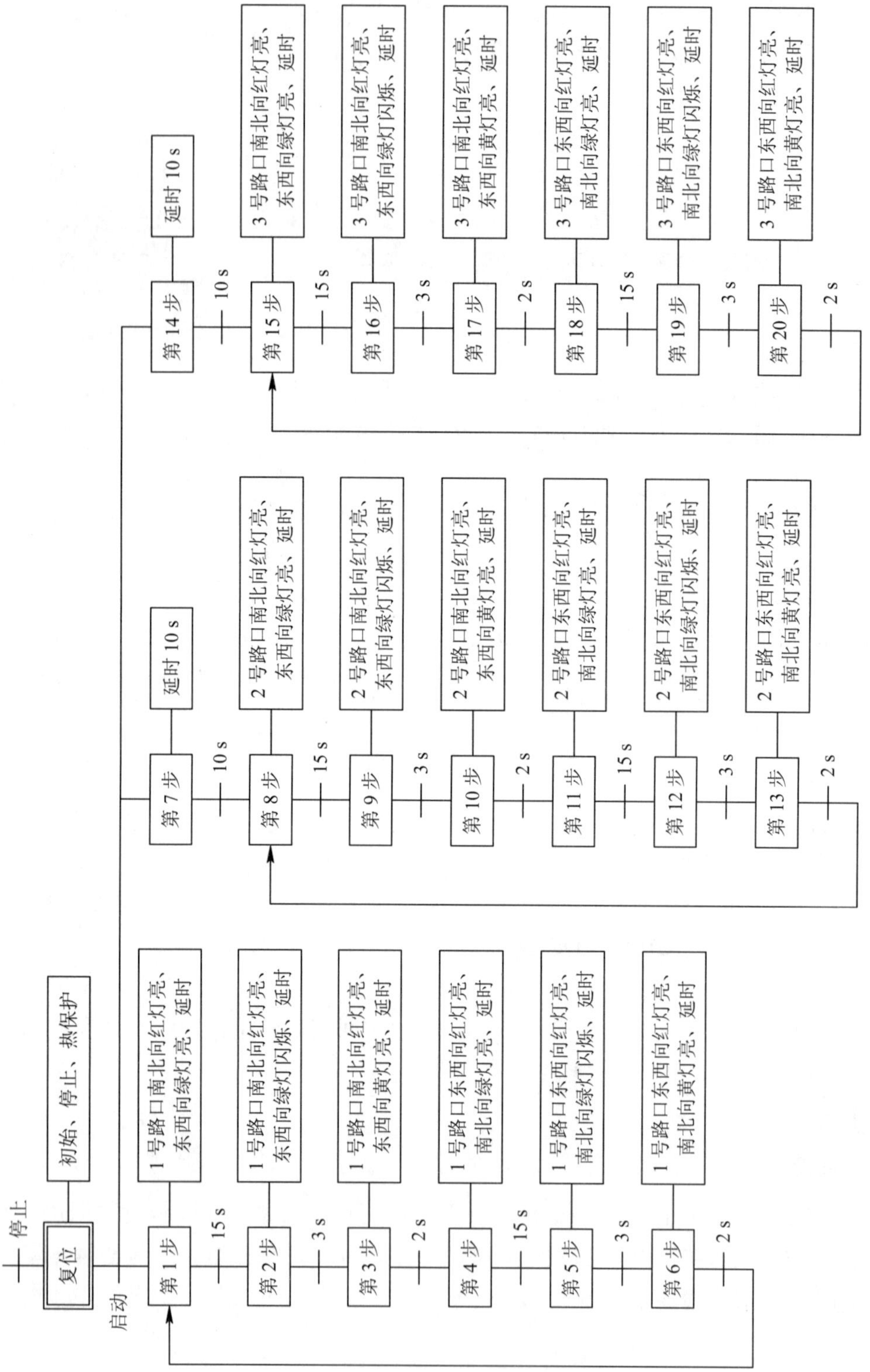

图 10-46 控制系统流程图

2) I/O 地址分配

PLC_1 的 I/O 地址分配如表 10-5 所示，PLC_2 的 I/O 地址分配如表 10-6 所示，PLC_3 的 I/O 地址分配如表 10-7 所示。

表 10-5　PLC_1 的 I/O 地址分配表

输 入 信 号			输 出 信 号		
输入元件	作 用	输入继电器	输出元件	作 用	输出继电器
SB0	启动按钮	I0.0	NBR	1 号路口南北红灯	Q0.0
SB1	停止按钮	I0.1	NBG	1 号路口南北绿灯	Q0.1
			NBY	1 号路口南北黄灯	Q0.2
			DXR	1 号路口东西红灯	Q0.3
			DXG	1 号路口东西绿灯	Q0.4
			DXY	1 号路口东西黄灯	Q0.5

表 10-6　PLC_2 的 I/O 地址分配表

输 入 信 号			输 出 信 号		
输入元件	作 用	输入继电器	输出元件	作 用	输出继电器
			NBR	2 号路口南北红灯	Q0.0
			NBG	2 号路口南北绿灯	Q0.1
			NBY	2 号路口南北黄灯	Q0.2
			DXR	2 号路口东西红灯	Q0.3
			DXG	2 号路口东西绿灯	Q0.4
			DXY	2 号路口东西黄灯	Q0.5

表 10-7　PLC_3 的 I/O 地址分配表

输 入 信 号			输 出 信 号		
输入元件	作 用	输入继电器	输出元件	作 用	输出继电器
			NBR	3 号路口南北红灯	Q0.0
			NBG	3 号路口南北绿灯	Q0.1
			NBY	3 号路口南北黄灯	Q0.2
			DXR	3 号路口东西红灯	Q0.3
			DXG	3 号路口东西绿灯	Q0.4
			DXY	3 号路口东西黄灯	Q0.5

3) 系统接线图

此任务采用 CPU 1214C DC/DC/DC 型 PLC，PLC 电源供电 24 V，输入供电 24 V，公共端接 0 V，启动按钮和停止按钮接 PLC 输入点 I0.0、I0.1，PLC 接收开关按钮传来的高电平信号。输出供电 24 V，三个 PLC 的输出点 Q0.0～Q0.5 分别接两个方向的三种颜色灯，由 PLC 给出高电平信号控制灯的通断，如图 10-47～图 10-49 所示。

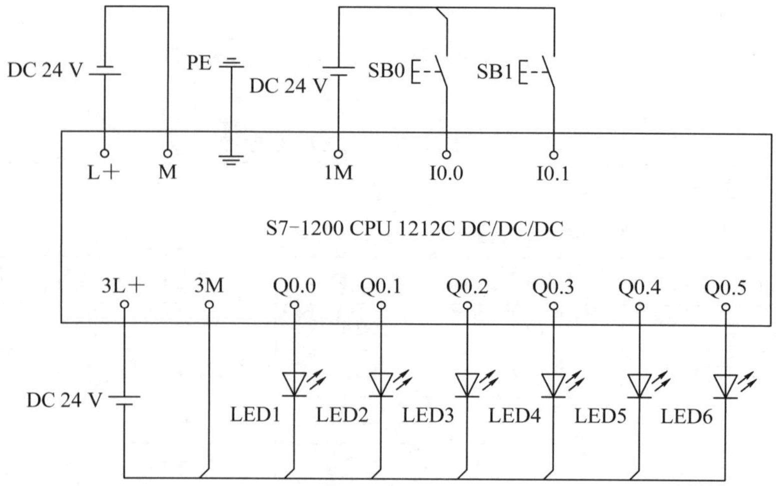

图 10-47　PLC_1 接线图

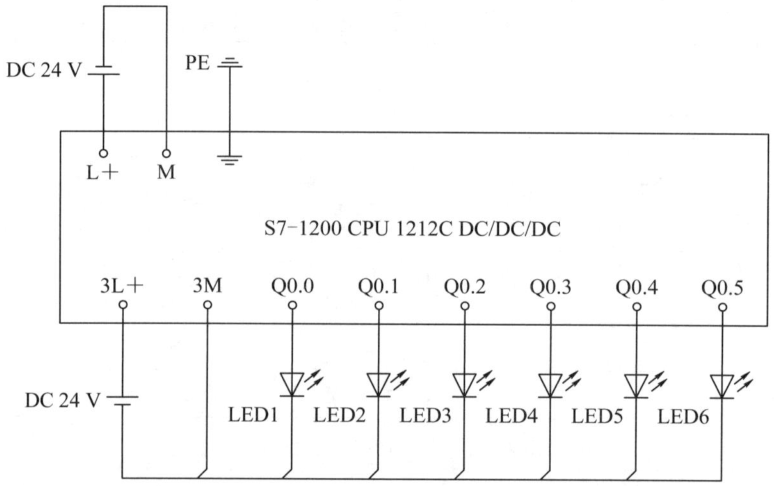

图 10-48　PLC_2 接线图

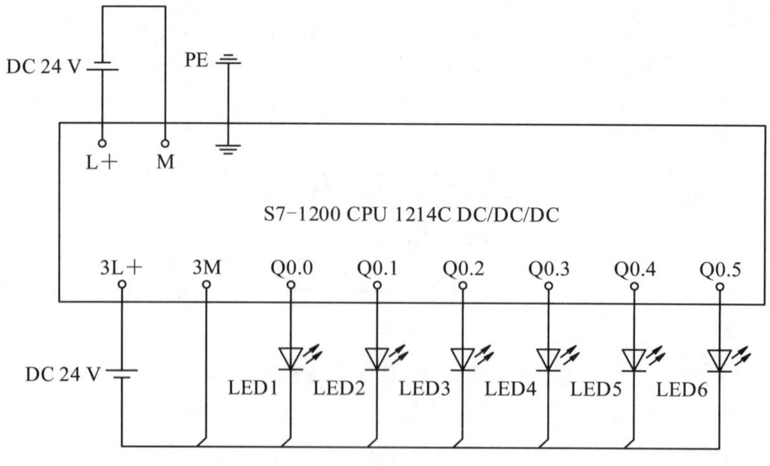

图 10-49　PLC_3 原理图

4) 程序设计

(1) 设备组态。

① 新建一个项目，添加三个 CPU 1214C DC/DC/DC 型 PLC，三个 PLC 的 IP 地址分别设为 192.168.0.1、192.168.0.2、192.168.0.3，如图 10-50 所示。

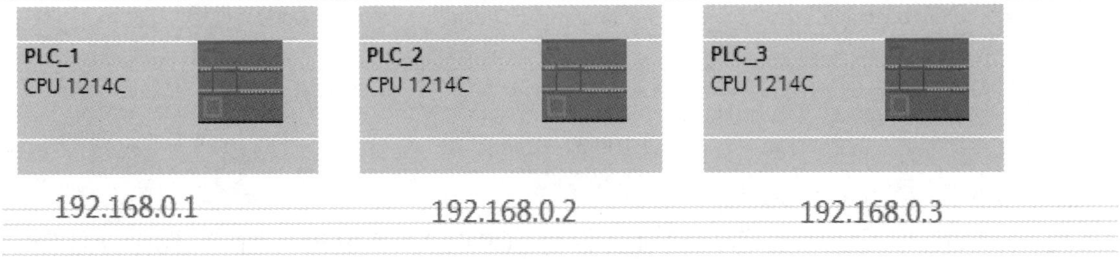

图 10-50 组态 PLC

② PLC 新建后，进入设备组态，双击 PLC，在属性中激活时钟存储器。由于一个 PLC 不能实现功能，需要多个 PLC 之间同时通信控制 PLC，因此启用 PLC_1 的系统时钟存储器，用 10 Hz 时钟去触发开放式发送指令。虽然 PLC_2 和 PLC_3 中只需一直接收数据，使能引脚一直接通即可，但是在实现红绿灯功能时，黄灯要以 2 Hz 频率闪烁，所以 PLC_2 和 PLC_3 的系统时钟都应激活。添加完成后，3 个 PLC 都应在设备属性中激活系统时钟存储器，以 PLC_1 为例，如图 10-51 所示。

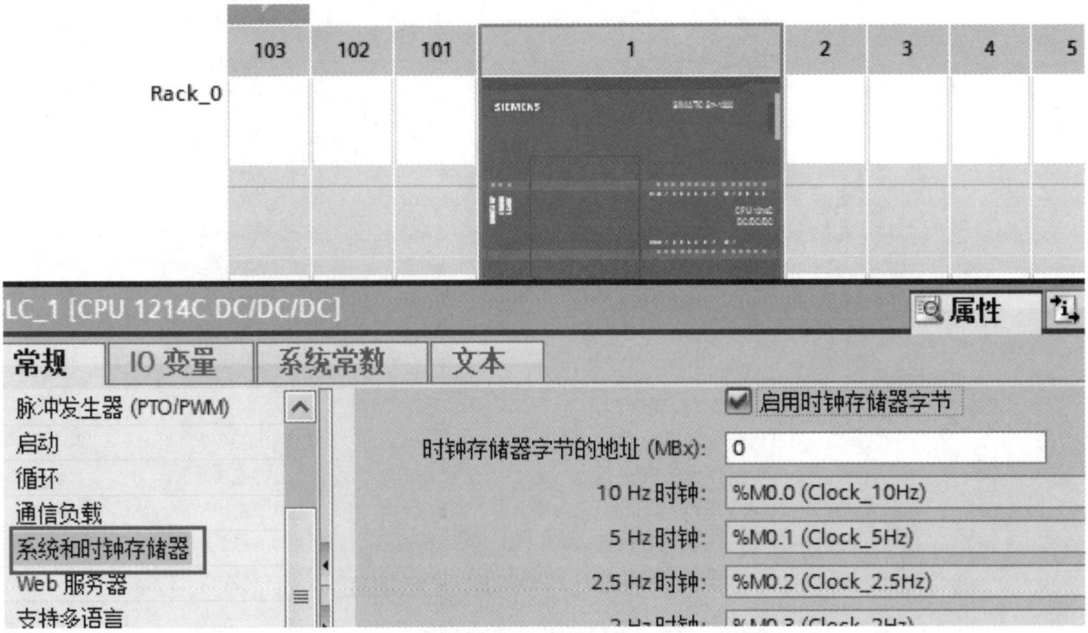

图 10-51 启用时钟存储器

③ 三个 PLC 要配合完成任务，则三个 PLC 之间应进行通信，所以在组态时需要建立好子网，并且使三个 PLC 在同一子网内。建立子网时，应在设备和网络中将三台设备的以

太网口直接连接即可，如图 10-52 所示。

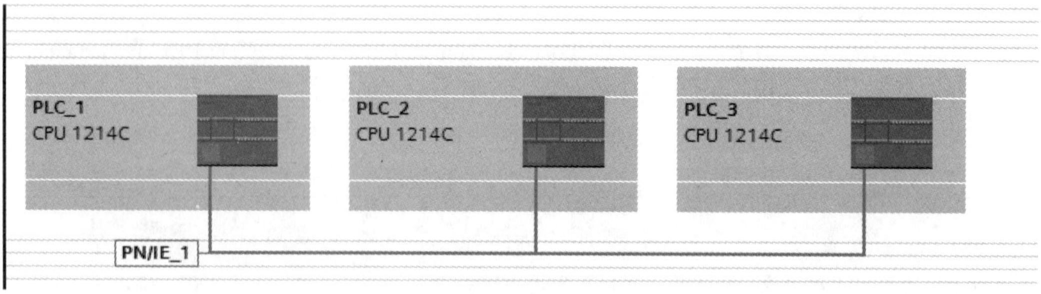

图 10-52　添加子网

(2) 变量定义。

① 在 PLC_1 中，I0.0 为启动，I0.1 为停止，Q0.0～Q0.5 为 PLC 输出到两个方向的灯；MB0 为系统时钟；MB20 为发送数据区，如图 10-53 所示。

开放式联控PLC ▸ PLC_1 [CPU 1214C DC/DC/DC] ▸ PLC 变量 ▸

默认变量表

	名称	数据类型	地址
1	启动	Bool	%I0.0
2	停止	Bool	%I0.1
3	保持	Bool	%M10.0
4	Clock_Byte	Byte	%MB0
5	Clock_10Hz	Bool	%M0.0
6	Clock_5Hz	Bool	%M0.1
7	Clock_2.5Hz	Bool	%M0.2
8	Clock_2Hz	Bool	%M0.3
9	Clock_1.25Hz	Bool	%M0.4
10	Clock_1Hz	Bool	%M0.5
11	Clock_0.625Hz	Bool	%M0.6
12	Clock_0.5Hz	Bool	%M0.7
13	数据发送	Byte	%MB20
14	1号灯南北方向红灯	Bool	%Q0.0
15	1号灯南北方向绿灯	Bool	%Q0.1
16	1号灯南北方向黄灯	Bool	%Q0.2
17	1号灯东西方向红灯	Bool	%Q0.3
18	1号灯东西方向绿灯	Bool	%Q0.4
19	1号灯东西方向黄灯	Bool	%Q0.5

图 10-53　PLC_1 变量表

② 在 PLC2 中，Q0.0～Q0.5 为 PLC 输出到两个方向的灯；MB0 为系统时钟；MB10 为数据接收区，从数据接收区中提取 M10.0 和 M10.1 两个位，这两个位对应 PLC_1 中发送的启动和停止信号，如图 10-54 所示。

开放式联控PLC ▸ PLC_2 [CPU 1214C DC/DC/DC] ▸ PLC 变量 ▸ 默

默认变量表

	名称	数据类型	地址
1	Clock_Byte	Byte	%MB0
2	Clock_10Hz	Bool	%M0.0
3	Clock_5Hz	Bool	%M0.1
4	Clock_2.5Hz	Bool	%M0.2
5	Clock_2Hz	Bool	%M0.3
6	Clock_1.25Hz	Bool	%M0.4
7	Clock_1Hz	Bool	%M0.5
8	Clock_0.625Hz	Bool	%M0.6
9	Clock_0.5Hz	Bool	%M0.7
10	数据接收	Byte	%MB10
11	接收启动	Bool	%M10.0
12	接收停止	Bool	%M10.1
13	2号灯南北方向红灯	Bool	%Q0.0
14	2号灯南北方向绿灯	Bool	%Q0.1
15	2号灯南北方向黄灯	Bool	%Q0.2
16	2号灯东西方向红灯	Bool	%Q0.3
17	2号灯东西方向绿灯	Bool	%Q0.4
18	2号灯东西方向黄灯	Bool	%Q0.5
19	保持	Bool	%M11.0

图 10-54　PLC_2 变量表

③ 在 PLC3 中，Q0.0～Q0.5 为 PLC 输出到两个方向的灯；MB0 为系统时钟；MB10 为数据接收区，从数据接收区中提取 M10.0 和 M10.1 两个位，这两个位对应 PLC_1 中发送的启动和停止信号，如图 10-55 所示。

开放式联控PLC ▸ PLC_3 [CPU 1214C DC/DC/DC] ▸ PLC 变量 ▸ 默

默认变量表

	名称	数据类型	地址
1	Clock_Byte	Byte	%MB0
2	Clock_10Hz	Bool	%M0.0
3	Clock_5Hz	Bool	%M0.1
4	Clock_2.5Hz	Bool	%M0.2
5	Clock_2Hz	Bool	%M0.3
6	Clock_1.25Hz	Bool	%M0.4
7	Clock_1Hz	Bool	%M0.5
8	Clock_0.625Hz	Bool	%M0.6
9	Clock_0.5Hz	Bool	%M0.7
10	数据接收	Byte	%MB10
11	接收启动	Bool	%M10.0
12	接收停止	Bool	%M10.1
13	3号灯南北方向红灯	Bool	%Q0.0
14	3号灯南北方向绿灯	Bool	%Q0.1
15	3号灯南北方向黄灯	Bool	%Q0.2
16	3号灯东西方向红灯	Bool	%Q0.3
17	3号灯东西方向绿灯	Bool	%Q0.4
18	3号灯东西方向黄灯	Bool	%Q0.5
19	保持	Bool	%M11.0

图 10-55　PLC_3 变量表

(3) 建立通信。

① 首先在 PLC_1 主程序中调用一个 TSEND_C 功能块，发送数据对象为 PLC_2，如图 10-56 所示。

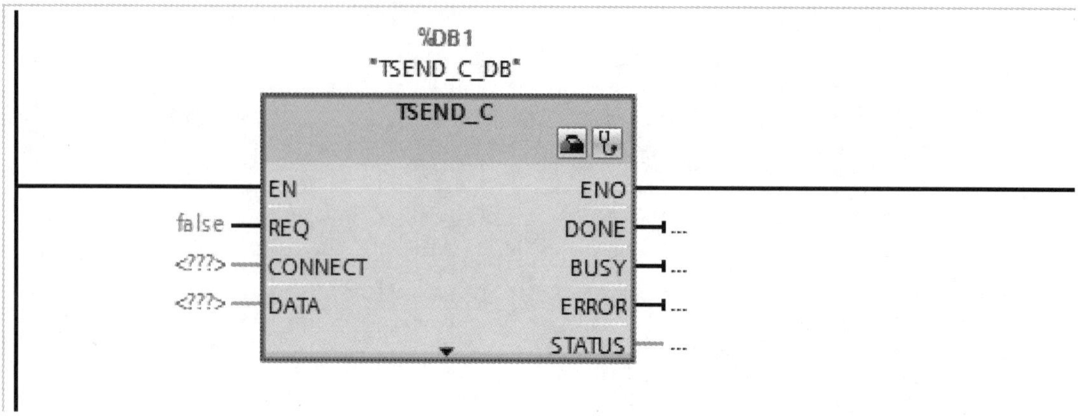

图 10-56　调用发送功能块

② 单击功能块右上方的小工具箱图标组态连接，“伙伴”选择“PLC_2[CPU 1214C DC/DC/DC]”，如图 10-57 所示。

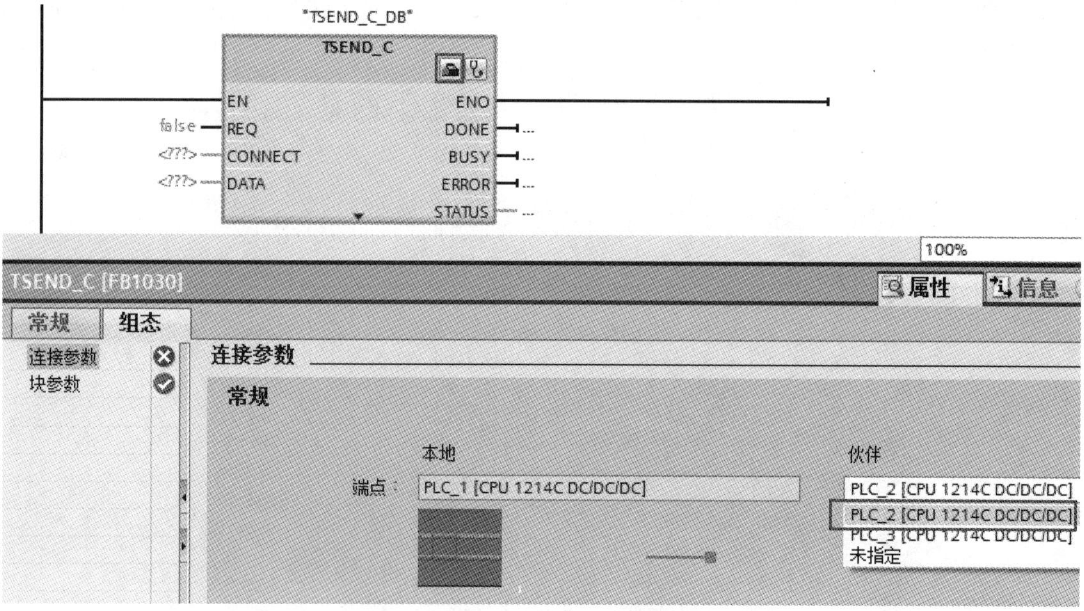

图 10-57　组态连接伙伴

③ 在 PLC_1 和 PLC_2 的连接数据处选择“新建”，此处新建的数据为连接数据，如图 10-58 所示。新建数据完成后，如图 10-59 所示。新建的 PLC_1 连接数据在 PLC_1 中，PLC_2 的连接数据在 PLC_2 中。

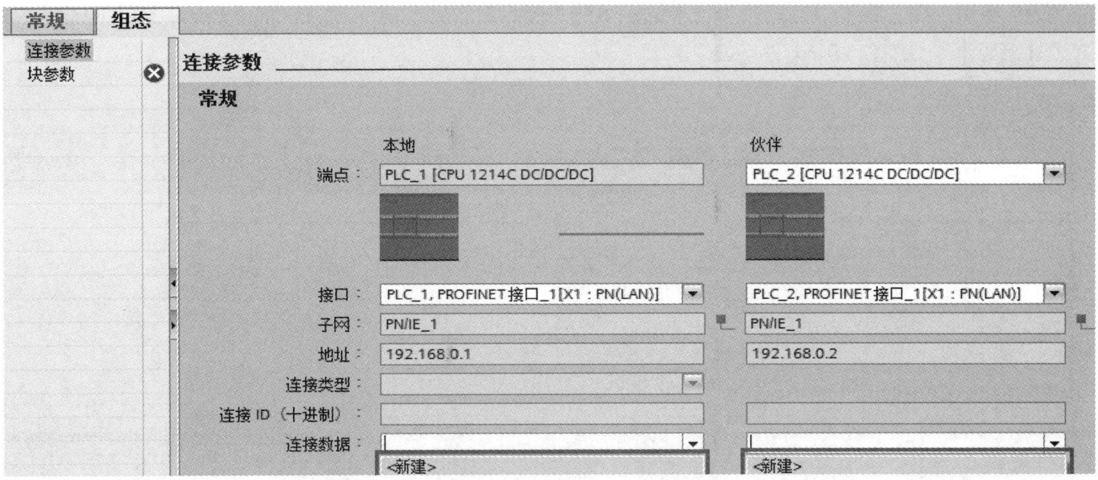

图 10-58　新建连接数据

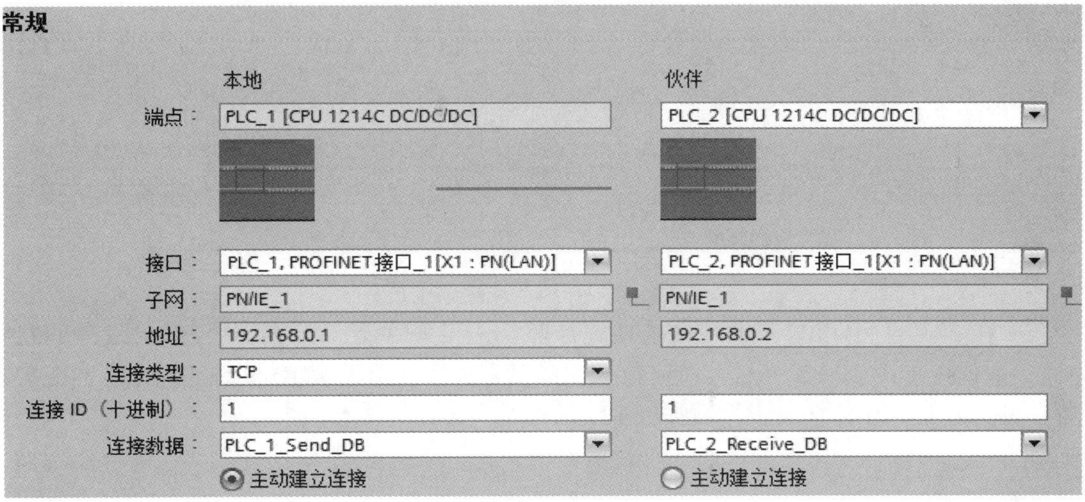

图 10-59　连接建立完成

④ 在 PLC_2 主程序中调用 TRCV_C 功能块，组态和 PLC_1 的连接，如图 10-60 所示。

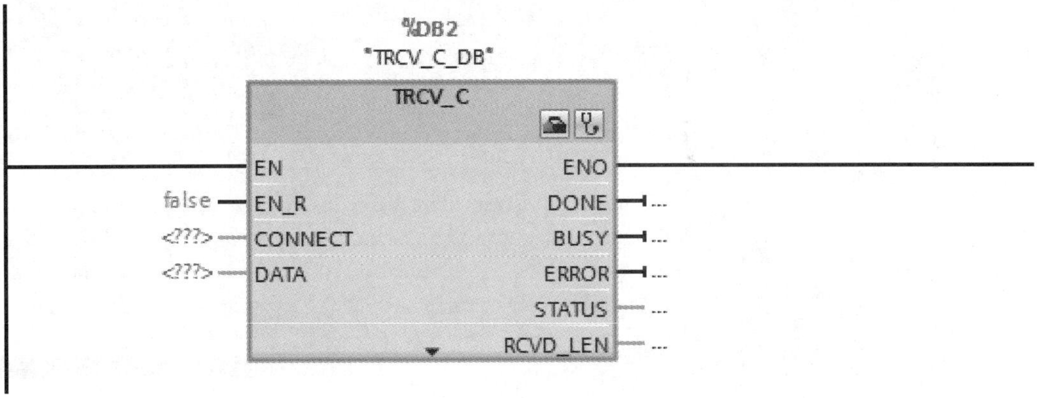

图 10-60　调用接收功能块

⑤ 单击功能块右上方的小工具箱图标组态连接，“伙伴”选择“PLC_1[CPU 1214C DC/DC/DC]”，如图 10-61 所示。

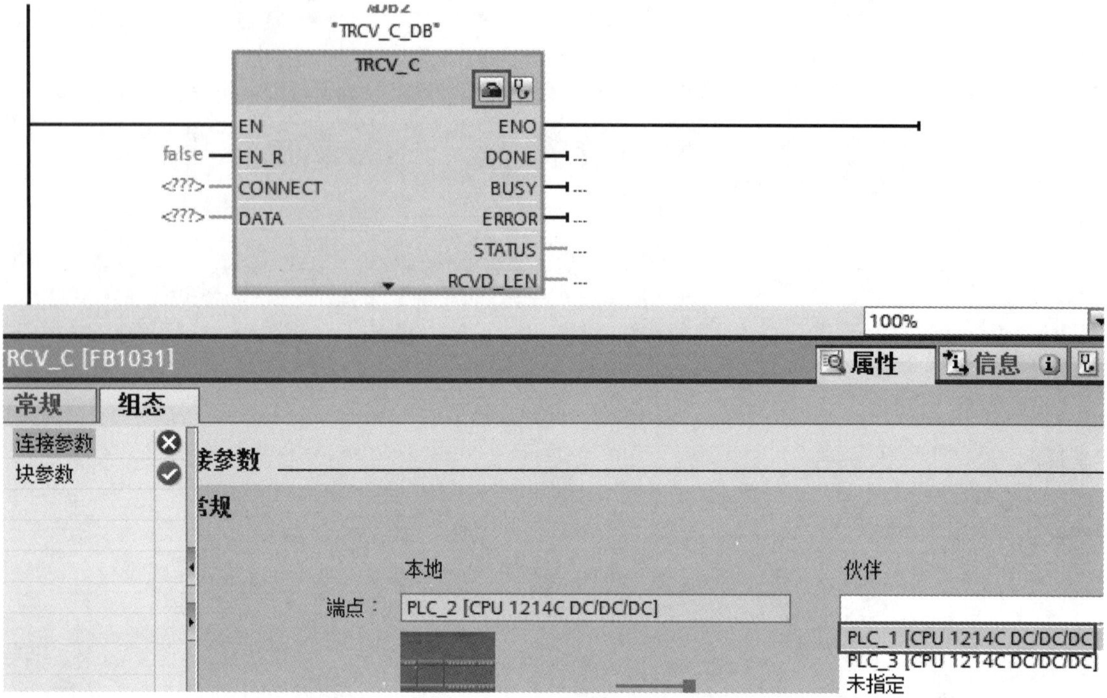

图 10-61　组态连接伙伴

⑥ 在 PLC_1 和 PLC_2 的连接数据选择在 PLC_1 中新建的数据即可，此处选择的数据为连接数据，如图 10-62 所示。新建数据完成后，如图 10-63 所示。选择的 PLC_1 连接数据在 PLC_1 中，PLC_2 的连接数据在 PLC_2 中。

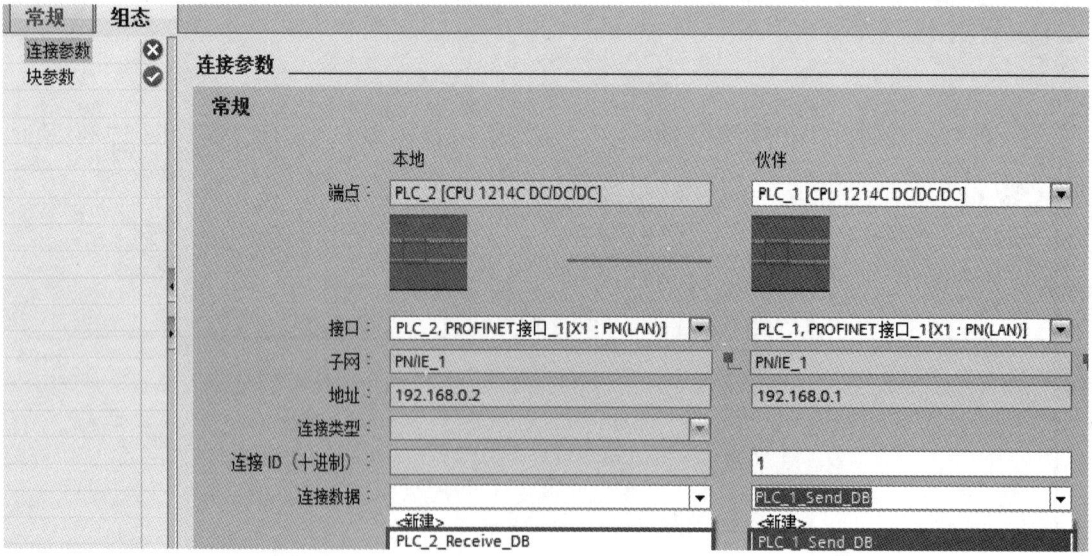

图 10-62　选择连接数据

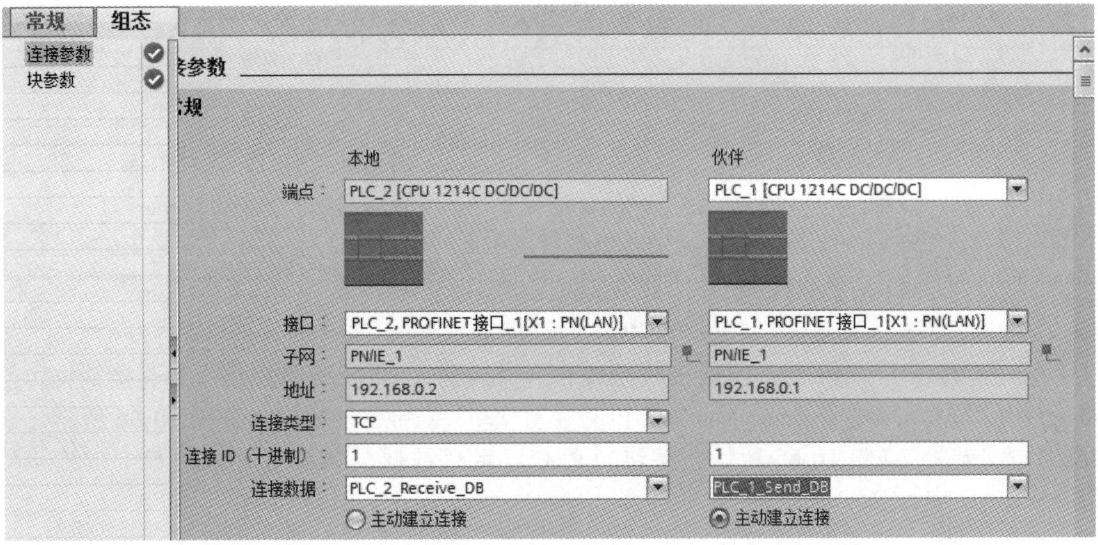

图 10-63　连接建立完成

⑦ 组态 PLC_1 和 PLC_3 之间的连接，在 PLC_1 主程序中再调用一个 TSEND_C 功能块，发送数据对象为 PLC_3，如图 10-64 所示。

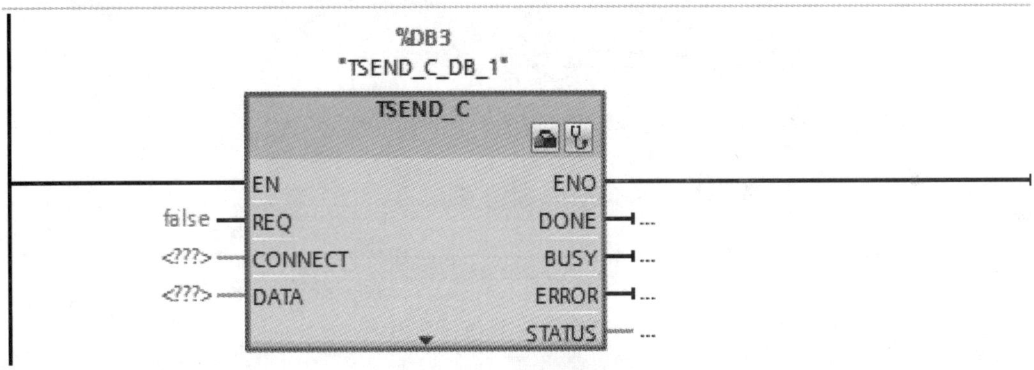

图 10-64　调用发送功能块

⑧ 单击功能块右上方的小工具箱图标组态连接，“伙伴”选择“PLC_3[CPU 1214C DC/DC/DC]”，如图 10-65 所示。

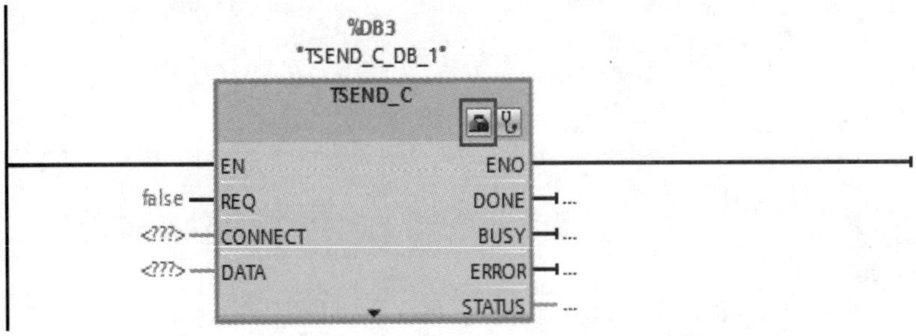

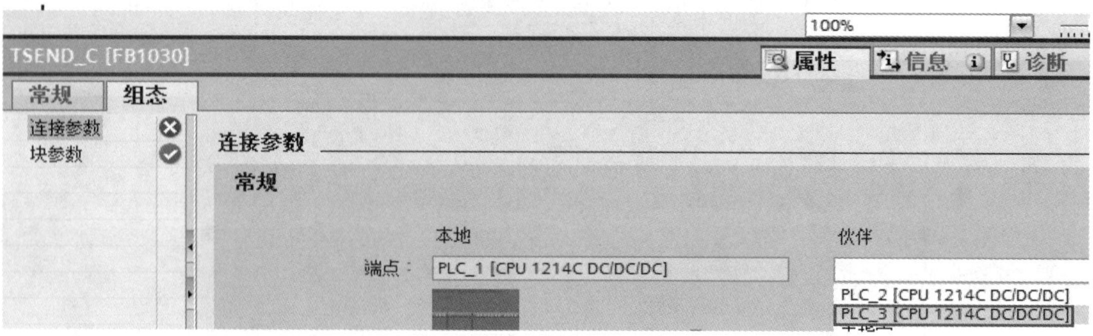

图 10-65　组态连接伙伴

⑨ 在 PLC_1 和 PLC_3 的连接数据处选择“新建”，此处新建的数据为连接数据，已有的连接数据“PLC_1_Send_DB”是 PLC_1 和 PLC_2 的连接数据，如图 10-66 所示。新建数据完成后，如图 10-67 所示。新建的 PLC_1 连接数据在 PLC_1 中，PLC_3 的连接数据在 PLC_3 中。

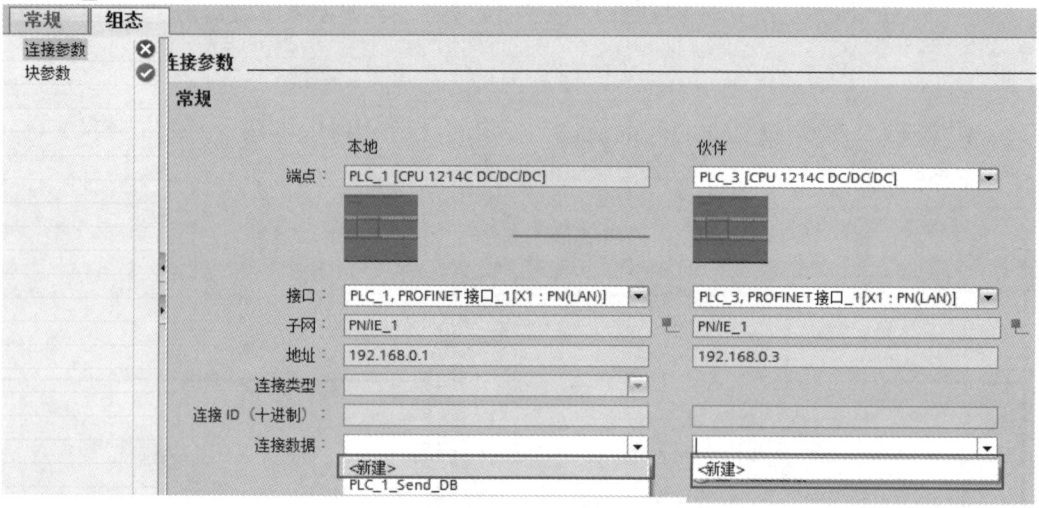

图 10-66　新建连接数据

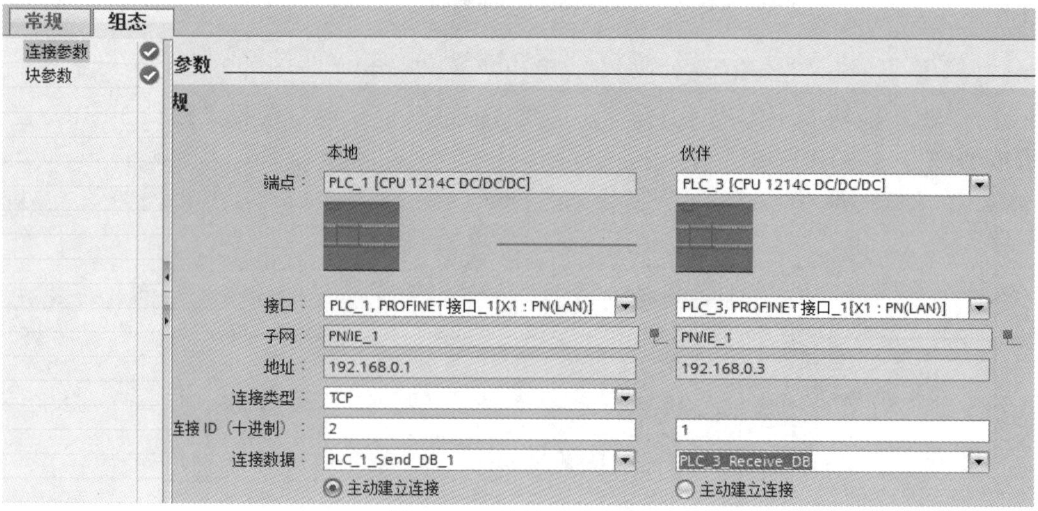

图 10-67　连接建立完成

⑩ 在 PLC_3 主程序中调用 TRCV_C 功能块，组态和 PLC_1 的连接，如图 10-68 所示。

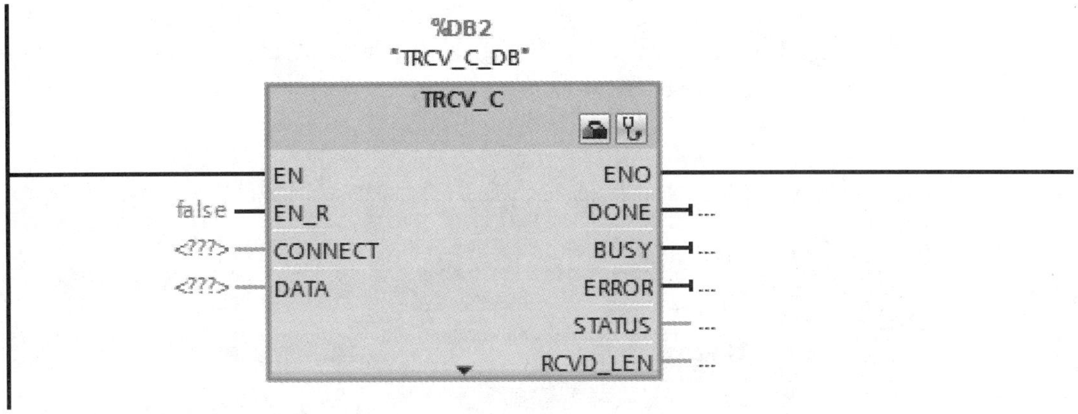

图 10-68　调用接收功能块

⑪ 单击功能块右上方的小工具箱图标组态连接，“伙伴”选择“PLC_1[CPU 1214C DC/DC/DC]”，如图 10-69 所示。

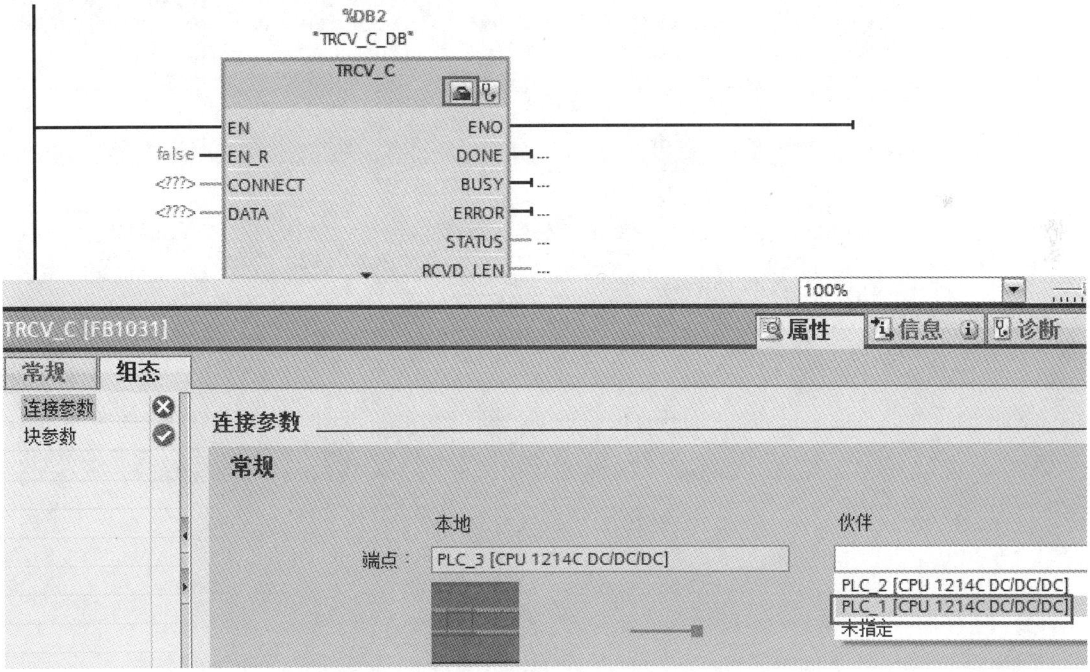

图 10-69　组态连接伙伴

⑫ PLC_3 和 PLC_1 的连接数据选择在 PLC_1 中新建的数据即可，此处选择的数据为连接数据，如图 10-70 所示。新建数据完成，如图 10-71 所示。选择的 PLC_1 连接数据在 PLC_1 中，PLC_3 的连接数据在 PLC_3 中。

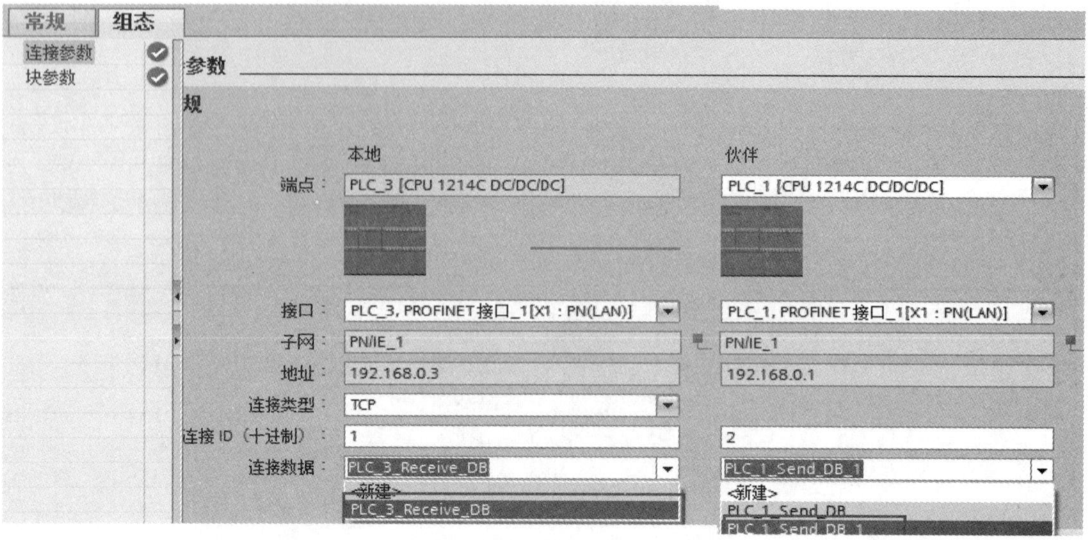

图 10-70　选择连接数据

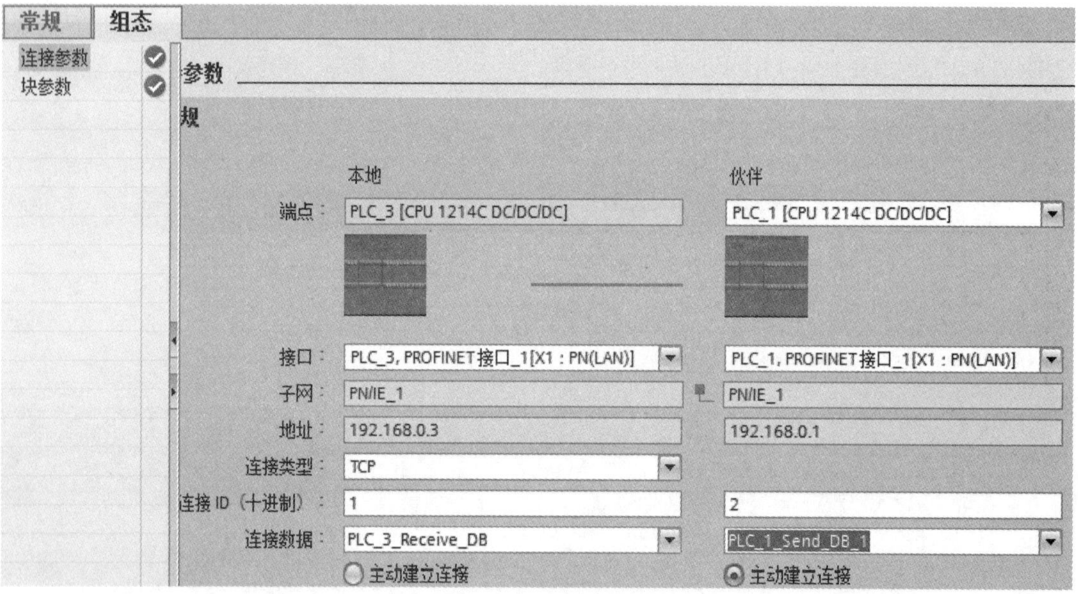

图 10-71　连接建立完成

(4) 程序设计。

① PLC1。

程序段 1：PLC_1 向 PLC_2 发送数据，如图 10-72 所示。

此段程序为 PLC_1 向 PLC_2 发送数据，其中 REQ 为发送指令使能端，每检测到一个上升沿触发一次。这里采用 10 Hz 的系统时钟，即发送频率为 10 次/s；CONT 为控制连接建立端口，为 1 时，建立连接并保持；DB2 为连接数据；DATA 为发送的数据，这里使用 IB0 是因为开放式通信发送数据的最小单位为字节，而我们只用其中的 I0.0(启动)、I0.1(停止)两个位。

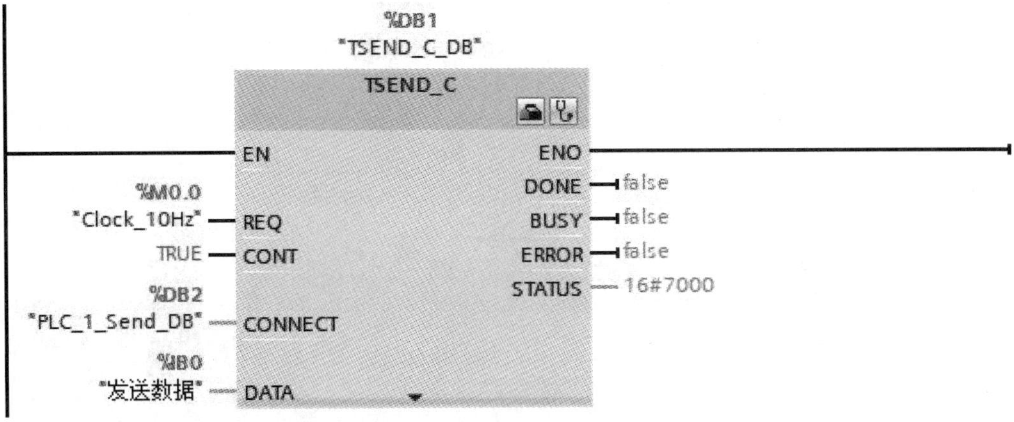

图 10-72 PLC_1 程序段 1

程序段 2：PLC_1 向 PLC_3 发送数据。

此段程序为 PLC_1 向 PLC_3 发送数据，其中 REQ 为发送指令使能端，每检测到一个上升沿触发一次。这里采用 10 Hz 的系统时钟，即发送频率为 10 次/s；CONT 为控制连接建立端口，为 1 时，建立连接并保持；DB4 为连接数据；DATA 为发送的数据，这里使用 IB0 是因为开放式通信发送数据的最小单位为字节，而我们只用其中的 I0.0(启动)、I0.1(停止)两个位。

程序段 3：PLC1 中的启-保-停电路，如图 10-73 所示。

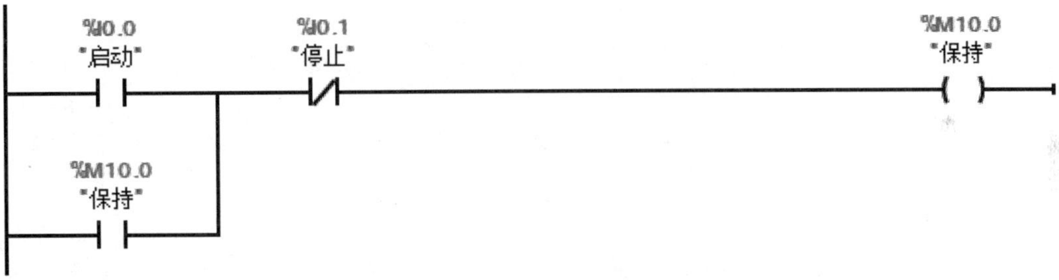

图 10-73 PLC_1 程序段 3

程序段 4：1 号路口交通灯循环计时，如图 10-74 所示。

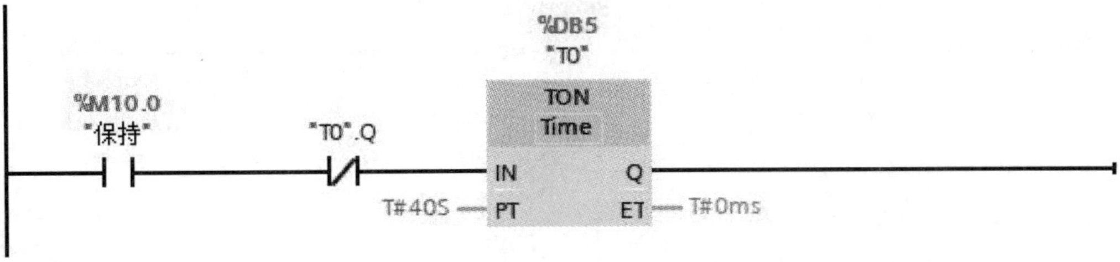

图 10-74 PLC_1 程序段 4

程序段 5：1 号路口南北方向交通灯程序(本项目中三个路口的红绿灯控制子程序见图 6-30 所示，可以将红绿灯子程序做成库文件，在 3 个 PLC 中可以直接调用该库文件)，如图 10-75 所示。

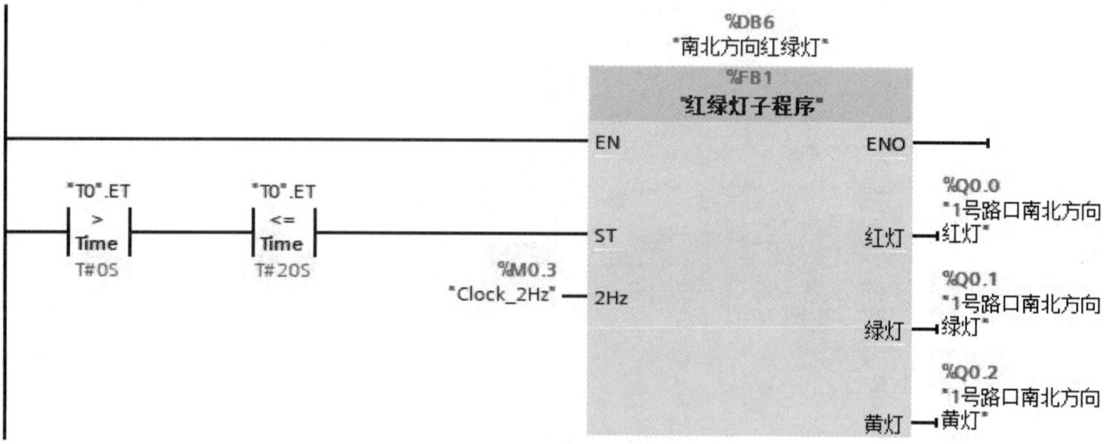

图 10-75　PLC_1 程序段 5

程序段 6：1 号灯东西方向交通灯程序，如图 10-76 所示。

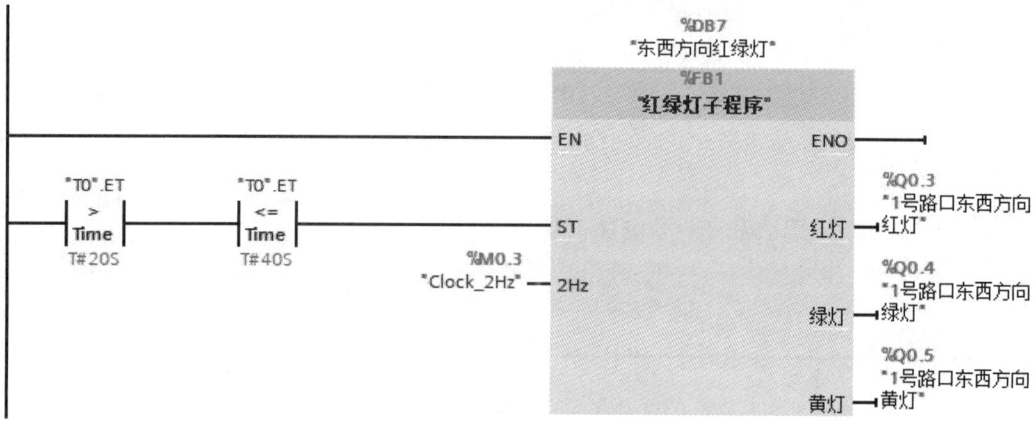

图 10-76　PLC_1 程序段 6

② PLC2：

程序段 1：PLC_2 接收 PLC_1 数据，如图 10-77 所示。

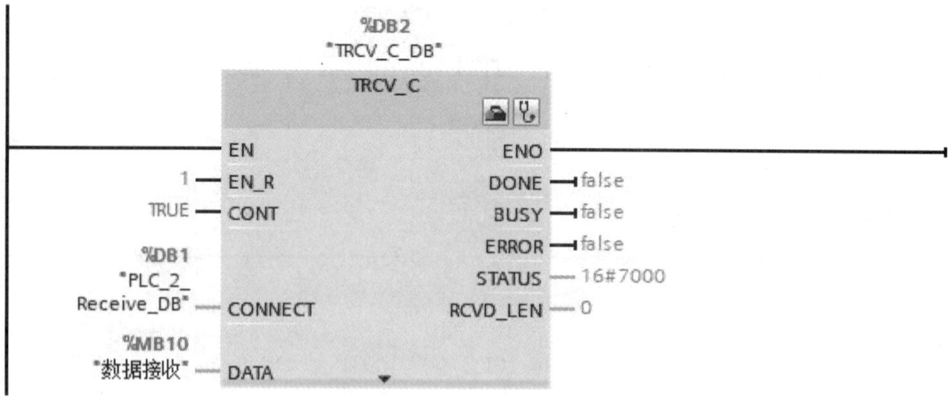

图 10-77　PLC_2 程序段 1

此段程序为 PLC_2 接收 PLC_1 发送的数据，其中 EN_R 为接收指令使能端，始终处于接通状态，接收 PLC_1 发送的每一次数据；CONT 为控制连接建立端口，为 1 时，建立连接并保持；DB1 为连接数据；DATA 为发送的数据，这里用 MB0 是因为开放式通信发送数据的最小单位为字节，其中的 M10.0 和 M10.1 对应 PLC_1 发送的启动(I0.0)和停止(I0.1)信息，在程序中只用 M10.0(启动)，M10.1(停止)。

程序段 2：PLC_2 中的启-保-停电路以及延时 1 min 后启动交通灯程序，如图 10-78 所示。

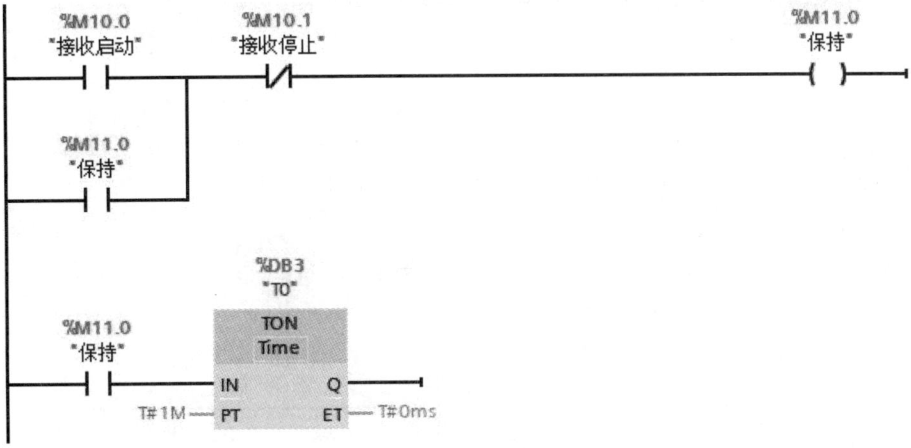

图 10-78　PLC_2 程序段 2

M10.0 和 M10.1 分别为接收到的启动和停止信号。接收到的启动信号接通保持 1，接收到的停止信号停止保持 1；保持接通后计时 1 min，1 min 后 2 号路口交通灯程序运行。

程序段 3：2 号路口交通灯循环计时，如图 10-79 所示。

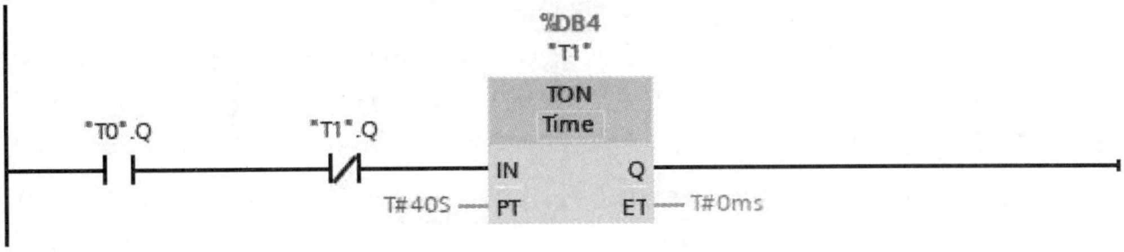

图 10-79　PLC_2 程序段 3

程序段 4：2 号路口南北方向交通灯程序，如图 10-80 所示。

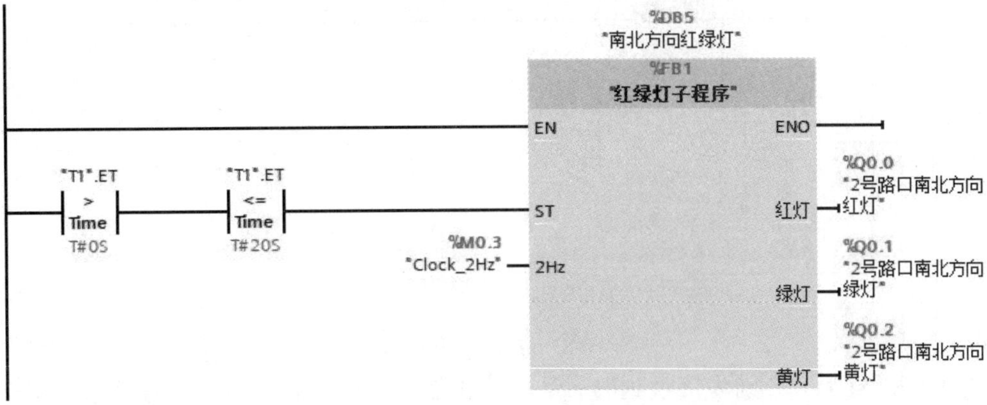

图 10-80　PLC_2 程序段 4

程序段 5：2 号路口东西方向交通灯程序，如图 10-81 所示。

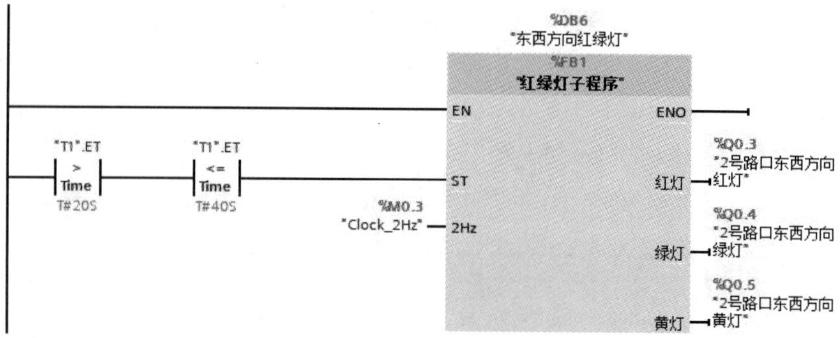

图 10-81　PLC_2 程序段 5

③ PLC3：

程序段 1：PLC_3 接收 PLC_1 数据，如图 10-82 所示。

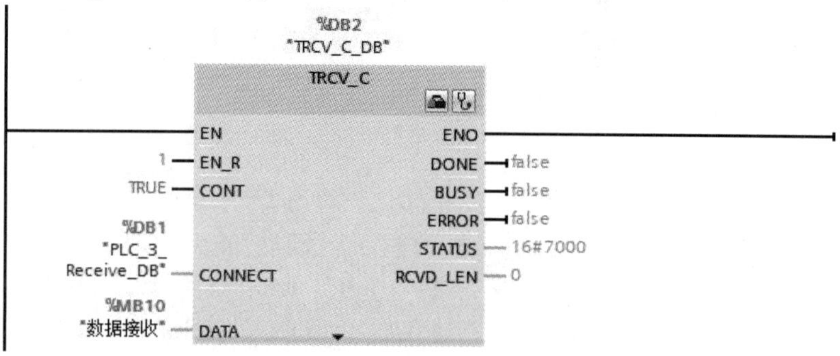

图 10-82　PLC_3 程序段 1

此段程序为 PLC_3 接收 PLC_1 发送的数据，其中 EN_R 为接收指令使能端，始终处于接收状态接收 PLC_1 发送的每一次数据；CONT 为控制连接建立端，为 1 时，建立连接并保持；DB1 为连接数据；DATA 为发送的数据，这里用 MB0 是因为开放式通信发送数据的最小单位为字节，其中的 M10.0 和 M10.1 对应 PLC_1 发送的启动(I0.0)和停止(I0.1)信号，在程序中只用 M10.0(启动),、M10.1(停止)。

程序段 2：PLC_3 中启-保-停电路以及延时 2 min 后启动交通灯程序，如图 10-83 所示。

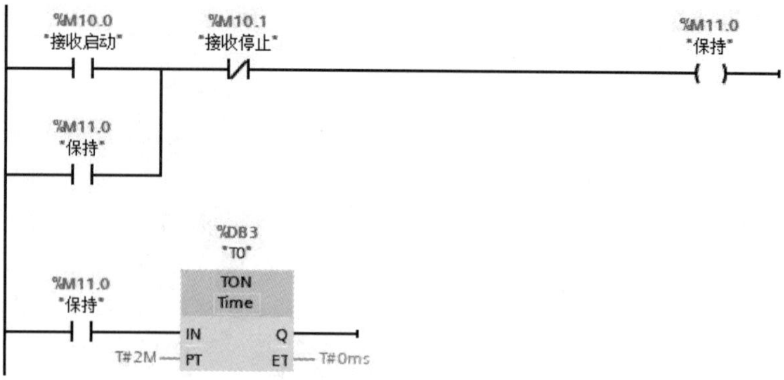

图 10-83　PLC_3 程序段 2

M10.0 和 M10.1 分别为接收到的启动和停止信号。接收到的启动信号接通保持 1，接收到的停止信号停止保持 1；保持接通后计时 2 min，2 min 后 3 号路口红绿灯程序运行。

程序段 3：3 号路口交通灯循环计时，如图 10-84 所示。

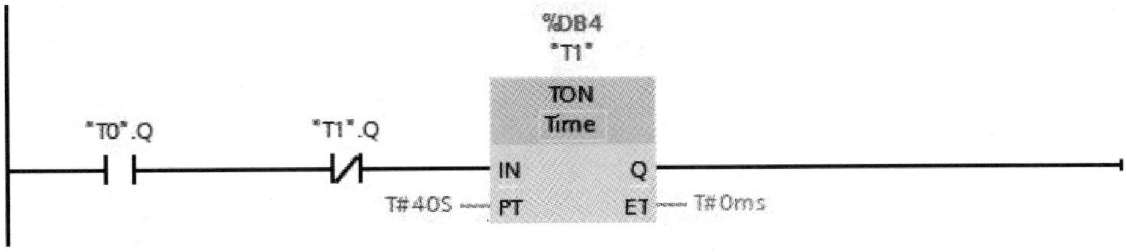

图 10-84　PLC_3 程序段 3

程序段 4：3 号路口南北方向交通灯程序，如图 10-85 所示。

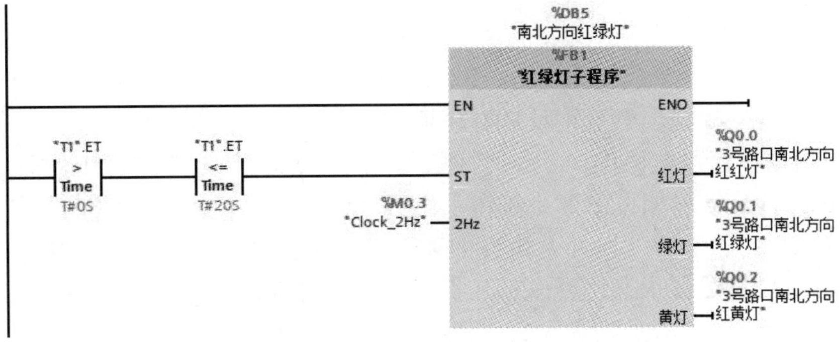

图 10-85　PLC_3 程序段 4

程序段 5：3 号路口东西方向交通灯程序，如图 10-86 所示。

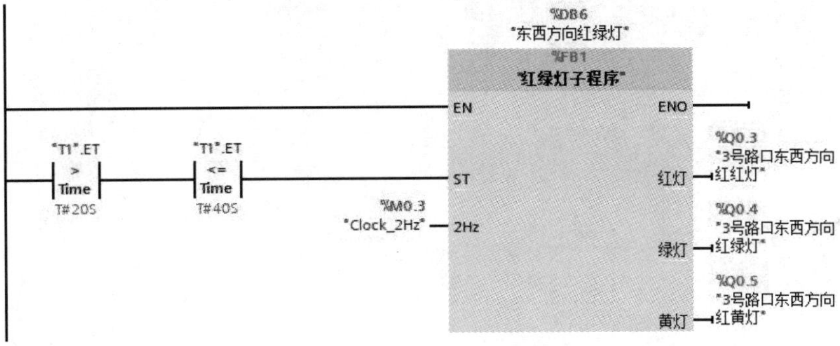

图 10-86　PLC_3 程序段 5

能力测试

项目十 能力测试题解

1. 请用 S7 通信的 PUT 指令、GET 指令完成本项目任务中的多路口交通信号灯控制。

2. 设计一个两台三相异步电机正反循环运行控制系统，控制要求如下：

(1) PLC_1 控制两台电机的启动、停止、循环次数设定；两台电机运行状态显示，包括正转、反转和运行次数，循环次数设定、显示以及运行状态均在触摸屏上实现。

(2) 触摸屏与 PLC_1 通信以及 PLC_1 与 PLC_2 通信使用 S7 通信方式。

(3) PLC_2 控制两台正反转循环运行电机，要求：按下启动按钮，电机正转 5 s，停 2 s，反转 5 s，停 2 s，如此循环，达到循环次数后立即运行；任何时刻按下停止按钮，电机立即停止运行，运行次数清零。

附录

S7-1200 PLC 与 MCGS 人机界面应用

一、任务要求

设计一个两台三相异步电机正反转循环运行控制系统，控制要求如下：

(1) 按下启动按钮，电机正转 5 s，暂停 2 s，反转 5 s，暂停 2 s，如此循环，达到循环次数后立即运行；任何时刻按下停止按钮，电机立即停止运行，运行次数清零。

(2) 在 MCGS 触摸屏上设计人机界面能通过人机界面分别控制两台电机的启动与停止，显示两台电机的运行状态，可以在人机界面上设置电机循环运行次数，显示当前运行次数。界面设计如图 I-1 所示。

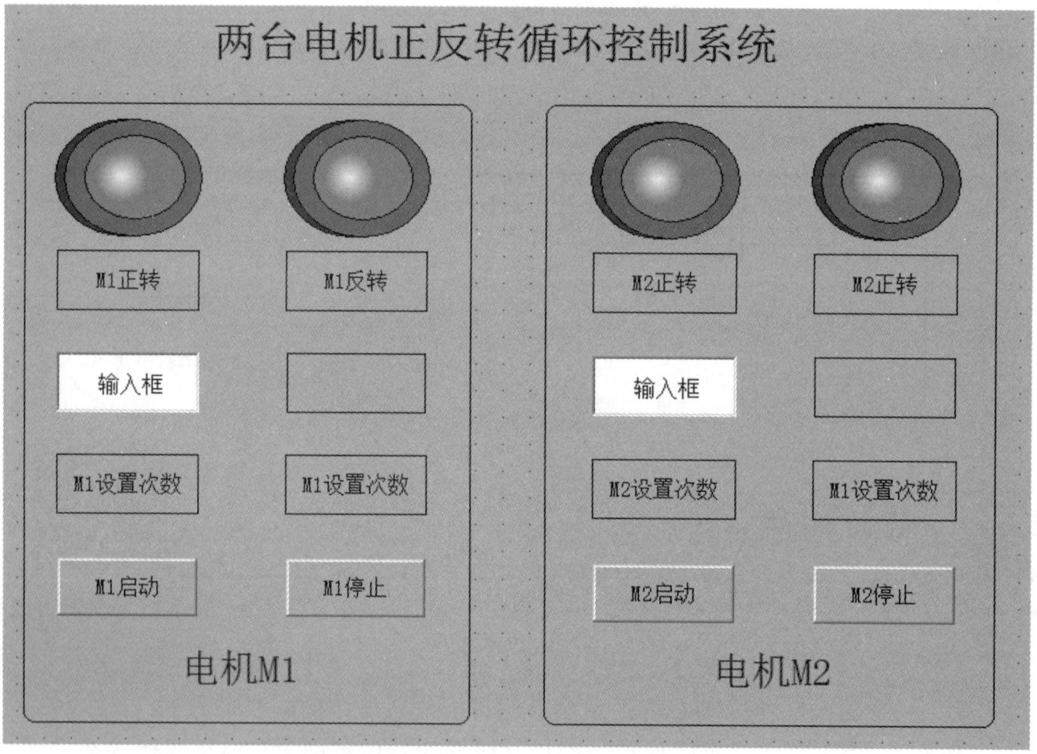

图 I-1　电机正反转循环控制系统人机界面

二、任务分析

每台电机正反转工作流程图如图 I-2 所示。

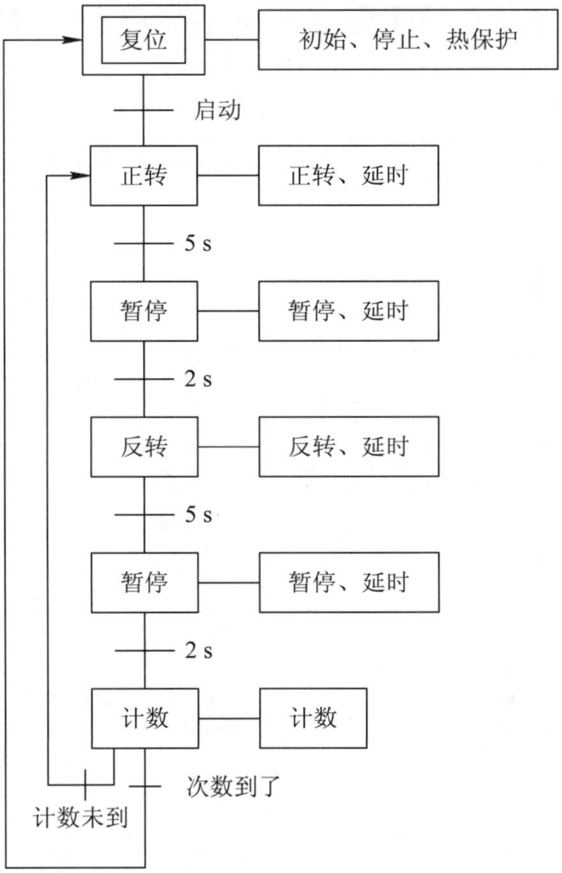

图 I-2　电机正反转流程图

三、任务实施

1. 控制系统设计

根据任务分析，两台电机正反转循环控制系统有两组启动按钮、两组停止按钮和两组过载保护输入信号，共 6 个；两组交流电机正转和反转输出信号，共 4 个输出信号。因此，必须选择继电器输出类型且输入点数不少于 6 个、输出点数不少于 4 个的 PLC。本项目 PLC 选择 CPU 1214C DC/DC/RLy，订货号为 6ES7-214-1HG40-0XB0。人机界面触摸屏选择昆仑通态(MCGS)TPC1061Ti。

2. PLC 程序设计

(1) 设备组态。S7-1200 PLC 与 MCGS 触摸屏通信，需要激活连接机制并允许来自远程对象的 PUT/GET 通信访问。在项目树窗口，依次选择 PLC_1[CPU 1214C DC/DC/RLy]→“设备组态”→“属性”→“常规”→“防护与安全”→“连接机制”，然后勾选“允许来自远程对象的 PUT/GET 通信访问”复选框，如图 I-3 所示。

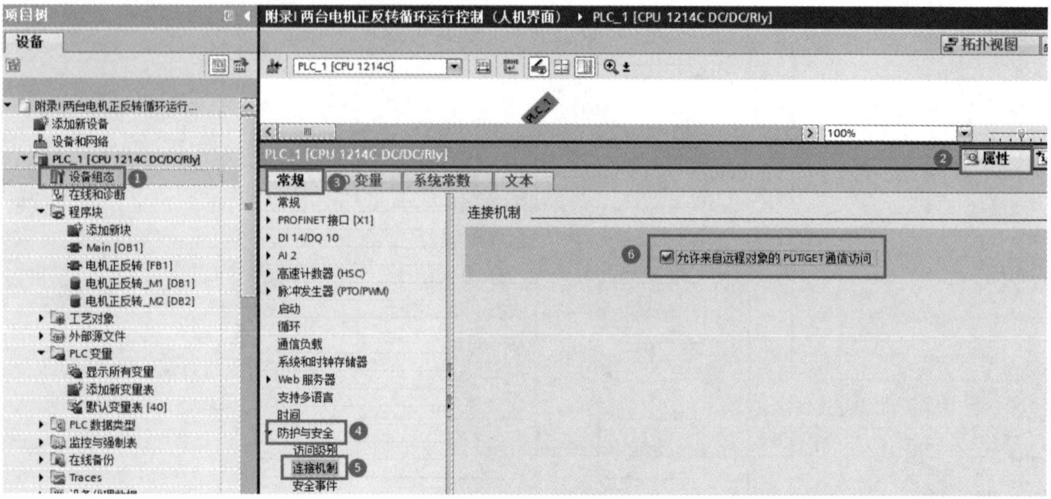

图 I-3　激活连接机制

(2) 变量定义。变量表如图 I-4 所示。

名称	数据类型	地址
M1启动	Bool	%M0.0
M1停止	Bool	%M0.1
M2启动	Bool	%M0.2
M2停止	Bool	%M0.3
M1正转	Bool	%Q0.0
M1反转	Bool	%Q0.1
M2正转	Bool	%Q0.2
M2反转	Bool	%Q0.3
M1设置次数	Int	%MW2
M1显示次数	Int	%MW4
M2设置次数	Int	%MW6
M2显示次数	Int	%MW8

图 I-4　两台电机正反转循环运行变量表

(3) 正反转循环运行函数块(FB1)。FB1 块接口定义如图 I-5 所示，程序如图 I-6 所示。

附录I 两台电机正反转循环运行控制（人机界面） ▸ PLC_1 [CPU 1214C DC/DC/Rly] ▸ 程序块 ▸ 电机正反转 [FB1]

电机正反转

	名称	数据类型	默认值	保持	可从 HMI/...	从 H...	在 HMI ...	设定值
1	▼ Input							
2	启动	Bool	false	非保持	☑	☑	☑	☐
3	停止	Bool	false	非保持	☑	☑	☑	☐
4	设置次数	Int	0	非保持	☑	☑	☑	☐
5	<新增>				☐	☐	☐	☐
6	▼ Output							
7	正转	Bool	false	非保持	☑	☑	☑	☐
8	反转	Bool	false	非保持	☑	☑	☑	☐
9	显示次数	Int	0	非保持	☑	☑	☑	☐
10	<新增>				☐	☐	☐	☐
11	▼ InOut							
12	<新增>				☐	☐	☐	☐
13	▼ Static							
14	保持	Bool	false	非保持	☑	☑	☑	☐
15	▸ T0	IEC_TIMER		非保持	☑	☑	☑	☐
16	▸ C0	IEC_COUNTER		非保持	☑	☑	☑	☑
17	计数辅助	Bool	false	保持	☑	☑	☑	☑

图 I-5　FB1 块接口定义

程序段 1：启-保-停

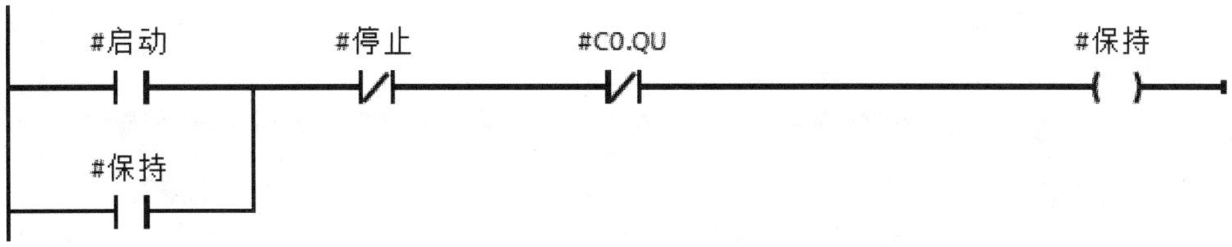

程序段 2：计数

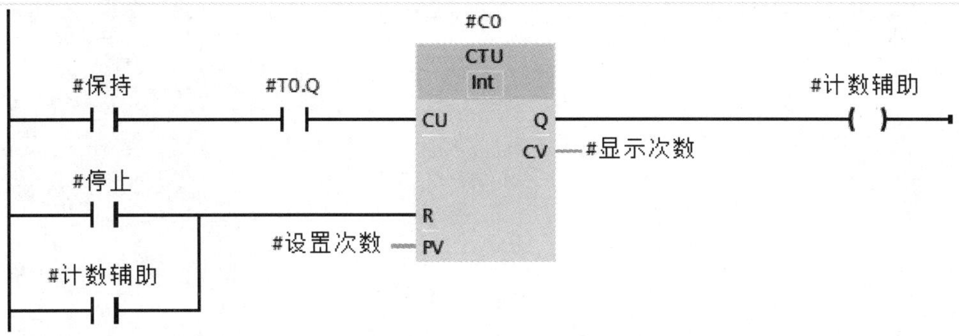

程序段 3：14 s 计时

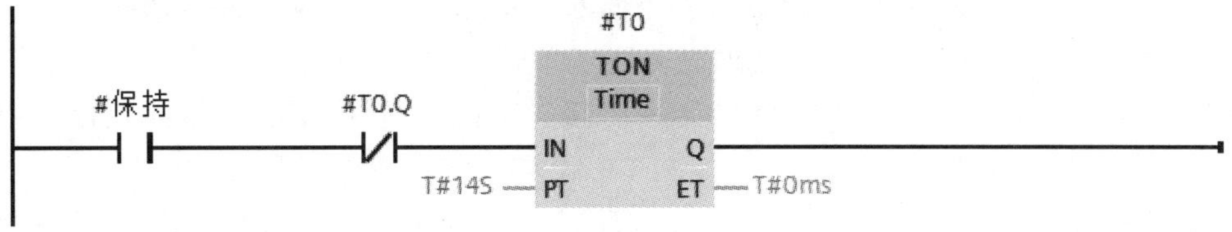

程序段 4：电机正转

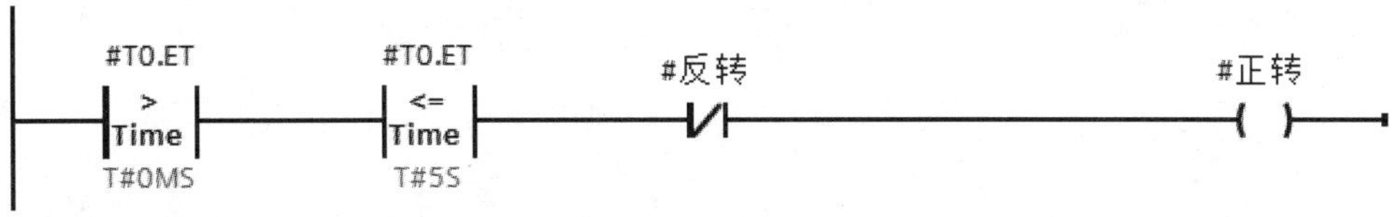

程序段 5：电机反转

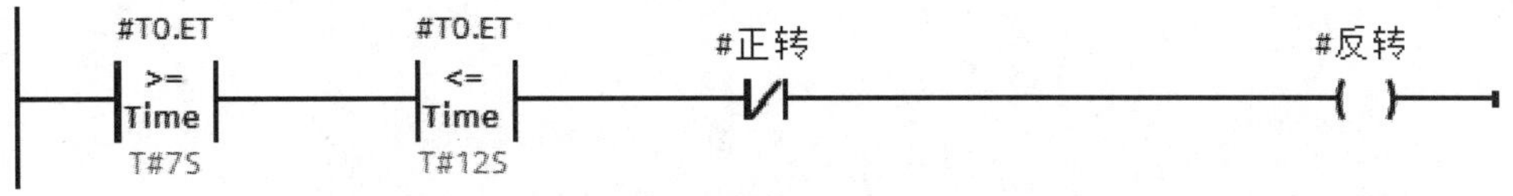

图 I-6　FB1 块正反转控制程序

(4) 设计 Main(OB1)程序，如图 I-7 所示。

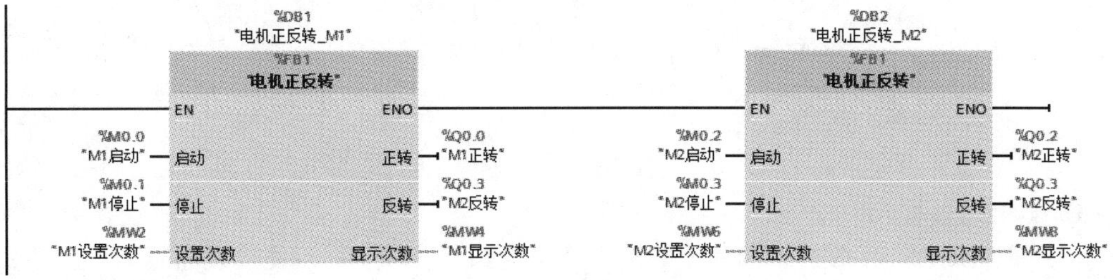

图 I-7　Main 主程序

3. 人机界面设计

(1) 进入组态环境界面。单击桌面 MCGS 组态环境图标的快捷图标，即可进入 MCGS 嵌入版的组态环境界面，如图 I-8 所示。

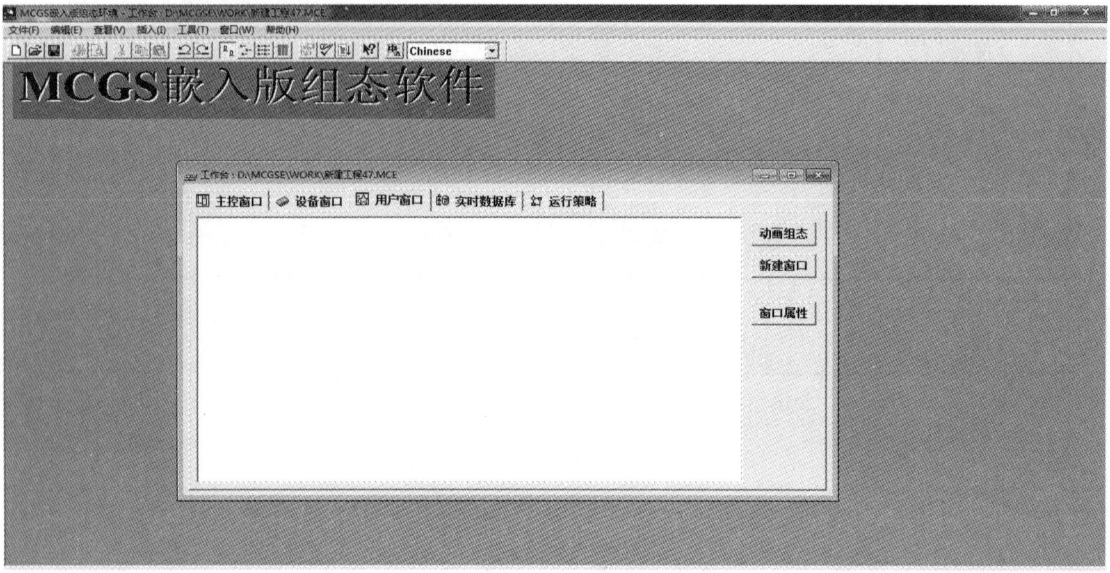

图 I-8　MCGS 组态环境界面

(2) 新建工程。在菜单栏中选择“文件”→“新建工程”，在弹出的“新建工程设置”对话框中选择“类型”为“TPC1061Ti”，如图 I-9 所示，单击“确定”按钮，进入 MCGS 组态工作台。

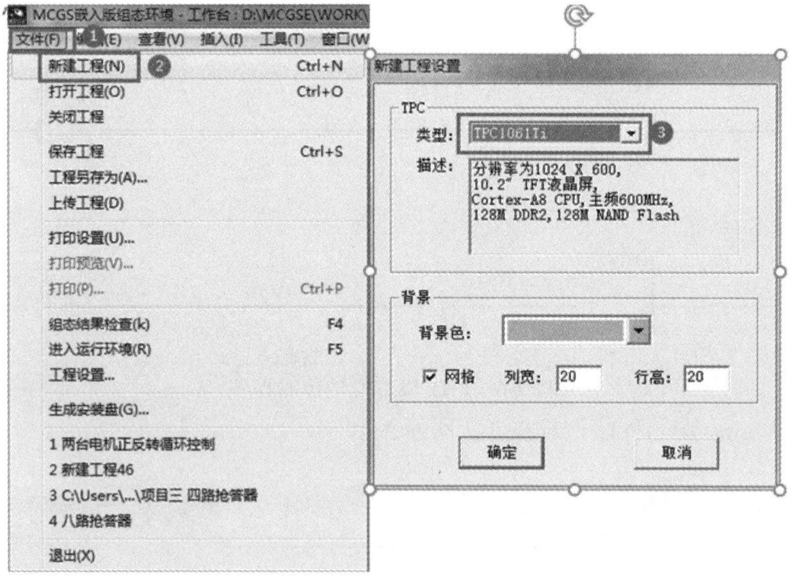

图 I-9　新建工程

(3) 编辑设备窗口。

① 进入 MCGS 组态工作台后，单击“设备窗口”选项卡，双击“设备窗口”，如图 I-10 所示，弹出“设备组态：设备窗口”对话框，如图 I-11 所示的界面。

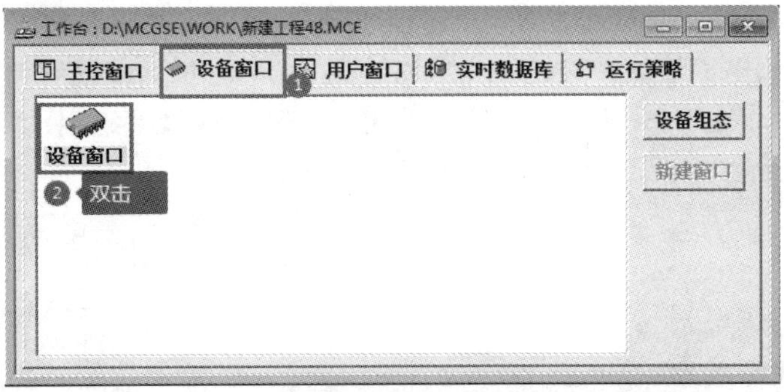

图 I-10 编辑设备窗口

图 I-11 设备窗口界面

② 将 1200PLC 加入选定设备栏中，在菜单栏选择“工具箱”，弹出“设备管理工具箱”对话框，点击“设备管理”按钮，弹出“设备管理”界面，在此界面中依次选择“所有设备”→“PLC” →“西门子”→“Siemens_1200 以太网”→“Siemens_1200”，然后单击“增加”按钮，将西门子 1200PLC 加入到右边的“选定设备”栏，如图 I-12 所示。

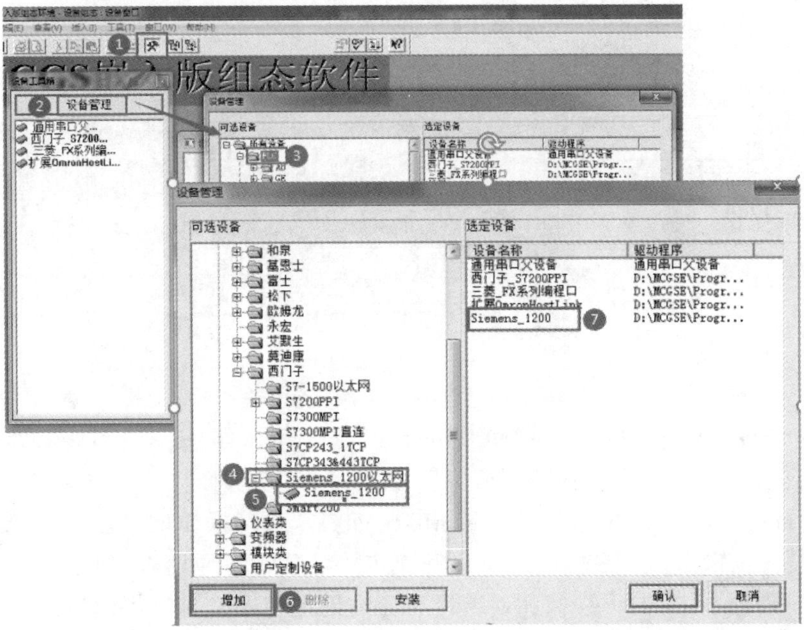

图 I-12 1200 加入选定设备栏

③ 将“通用 TCP/IP 父设备”加入“选定设备”栏。在“设备管理”窗口选择“通用 TCP/IP 父设备”，单击“增加”按钮，完成将“通用 TCP/IP 父设备”加入到右边的“选定设备”栏的操作，如图 I-13 所示。单击“确定”按钮完成设备选定，“设备工具箱”窗口会出现所选择的设备，如图 I-14 所示。

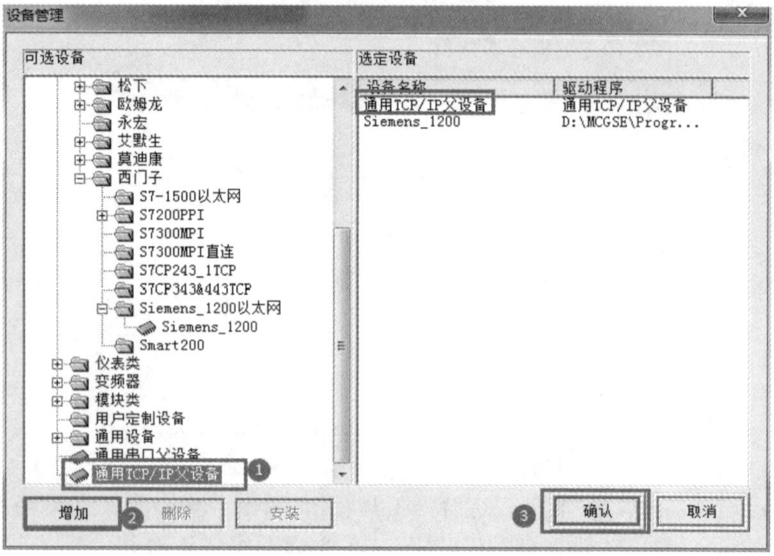

图 I-13 TCP/IP 父设备加入选定设备栏

图 I-14 设备加入工具箱

④ 依次双击“设备工具箱”中的两个设备，将“通用 TCP/IP 父设备”和“Siemens_1200”加入到“设备组态：设备窗口”，如图 I-15 所示。

图 I-15 设备窗口中加入设备

⑤ 打开“设备编辑窗口”，关联变量。双击“设备组态：设备窗口”中的“设备 0-[Siemens_1200]”，弹出“设备编辑窗口”，如图 I-16 所示。

⑥ 在设备窗口添加 BOOL 类型变量 M0.0-M0.3，具体操作如下。

选中“设备编辑窗口”右侧的选项栏→点击“增加设备通道”，弹出“添加设备通道”窗口，点击“通道类型”的下拉按钮，选择“M 内部继电器”，将“通道地址”设置为“0”，将“通道个数”设置为“4”，如图 I-17 所示，点击“确定”按钮后如图 I-18 所示。

图 I-16　设备编辑窗口

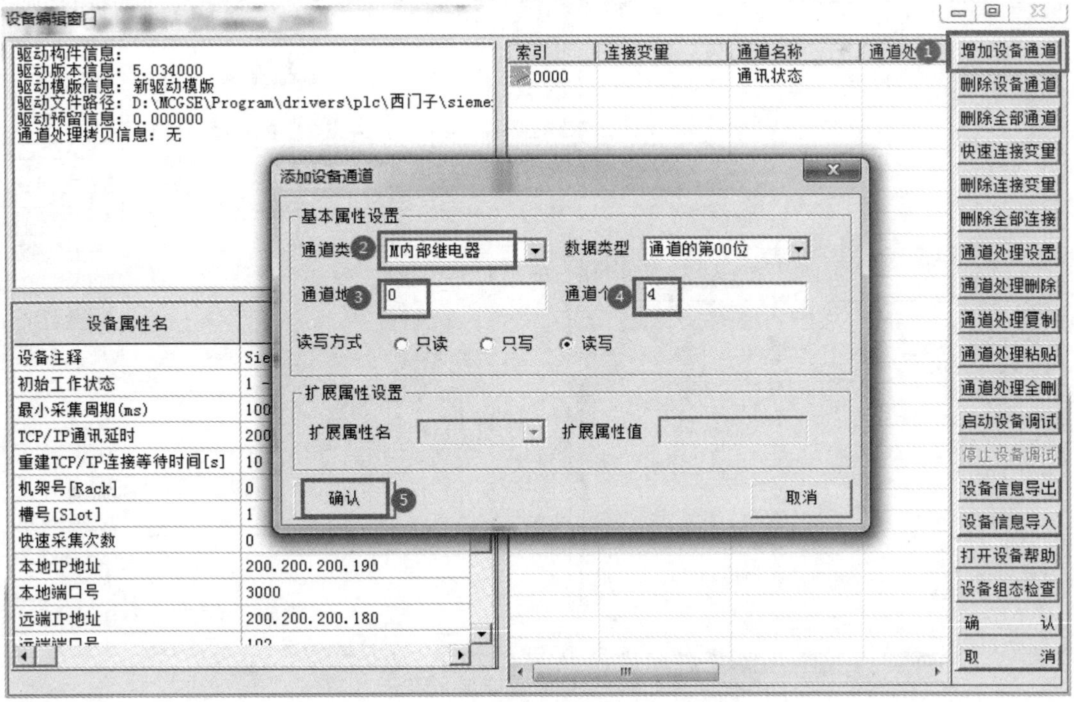

图 I-17　在设备编辑窗口添加 M 变量

图 I-18　M 变量添加完成

⑦ 在设备窗口关联变量 Q0.0～Q0.3。

关联 Q 变量的步骤与上一步相同，如图 I-19 所示。

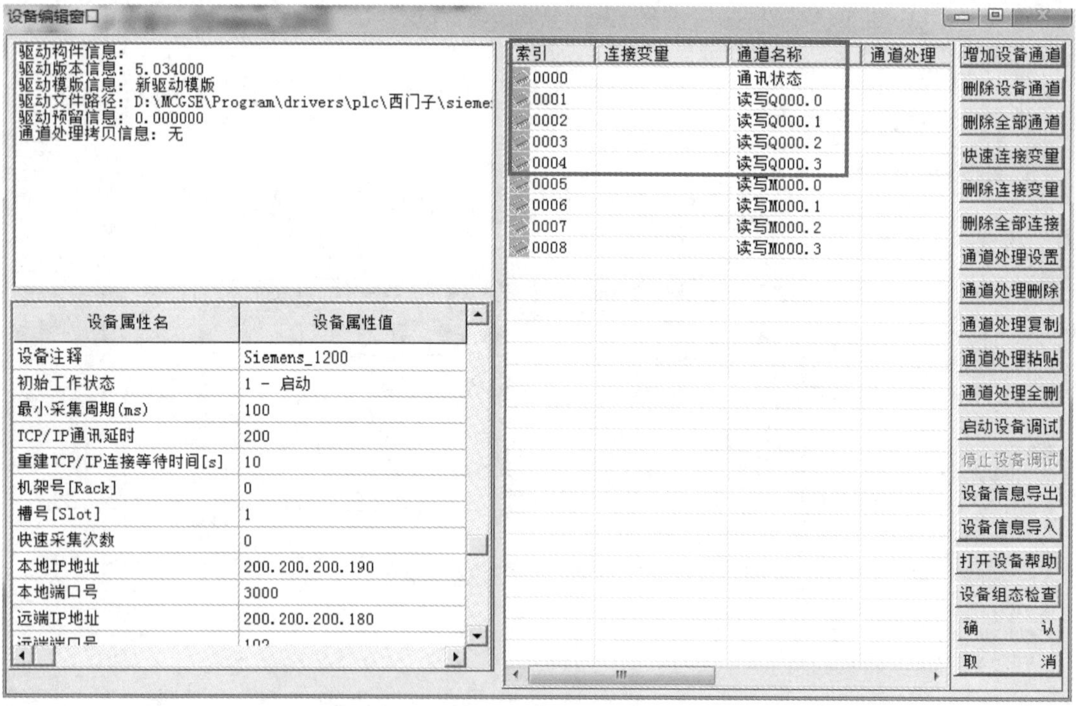

图 I-19　Q 变量添加完成

⑧ 添加 Int 变量 MW2、MW4、MW6、MW8。

在“设备编辑窗口”右侧选择“增加设备通道”，弹出“添加设备通道”，选择“通道类型”为 M 内部继电器，选择“数据类型”为“16 位无符号二进制”，选择“通道地址”为 2，选择“通道个数”为 4，如图 I-20 所示。添加完成后设备编辑窗口如图 I-21 所示。

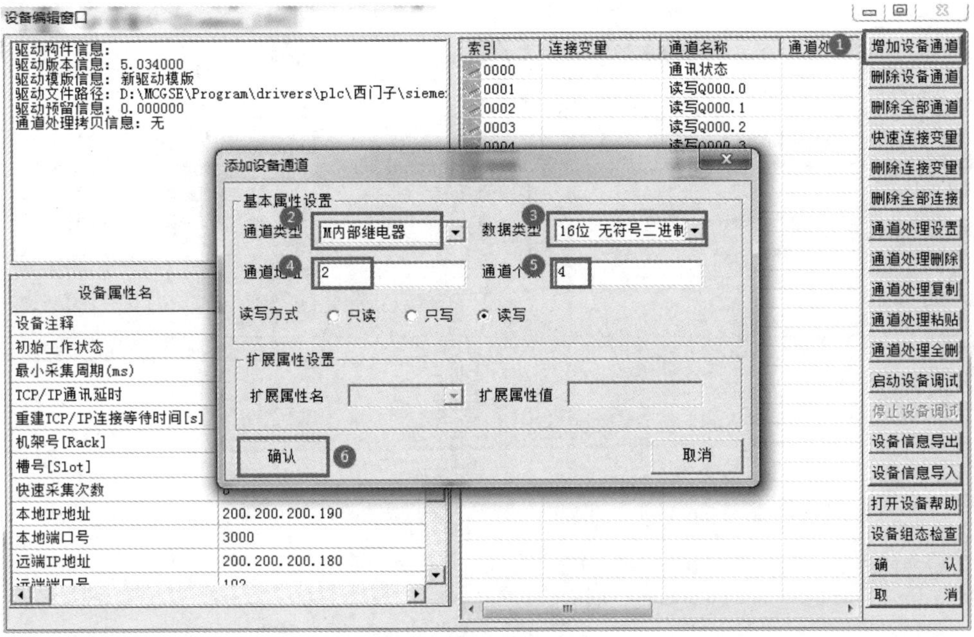

图 I-20 添加 Int 变量

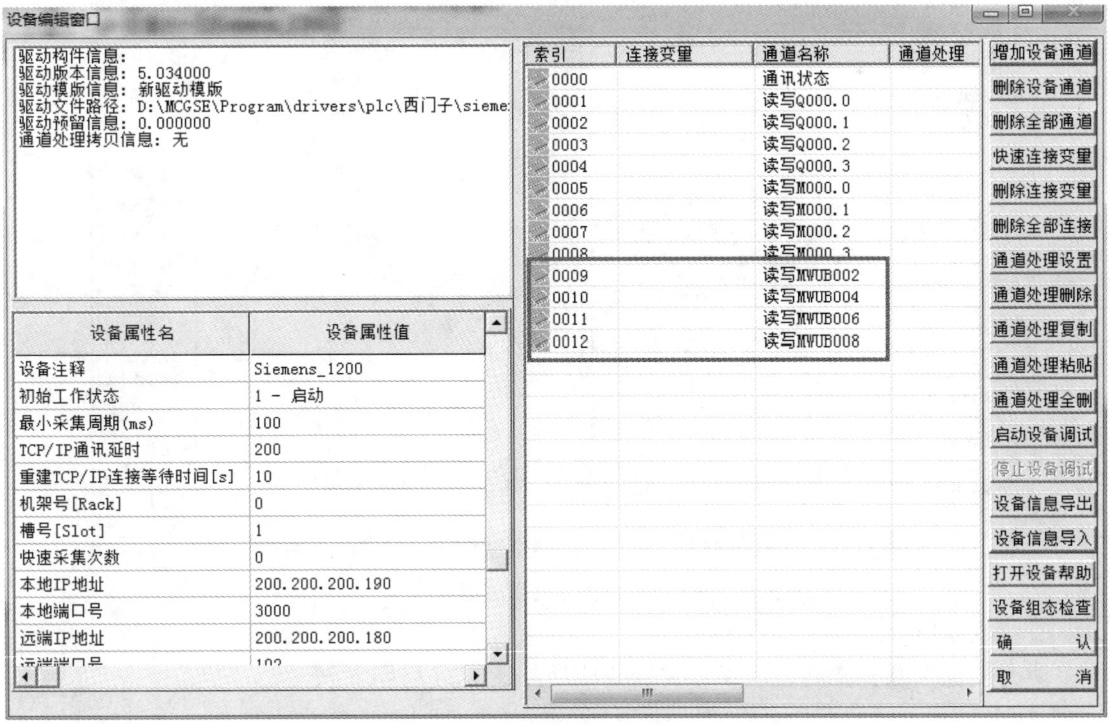

图 I-21 Int 变量添加完成

⑨ 在设备编辑窗口关联变量。

关联变量的名称与 PLC 变量中的名称一致。双击窗口右侧“000 读写 Q000.0”，弹出“变量选择”窗口，在“选择变量”框中填写“M1 正转”，如图 I-22 所示。最后点击“确定”按钮，完成变量关联，如图 I-23 所示。

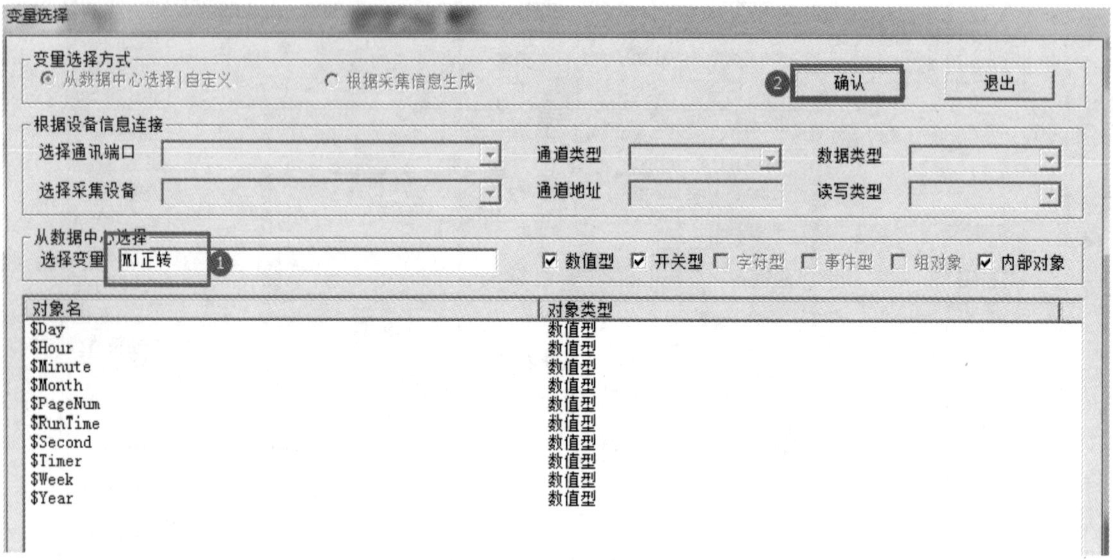

图 I-22　关联变量

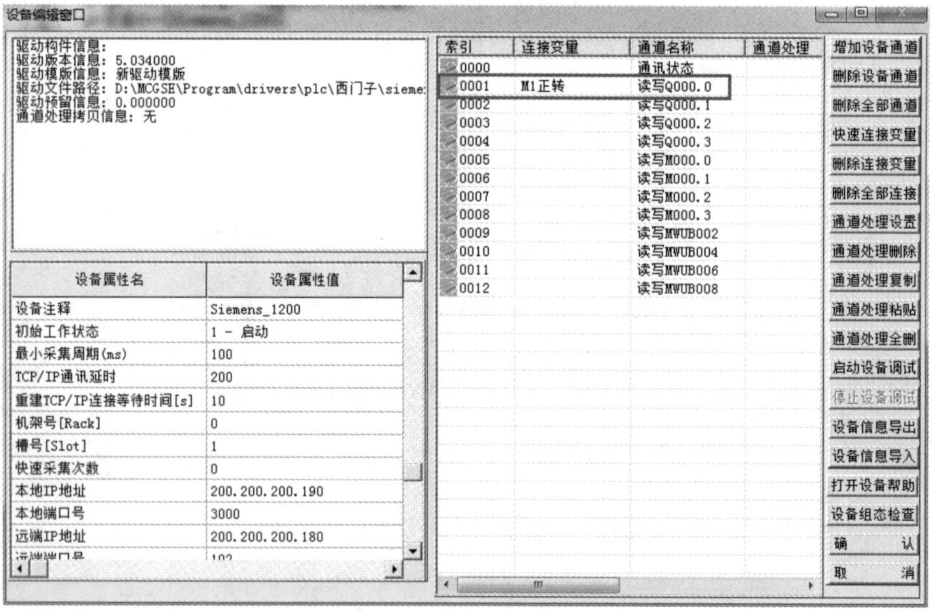

图 I-23　Q0.0 变量关联完成

⑩ 关联其他变量。

所有变量关联步骤同上一步，关联完成后如图 I-24 所示。

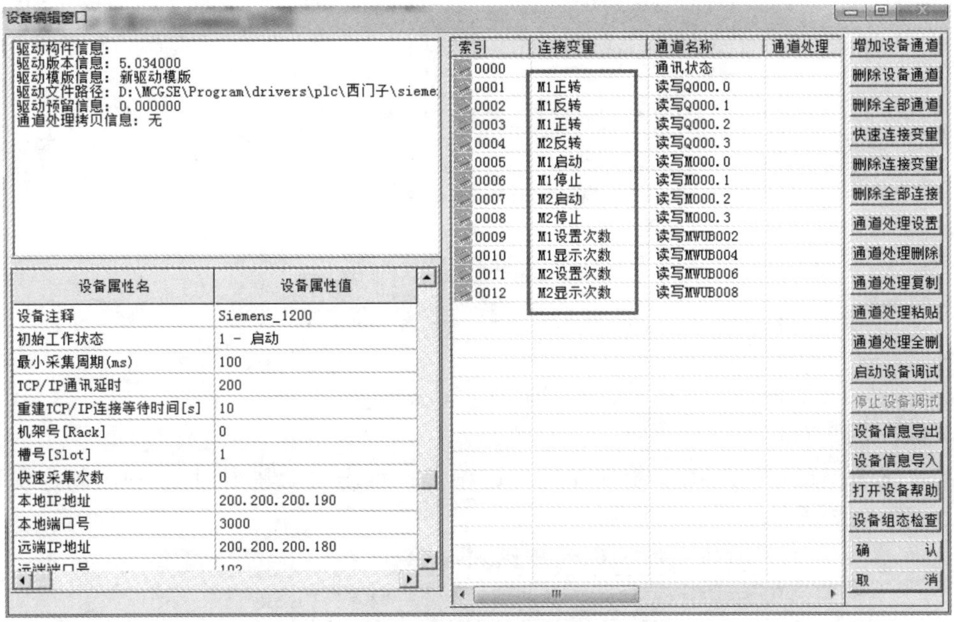

图 I-24　变量关联完成

⑪ 修改 IP 地址。

点击“设备编辑窗口”左下侧“本地 IP 地址”(本地 IP 地址为触摸屏实际 IP 地址，本例中触摸屏 IP 地址为 192.168.0.3)，在输入框输入“192.168.0.3”，在“远端 IP 地址”输入框输入“192.168.0.1”(远端 IP 地址为 PLC 地址，本例中 PLC 的 IP 地址为 192.168.0.1)，如图 I-25 所示。最后点击“确认”按钮，选择“全部添加”，完成变量关联。

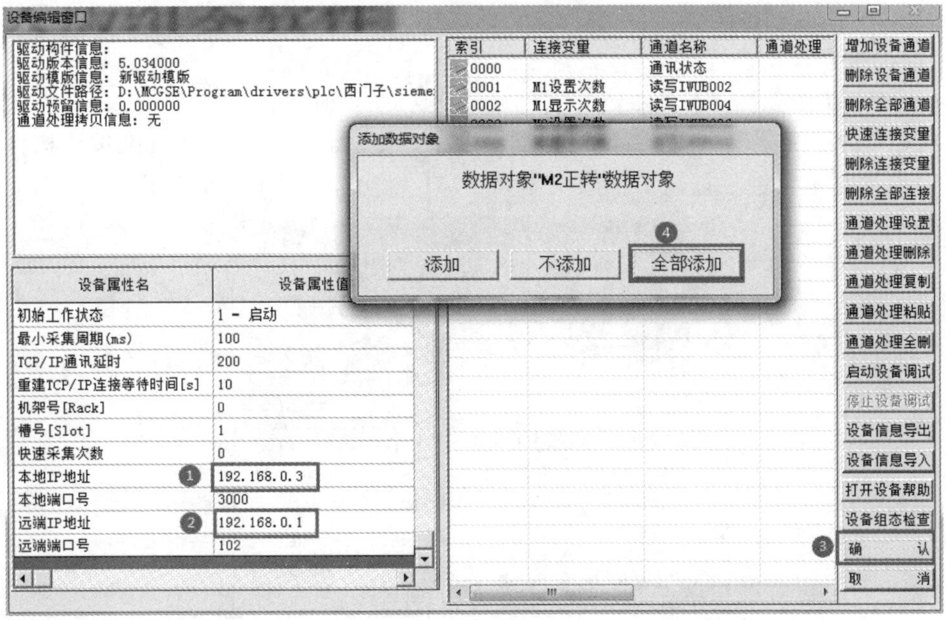

图 I-25　IP 地址设置

⑫ 关闭设备窗口，在存盘否提示信息下选择“是”，如图 I-26 所示。

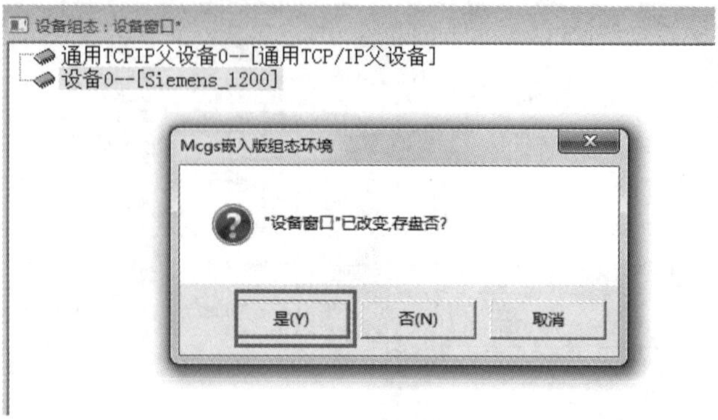

图 I-26　关闭设备窗口

(4) 编辑用户窗口。

① 新建用户窗口。单击“用户窗口”选项卡，点击“新建窗口”，弹出新建窗口“窗口 0”，如图 I-27 所示。

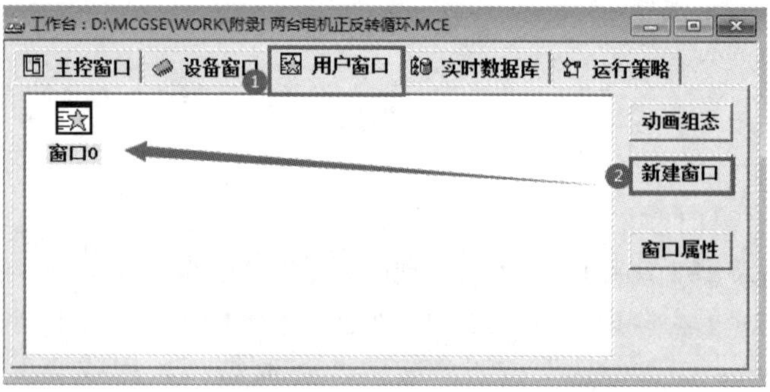

图 I-27　新建用户窗口

② 添加按钮及动态连接。

a. 添加按钮及修改文本。双击“窗口 0”进入“动画组态窗口 0”窗口，点击窗口右边“工具箱”，选中按钮图标，将鼠标移动至窗口，拖放按钮，双击“标准按钮构件属性设置”窗口中“基本属性”按钮，修改文本为“M1 启动”，如图 I-28 所示。

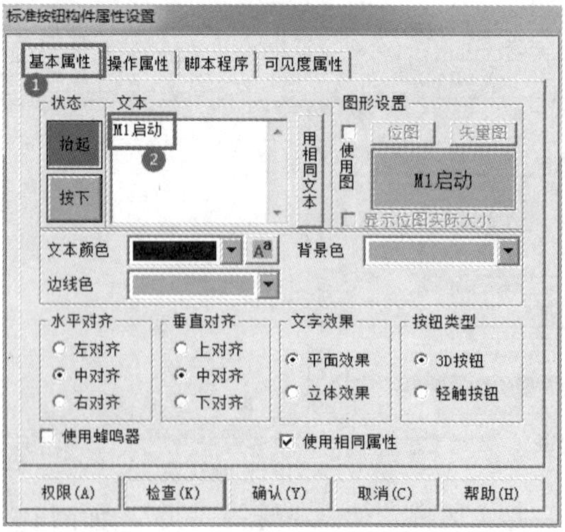

图 I-28　按钮添加及文本修改

b. 动态连接按钮。在“标准按钮构件属性设置”窗口选项卡中选择“操作属性”，勾选“数据对象值操作”，在下拉框中选择“按 1 松 0”，点击“？”按钮，进入“变量选择”窗口，在“数据对象值操作”中选择“M1 启动”，点击“确认”按钮退出变量选择窗口，如图 I-29 所示。按钮动态连接完成后，其他 3 个按钮按以上步骤操作，使用“工具条”进行对齐、等间距操作后如图 I-30 所示。

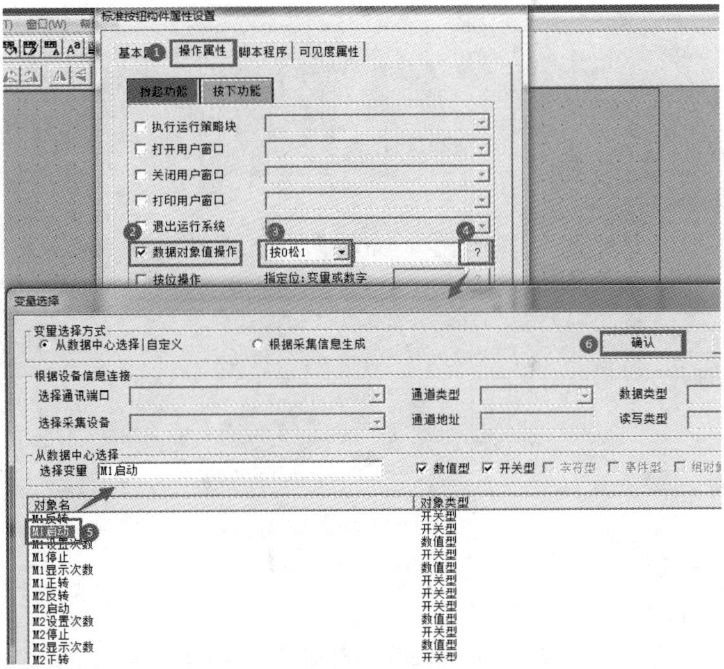

图 I-29 按钮动态连接

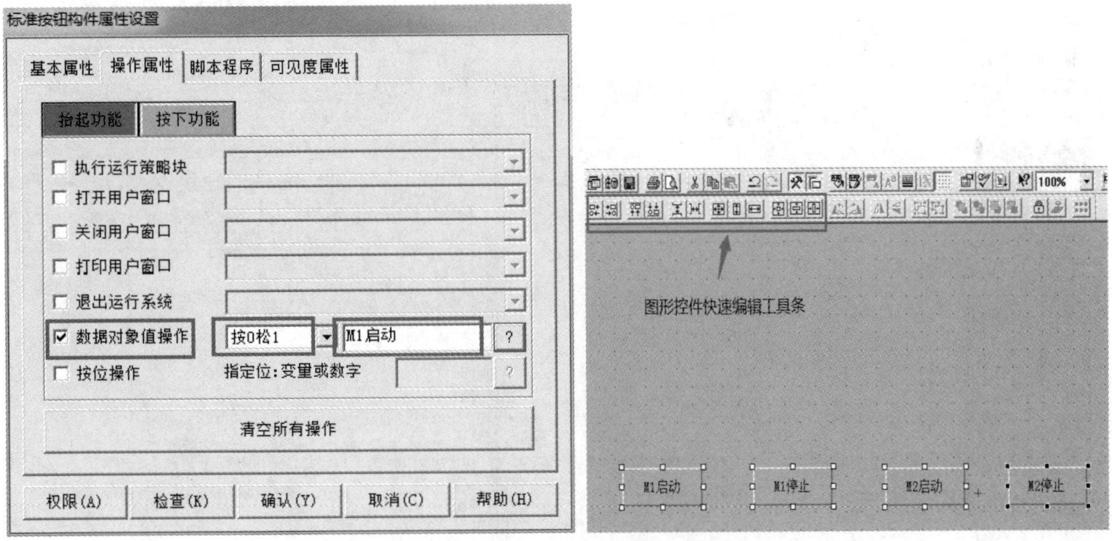

图 I-30 按钮动态连接完成

③ 添加指示灯及动态连接。

a. 添加指示灯。选择工具箱中的“插入元件”，在弹出的“对象元件库管理”窗口选择“指示灯”→“指示灯 3”，单击“确定”按钮完成添加。以同样的方法添加另外三个指示灯，也可以采用复制的方式添加按钮，如图 I-31 所示。

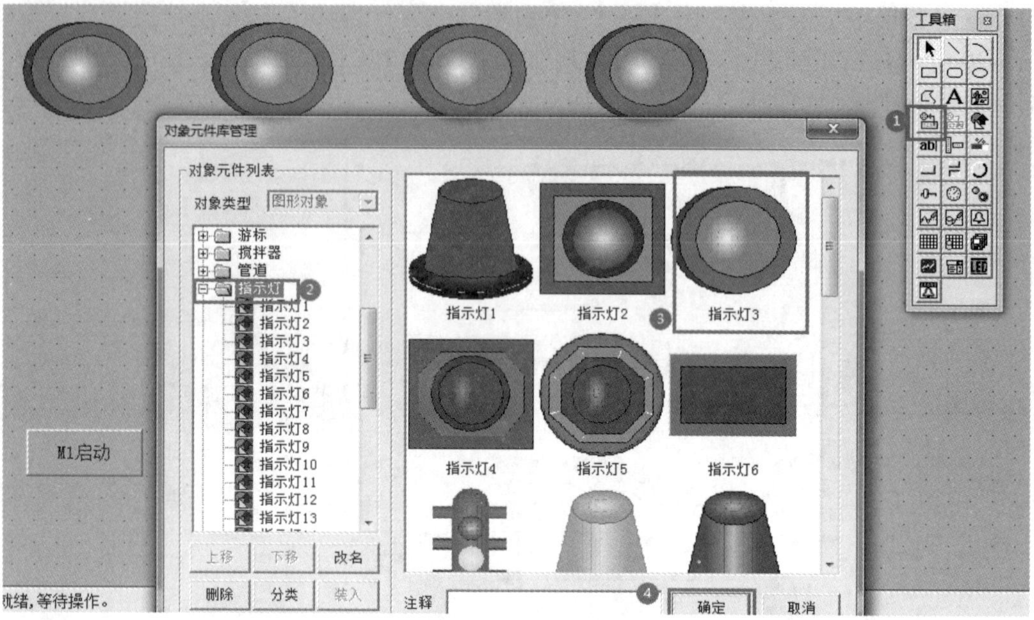

图 I-31　添加指示灯

b. 动态连接指示灯。双击添加的指示灯，在“单元属性设置”窗口中选择“动画连接”选项卡，点击“组合图符”后面的“？”按钮，在“变量选择”窗口中选择“M1 正转”，点击“确认”按钮，完成指示灯变量的连接，如图 I-32 所示。

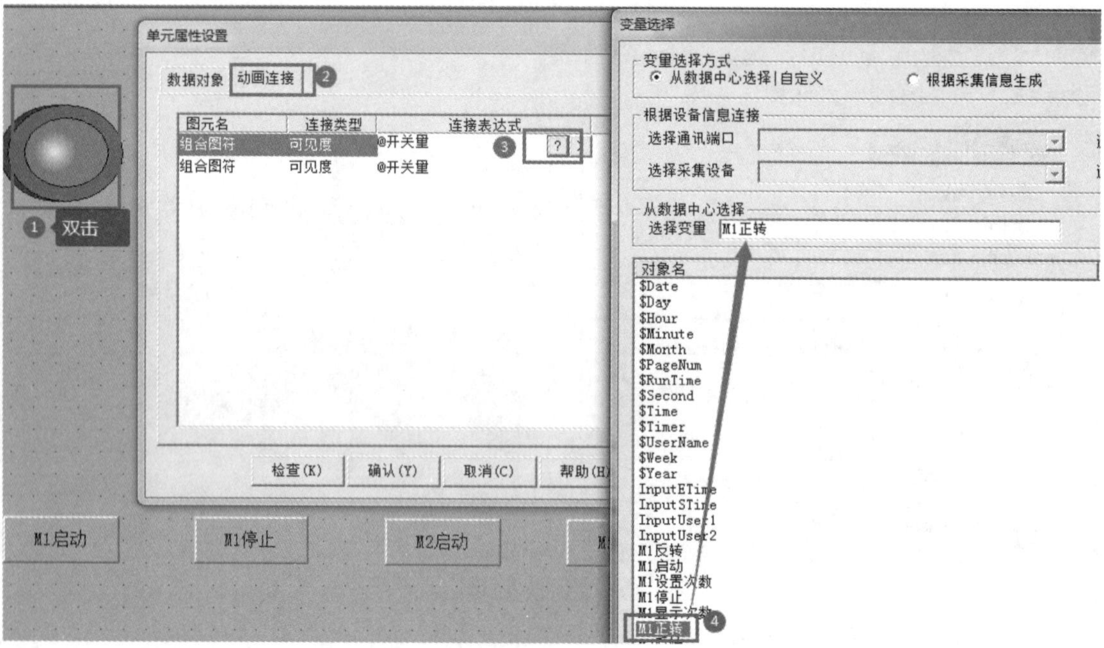

图 I-32　指示灯变量连接

c. 添加指示灯标签。选中工具箱中的标签“A”按钮，将鼠标移至用户窗口，将标签框拖放至适当大小，双击标签框，在弹出的“标签动画组态属性设置”窗口选择“扩展属性”选项卡，在“文本内容输入”框中输入“M1 正转”，然后点击“确认”按钮，如图 I-33 所示。采用同样的方式添加另外 3 个指示灯的标签，如图 I-34 所示。

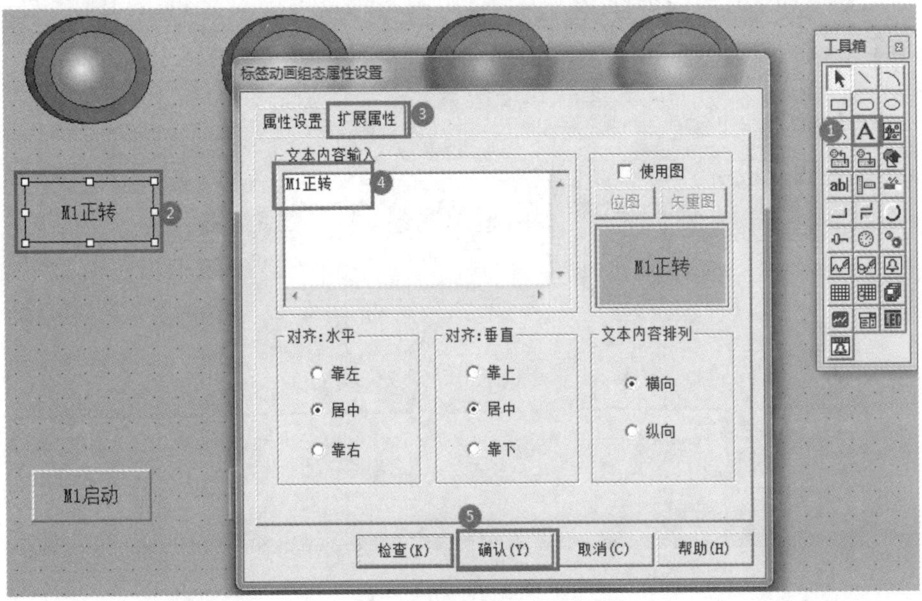

图 I-33　指示灯添加标签

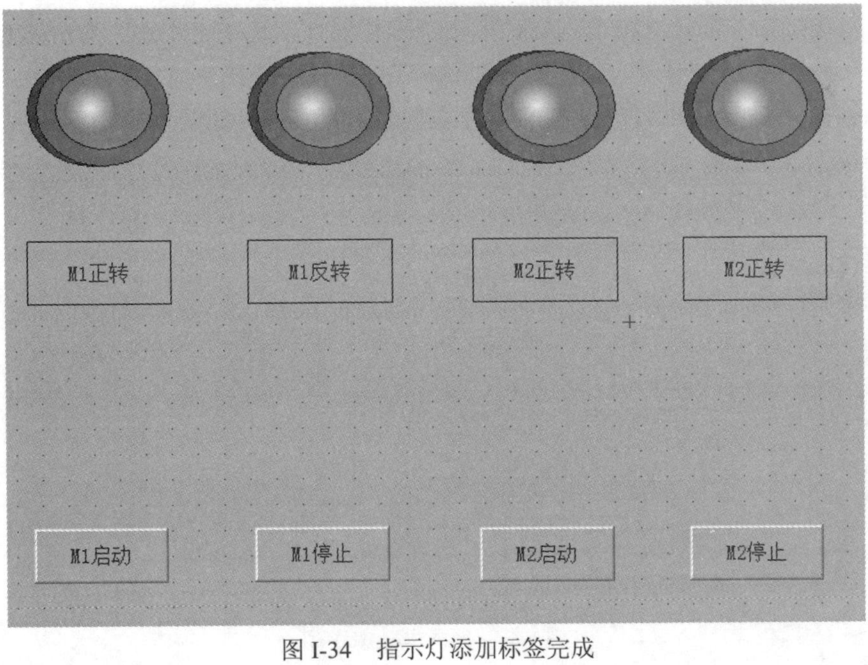

图 I-34　指示灯添加标签完成

④ 添加设置次数输入框。

a. 添加输入框。在工具箱中选中输入框“ab|”图标，将鼠标移至用户窗口，将输入框拖放至适当大小，运用图形控件快速编辑工具条中的“等高宽”功能，将输入框外观大小

调至与按钮外观大小一致，按上一步的方法给输入框加入标签，如图 I-35 所示。

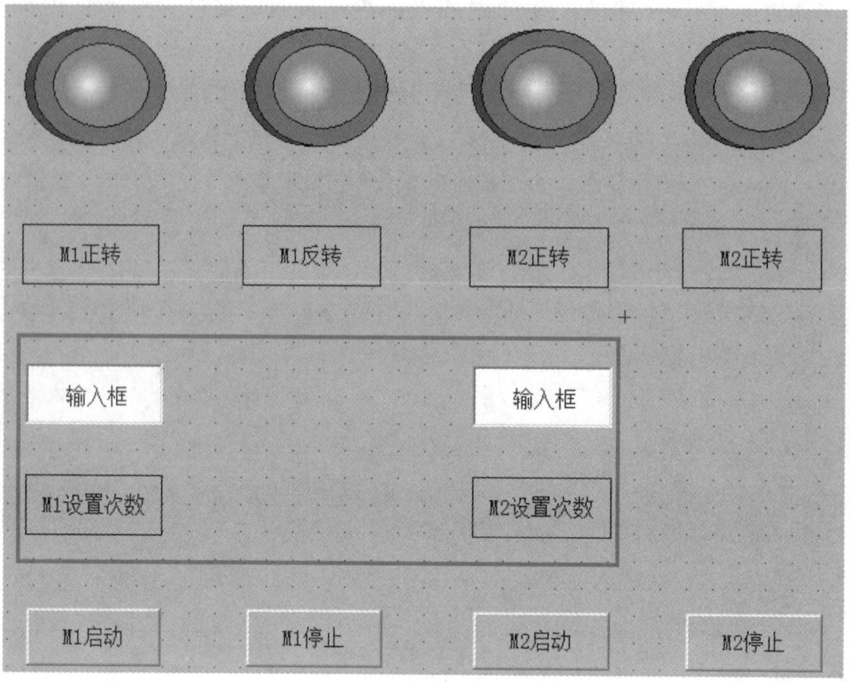

图 I-35　添加输入框

b. 动态连接输入框。双击输入框，单击“操作属性”选项卡，在“对应数据对象的名称”选项栏中点击“？”按钮，在“变量选择”对话框中选择“M1 设置次数”，然后单击“确认”按钮。M2 设置次数的动态连接方法与 M1 的相同，如图 I-36 所示。

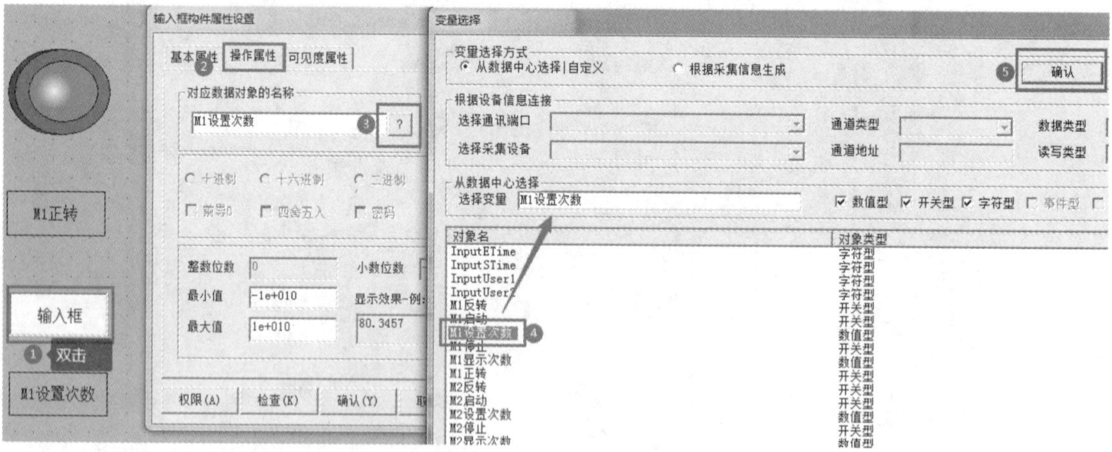

图 I-36　输入框动态连接

⑤ 添加显示次数的显示框及标签。

首先按照步骤③的方法添加标签，然后双击所添加的标签，在弹出的“标签动画组态属性设置”窗口中选择“属性设置”选项卡，在“输入输出连接”中勾选“显示输出”选项，选择“显示输出”选项卡，点击“表达式”框中的“？”按钮，按照上述步骤选择变量“M1 显示次数”，在“输出数值类型”选项中选择“数值量输出”，在“输出格式”选项中取消选择“浮点输出”，而选择“自然小数位”，设置显示效果为“80”，点击“确认”按钮，如图 I-37 所示，添加标签完成后如图 I-38 所示。

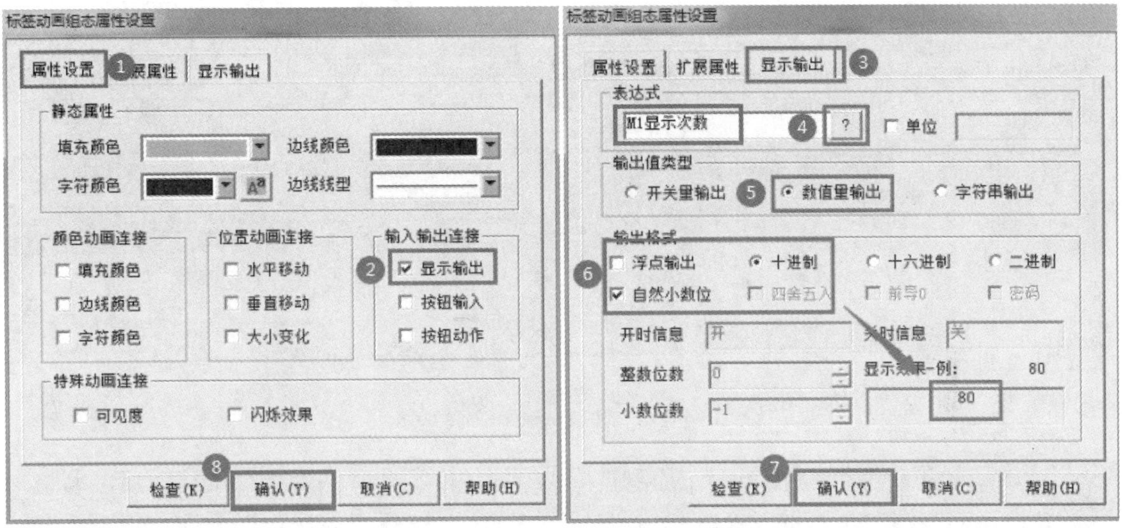

图 I-37　显示次数显示框

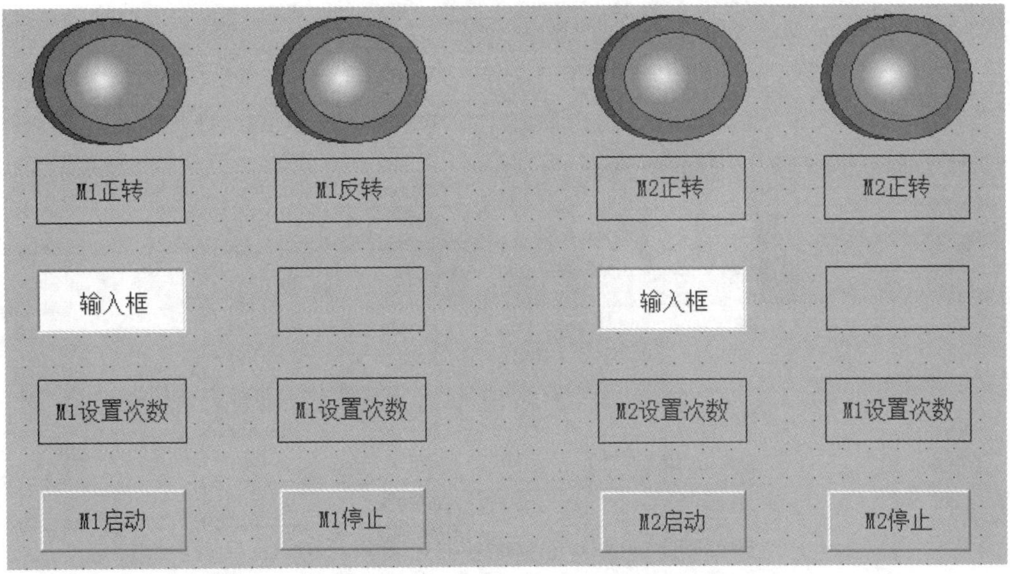

图 I-38　显示次数显示框添加完成

⑥ 添加系统标签。

a. 按照步骤③的方法添加系统标签“两台电机正反转循环控制系统”“M1 电机”“M2 电机”。选中标签“两台电机正反转循环控制系统”，双击该标签，单击“属性设置”选项卡，单击“字符颜色”后面的“Aa”图标，选择合适的字体、字形、大小，点击“确定”按钮，点击“边线颜色”的下拉按钮，选择“没有边线”，如图 I-39 所示。

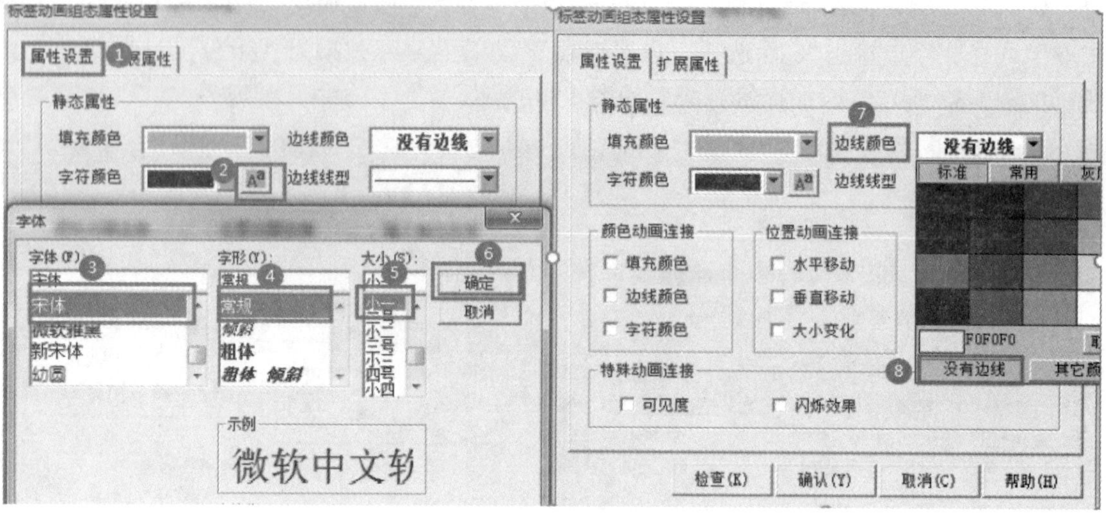

图 I-39　系统标签属性设置

b. 添加圆角矩形框。在工具栏中选中“圆角矩形框”并将其拖放至用户窗口，调整到适当大小，选中圆角矩形框，右键点击“排列”选项，选择“最后面”选项，使矩形框处于最后面，如图 I-40 所示。

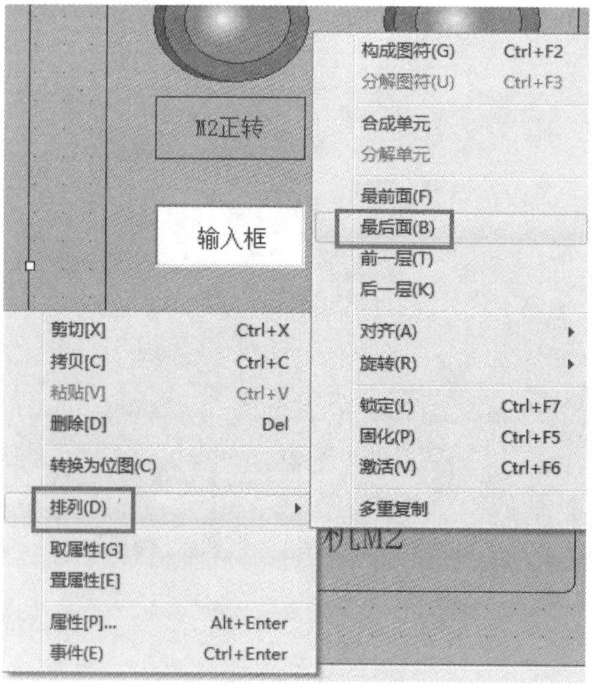

图 I-40　圆角矩形框属性设置

用户窗口组态完成后如图 I-41 所示。

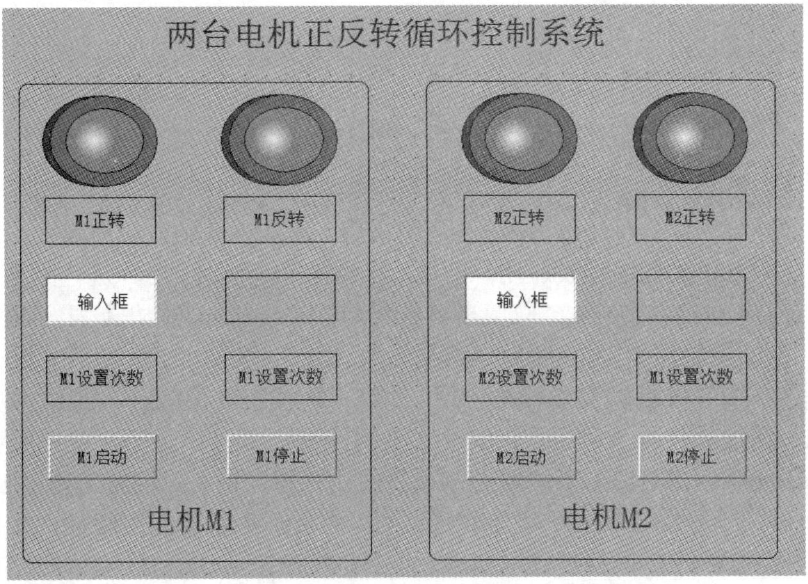

图 I-41　两台电机正反转循环控制系统用户窗口

(5) 下载 MCGS 组态程序。

点击菜单栏中的“下载工程并进入运行环境”图标，在“下载配置”页面选择“连机运行”，在“目标机名”输入触摸屏 IP 地址“192.168.0.3”，点击“工程下载”按钮，等待下载完成，窗口显示如图 I-42 所示。

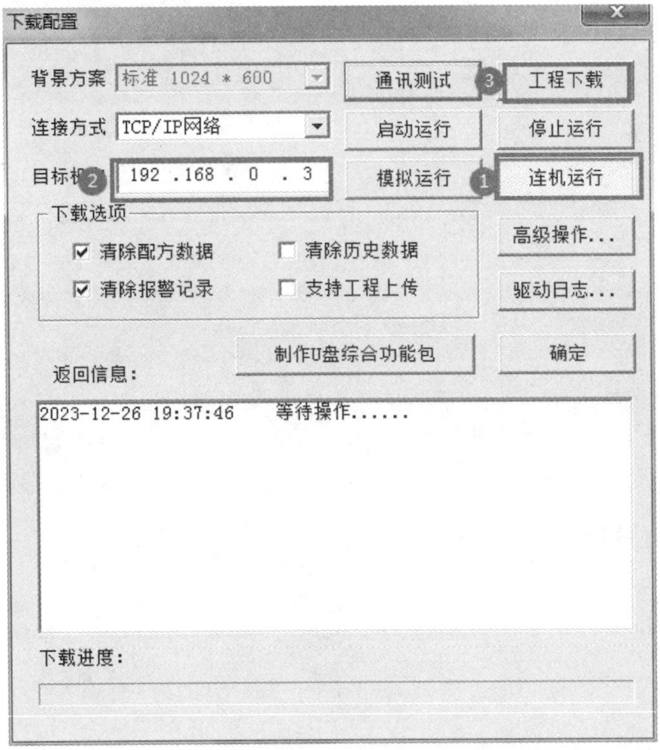

图 I-42　工程下载

参 考 文 献

[1] 段礼才. 西门子 S7-1200 PLC 编程及使用指南. 北京：机械工业出版社，2017.
[2] 廖常初. S7-1200 PLC 编程及应用. 北京：机械工业出版社，2017.
[3] 吴繁红. 西门子 S7-1200 PLC 应用项目教程. 北京：电子工业出版社，2017.
[4] 王淑芳. 电气控制与 S7-1200 PLC 应用技术. 北京：机械工业出版社，2016.
[5] 朱文杰. S7-1200 PLC 编程设计与应用. 北京：机械工业出版社，2017.
[6] 张硕. TIA 博途软件与 S7-1200/1500 PLC 应用详解. 北京：电子工业出版社，2017.
[7] 张忠权. SINAMICS G120 变频器控制系统实用手册. 北京：机械工业出版社，2016.
[8] 向晓汉. 西门子 S7-1500 PLC 完全精通教程. 北京：化学工业出版社，2018.
[9] 刘长青. S7-1500 PLC 项目设计与实践. 北京：机械工业出版社，2016.
[10] 西门子工业支持中心 https://support.industry.siemens.com/cs/start?lc=zh-CN.